等离子体物理

郑春开　编著

图书在版编目(CIP)数据

等离子体物理/郑春开编著. —北京:北京大学出版社,2009.7
ISBN 978-7-301-15473-1

Ⅰ.等… Ⅱ.郑… Ⅲ.等离子体物理学 Ⅳ.O53

中国版本图书馆 CIP 数据核字(2009)第 114434 号

书　　名:等离子体物理

著作责任者:郑春开　编著

责 任 编 辑:顾卫宇

标 准 书 号:ISBN 978-7-301-15473-1/O·0781

出 版 发 行:北京大学出版社

地　　址:北京市海淀区成府路 205 号　100871

网　　址:http://www.pup.cn　　电子信箱:zpup@pup.pku.edu.cn

电　　话:邮购部 62752015　发行部 62750672　理科编辑部 62752021　出版部 62754962

印　刷　者:北京飞达印刷有限责任公司

经　销　者:新华书店

730mm×980mm　16 开本　13.75 印张　262 千字

2009 年 7 月第 1 版　　2024 年 7 月第 5 次印刷

定　　价:35.00 元

内 容 简 介

本书比较系统地介绍了等离子体物理的基本概念、基本原理和描述问题及处理问题的方法. 书中着重突出物理概念和物理原理，也有必要的数学描述和推导. 全书共 7 章，内容包括：聚变能利用和研究进展、等离子体基本性质及相关概念、单粒子轨道理论、磁流体力学、等离子体波、库仑碰撞与输运过程和动理学方程简介. 这些内容都是从事核聚变和等离子体物理及相关学科研究人员所必需的，也是进一步学习核聚变与等离子体物理及相关学科专业课程的重要基础. 为教学使用和学生学习方便，本书编有附录和习题，供查阅选用.

本书适合于核聚变、等离子体物理、空间物理以及基础和应用等离子体物理方向的高年级本科生、研究生和研究人员使用.

前 言

受控热核聚变研究旨在探索新能源，因此它是当代备受世人瞩目的重大研究课题. 半个多世纪以来，经过世界各国科学家的努力探索，磁约束核聚变装置(托卡马克)现在已进入能源开发工程的实验阶段. 特别是 2006 年 11 月 21 日，中国、欧盟、美国、俄罗斯、日本、韩国和印度七方代表在巴黎正式签署了《国际热核聚变实验堆(International Thermonuclear Experimental Reactor，ITER)联合实施协定》. 这标志着 ITER 计划进入了正式实施和开工建设阶段.

为满足核聚变研究发展的新形势和我国参加 ITER 国际合作计划的需要，大力培养核聚变和等离子体物理人才是一项非常紧迫的任务. 为此，北京大学决定在物理学院恢复、重建等离子体物理学科，2009 年 1 月 6 日北京大学研究生院正式批准在物理学一级学科下设立等离子体物理二级学科博士点. 为国家能源发展战略、空间研究与开发以及参加 ITER 国际合作计划培养高素质人才.

早在 1959 年秋，北京大学原子能系(后来改称技术物理系)在系主任、我国著名核科学家胡济民先生领导下，就着手筹建核聚变和等离子体物理学科，并积极与原子能所(现中国原子能研究院)14 室开展合作，加速学校核聚变和等离子体物理学科建设. 胡济民先生与理论物理学家、原子能所 14 室主任王承书先生共同指导，在 14 室组织我国第一批参加核聚变研究的年青科技人员，学习等离子体物理，为我国培养了第一批核聚变和等离子体物理研究人才，并积极开展核聚变研究工作. 作者也有幸与原子能所 14 室年青科技人员一起，在胡济民、王承书两位物理学家(后来都当选中科院院士)关怀、指导下，共同学习等离子体物理，开展核聚变研究工作.

1963 年胡济民先生率先在北京大学技术物理系讲授等离子体物理课，同时招收了等离子体物理研究生，为我国培养输送了一批早期从事核聚变研究的人才. 在 20 世纪 60—70 年代，北京大学地球物理系的空间物理专业和物理系的理论物理专业也开辟了等离子体物理研究方向，为我国等离子体物理研究和人才培养也做出了重要贡献. 近半个世纪，北京大学技术物理系、物理系和地球物理系，为我国核聚变与等离子体物理事业，培养了大量优秀人才，其中许多人成为我国核聚变、等离子体物理、空间物理研究学术带头人或院所的领导.

现在我们又面临开发、研究、发展核聚变能源的机遇和挑战. 因此，在北京大学重新组织力量、恢复和发展等离子体物理学科十分必要，重新开设等离子体物理课程也势在必然.

为恢复、重建等离子体物理学科，2006 年北京大学物理学院重新开设等离子体物理课程，作者也为此重新上岗，在物理学院为研究生和高年级本科生讲授等离子体物理课. 为了使这门课程有一本合适的教材，作者在过去十多年讲授等离子体物理讲稿的基础上，结合过去 40 多年的研究工作经验和核聚变与等离子体物理研究的新进展，并参考有关书籍、资料，于 2006 年夏编写了一本《等离子体物理》讲义，以应教学急需. 本书就是根据这三年来教学实践中使用的讲义，在其基础上进行补充、修改而成的.

本教材主要介绍等离子体物理学的基本概念、基本原理和描述问题及处理问题的方法，对重要的磁约束核聚变装置的原理也做了简要说明. 书中着重突出物理概念和物理原理，也有必要的数学描述和推导. 主要内容包括：聚变能利用和研究进展、等离子体基本性质及相关概念、单粒子轨道理论、磁流体力学、等离子体波、库仑碰撞与输运过程和动理学方程简介. 这些内容都是从事核聚变研究人员所必需的，也是进一步学习核聚变与等离子体物理学科其他课程的重要基础. 有关等离子体的稳定性、湍流、等离子体加热与非感应电流驱动，以及与装置类型结合比较紧密的粒子注入、边缘等离子体物理等都未涉及. 这是因为本课程主要是面向等离子体物理学科（包括核聚变、空间物理等）研究生和物理类高年级本科生，起到引导入门的作用，为他们进一步学习本学科其他专业课程打好基础，也为开展核聚变研究提供知识背景. 学习本课程后，本学科还会有相应的专业课或专题讲座，其中会详细介绍以上提到的本书未涉及的内容.

本书适合于核聚变、等离子体物理、空间物理以及基础和应用等离子体物理方向的高年级本科生、研究生和研究人员使用.

为了教学使用和学生学习方便，本书编有附录和习题，供查阅和选用.

在本书编写过程中，获得与中国核工业西南物理研究院石秉仁教授有益的交流和讨论，也得到北京大学物理学院等离子体物理与核聚变研究所王晓刚教授、肖池阶教授、雷亦安博士等的支持和帮助，在此一并表示衷心感谢.

本书由北京大学教材建设委员会作为新兴学科课程教材建设立项，也被北京大学物理学院列入纪念 2013 年北大物理学科建立 100 周年的研究生重点教材计划项目，作者对北京大学教材建设委员会和北京大学物理学院的大力支持表示感谢.

由于作者学识有限，书中不当和错误之处在所难免，望读者和同行批评指正.

郑春开

2009 年 5 月于北京大学物理学院

目　　录

第 1 章　聚变能利用和研究进展 …………………………………… (1)

1.1　聚变反应和聚变能 …………………………………… (1)

1. 聚变反应的发现 …………………………………… (1)
2. 聚变的燃料资源丰富 …………………………………… (2)
3. 聚变反应是巨大太阳能的来源 …………………………………… (2)

1.2　聚变能利用原理 …………………………………… (3)

1. 聚变能利用的困难 …………………………………… (3)
2. 受控热核反应条件——劳森判据与点火条件 …………………………………… (4)

1.3　实现受控热核反应的途径 …………………………………… (7)

1. 磁约束——利用磁场约束等离子体 …………………………………… (7)
2. 惯性约束——激光核聚变 …………………………………… (8)

1.4　磁约束原理及其发展历史 …………………………………… (8)

1. 磁镜装置 …………………………………… (8)
2. 环形磁场装置 …………………………………… (9)
3. 托卡马克装置进展 …………………………………… (11)

1.5　惯性约束——激光核聚变 …………………………………… (14)

1. 激光核聚变发展历史 …………………………………… (14)
2. 激光核聚变基本原理 …………………………………… (14)
3. 激光核聚变劳森判据 …………………………………… (15)
4. 惯性约束激光核聚变的研究进展 …………………………………… (16)

1.6　国际热核试验堆(ITER)计划 …………………………………… (17)

1. ITER 计划形成的历史过程 …………………………………… (17)
2. ITER 计划目标和主要设计参数 …………………………………… (19)

第 2 章　等离子体基本性质及相关概念 …………………………………… (20)

2.1　等离子体与等离子体物理学 …………………………………… (20)

1. 等离子体 …………………………………… (20)
2. 等离子体物理学 …………………………………… (20)

2.2　等离子体的基本性质 …………………………………… (21)

1. 电荷屏蔽现象与等离子体准电中性 …………………………………… (21)
2. 等离子体振荡与等离子体振荡频率 …………………………………… (24)
3. 等离子体的碰撞 …………………………………… (26)
4. 等离子体的定义 …………………………………… (28)

5. 等离子体辐射 …… (28)
2.3 等离子体参量与分类 …… (30)
1. 等离子体参量 …… (30)
2. 等离子体分类 …… (31)
2.4 等离子体的描述方法 …… (34)
1. 单粒子轨道描述法 …… (34)
2. 磁流体描述法 …… (34)
3. 统计描述法 …… (35)
4. 粒子模拟法 …… (35)
第3章 单粒子轨道理论 …… (36)
3.1 带电粒子在均匀恒定磁场中的运动 …… (36)
3.2 电场引起的漂移 …… (39)
1. 电场引起的漂移 …… (39)
2. 其他外力引起的漂移 …… (41)
3.3 带电粒子在缓慢变化的电场中的运动 …… (41)
3.4 带电粒子在不均匀磁场中的漂移 …… (43)
1. 梯度漂移 …… (43)
2. 曲率漂移 …… (45)
3.5 浸渐不变量及其应用 …… (46)
1. 磁矩不变性与磁镜约束原理 …… (46)
2. 磁镜约束原理 …… (48)
3. 纵向不变量 J 与费米加速 …… (49)
4. 地球辐射带与磁通不变量 …… (51)
3.6 带电粒子在环形磁场中的运动 …… (53)
1. 带电粒子在简单环形磁场中的漂移 …… (53)
2. 磁场的旋转变换 …… (53)
3. 托卡马克装置磁场位形和约束原理 …… (54)
第4章 磁流体力学 …… (61)
4.1 速度矩及矩方程 …… (61)
1. 速度矩 …… (61)
2. 速度矩方程 …… (63)
4.2 等离子体的双流体力学方程 …… (64)
1. 连续性方程 …… (65)
2. 运动方程 …… (65)
3. 能量方程 …… (65)
4. 等离子体双流体力学方程组 …… (67)
4.3 磁(单)流体力学方程 …… (69)
1. 磁流体力学方程 …… (70)

2. 理想磁流体力学方程 …… (74)
3. 磁流体描述的适用条件 …… (74)
4.4 磁压强与磁应力 …… (75)
4.5 磁场的冻结与扩散 …… (77)
1. 磁场的冻结 …… (77)
2. 磁场的扩散 …… (79)
3. 横越磁场扩散与博姆扩散 …… (80)
4.6 磁流体平衡与箍缩效应 …… (81)
1. 磁流体平衡 …… (81)
2. 箍缩效应 …… (83)
4.7 广义欧姆定律与等离子体电导率 …… (86)
1. 广义欧姆定律 …… (86)
2. 等离子体电导率 …… (88)
第 5 章　等离子体波 …… (91)
5.1 波的描述和若干基本概念 …… (91)
1. 简谐波的描述 …… (91)
2. 波的相速度和群速度 …… (92)
3. 色散关系 …… (93)
4. 波的偏振 …… (93)
5.2 电子静电振荡与电子静电波 …… (94)
1. 电子静电振荡 …… (94)
2. 电子静电波 …… (96)
3. 离子声波与离子静电波 …… (99)
5.3 垂直于磁场的静电波 …… (103)
1. 高混杂静电振荡与高混杂波 …… (104)
2. 低混杂静电振荡与低混杂波 …… (105)
5.4 电磁波在等离子体中的传播 …… (107)
5.5 垂直于磁场的高频电磁波 …… (111)
1. 寻常波($\boldsymbol{E}_1 \parallel \boldsymbol{B}_0$) …… (111)
2. 非寻常波($\boldsymbol{E}_1 \perp \boldsymbol{B}_0$) …… (111)
5.6 平行于磁场的高频电磁波 …… (114)
5.7 磁流体力学波 …… (118)
1. 磁声波 …… (119)
2. 阿尔文波 …… (120)
3. 有限电导率时阿尔文波的衰减 …… (121)
5.8 波与粒子相互作用,朗道阻尼与朗道增长 …… (123)

第 6 章 库仑碰撞与输运过程 ……………………………… (127)

6.1 等离子体的输运方程组 ……………………………… (127)

6.2 库仑碰撞 ……………………………… (129)

1. 二体碰撞化为单体问题 ……………………………… (129)

2. 库仑碰撞偏转角 ……………………………… (129)

3. 碰撞微分截面 ……………………………… (131)

6.3 平均动量变化率与平均能量变化率 ……………………………… (132)

1. 二体碰撞近似 ……………………………… (132)

2. 二体碰撞的动量传递和动能传递 ……………………………… (133)

3. 平均动量变化率和平均动能变化率 ……………………………… (134)

4. 电子-离子碰撞时间与碰撞频率 ……………………………… (136)

5. 等离子体中小角度散射(远碰撞)起主要作用 ……………………………… (137)

6.4 等离子体动量弛豫时间与碰撞频率 ……………………………… (138)

1. 平均动量变化率与平均能量变化率的计算 ……………………………… (138)

2. 动量弛豫时间与碰撞频率 ……………………………… (140)

6.5 高能带电粒子束的慢化与等离子体加热 ……………………………… (145)

6.6 等离子体的能量弛豫与温度平衡时间 ……………………………… (148)

6.7 等离子体电导率和电子逃逸 ……………………………… (151)

1. 无磁场时电导率 ……………………………… (151)

2. 有磁场时电导率 ……………………………… (152)

3. 电子逃逸 ……………………………… (153)

4. 电子摩擦阻力及电导率的修正 ……………………………… (155)

6.8 横越磁场的扩散 ……………………………… (155)

1. 无规行走方法讨论粒子扩散 ……………………………… (155)

2. 输运方程研究粒子扩散 ……………………………… (158)

3. 同类粒子碰撞不会引起横越磁场扩散 ……………………………… (160)

4. 双极扩散 ……………………………… (162)

6.9 环形磁场的新经典扩散 ……………………………… (163)

第 7 章 动理学方程简介 ……………………………… (170)

7.1 动理学方程 ……………………………… (170)

7.2 BGK 方程(或 Krook 碰撞项) ……………………………… (172)

1. 粒子流和扩散系数 ……………………………… (173)

2. 电流及其粒子流迁移率 ……………………………… (173)

3. 黏性张量和黏性系数 ……………………………… (174)

4. 热流矢量和热传导系数 ……………………………… (175)

7.3 玻尔兹曼方程 ……………………………… (176)

7.4 朗道方程 ……………………………… (178)

7.5 福克-普朗克方程 ……………………………… (181)

7.6　罗生布鲁斯势碰撞项 …………………………………………………………… (183)
7.7　弗拉索夫方程 ………………………………………………………………… (184)
附录 ……………………………………………………………………………… (186)
习题 ……………………………………………………………………………… (199)
主要参考书 ………………………………………………………………………… (206)

第1章　聚变能利用和研究进展

本章先介绍聚变反应、聚变能利用原理、聚变能利用条件、实现聚变能利用的途径、方法和当前研究的进展，为学习等离子体物理提供一个背景和讨论的平台．然后介绍等离子体的性质、特点和研究方法．

1.1　聚变反应和聚变能

1. 聚变反应的发现

19世纪末，放射性发现之后，太阳能的来源很快地被揭开．英国化学家和物理学家阿斯顿(Aston)利用摄谱仪进行同位素研究，他在实验中发现，氦-4质量比组成氦的2个质子、2个中子的质量之和大约小1%(质量亏损)．这一质量亏损的结果为实现核聚变并释放能量提供了实验依据．同一时期，卢瑟福也提出，能量足够大的轻核碰撞后，可能发生聚变反应．

1929年英国的阿特金森(R. de Atkinson)和奥地利的胡特斯曼(F. G. Houtersman)证明氢原子聚变为氦的可能性，并认为太阳上进行的就是这种轻核聚变反应．

1932年美国化学家尤里(Urey)发现氢同位素氘(重氢，用D表示)，为此，1934年他获得诺贝尔化学奖．1934年，澳大利亚物理学家奥利芬特(Oliphant)用氘轰击氘，生成一种具有放射性的新同位素氚(超重氢，用T表示)，实现了第一个DD核聚变反应：

$$\mathrm{D}+\mathrm{D}\rightarrow \mathrm{T}+\mathrm{p}+4.03\,\mathrm{MeV}.$$

1942年美国普渡大学的施莱伯(Schreiber)和金(King)，首次实现了DT反应．轻核聚变反应出现质量亏损，根据爱因斯坦质能关系式，聚变反应释放的能量称聚变能．

迄今最重要的聚变反应是：

$$\mathrm{D}+\mathrm{D}\rightarrow \mathrm{T}(1.01^{①})+\mathrm{p}(3.03)+4.03\,\mathrm{MeV},$$

$$\mathrm{D}+\mathrm{D}\rightarrow {}^{3}\mathrm{He}(0.82)+\mathrm{n}(2.45)+3.27\,\mathrm{MeV},$$

$$\mathrm{D}+\mathrm{T}\rightarrow {}^{4}\mathrm{He}(3.52)+\mathrm{n}(14.06)+17.59\,\mathrm{MeV},$$

---

① 表示该反应产物具有的能量为1.01 MeV，下同．

$$D+{}^{3}He \to {}^{4}He(3.67)+p(14.67)+18.35\ MeV.$$

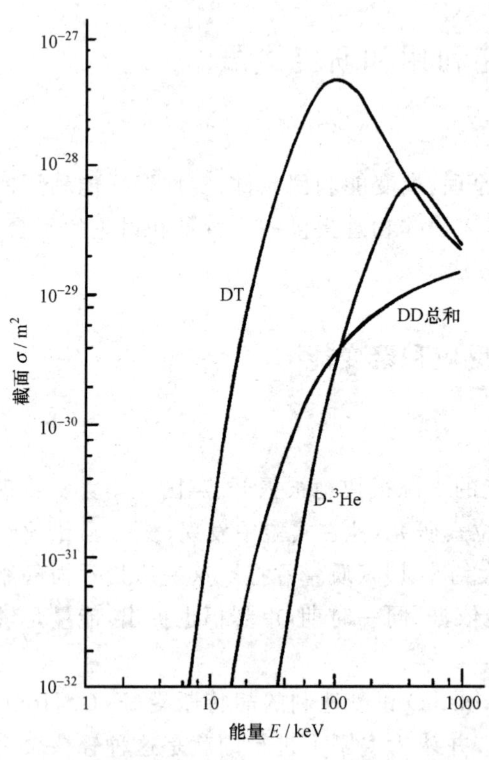

图 1.1.1　聚变反应截面与粒子间相对运动能量的关系

式中 D 是氘核(重氢)、T 是氚核(超重氢). 以上反应的总效果是:

$$6D \to 2\,{}^{4}He + 2p + 2n + 43.24\ MeV.$$

平均到每核子,聚变能比裂变能大 4 倍. 需要指出,DD 聚变反应有两种反应式,它们的反应截面差不多,而 DT 聚变反应的截面比 DD 反应约大 100 倍(见图 1.1.1).

2. 聚变的燃料资源丰富

聚变燃料氘的资源非常丰富,在海水的氢中,氘(D)约占 1/6700,每升海水中含氘 33 mg. 可以采用电解方法直接从海水中提取氘,其费用与聚变电能生产的其他费用相比是微不足道的. 全球的海水中氘的总量为 35 万亿吨,而每升海水中的氘产生的聚变能相当于 300 升汽油燃烧释放的能量. 因此,海水中的氘产生的聚变能可供人类用上几亿年!

氚在自然界不存在,但可以依靠锂来生产. 利用中子轰击锂产生氚:

$${}^{6}Li + n \to {}^{4}He + T + 4.8\ MeV,$$

$${}^{7}Li + n(2.5\ MeV) \to {}^{4}He + T + n.$$

注意,用 ${}^{7}Li$ 生产氚是吸能反应,需要 2.5 MeV 以上能量的中子,这样 DD 反应产生的中子不能用来造氚,DT 反应产生的中子有足够能量与 ${}^{7}Li$ 反应生产氚.

因此,DT 反应的另一主要燃料是锂. 地球上的锂很丰富,我国可采的锂有数百万吨. 聚变反应产生 1 万亿度电只需 100 吨锂.

氦-3 也是遥远将来可用的聚变的燃料. 氦-3 在地球上不存在,但月球上很丰富,约有 50~500 万吨,有人畅想,通过登月,以月球车运回. 每 1000 吨氦-3 可发电万亿度.

3. 聚变反应是巨大太阳能的来源

宇宙中的能量来源,主要是核聚变能. 巨大的太阳能的基础,是消耗了 4 个质子而形成氦原子核并放出 26.7 MeV 能量的反应，为：

$$p+p\rightarrow D+e^{+}+\nu,$$
$$p+D\rightarrow {}^{3}He+\gamma,$$
$${}^{3}He+{}^{3}He\rightarrow {}^{4}He+p+p,$$

总效果：

$$4p\rightarrow {}^{4}He+2e^{+}+2\nu+26.7\,MeV.$$

这种聚变反应循环称“质子循环”.

宇宙中还有另一种聚变反应循环，称“碳循环”：

$$p+{}^{12}C\rightarrow {}^{13}N\rightarrow {}^{13}C+e^{+}+\nu,$$
$$p+{}^{13}C\rightarrow {}^{14}N,$$
$$p+{}^{14}N\rightarrow {}^{15}O\rightarrow {}^{15}N+e^{+}+\nu,$$
$$p+{}^{15}N\rightarrow {}^{12}C+{}^{4}He.$$

总效果与“质子循环”一样，也是消耗 4 个质子转变为 1 个氦原子核，而 ^{12}C 像是一种催化剂. 完成一个碳循环放出的能量也是 26.7 MeV.

因为太阳中心温度（1.4×10^{7} K）不太高，产生聚变反应主要是“质子循环”（占 96%）.“质子循环”每核子释放的聚变能比 ^{235}U 每核子裂变能大 8 倍. 对于温度比太阳更高、而且更重的恒星，碳循环过程是主要的.

太阳的聚变反应，每天要“燃烧”50 万亿吨（5×10^{16} kg）氢，因太阳质量比地球的大很多（约为地球的 33 万倍），因此太阳上含的氢足以稳定燃烧几十亿年！

虽然地球只接受总太阳能的 5 万亿分之一，份额很小，但太阳降落到地球上的功率却很大，约 1.4 kW/m^{2}，太阳投向地球的能量为整个地球所使用的总能量的 10 万倍，因此太阳能的利用前景也非常广阔.

1.2　聚变能利用原理

聚变能可以说是一种无比巨大的能源，但要实现聚变能利用是极其困难的.

1. 聚变能利用的困难

实现聚变能利用，其难度远较裂变能大得多，这是因为引起聚变反应的两个核都带正电，要使两个核接近，必须克服库仑排斥力，才可引起聚变反应. 最初，人们设想的可能方法有三种：

(1) 用加速器加速氘核，用高速的氘核轰击含氘的固体靶，引起核聚变.

1934 年就是用这种方法在实验室实现了 DD 核聚变，但从能源角度看，这是得不偿失的. 因为当加速的氘核向固体靶靠近的过程中，首先会引起固体靶中的中性原子发生电离而损失大量能量，最后只有极少量的氘核引起聚变，这样产生的聚变能量远不能抵偿加速氘核所消耗的能量.

(2) 用两束高能氘核对撞实现核聚变.

两束氘核对撞，几乎是完全透明的，引起聚变反应的几率很小，因此这种方法也难以获得净能量输出.

(3) 受控热核反应.

设想将一团氘气体放在容器中，加热使其达到足够高的温度(1亿度(K)，或更高)，形成氘核和电子组成的完全电离气体，称"等离子体". 如果能将这种高温的电离气体约束在容器中足够长的时间，就可以依靠高速热运动氘核的动能，使氘核之间频繁地发生相互碰撞，引发大量的聚变反应并释放强大的聚变能. 这种引发聚变反应的方法称"受控热核反应". 半个多世纪以来，磁约束核聚变研究就是按这一思路进行的.

2. 受控热核反应条件——劳森判据与点火条件

现在先简单说明动力温度及其单位：等离子体物理中都采用以能量为单位的动力温度 $T=kT_{\mathrm{k}}$，这里 k 为玻尔兹曼常量，T_{k}是以开尔文(K)为单位的通常温度，动力温度单位常用电子伏(eV)或千电子伏(keV). 1 eV 相当于 11 600 K，1 keV 相当于 1.16×10^7(即约为1千万)K.

(1) 劳森判据

实现受控热核反应，并使其可作为能源，要求聚变反应达到自持，而且还应有净能量输出，这是需要满足一定条件的. 在热核反应过程中会产生聚变能，同时处于高温的等离子体也会通过多种途径不断散失能量. 因此，需要考虑热核聚变反应过程中维持能量平衡的问题.

1957年，英国的劳森(J. D. Lawson)计算了高温聚变等离子体能量平衡关系，导出了在热核聚变反应堆中，实现能量平衡使聚变反应自持的必要条件是：等离子体密度与约束时间的乘积要大于某一给定值，这个条件称为劳森判据.

假定等离子体的密度为 n，温度为 T，高温等离子体的约束时间为 τ，τ 的意义为，高温等离子体如果不从外部获得能量，由于各种能量损失，等离子体最终将从高温降到室温所维持的时间，所以 τ 也称能量约束时间. 若要维持能量平衡，可将聚变堆输出的总功率(包括聚变反应功率和能量损失功率)加以收集，然后以效率 η 转变为电能，回授给等离子体，以维持能量得失相当，使聚变堆持续工作，即达到聚变反应自持状态. 这时等离子体的温度、密度、能量约束时间需要满足一定条件.

现以氘氚各半的等离子体为例，即 $n_{\mathrm{D}}=n_{\mathrm{T}}=n/2$，计算高温等离子体能量平衡关系.

单位体积 DT 反应产生的聚变功率

$$P_r = \frac{1}{4}n^2\langle\sigma v\rangle E, \tag{1.2.1}$$

式中 σ 为反应截面，$\langle\sigma v\rangle$ 为反应率系数，E 为每次 DT 反应释放的能量. 图 1.2.1 为反应率系数随离子动力温度的变化曲线. 由图的曲线可以看出，DT 反应率系数比 DD 反应的要大很多，显然 DT 反应更容易发生，条件也相对要求得低一些.

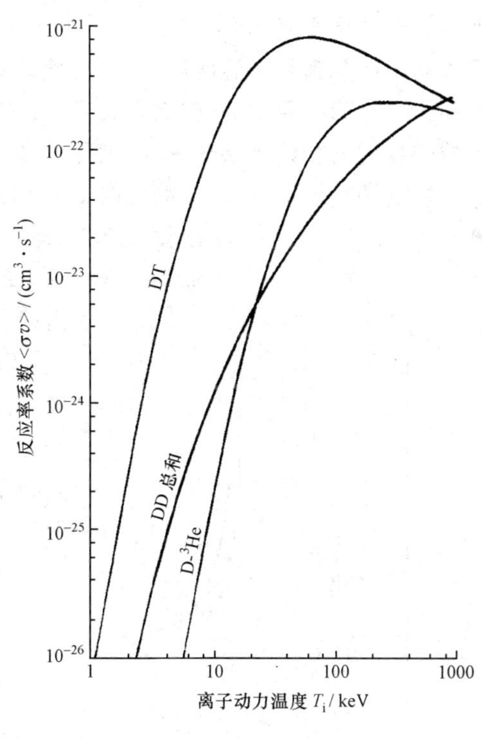

图 1.2.1 反应率系数随离子动力温度的变化

单位体积等离子体损失功率

$$P_L = P_b + 3nT/\tau, \tag{1.2.2}$$

式中右方第 1 项 P_b 为轫致辐射损失. 在等离子体中，主要的辐射损失是电子受离子作用做加速运动而产生的轫致辐射，这种辐射一般不会被等离子体吸收，几乎全部穿透到等离子体外. 第 2 项 $3nT/\tau$ 是其他各种途径的损失功率（包括热传导、粒子从等离子体中逃逸等带走的能量），其中 $3nT$ 为单位体积等离子体的热能，这是因为单位体积中 D，T 离子和电子共计 $2n$ 个，假定电子和离子的温度相同，每个粒子的平均热运动能量为$(3T/2)$，这里的 T 就是等离子体的动力温度，τ 为能量约束时间.

用电动力学方法可以估算电子的轫致辐射损失功率密度（电子温度在 8～20 keV）：

$$P_b = 4.9\times10^{-37}Z^2n_in_eT_e^{1/2}(\mathrm{W/m^3\cdot s}) = \alpha n^2T_e^{1/2}(\mathrm{W/m^3\cdot s}),$$

其中 $T=T_e$ 为电子动力温度，以 keV 为单位，取 $Z=1$，$n_i=n_e=n$，n 以 m^{-3} 为单位，$\alpha=4.9\times10^{-37}$.

等离子体释放的总功率密度

$$P = P_r + P_L = n^2(\langle\sigma v\rangle E/4 + \alpha T^{1/2}) + 3nT/\tau. \tag{1.2.3}$$

现在把等离子体释放的总功率密度 P，以效率 η 转变为电能，则输出电功率密度为 ηP，将这一输出电功率密度 ηP 回授给等离子体，如果回授的电功率密度 ηP 正好补偿等离子体的损失功率密度 P_L，就能保持能量得失相当，等离子体能维持原来高温，继续进行聚变反应，达到聚变反应自持状态. 如果输出电功率密度 ηP 大

于损失功率密度 P_L，则有能量的净输出. 因此，聚变堆的能量平衡或自持条件为

$$\eta P \geqslant P_L. \tag{1.2.4}$$

将(1.2.2)、(1.2.3) 代入(1.2.4)，由此可以得到劳森判据

$$n\tau \geqslant 3T/\{[\eta/(1-\eta)]\langle\sigma v\rangle E/4 - \alpha T^{1/2}\}. \tag{1.2.5}$$

因为$\langle\sigma v\rangle$只是温度 T 的函数，所以(1.2.5)式右方是等离子体动力温度 T 的函数，当等离子体达到聚变温度后，可以由此计算 DT 反应能量得失相当时，等离子体密度和约束时间的乘积 $n\tau$ 应满足的条件. 与推导(1.2.5)式相类似，也可导得 DD 反应的劳森判据和计算乘积 $n\tau$ 应满足的条件. 利用(1.2.5)式计算 $n\tau$ 乘积时，应先假定能量转换效率 η 值(一般 η 取 1/2～1/3)，这样才可以计算得到劳森判据. 在计算时，(1.2.5) 式的分母必须大于 0，即

$$[\eta/(1-\eta)]\langle\sigma v\rangle E/4 - \alpha T^{1/2} > 0. \tag{1.2.6}$$

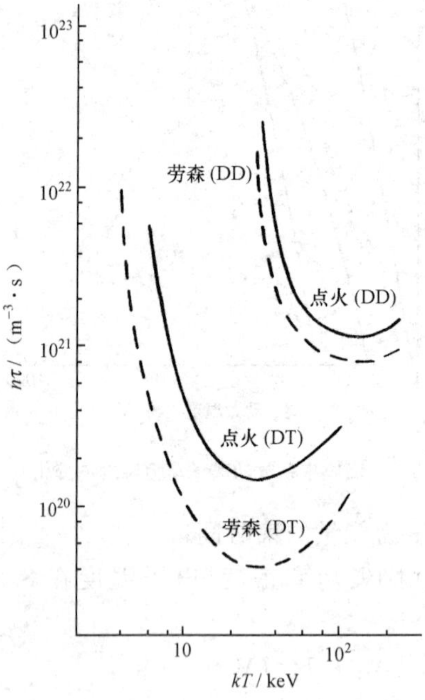

由(1.2.6)式等于 0 可以得到一个临界温度 T_c，T_c 也就是能量得失相当时的最低温度. 选取 $T>T_c$ 的不同温度值代入(1.2.5)式，可得 $n\tau$ 值与动力温度 T 的关系曲线. 选取 $\eta=1/3$，其结果如图 1.2.2 虚线所示. 劳森判据一般取为：

DT 反应

$$T_c > 5\,\text{keV}, \quad n\tau \geqslant 10^{20}\,\text{m}^{-3}\cdot\text{s};$$

DD 反应

$$T_c > 100\,\text{keV}, \quad n\tau \geqslant 10^{22}\,\text{m}^{-3}\cdot\text{s}.$$

对于 DT 反应，在等离子体温度大约 30 keV 附近 $n\tau$ 有一极小值. 对于 DD 反应，$n\tau$ 取极小值的等离子体温度大约在 100 keV. 满足劳森判据，只说明能量得失相当，没有多余的聚变功率输出. 但实现劳森判据毕竟是核聚变研究追求的第一阶段目标.

图 1.2.2　劳森判据和点火条件随等离子体动力温度的变化

(2) 点火条件

现在使用较多的是点火条件. 在强磁场约束的 DT 聚变堆中，DT 反应产生带正电的 α 粒子，被磁场约束在聚变堆的等离子体中. α 粒子聚变反应得到的能量 P_α (3.52 MeV) 占全部聚变反应能量 (17.59 MeV)的 1/5；直接利用 α 粒子聚变能量加热等离子体(自加热效应)，补充等离子体的辐射和热能损失，使等离子体保持原来高温状态，继续进行聚变反应，这样不需要外界回授能量或加热，聚变堆就能达到自持反应条件(即“自持燃烧”)，

这种自持条件称点火条件.在点火条件下,DT 反应产生的中子携带 4/5 聚变功率释放出来.显然"点火"条件要比劳森判据高.聚变堆"点火"条件就是要求 α 粒子的聚变功率 P_α 大于或等于等离子体总损失功率 P_L,即

$$P_\alpha = (1/5)P_r \geqslant P_L, \tag{1.2.7}$$

将(1.2.1)和(1.2.2)式代入(1.2.7)式,得

$$n\tau \geqslant 3T/[\langle\sigma v\rangle E/20 - \alpha T^{1/2}]. \tag{1.2.8}$$

图 1.2.2 表明劳森判据和点火条件计算结果.显然,点火条件比劳森判据高.当 $\eta=0.136$ 时计算的劳森判据和点火条件相同.

1.3 实现受控热核反应的途径

根据劳森判据,实现受控热核反应必须解决两个问题:一是获得高温等离子体,即把等离子体加热到 1 亿度以上高温;二是如何约束高温等离子体并达到足够长的时间.

宇宙中的太阳和其他许多恒星的热核反应是靠其极其强大的引力场来约束高温等离子体的,因为这些星球的质量很大,其引力足以约束高温等离子体.地球质量比太阳等小得多,其引力十分微弱,不可能约束高温等离子体.人们很自然地想到利用强磁场对带电粒子的作用来约束高温等离子体.

后来,有人从氢弹爆炸中受到启发,寻找到一种通过惯性约束的方式来实现核聚变.在氢弹爆炸中,由于自身的惯性,在爆炸的极短瞬间,等离子体来不及四处扩散,就被加热到极高温度而发生核聚变反应.

因此,当前实现受控热核反应研究,形成了磁约束和惯性约束两种途径.

1. 磁约束——利用磁场约束等离子体

磁场中带电粒子受洛伦兹力作用,只能绕磁力线做回旋运动.这样,粒子运动在垂直磁场方向上受到横向约束.如果把等离子体看成一种流体介质,它在磁场中要受到磁场给予的宏观作用力——磁应力.磁应力包括沿磁力线方向的拉力和各向同性的磁压力.磁应力作用可以约束等离子体的运动行为.等离子体中如果有电流通过,则电流自身产生的磁场对电流的洛伦兹力作用,会把等离子体电流自身约束起来,称自收缩效应或箍缩效应.以上说明磁场可以对等离子体进行约束.但是磁力线弯曲、磁场的不均匀性或磁力线的两端泄漏等,都使等离子体的约束迅速解体,而难以保持约束足够长时间,因此磁约束装置的研制就是要寻找合适的磁场位形,达到有效约束等离子体的目的.此外,磁约束方式还存在各种宏观不稳定性和微观不稳定性,这些因素都可能使约束受到破坏.因此,实现等离子

体的磁约束还需要研究解决许多复杂问题,正是等离子体物理的研究课题.

除了等离子体约束问题外,要获得高温等离子体,还需要采用各种手段来加热等离子体,如电流的欧姆加热(低温时有效)、射频加热、高能中性粒子束注入加热等,这也是实现热核聚变需要解决的重要课题.

2. 惯性约束——激光核聚变

20世纪60年代,由于激光器的出现,1963年苏联的巴索夫(N. G. Basov)、1964年我国的王淦昌分别提出激光核聚变方案.利用强激光打在氘氚燃料制成的小靶丸上,使靶丸燃料形成等离子体,由于自身惯性,在未来得及四散开来之前,即被加热到极高温度而发生聚变反应.惯性约束的原理虽然简单,但要实现受控热核聚变也需要克服一系列难题.

目前,惯性约束已与磁约束一起,成为受控热核聚变研究的两大平行发展的途径.

1.4 磁约束原理及其发展历史

受控热核聚变研究早在二战末期就已开始,苏联和美、英各国在互相保密的情况下开展核聚变研究,当时都是采用磁约束方法.由于多年秘密研究结果远未达到当初的期望,人们开始认识到核聚变问题的复杂和艰难,都感到保密不利于研究的进展;磁约束核聚变研究与热核武器在科学技术上没有重大的重叠,解除保密对军事竞争无多大影响;而且受控热核聚变研究离其商业应用为时尚早.由以上几方面考虑,大家都感到受控热核聚变研究高度保密没有必要,因此苏联首先公开了一些研究成果.到1958年秋,在日内瓦举行的第二届和平利用原子能国际会议上达成协议,各国互相公开研究计划,并在会上展示了各种核聚变实验装置.自这次会议后,研究重点转向高温等离子体的基础问题,各种相关的论文、书籍也相继公开发表.

我们知道,一个带电粒子在均匀恒定的磁场中,它的横向运动是绕磁力线的匀速圆周运动,因而在垂直磁力线方向上受到约束;但在沿磁力线方向上,它是做匀速直线运动,不受磁场约束,最终必然在磁力线两端泄漏.要约束高温等离子体,磁力线两端泄漏问题必须设法解决.还有,如何使磁约束稳定等也有许多因素需要考虑.因此,要实现高温等离子体较长时间稳定约束,就需要探索和建立合适的磁约束位形装置.下面简要介绍几种类型磁约束装置.

1. 磁镜装置

磁镜装置是一个用中间弱、两端强的磁场位形来约束等离子体的系统.它具有结构简单、能稳态运行等优点. 首先提出这一方案的是波斯特(S. Post). 1952 年,他从斯坦福大学毕业后,应聘到劳伦斯-利弗莫尔辐射实验室从事同步辐射研究. 应该实验室热核聚变研究课题负责人约克(H. York)的邀请,参与了核聚变研究. 波斯特在微波与等离子体方面的知识背景,使他很快从地球磁场俘获带电粒子中受到启发. 地磁具有中间弱、两端强的磁场位形,被俘获的带电粒子在两极间来回反射,称为磁镜效应. 波斯特利用这种效应,建成了直线型的中间弱、两端强的磁场位形装置来约束等离子体,这种核聚变装置,称为磁镜装置,它可以初步解决两端泄漏问题. 但是,在速度空间存在逸出锥,两端仍有泄漏,其原理如图 1.4.1 所示. 1976 年,该实验室的 2ⅫB 磁镜装置的等离子体温度已达到 13 keV,等离子体密度达到 $2\times10^{14}\ \mathrm{cm}^{-3}$. 在采用中性注入技术建立等离子体时,未出现约束不稳定性问题,所需要解决的是因磁力线在装置内不闭合而带来的终端损失问题. 有人提出终端能量的再循环使用,或在端头加"塞子"堵漏等设想. 由此产生了反向场磁镜、串联磁镜及环键磁镜等新设计. 20 世纪 80 年代初,劳伦斯-利弗莫尔实验室的大型串联磁镜已投入运行. 它的中部磁场长 5 m,中心磁场 2 kG①,等离子体密度 $10^{13}\ \mathrm{cm}^{-3}$,等离子体温度 10 keV,加热束流持续时间 25 ms,端部磁场中心场强 10 kG,端部磁镜用 5 MW 的中性束注入加热.

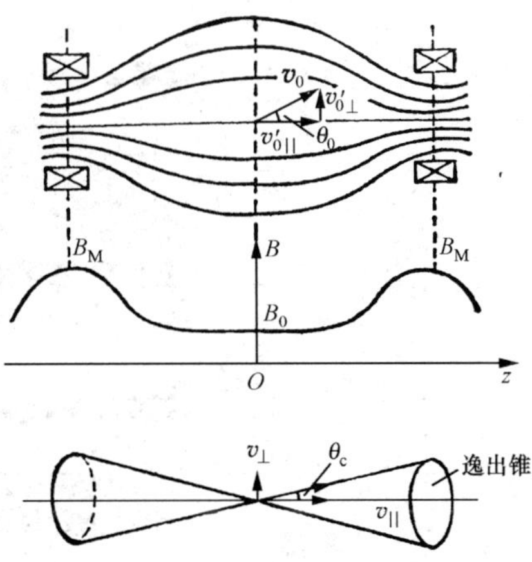

图 1.4.1 磁镜装置约束原理和速度空间逸出锥

为了提高温度,还可以采取绝热压缩方法,如图 1.4.2 所示. 当磁场较弱时注入等离子体(图 1.4.2(a));然后增大磁场把等离子体压缩到中间,同时提高了温度(图 1.4.2(b));还可以使磁镜沿轴向内移,进一步压缩,再提高温度(图 1.4.2(c)).

2. 环形磁场装置

如果将磁力线闭合,形成环形磁场,这样可以解决两端泄漏问题,但简单的环形磁场存在磁力线弯曲和磁场的不均匀性,这样会使粒子绕环形磁力线做螺旋运动时,其回旋中心会沿垂直磁力线方向移动,即产生向环外方向"漂移",如图 1.4.3 所示,等离子体的横向约束也迅速解体. 因此简单环形磁场位形,不能稳定约束等离子体.

---

① 1 G(高斯)$=10^{-4}$ T(特斯拉),参见附录.

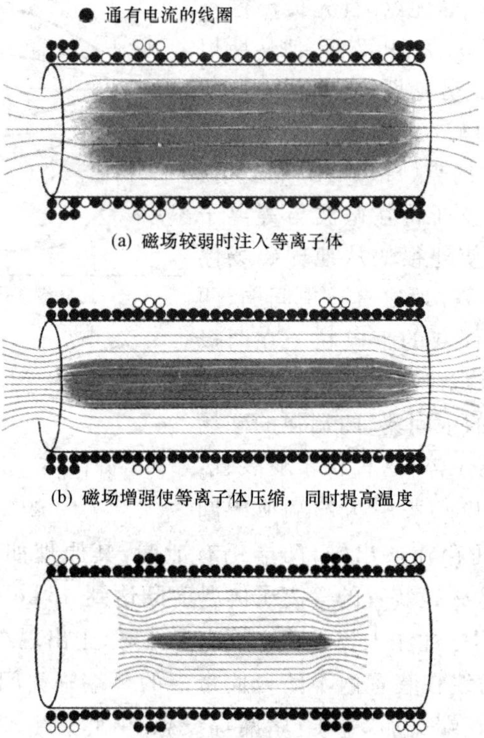

● 通有电流的线圈

(a) 磁场较弱时注入等离子体

(b) 磁场增强使等离子体压缩，同时提高温度

(c) 磁场沿轴向内移，等离子体更大压缩，温度再提高

图 1.4.2　为提高温度采用多级绝热压缩方法

(1) 仿星器装置

为了解决简单环形磁场位形产生“漂移”问题，1951 年，美国普林斯顿大学斯必泽(L. Spitzer)提出了环形仿星器(stellarator)的磁约束装置，将环形改为“8”字形，则沿磁力线运动时，粒子漂移会部分相互抵消，从而减少漂移的影响，如图 1.4.4 所示.

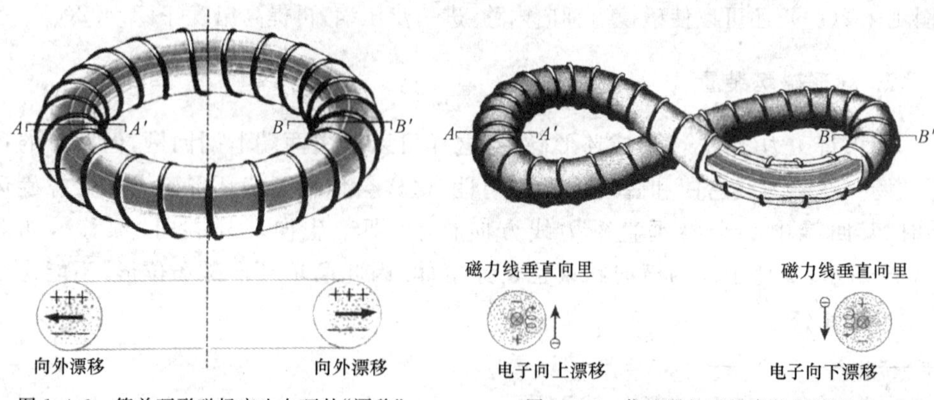

图 1.4.3　简单环形磁场产生向环外“漂移”

图 1.4.4　仿星器的磁约束装置原理

后来，仿星器仍保持环形装置，由环形绕组产生沿环方向的环向磁场，同时在环形管外增加6个螺旋形绕组，使其产生的极向磁场与普通环形绕组产生的环向磁场叠加，形成磁力线沿着环形主轴旋转，这样形成的剪切磁力线能够部分地消除回旋中心的漂移，使约束更有效，如图1.4.5所示.

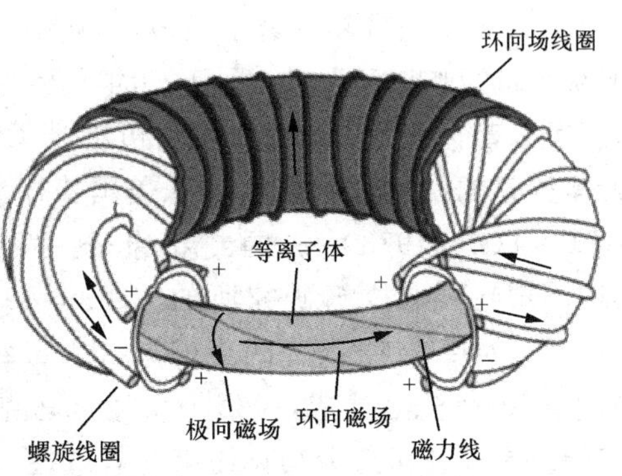

图 1.4.5 环形仿星器装置示意图

(2) 托卡马克装置

20世纪50年代初，苏联著名物理学家塔姆(I. E. Tamm)提出用环形强磁场约束高温等离子体的设想. 在环形不锈钢真空室外套有多匝线圈，利用电容器对多匝线圈放电，使真空室形成环形磁场. 与此同时，用变压器放电，使作为次级线圈的环形室中的气体电离，并形成强等离子体电流，此环形电流产生的极向磁场与环形磁场结合，形成约束高温等离子体装置，称“托卡马克装置”. 托卡马克是一种利用磁约束来实现受控核聚变的环形容器. 它的名称(Tokamak)就是由环形(toroidal)、真空室(kamera)、磁(magnet)、线圈(kotushka)这几个词的前面1～2个字母拼凑而成的.

托卡马克最初是由位于苏联莫斯科的库尔恰托夫研究所的阿齐莫维奇(L. A. Artsmovich)等人在20世纪50年代发明的，主要由激发等离子体电流的变压器(铁芯的或空芯的)、产生环向磁场的线圈、控制等离子体柱平衡位置的平衡场线圈、环形真空室(真空环作为变压器的次级线圈)构成. 托卡马克工作基本原理是：利用电容器放电，使真空室形成环形磁场，然后变压器初级线圈储存的电能放电，通过耦合引起真空环(次极)内部感应电场产生等离子体环电流，等离子体被流过它的环形电流加热而升温，同时环形电流产生的角向磁场与环向磁场叠加后形成旋转的磁力线，这样可以较好地克服漂移，约束等离子体.

3. 托卡马克装置进展

20世纪50年代末建成了一批大型的研究装置，有美国仿星器-C、苏联Orpa(稳态磁镜)、英国Zeta(环形箍缩装置)等. 到了60年代，实验结果与当初预计的相差甚远，主要是稳定性问题. 此后，核聚变研究进展缓慢，进入低潮. 60年代后期，苏联的托卡马克装置异军突起，在托卡马克装置T3上取得重大进展：电子温度达到1 keV，离子温度0.5 keV，等离子体约束时间达到了毫秒量级，为“博姆(Bohm)扩散时间”的50倍，$n\tau \approx 10^{18}\ \mathrm{m^{-3}\cdot s}$，这些参数大大优于其他类型装置. 在1968年召开的第三届等离子体和受控热核聚变研究国际会议上公布了苏联的T3结果，立刻引起轰动. 1969年，为了验证T3的实验结果，英国卡拉姆实验室主任皮斯(R. S. Pease)带领专家小组,对上述结果做了实地验证核实,证明准确无误后,引起极大的反响. 于是,20 世纪 70 年代伊始,世界范围内掀起了托卡马克的研究热潮. 美国普林斯顿大学实验室将仿星器-C 改装成的 ST 托卡马克(1970)、美国橡树岭实验室的 ORMARK(1971)、美国普林斯顿的 ATC(1972)、美国麻省理工学院的 ALCATOR(1973)、法国封特奈-奥-罗兹(Fontaney aux Rose)研究所的 TFR(1973)、英国卡拉姆研究所的 CLEO(1972)、日本京都原子能研究所的 JFT-Ⅱ(1972)、西德马克斯-普朗克(Max Planck)研究所的 PULSATOR(1973)、苏联的 T4(1970)等先后建成,为第 1 代托卡马克装置. 这些改建、新建的托卡马克装置,实验结果都证明托卡马克约束的有效性,也大体能重现原来苏联托卡马克实验结果,而且实验和理论研究成果都大大地推进了.

为了提高等离子体参数和深入开展研究,1980 年前各国又建成了一批第 2 代托卡马克装置:美国的普林斯顿大环(PLT)、苏联的 T10、美国的 DⅢ、德国的 ASDEX. 在这些装置上分别采用了中性粒子束加热、偏滤器技术,使等离子体纯化,减少辐射损失,以提高等离子体密度和电子、离子温度,使核聚变理论和实验研究又提高到一个新的水平.

20 世纪 80 年代之后,出现一批大型托卡马克:美国的 TFTR(1982)和欧共体的 JET(1983),是世界上仅有的可以进行氘氚反应实验的两个装置;还有日本的 JT-60(1985)和 1991 年改建 JT-60U,建成后取得的实验结果达到创记录水平. 1991 年 11 月,欧共体 JET(图 1.4.6)第一次实现 DT 聚变反应:高温 3 亿度、核反应持续 2 秒、产生 10^{18} 个聚变中子、输出功率 1.7 兆瓦. 1997 年 12 月,JET 的聚变输出功率又提高到 16.1 兆瓦,为输入功率的 65%,离“点火”不远了! 当代大型托卡马克装置,利用中性束注入、微波加热,温度提高到 4 亿度,约束时间达到秒

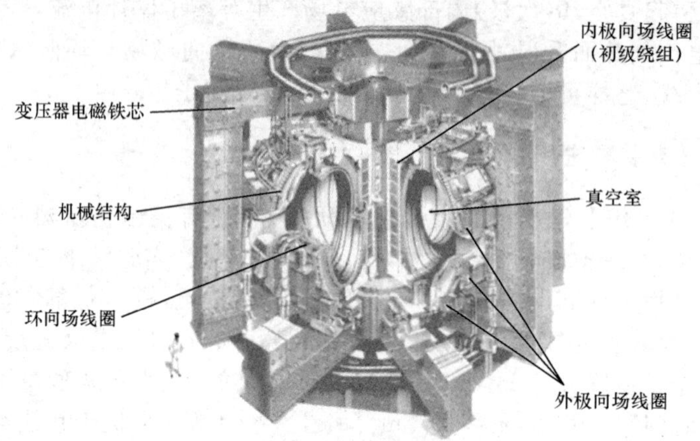

图 1.4.6　欧共体 JET 托卡马克装置模型

级，$n\tau T$ 三参数乘积已达到了 $1.5\times10^{21}\ \mathrm{keV\cdot m^{-3}\cdot s}$(JT-60U)．在近 20 年来 $n\tau T$ 三参数乘积提高了 10 000 倍，与聚变堆点火要求相差不远了．这些结果表明，磁约束聚变研究已真正进入了氘氚燃烧实验阶段．

20 世纪 50 年代末，我国核聚变研究开始起步．20 世纪 70 年代开始进行托卡马克研究，中国科学院物理所于 1975 年建成了我国第一台小型托卡马克 CT-6．1984 年 6 月，核工业西南物理研究院在四川乐山建成了当时国内最大的托卡马克装置——中国环流器 1 号(HL-1)，2002 年在成都又建成了中国环流 2 号 A(HL-2A)．1981 年中国科学院等离子体物理研究所在合肥建成 HT-6M，1996 年建成 HT-7，2006 年又建成了全超导的托卡马克实验装置 EAST．它们为中国的核聚变研究做出了许多开创性的贡献，在其上所取得的实验成果，都已经达到国际同类装置等离子体的物理品质和参数水平．

现在世界上有 30 多个国家建造了几十个托卡马克装置，为核聚变研究开辟了广阔前景．由于苏联阿齐莫维奇首创的托卡马克装置在国际核聚变研究发展中所做出的杰出贡献，在他逝世后，国际原子能委员会做出决定，在每年等离子体物理和受控热核聚变研究国际学术会议上，将有一篇专题报告，纪念阿齐莫维奇的功绩．

与此同时，仿星器的研究也取得重大进展．20 世纪 60 年代，美国由于仿星器-C 实验结果不甚理想，基本上停止了仿星器的研究工作，1969 年他们将仿星器-C 改装成 ST 托卡马克装置．然而，英国、西德、苏联和日本却坚持了下来，后来也取得了较好的结果．因为仿星器具有稳态运行优点，也是实现聚变能利用的一种可能途径．

20 世纪 60 年代以来，各种磁约束热核聚变研究装置取得的实验成果列于图 1.4.7 中．由图中可见，20 世纪末，几个大型的托卡马克装置实验结果“三乘积 $nT\tau$”已接近点火指标．

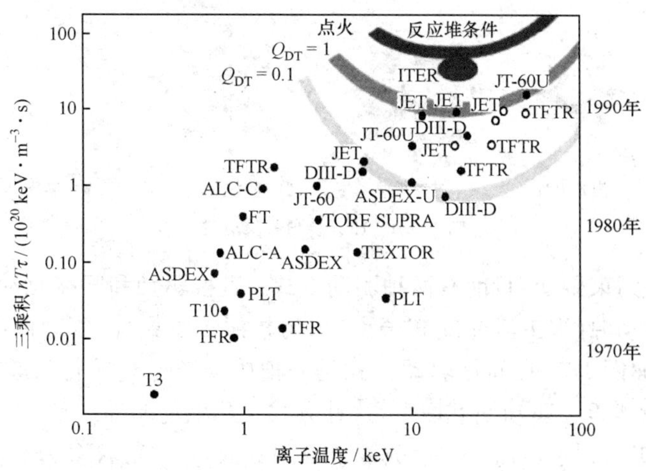

图 1.4.7　各种磁约束热核聚变研究装置取得的实验成果

1.5 惯性约束——激光核聚变

1. 激光核聚变发展历史

20世纪50年代,人们从氢弹爆炸中受到启发,想在实验室条件下寻找一种通过惯性约束的方式产生核聚变.在氢弹爆炸中,重氢的加热是由^{235}U裂变炸弹爆炸完成的.由于自身的惯性,在爆炸的极短瞬间,等离子体来不及四处扩散,就被加热到极高温度而发生聚变反应.到了60年代,激光问世后,为在惯性约束下可控加热方式提供了可能.1963年,苏联的巴索夫、1964年中国物理学家王淦昌分别提出了激光核聚变方案.利用强激光打在聚变燃料靶上,使靶材料形成等离子体,同时利用自身惯性,在未来得及四散开来以前,即被加热到极高温度而发生聚变.

激光核聚变方案提出后,很快受到重视,当然其重要意义也与军事上模拟真实热核爆炸有密切关系.

2. 激光核聚变基本原理

惯性约束聚变的核心是内爆,通过内爆增压使氘氚燃料靶丸达到高温、高密状态,发生热核聚变反应.其过程分为4个阶段(见图1.5.1):用强激光束均匀辐照小氘氚靶丸(直径约1 mm),使靶丸表面快速加热,形成一个等离子体烧蚀层;靶丸表面热物质向外喷发,反向压缩燃料,发生内爆压缩;通过向心聚爆过程,使氘氚燃料达到高温、高密状态,实现聚变点火;最后热核燃烧在被压缩的燃料内部蔓延,产生几倍能量增益,这就是聚变燃烧.这种惯性约束聚变也称为向心聚爆.

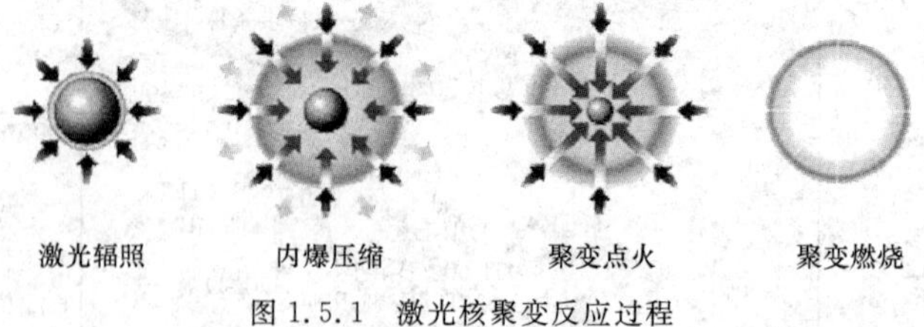

图1.5.1 激光核聚变反应过程

实现惯性约束聚变,目前有两种驱动方式:直接驱动和间接驱动.直接驱动方式是直接将驱动源(多束激光或离子束)均匀辐照氘氚靶丸,驱动内爆而实现聚变燃烧,其过程如图1.5.1.间接驱动方式是先把驱动源能量转化为软X射线能量,然后由软X射线再去驱动靶丸内爆,这种方式又称辐射驱动.间接驱动方式通常需要一个"黑腔靶",它是由高原子序数的金属制成的空腔(形状多为圆柱形或球形)、外壳上开有若干个注入和诊断的小孔,让驱动源束可以进入腔内,氘氚靶丸置于腔的中央.如果用激光束作驱动源,当它从小孔进入腔内,辐照黑腔内壁,激光能量被内壁吸收并大部分转化为X射线,然后驱动空腔中央靶丸内爆,产生聚变燃烧,如图1.5.2所示.美国在20世纪70年代初就开始黑腔靶的研究,但直到1980年黑腔靶概念才解密.我国"两弹一星功臣"、著名理论物理学家于敏院士,在20世纪70年代中期也提出了激光通过入射口,打进重金属外壳包围的空腔,以X射线辐射驱动方式实现激光核聚变的概念.

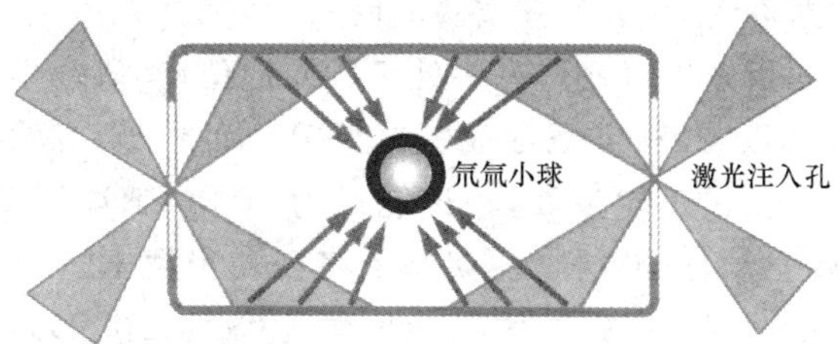

图 1.5.2 柱形黑腔间接驱动靶示意图

要实现惯性约束激光核聚变,还需要解决一系列难题.其中最重要的是要有超强激光器,其次靶丸的设计、生产也是一项极其复杂而艰巨的任务,还有理论上要研究驱动束与靶物质的相互作用和靶丸聚爆物理学等.最后,实现惯性约束聚变能利用,还要解决惯性约束聚变反应堆的设计建造问题.

3. 激光核聚变劳森判据

在激光核聚变中,劳森判据的 $n\tau$ 值,通常采用 ρR 值代替,这里的 ρ 是核燃料质量密度,R 是靶丸的半径.激光核聚变劳森判据为

$$\rho R > 1\ \mathrm{g/cm^2}.$$

由劳森判据 $R=1/\rho$,质量密度为 $\rho\propto n$,则所需的激光能量 $E\propto(4/3)\pi R^3\rho\propto 1/\rho^2$.如果原来靶丸密度为 n_0,质量密度 $\rho_0\propto n_0$,则加热靶丸需要的激光能量

$$E\propto(n_0/n)^2.$$

由此可见,如果压缩后靶丸等离子体密度 n 相对于固体靶丸密度 n_0 增大1000倍,所需的激光能量就可以降低6个量级.用激光把通常状态下的氘氚靶丸加热到亿度高温,需要的激光能量估计约 1.7×10^8 J,如果再假定激光能量和等离子体热能之间的转换效率为30%(目前实验值为10%~20%),则需要的激光能量达 6×10^8 J.根据劳森判据,要在极短时间(10^{-10} s)内,把直径约1 mm的氘氚燃料靶丸加热到热核反应温度,激光器的能量应达到 10^9 J,这几乎是不可能的.1972年,美国的尼科尔斯(J. Nuckolls)等人提出了"向心聚爆方案",利用多束激光四面八方辐照小氘氚靶丸,使其向心聚爆,把靶丸压缩达到高密、高温,密度升高了,可以大大降低所需的激光器的能量,这样使激光核聚变成为可能.

4. 惯性约束激光核聚变的研究进展

惯性约束激光核聚变的研究进展异常神速. 目前,惯性约束已与磁约束一起,成为受控热核聚变研究的两大平行发展的途径. 由于激光器与聚变堆是分开的,惯性约束反应堆将比磁约束聚变堆简单得多.

惯性聚变研究还可用于军事目的. 由于用惯性约束聚变模拟真实热核爆炸,可以在实验室获得数据资料,免去实弹实验的巨额耗资.

美国在间接驱动激光核聚变研究中处于领先地位,其研究中心在劳伦斯-利弗莫尔国家实验室(LLNL). 1985 年已建成名为 NOVA 的钕玻璃激光器(见图 1.5.3),通常使用波长为 351 nm 的三次谐波,输出能量为 40 kJ,脉冲宽度 1 ns,分 10 束输出,开展了大量间接驱动靶物理研究. 实验上将靶丸密度压缩到 3.3±0.5 g/cm^3,离子温度达到 2.2±0.8 keV,氘氚中子产生额为(8.1±0.8)×10^9 个. 1994 年把 NOVA 装置升级到 1～2 兆焦,1997 年进行点火的低增益演示. 这项研究的重点课题是激光与等离子体相互作用物理问题、流体动力学的不稳定性、X 射线驱动的不对称对靶丸聚爆的影响以及建立和验证实验结果的数值模拟计算. 1998 年美国能源部就开始在劳伦斯-利弗莫尔国家实验室启动国家点火装置工程 NIF: 采用 192 束波长 351 nm 的激光,总能量为 1.8 兆焦. 原计划 2003 年建成,但实际进展已大大推迟. 据最新报道,耗资 40 亿美元、历时 12 年的世界最大的激光器——美国"国家点火装置(NIF)"已于 2009 年 5 月 29 日正式亮相,预计将于 2010 年正式启用.

图 1.5.3 美国劳伦斯-利弗莫尔国家实验室的 NOVA 装置

法国激光核聚变研究以军事化为主要目标. 为确保法国 TN-75 和 TN-81 核弹头能始终处于良好状态,早在 1996 年,法国原子能委员会就与美国合作实施一项庞大的模拟计划——"兆焦激光计划(LMJ)",即高能激光计划,预计 2010 年前完成,经费预算达 17 亿美元. 主要在纪龙德省建造 60 组(每组 4 束)共 240 束、波长

351 nm 的 3 倍频钕玻璃激光器. 这些激光发生器可在 20 ns 内产生 1.8 兆焦能量,240 束激光,集中射向一个含有少量氘、氚的直径为毫米的目标,从而实现激光核聚变.

早在 20 世纪 70 年代,日本就投入了大量财力、人力和物力进行激光核聚变研究. 1998 年,日本研制成功了核聚变反应堆上部螺旋线圈装置(LHD)和高达 15 m 的复杂真空头,标志着日本已突破建造大型核聚变实验反应堆的技术难点. 采用直接驱动法的激光聚变技术进展最大的是日本 GEKKO-Ⅻ 钕玻璃激光器. 它的能量达到 20 kJ,12 路,波长 526 nm,它已将氘氚靶丸压缩到固体密度的 600 倍. 目前正计划将激光器能量再提高 100 倍,用 24 路激光束射向靶丸,实现点火.

欧盟激光物理学家计划耗资 5 亿英镑建造一座用于研究激光核聚变的设施. 来自 7 个欧盟国家的科学家组成的委员会认为,用"快点火"技术打造一个研究设施,对于核聚变研究以及其他物理研究领域中的辅助试验等具有十分重要的意义. 预计这一设施在 2015 年左右将建成并投入使用.

我国著名物理学家王淦昌院士 1964 年就提出了激光核聚变的初步理论,从而使我国在这一领域的科研工作走在当时世界各国的前列. 1974 年,我国采用一路激光驱动聚氘乙烯靶发生核反应,并观察到氘-氘反应产生的中子. 此外,如前已述,著名理论物理学家于敏院士在 20 世纪 70 年代中期就提出了用间接驱动方式实现激光核聚变的设想. 中国工程物理研究院的星光-Ⅱ激光装置、中国科学院上海光机所的神光-Ⅱ激光装置和中国原子能科学研究院的天光 KrF 激光装置都在激光核聚变研究领域取得许多重要成果. 计划为 2005—2010 年建成高功率激光器神光-Ⅲ,60 束,60 kJ. 2015—2020 年将建成神光-Ⅳ,实现点火和低增益.

1.6 国际热核试验堆(ITER)计划

2006 年 11 月 21 日,中国、欧盟、美国、韩国、日本、俄罗斯和印度七方代表,在巴黎正式签署了《国际热核聚变实验堆(International Thermonuclear Experimental Reactor,简称 ITER)联合实施协定》,全面启动了这一人类开发新能源的宏伟计划.

ITER 计划是目前全球规模最大、影响最深远的国际科研合作项目之一. 它的建造大约需要 10 年,耗资约 50 亿美元.

1. ITER 计划形成的历史过程

1985 年苏联领导人戈尔巴乔夫和美国总统里根在日内瓦首脑会议上倡议,希望在核聚变能方面进行国际合作,由美、苏、欧盟、日共同启动"国际热核聚变实验堆(ITER)"计划.后来密特朗、戈尔巴乔夫、里根又进行几次会晤,支持在国际原子能委员会(IAEA)主持下进行ITER概念设计.1987春IAEA邀请欧盟、美、苏、日,在维也纳开会,达成协议,联合进行ITER计划.1990年完成了ITER概念设计.

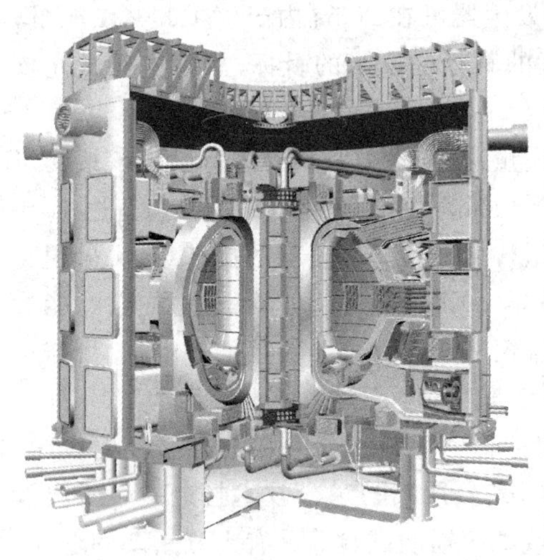

图1.6.1　国际热核聚变实验堆模型的剖面图

1992年,美、日、欧盟、俄(这时苏联已经解体)四方决定,用6年时间进行技术设计.由于当时的科学和技术条件还不成熟,四方科技人员于1996年提出的ITER初步设计不太合理,要求投资上百亿美元.1998年,美国出于政治原因及国内纷争,以加强基础研究为名,宣布退出ITER计划.欧盟、日、俄三方则继续坚持合作,并基于20世纪90年代核聚变研究及其他高新技术的新发展,大幅度修改实验堆的设计.2001年,欧盟、日、俄联合工作组完成了ITER装置新的工程设计(EDA)及主要部件的研制,预计建造费用为50亿美元(按1998年价),建造期8~10年,运行期20年.其后,三方分别组织了独立的审查,都认为设计合理,基本上可以接受.

2002年,欧盟、日、俄三方以EDA为基础开始协商ITER计划的国际协议及相应国际组织的建立,并表示欢迎中国与美国参加ITER计划.中国于2003年1月初正式宣布参加协商,其后美国在1月30日由布什总统特别宣布重新参加ITER计划,韩国在6月被接受参加ITER计划协商.以上六方于2005年6月签订协议,一致同意把ITER建在法国核技术研究中心卡达拉奇(Cadarache),从而结束了激烈的"选址大战".印度于2005年12月加入ITER协商.最终,七个成员国政府于2006年5月24日草签了建设ITER的国际协定.同年11月21日,七方代表又在巴黎正式签署了该协定.图1.6.1就是要建造的国际热核实验堆模型的剖面图.

ITER计划的目标是要建造一个可自持燃烧(即"点火")的托卡马克核聚变实验堆,以便对未来聚变示范堆及商用聚变堆的物理和工程问题作深入探索.

ITER建设总投资约50亿美元(按1998年值),其中欧盟贡献46%,美、日、俄、中、韩、印各贡献约9%.根据协议,中国贡献中的70%以上由我国制造所约定的ITER部件来折算,10%由我国派出所需合格人员折算,需支付国际组织的外汇不到20%.

2. ITER 计划目标和主要设计参数

ITER 装置是一个能产生大规模核聚变反应的超导托卡马克.其装置中心是高温氘氚等离子体环,其中存在 15 兆安的等离子体电流,核聚变反应功率达 50 万千瓦,每秒释放多达 10^{20} 个高能中子.等离子体环在屏蔽包层的环形包套中,屏蔽包层将吸收 50 万千瓦热功率及核聚变反应所产生的所有中子.等离子体环大半径为 6.2 m、小半径为 2.0 m,氘氚组成的高温等离子体约束的体积达 837 m^3(如图 1.6.2).这将是人类第一次在地球上获得持续的、有大量核聚变反应的高温等离子体,产生接近电站规模的受控聚变能.

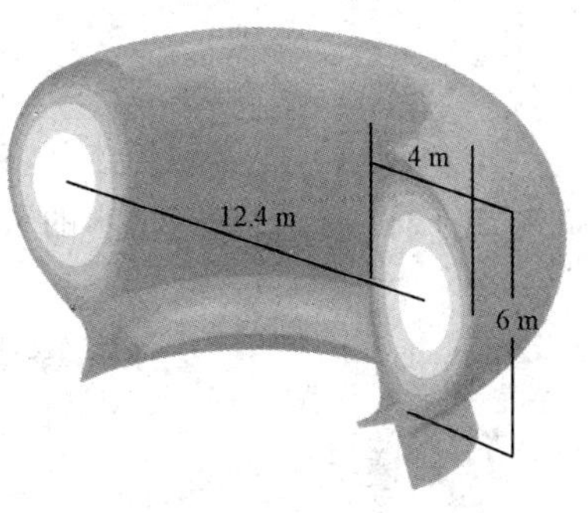

图 1.6.2 国际热核聚变实验堆中的高温等离子体

在 ITER 上开展的研究工作将揭示这种带有氘氚核聚变反应的高温等离子体的特性,探索它的约束、加热和能量损失机制,等离子体边界的行为以及最佳的控制条件,从而为今后建设商用的核聚变反应堆奠定坚实的科学基础.

ITER 的建设、运行和实验研究是人类发展聚变能的必要一步,有可能直接决定真正聚变示范电站(DEMO)的设计和建设,并进而促进商用聚变电站的更快实现.

第 2 章　等离子体基本性质及相关概念

本章介绍一些等离子体基本性质和等离子体的相关概念，使读者对等离子体和等离子体物理有一些初步的了解，为进一步学习等离子体物理做些引导.

2.1　等离子体与等离子体物理学

1. 等离子体

当物质的温度从低到高变化时，物质将逐次经历固体、液体和气体三种状态；当温度进一步升高时，气体中的原子、分子将出现电离状态，形成电子、离子组成的体系，这种由大量带电粒子(有时还有中性粒子)组成的体系便是等离子体. 等离子体是区别于固体、液体和气体的另一种物质存在状态，故又称为物质第四态.

等离子体广泛存在于宇宙空间，从电离层到宇宙深处物质几乎都是电离状态，宇宙空间可见物质中 99%是等离子体. 地球表面几乎没有自然存在的等离子体，只存在于闪电和实验室中气体放电等情形下.

等离子体英文词 “plasma” 源于希腊文“πλασμα”，是 1928 年朗缪尔(Langmuir)把辉光放电产生的电离气体命名为“plasma”而引入的.“plasma”中文译作“等离子体”，其本意是电离状态气体正负电荷大体相等，整体上处于电中性(准电中性).

2. 等离子体物理学

等离子体物理学主要研究的是：等离子体的整体形态和集体运动规律；等离子体与电磁场及与其他形态物质的相互作用.

19 世纪 30 年代开始有气体放电管中电离气体的研究；20 世纪 30 年代到 50 年代初在借鉴其他学科研究方法的基础上建立了等离子体物理的基本理论框架和描述方法，同时把其研究范围从电离气体、金属中电子气拓展到电离层和某些天体. 20 世纪 50 年代起，在受控热核聚变研究和空间技术的巨大推动下，等离子体物理才得到充分的发展并成熟起来，终于在 20 世纪 70 年代末成为物理学界公认的一门新的物理学独立分支学科.

等离子体广泛存在于宇宙空间，认识和掌握各种条件下等离子体运动规律是人类认识宇宙中各种现象的基本前提. 所以，等离子体物理是向我们提供太阳、恒星、行星际介质和银河系知识的基石之一.

等离子体物理学研究为人类解决能源问题带来希望.受控核聚变可以为人类提供长期用之不竭的新能源.但实现聚变能利用,则要求改善磁约束和加热等离子体的方法.因此,研究和掌握高温等离子体的运动规律是实现受控核聚变的关键.

等离子体物理学研究也是人类认识和控制地球环境变化、开发空间产业、维持全球通信的重要保证.研究太阳等离子体热核能量的输出和传输,研究磁层和电离层中能量的转化和分配,对于认识和保障地球环境有深远的意义.空间等离子体物理学为保障航天安全和空间应用的正常进行提供理论依据.研究电离层等离子体环境及其对电波传播的影响,起着保障和改善通信、导航和提高授时精度的重要作用.

等离子体物理学研究可以促进低温等离子体技术在国民经济各领域中广泛应用.等离子体处理加工技术已成为一些重要产业(如微电子、半导体、材料、航天、冶金等)的关键技术,而在灭菌、消毒、环境污染处理、等离子体显示、表面改性、同位素分离、开关和焊接技术等方面的应用已创造了极大的经济效益.

等离子体物理学研究开辟了高技术开发的新领域.非中性等离子体的研究产生了一批崭新的具有革命性意义的高技术项目,如相干辐射源的研制和粒子加速器新概念的提出. 这些项目将在能源、国防、通信、材料科学和生物医学中发挥重要作用.对基本物理过程的深入研究已成为推动这些技术取得突破性进展的关键.

等离子体物理学各领域的研究还提出了一些带有共性、密切相关的基本问题,如波和粒子相互作用,等离子体加热,混沌,湍流和输运,等离子体鞘层和边界层,磁场重联和发动机效应等.这些问题构成了等离子体物理进一步发展的重要内容.

因此,等离子体物理学已成为当代物理学一门新的独立分支学科.等离子体物理学研究范围非常广泛,它包括:磁约束聚变等离子体、惯性约束聚变等离子体、空间等离子体、天体等离子体、低温等离子体、非中性等离子体、尘埃等离子体、基础等离子体等.

等离子体物理在理论上也是对物理学的严峻挑战.它涉及多体的长程相互作用、强磁场以及电磁场与多粒子体系耦合等.

2.2 等离子体的基本性质

1. 电荷屏蔽现象与等离子体准电中性

等离子体是由大量带电粒子组成的多粒子体系.两个带电粒子之间本来是简单的库仑作用,但由于周围大量带电粒子的存在,会出现电荷屏蔽现象,这是等离子体的重要特征之一.如果在等离子体中考察任一个带电粒子,由于它的静电场作用,在它的附近会吸引异号电荷的粒子,同时排斥同号电荷的粒子,从而在其周围会出现净的异号“电荷云”，这样就削弱了这个带电粒子对远处其他带电粒子的作用，这就是电荷屏蔽现象.因此在等离子体中，一个带电粒子对较远处的另一个带电粒子的作用，就不再是库仑势，而应是“屏蔽库仑势”.

现在对电荷屏蔽现象作一定量的讨论.

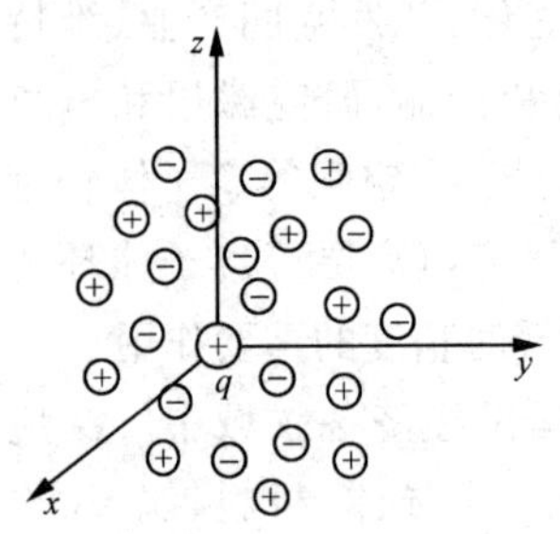

图 2.2.1 中心粒子 q 的周围出现屏蔽电荷云

设在原点处有一电荷为 q 的粒子，称为中心粒子，由于上面说明的原因，在 q 的周围出现屏蔽电荷云，如图 2.2.1，则空间电荷分布为屏蔽电荷云和中心粒子 q 之和，即

$$\rho(r) = Zn_{\mathrm{i}}e - n_{\mathrm{e}}e + q\delta(r), \tag{2.2.1}$$

其中 $n_{\mathrm{i}}, n_{\mathrm{e}}$ 分别为离子（原子序数为 Z）和电子的粒子数密度分布.空间电势分布 $\phi(r)$ 是由点电荷 q 和屏蔽电荷云共同产生的.由于球对称，空间电势分布 $\phi(r)$ 应满足泊松方程

$$\nabla^2\phi(r) = -\rho(r)/\varepsilon_0. \tag{2.2.2}$$

由于离子惯性比电子大得多，通常可以忽略离子运动的影响，即 $n_{\mathrm{i}} = n_{\mathrm{i0}}$，这里 n_{i0} 是离子不受中心电荷 q 影响时的均匀分布.假设电子受电势 $\phi(r)$ 的影响处于热平衡状态，则电子密度达到平衡时的分布取势场为 $-e\phi$ 时的玻尔兹曼分布，即

$$n_{\mathrm{e}} = n_{\mathrm{e0}}\mathrm{e}^{e\phi/T_{\mathrm{e}}}, \tag{2.2.3}$$

式中 n_{e0} 为不受中心电荷影响时（$\phi=0$）的电子密度，T_{e} 为电子温度（以能量为单位的动力温度）.由等离子体的电中性

$$Zn_{\mathrm{i0}} = n_{\mathrm{e0}}, \tag{2.2.4}$$

因此利用(2.2.2)—(2.2.4)式，(2.2.1)式的空间电荷分布可写为

$$\rho(r) = n_{\mathrm{e0}}e(1-\mathrm{e}^{e\phi/T_{\mathrm{e}}}) + q\delta(r). \tag{2.2.5}$$

考虑到在等离子体中电子温度都比较高，满足 $e\phi \ll T_{\mathrm{e}}$ 条件，可取如下近似

$$\mathrm{e}^{e\phi/T_{\mathrm{e}}} \approx 1 + e\phi/T_{\mathrm{e}},$$

则(2.2.5)式空间电荷分布近似表示为

$$\rho(r) \approx -n_{\mathrm{e0}}e^2\phi/T_{\mathrm{e}} + q\delta(r) = -\varepsilon_0\phi/\lambda_{\mathrm{D}}^2 + q\delta(r), \tag{2.2.6}$$

式中

$$\lambda_{\mathrm{D}} = \sqrt{\varepsilon_0 T_{\mathrm{e}}/n_{\mathrm{e0}}e^2}. \tag{2.2.7}$$

将(2.2.6)式代入方程(2.2.2)，则

$$\nabla^2\phi(r) = \phi/\lambda_{\mathrm{D}}^2 - q\delta(r)/\varepsilon_0. \tag{2.2.8}$$

在 $r>0$ 区域，(2.2.8)方程为

$$\nabla^2\phi(r) = \phi/\lambda_{\mathrm{D}}^2, \tag{2.2.9}$$

(2.2.9)方程在球坐标系中可表示为

$$\frac{1}{r^2}\frac{\mathrm{d}}{\mathrm{d}r}\left(r^2\frac{\mathrm{d}\phi}{\mathrm{d}r}\right) = \phi/\lambda_{\mathrm{D}}^2, \tag{2.2.10}$$

(2.2.10)方程的通解是

$$\phi(r)=\left(\frac{A}{r}\right)\exp(-r/\lambda_D)+\left(\frac{B}{r}\right)\exp(r/\lambda_D), \tag{2.2.11}$$

式中 A,B 由边界条件：$r\to\infty$时，$\phi=0$；$r\to 0$ 时，$\phi(r)=q/4\pi\varepsilon_0 r$ 确定. 由此得 $B=0$，$A=q/4\pi\varepsilon_0$. 于是得(2.2.9)方程的解

$$\phi(r)=\frac{q}{4\pi\varepsilon_0 r}\mathrm{e}^{-r/\lambda_D}. \tag{2.2.12}$$

(2.2.12)式是考虑了电荷屏蔽效应后中心电荷 q 的作用势，称为屏蔽库仑势或屏蔽势，它等于库仑势 $q/4\pi\varepsilon_0 r$ 乘上一个反映电荷屏蔽效应的衰减因子 $\mathrm{e}^{-r/\lambda_D}$. 参量 λ_D 具有长度的量纲，称为德拜屏蔽长度，它是反映电荷屏蔽效应的特征长度. 当 $r\ll\lambda_D$ 时，$\phi(r)\approx q/4\pi\varepsilon_0 r$. 这时两个粒子之间的作用为库仑势. 一般情况下，等离子体中带电粒子间长程部分的相互作用是主要的，故应取(2.2.12)式的屏蔽势. 如果将(2.2.12)式屏蔽势代入(2.2.8)方程，可以证明，它是满足(2.2.8)方程的，因而是方程的解.

图 2.2.2 就是德拜屏蔽势与库仑势的比较. 可以看出，(2.2.7)式定义的德拜长度是等离子体的一个重要特征参量，它可作为等离子体空间宏观尺度的量度. 只要空间尺度 $l\gg\lambda_D$，由于电荷屏蔽使中心粒子场消失，即使有宏观涨落引起的局域性的净电荷，其影响在 $l\gg\lambda_D$ 的范围也会被消除. 因此，电荷屏蔽效应能保持等离子体在 $l\gg\lambda_D$ 范围内为电中性，称为准电中性. 这是电离气体成为等离子体的基本条件之一. 因此，λ_D 是等离子体空间尺度的下限，当等离子体空间尺度 $l\gg\lambda_D$ 时，等离子体是准电中性的.

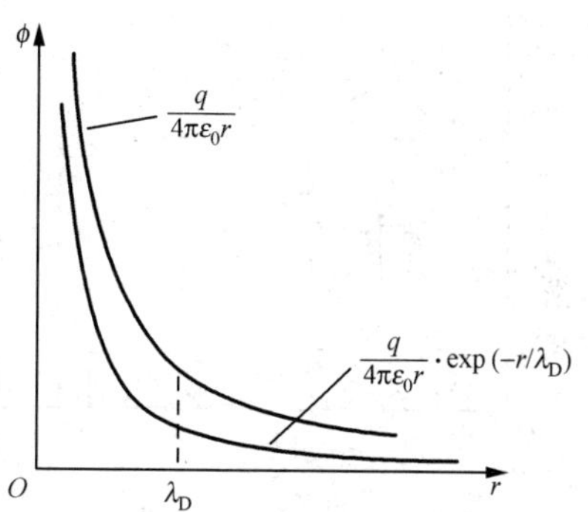

图 2.2.2 德拜屏蔽势与库仑势

如果考虑离子运动的贡献，即离子在电势 $\phi(r)$影响下，其分布也处于热平衡状态，则离子密度平衡时的分布和电子的玻尔兹曼分布(2.2.3)式类似，即离子密度分布为

$$n_i=n_{i0}\mathrm{e}^{Ze\phi/T_i},$$

式中 n_{i0}为不受中心电荷影响时($\phi=0$)的离子密度，Z 为离子的电荷数，T_i为离子温度. 根据(2.2.1)式，则空间电荷分布应改写为

$$\begin{aligned}\rho(r)&=Zen_{i0}\mathrm{e}^{-Ze\phi/T_i}-en_{e0}\mathrm{e}^{e\phi/T_e}+q\delta(r)\\&\approx-[n_{i0}Z^2e^2/T_i+n_{e0}e^2/T_e]\phi+q\delta(r)\\&=-\varepsilon_0\phi/\lambda_D^2+q\delta(r),\end{aligned} \tag{2.2.13}$$

式中

$$1/\lambda_D^2=1/\lambda_{De}^2+1/\lambda_{Di}^2. \tag{2.2.14}$$

这里 $$\lambda_{De}=\sqrt{\varepsilon_0 T_e/n_{e0}e^2},\quad \lambda_{Di}=\sqrt{\varepsilon_0 T_i/n_{i0}Z^2e^2}. \tag{2.2.15}$$

现在，λ_D 为总德拜屏蔽长度，它是考虑电子、离子运动都起屏蔽效应时的屏蔽长度. λ_{De}是电子德拜屏蔽长度，λ_{Di}是离子德拜屏蔽长度. 因此(2.2.7)式的 λ_D 就是只考虑电子屏蔽效应时的德拜屏蔽长度.

如果 $Z=1, n_{e0}=n_{i0}, T_e=T_i$，由(2.2.14)和(2.2.15)式，$\lambda_D=\lambda_{De}/\sqrt{2}$. 所以，考虑了离子屏蔽效应，$\lambda_D$ 变小了，表明屏蔽增强了. 作为屏蔽效应的特征长度，一般就取(2.2.7)式的电子德拜屏蔽长度 λ_D.

由于等离子体中的带电粒子都在快速地运动，实际上达不到完全热平衡的电荷屏蔽，因此电荷屏蔽应该是与粒子的运动有关，如果考虑带电粒子的运动效应，则是电荷的"动屏蔽效应".

2. 等离子体振荡与等离子体振荡频率

等离子体在宏观上具有强烈保持电中性的趋势，如果由于某种原因引起局部的电荷分离，就会产生等离子体振荡现象. 如图2.2.3所示，在原来电中性的等离子体中，假定有一厚度为 l 的等离子体薄层，其中电子受到扰动向上移动一小段距离 x，这样就破坏了原来的电中性，在$(0,x)$间电子减少，正电荷过剩，出现面电荷$+\sigma$，而在$(l,l+x)$间则电子过多，出现面电荷$-\sigma$，因而在这一薄层的两侧出现了密度为$\pm\sigma=\pm n_e ex$ 的面电荷，面电荷在薄层中产生的静电场 $E=n_e ex/\varepsilon_0$，这个电场提供了恢复力，阻止电子向上的扰动偏离，并把电子拉回原来位置. 由于电子的惯性，当它到达原来平衡位置时，还会继续向相反方向移动，又产生反方向的偏离. 于是形成薄层电子围绕其平衡位置的静电振荡，称为电子等离子体振荡. 因为这种振荡是1920年朗缪尔(Langmuir)发现的，所以又称朗缪尔振荡.

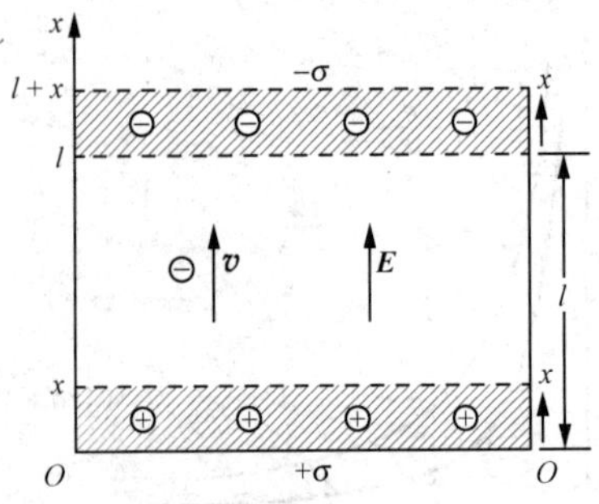

图2.2.3　电子等离子体振荡

现在计算电子等离子体振荡频率. 假设不存在磁场，而且忽略粒子的热运动，由于电子等离子体振荡的高频特性和离子质量比电子质量大得多，离子对电子振荡来不及响应，因此离子可以看成固定不动、均匀分布的正电荷背景，振荡只是电子薄层的集体运动行为. 因此电子薄层中每个电子的运动方程为

$$m_e\frac{d^2x}{dt^2}=-eE=-n_e e^2 x/\varepsilon_0, \tag{2.2.16}$$

这个方程可以改写为

$$\frac{d^2x}{dt^2}+\omega_{pe}^2 x=0, \tag{2.2.17}$$

式中
$$\omega_{pe} = \sqrt{n_e e^2/m_e \varepsilon_0}\ . \tag{2.2.18}$$
显然，(2.2.17)是一个振荡方程，(2.2.18)式的 ω_{pe} 就是电子振荡频率，称电子等离子体振荡频率.

确切地，ω_{pe} 应称电子等离子体振荡角频率：
$$\omega_{pe} \approx 56.4[n_e(\mathrm{m}^{-3})]^{1/2}\ \mathrm{rad/s},$$
等离子体振荡线频率为
$$f_{pe} = \omega_{pe}/2\pi \approx 8.98[n_e(\mathrm{m}^{-3})]^{1/2}\ \mathrm{Hz}.$$
以上计算结果中 n_e 取以 m^{-3} 为单位时的数值.

在等离子体中也会出现离子振荡.如果在等离子体中出现离子的电荷涨落，它在静电力的作用下也会有向其原来的电中性平衡位置恢复的运动，产生离子等离子体振荡或简称离子振荡.一般地讲，电子运动比离子活跃得多，在相同外力作用下，离子振荡周期比电子振荡周期长得多.如果电子是灼热的，在离子完成一个振荡周期期间，电子依靠自身的热运动就可以在空间实现均匀分布.因此可以认为，离子的振荡是在均匀的电子背景中产生的.用推导电子振荡频率同样的方法，可得离子振荡频率
$$\omega_{pi} = \sqrt{n_i Z_i^2 e^2/m_i \varepsilon_0}\ , \tag{2.2.19}$$
显然，$\omega_{pi} \ll \omega_{pe}$.

如果在电子振荡时离子是运动的，或者离子振荡时电子是运动的，这样电子相对于离子的振荡或离子相对于电子的振荡，称等离子体振荡，其振荡频率称等离子体振荡频率.等离子体振荡可以看成一个折合质量 $m_{ei}=m_e m_i/(m_e+m_i)$ 粒子的静电振荡，用折合质量 m_{ei} 代替(2.2.18)式中 m_e，即得等离子体振荡频率(设 $Z=1$，$n_i=n_e$)：
$$\omega_p^2 = \frac{n_e e^2}{m_{ei}\varepsilon_0} = \frac{m_i n_e e^2}{m_e m_i \varepsilon_0} + \frac{m_e n_e e^2}{m_e m_i \varepsilon_0} = \frac{n_e e^2}{m_e \varepsilon_0} + \frac{n_i e^2}{m_i \varepsilon_0} = \omega_{pe}^2 + \omega_{pi}^2,$$
因为 $\omega_{pi} \ll \omega_{pe}$，所以等离子体振荡频率
$$\omega_p \approx \omega_{pe}.$$
因此，电子等离子体振荡频率通常也称等离子体振荡频率.

电子等离子体振荡特征时间(周期)$\tau_{pe}=1/\omega_{pe}$，可作为等离子体宏观时间尺度.因为时间尺度 $\tau < \tau_{pe}$ 时，电子等离子体振荡总是存在的，只有在时间尺度 $\tau \gg \tau_{pe}$ 时，任何扰动引起电中性破坏、产生的空间电荷及空间电场等，其时间平均都为 0.特征时间 $\tau_{pe}=1/\omega_{pe}$ 也称等离子体响应时间，因为等离子体在 $1/\omega_{pe}$ 时间量级内可以消除各种电中性的破坏，恢复等离子体准电中性.所以 $\tau_{pe}=1/\omega_{pe}$ 就是衡量等离子体准电中性的时间下限.对于任何 $\omega \ll \omega_{pe}$ 的扰动，等离子体都能以足够快的反应来维持它的电中性.

现在考察德拜长度 λ_D 距离上两粒子的作用时间：

$$\tau_{pe} = \lambda_{De}/v_{Te} = \sqrt{\varepsilon_0 T_e/n_e e^2}/\sqrt{T_e/m_e} \approx 1/\omega_{pe}, \tag{2.2.20}$$

$$\tau_{pi} = \lambda_{Di}/v_{Ti} = \sqrt{\varepsilon_0 T_i/n_i e^2}/\sqrt{T_i/m_i} \approx 1/\omega_{pi}, \tag{2.2.21}$$

式中 $v_{Te}=\sqrt{T_e/m_e}$，$v_{Ti}=\sqrt{T_i/m_i}$分别为电子、离子特征热速度. 由此可见，等离子体振荡周期与德拜长度距离上两粒子的作用时间是一致的. 因为 $\tau_{pe} \ll \tau_{pi}$，所以用电子振荡特征时间 τ_{pe}作为等离子体宏观存在时间是合适的. 因此，德拜长度 λ_D 是等离子体保持准电中性的最小空间尺度，电子振荡特征时间 $\tau_{pe}=1/\omega_{pe}$是等离子体保持准电中性的最小时间尺度.

3. 等离子体的碰撞

等离子体中的粒子碰撞与中性气体中的粒子碰撞有显著不同. 中性粒子间的作用是短程力，力程约粒子线度大小的量级，两个粒子之间仅当接近到粒子半径距离附近才有明显作用，因此它们间的弹性碰撞是近距离的二体碰撞，碰撞引起的偏转显著，多半是大角度的，如图 2.2.4(a). 但是，等离子体中的带电粒子之间相互作用是长程库仑力，一个带电粒子同时与许多带电粒子发生作用，即多体相互作用，因而等离子体中的带电粒子"碰撞"是极其复杂的. 由于德拜屏蔽现象，等离子体中带电粒子间的相互作用是屏蔽库仑势，其力程为德拜屏蔽长度. 按德拜屏蔽长度，带电粒子的库仑相互作用分成了两部分，即：在德拜球(以德拜长度为半径的球体)以外的长程库仑作用和在德拜球以内的短程库仑作用，长程库仑作用的结果表现出带电粒子的集体行为，而短程库仑作用的结果则是库仑碰撞. 因为在德拜球内的粒子数 $N_D=(4\pi/3)\lambda_D^3 n \gg 1$，表明"库仑碰撞"总是一个带电粒子同时与大量其他带电粒子间的"碰撞". 因而等离子体中带电粒子间的碰撞实际上是多体碰撞，而不是通常的两体碰撞过程. 一个带电粒子与其他许多带电粒子发生碰撞，不仅这个粒子本身的运动状态发生改变，而且在德拜球内 N_D 个粒子的运动状态也都相应地改变. 在磁约束热核聚变装置中，磁场能改变带电粒子的运动方向，这对带电粒子在屏蔽库仑场作用下速度方向的偏转也会有额外的贡献，自然也会影响到粒子间的碰撞. 因而，等离子体中带电粒子间的碰撞过程比中性理想气体粒子间的二体碰撞过程复杂得多.

可以证明，在一定条件下，等离子体中带电粒子间的多体碰撞，可以近似地等于二体碰撞叠加. 目前处理等离子体中带电粒子的库仑碰撞问题都是采用这种办法.

在等离子体中，一般都将由于碰撞使粒子初始方向偏转 90°作为粒子状态发生显著变化的标志. 可以证明，在等离子体中，粒子速度方向经一次碰撞就偏转 90°的几率，比每次碰撞只偏转很小角度，但经过多次碰撞后积累到偏转 90°的几率约小 2 个数量级. 因此在等离子体中，通过大量小角度散射积累到大的偏转的情形比只经过一次散射就得到大的偏转多几十倍.

在等离子体中,把通过大量小角度散射积累到大的偏转(约 90°)称为"碰撞",如图 2.2.4(b),实现这样碰撞所经历的平均时间称平均碰撞时间 τ,单位时间内实现这样碰撞的次数称平均碰撞频率 ν,$\nu=1/\tau$.

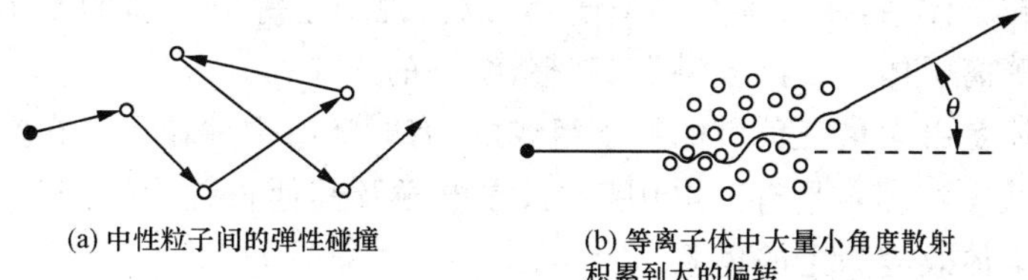

图 2.2.4　中性气体粒子碰撞(a)与等离子体粒子碰撞(b)

在等离子体中,几种平均碰撞时间的数量级关系为(参见第 6 章(6.4.32)式):

$$\tau_{ee} : \tau_{ii} : \tau_{ie} = 1 : \sqrt{m_i/m_e} : m_i/m_e, \tag{2.2.22}$$

平均碰撞频率关系:

$$\nu_{ee} : \nu_{ii} : \nu_{ie} = m_i/m_e : \sqrt{m_i/m_e} : 1. \tag{2.2.23}$$

式中 $\tau_{ee}(\nu_{ee})$为电子-电子平均碰撞时间(频率),$\tau_{ii}(\nu_{ii})$为离子-离子平均碰撞时间(频率),$\tau_{ie}(\nu_{ie})$为离子-电子平均碰撞时间(频率).由此可见,电子-电子平均碰撞时间(频率)最短(最高),因为电子质量轻,通过碰撞容易显著改变其运动状态;离子-离子次之,因为离子的质量比电子大得多,要显著改变其运动状态所需的碰撞时间比电子的要长得多;离子-电子平均碰撞时间(频率)最长(最低),这是因为离子与电子质量相差很大,经过一次碰撞,离子运动状态的改变非常微小,而电子变化则大得多,因此通过离子-电子碰撞,使离子运动状态发生显著改变,则需要经过更多次的碰撞、花费更长的时间.反之,电子-离子碰撞,使电子运动状态发生显著改变,这过程比较快,与电子-电子平均碰撞所需时间差不多,即 $\tau_{ei}\approx\tau_{ee}$. 由于几种平均碰撞时间的差别很大,约 $\sqrt{m_i/m_e}\approx60$ 倍(氘等离子体),因此在等离子体中就可能出现两种不同温度,即电子温度和离子温度.再经过相当长的时间,等离子体才会达到完全热平衡,达到同一温度.

如果将库仑相互作用短程部分所造成的碰撞过程的时间尺度 τ_{ee} 与库仑相互作用长程部分所造成集体运动的等离子体振荡周期 $\tau_{pe}=1/\omega_{pe}$ 相比较,计算表明(参见 6.3 节)

$$\tau_{ee}/\tau_{pe} \gg 1. \tag{2.2.24}$$

由此可见,等离子体中的碰撞过程比等离子体集体振荡过程慢得多.说明**等离子体的特性是以集体效应为主的**.实际上,在短程碰撞引起等离子体性质改变的时间尺度内,就能出现各种等离子体集体现象(如等离子体波、不稳定性等),因而在多数场合,这种短程碰撞影响都可忽略.

4. 等离子体的定义

必须指出,并非任何带电粒子组成的体系都是等离子体,只有具备了等离子体特性的带电粒子体系,才可称为等离子体. 以上说明了等离子体的基本性质之后,现在可以给等离子体下个比较科学、完整、统一的定义：

等离子体是由大量正负带电粒子组成的(有时还有中性粒子)、在空间尺度 $l\gg\lambda_D$ 和时间尺度 $\tau\gg1/\omega_{pe}$ 具有准电中性的、在电磁及其他长程力作用下粒子的运动和行为是以集体效应为主的体系.

5. 等离子体辐射

经典电动力学证明,任何做加速运动的带电粒子都要辐射电磁波. 等离子体中存在大量的以各种形式运动的带电粒子,因而会引起多种的辐射,称等离子体辐射.

根据辐射过程的微观特性,等离子体辐射可以分为轫致辐射、复合辐射、回旋辐射、激发辐射以及切连科夫辐射等. 对磁约束高温等离子体,可以认为它是由完全电离气体组成的体系,因此最重要的辐射过程是：轫致辐射和回旋辐射.

(1) 轫致辐射

轫致辐射是自由带电粒子受外场作用,其运动速度发生变化而辐射的电磁波. 在等离子体中,带电粒子间的碰撞,引起加速运动,就会产生轫致辐射. 因为同类粒子碰撞(离子-离子,电子-电子)产生的辐射很小(偶极辐射为0),电子-离子碰撞时,因离子质量大,获得的加速度小,对轫致辐射的贡献也很小,所以等离子体中的轫致辐射主要是电子-离子碰撞时电子的辐射. 严格地讲,电磁辐射应该用量子力学来处理,但应用经典电动力学也可得到较好的近似结果. 根据经典电动力学,非相对论性的辐射功率

$$P=e^2\dot{\boldsymbol{v}}^2/6\pi\varepsilon_0c^3,\tag{2.2.25}$$

式中 $\dot{\boldsymbol{v}}$ 是粒子运动加速度,即辐射功率与加速度平方 $\dot{\boldsymbol{v}}^2$ 成正比.

等离子体中电子轫致辐射功率密度,可以用经典力学计算得的电子-离子碰撞的加速度,代入(2.2.25)式得到电子-离子一次碰撞的辐射功率. 然后,设定电子数密度 n_e、电子温度 T_e、离子密数度 n_i,对所有的碰撞产生的辐射功率求和. 由此得到高温等离子体中电子轫致辐射功率密度：

$$P_b\approx4.9\times10^{-37}Z^2n_in_eT_e^{1/2}(\mathrm{W\cdot m^{-3}\cdot s}),\tag{2.2.26}$$

式中电子温度 T_e以 keV 为单位,n_i,n_e 分别为离子、电子粒子数密度,单位取 $\mathrm{m^{-3}}$. 注意,轫致辐射功率密度与电子温度 $T_e^{1/2}$ 成正比,与离子的原子序数 Z 的平方成

正比. 轫致辐射的光谱是连续光谱(X 射线),由于是 X 射线,在目前核聚变装置中不会被等离子体所吸收,全部辐射将逸出等离子体. 因此在讨论热核聚变反应维持能量平衡的劳森判据时,轫致辐射为能量损失重要因素之一.

由于轫致辐射功率密度与离子的原子序数 Z 的平方成正比,所以在核聚变实验装置中,高 Z 的杂质离子辐射损失就很大,为保持高温,就应当尽量减少或避免杂质离子的产生并进入等离子体内部. 目前在一些高水平的热核研究实验装置中(如托卡马克、仿星器装置),专门设计、安装一种偏滤器,其目的就是把从器壁中撞出来的高 Z 的杂质离子,迅速地由偏滤器收集并抽走,以免它进入等离子体内部产生大量的轫致辐射损失.

(2) 回旋辐射

在磁约束等离子体中,带电粒子绕磁力线做回旋运动,因为回旋运动时有向心加速度,粒子就不断地辐射出电磁波,这种辐射叫做回旋辐射,也有称磁轫致辐射.

在热核等离子体中,离子和电子受相同的洛伦兹力,因离子质量大,加速度小,其回旋辐射可以忽略,所以在热核等离子体中只要考虑电子的回旋辐射.

电子能量不是很高时的电子回旋辐射功率密度计算,也是先计算电子在磁场中运动的向心加速度,代入(2.2.25)式即可得到一个电子回旋辐射功率,然后假定电子数密度 n_e、电子温度 T_e,对具有麦克斯韦分布的电子求和,就可得到电子回旋辐射功率密度:

$$P_c \approx 6.21 \times 10^{-17} n_e T_e B^2 (\mathrm{W/m^3 \cdot s}), \qquad (2.2.27)$$

式中 B 为磁感应强度(T),电子温度 T_e(keV),电子粒子数密度 n_e($\mathrm{m^{-3}}$).

回旋辐射的功率密度与 T_e 成正比,如果考虑磁压强 $p_B \approx B^2/2\mu$ 与等离子体压强 $p \approx 2n_e T_e$ 平衡或同量级,则回旋辐射的功率密度与 T_e 平方成正比,而轫致辐射的功率密度与 $T_e^{1/2}$ 成正比. 当电子温度较低时,等离子体中回旋辐射引起的能量损失比较小,但当电子温度升高时回旋辐射功率增加很快,电子温度超过 5 keV 或更高时,回旋辐射引起的能量损失将超过轫致辐射能量损失.

对于电子能量不是很高时(非相对论性),回旋辐射频率基本上就是电子的拉莫尔频率(回旋频率),是线光谱;当电子能量较高时,回旋辐射频率除拉莫尔频率(基频)外,还有许多拉莫尔频率的谐波;在高度相对论能量时,回旋辐射是连续谱. 但由于回旋频率的多普勒增宽、碰撞增宽、磁场不均匀性等因素,在高温等离子体中,实际上就是连续谱形式. 典型的热核等离子体,电子回旋频率

$$f_{ce} = eB/2\pi m_e = 2.80 \times 10^{10} B(\mathrm{Hz}),$$

式中 B 为磁感应强度(T),一般 B 为几个 T,所以回旋辐射频率约为 10^{11} Hz 量级,波长为毫米量级,属于微波范围. 由于回旋辐射的波长比较长,通常能为等离子体所吸收或能被适当设计的器壁所反射. 因此在核聚变的能量平衡中,一般不考虑回

旋辐射的能量损失.

等离子体辐射是等离子体自身固有的现象,研究等离子体辐射过程是有重要意义的.因为辐射导致等离子体能量损失,同时辐射也可以提供有关等离子体内部的重要信息.现在通过等离子体辐射过程研究,可以了解等离子体的许多性质.天体物理学工作者几乎完全依靠辐射信息来获得天体知识.核聚变研究也是利用辐射来确定等离子体的一些参量,如等离子体的密度和温度.当然,对等离子体性质的了解不仅由观测等离子体自身发出的辐射,而且也可以通过等离子体对辐射的吸收与散射得到.

2.3 等离子体参量与分类

1. 等离子体参量

前面出现过等离子体参量很多,但许多参量都和一些基本的物理量相关的.等离子体基本的物理量有两类:

- 粒子性质的物理量:电子、离子的质量 m_e,m_i,电子、离子的电荷 $-e$,Ze;
- 宏观状态的物理量:电子、离子的数密度 n_e,n_i,电子、离子的温度 T_e,T_i.

描述等离子体系统的独立参量只有等离子体密度和温度.

(1) 等离子体密度

实际上是等离子体数密度,一般都简称等离子体密度.通常还区分为电子的数密度 n_e 和离子的数密度 n_i.当满足等离子体准电中性条件时,有

$$n_e = \sum_{\alpha} Z_{\alpha} n_{\alpha}, \tag{2.3.1}$$

式中 n_{α} 为 α 类离子数密度,Z_{α} 为 α 类离子电荷数.

(2) 等离子体温度

等离子体只有达到热力学平衡(或局域性热力学平衡)时,温度才有意义.处于热力学平衡的等离子体,其速度分布为麦克斯韦分布.如果局域性热力学平衡,则其速度分布为局域性麦克斯韦分布.按国际规定,温度是由热力学温标定义的,用 T 表示,其单位是"开尔文",用 K 表示.

如前已述,等离子体物理与核聚变研究中,等离子体温度都采用以能量为单位定义的等离子体动力温度.等离子体动力温度 T 与通常定义的温度 T_k 关系是

$$T = kT_k, \tag{2.3.2}$$

式中 k 为玻尔兹曼常量,T_k 是以开尔文(K)为单位的温度.这样,以往与一些温度有关的公式中,如用等离子体动力温度 T 时,玻尔兹曼常量 k 就不出现了,如粒子的热运动平均动能

$$W = \frac{3}{2}kT_k = \frac{3}{2}T.$$

此后本书中有关等离子体动力温度，都简称为等离子体温度，而且都以能量为单位. 通常等离子体温度单位取为电子伏(eV)或千电子伏(keV). $1\ \mathrm{eV}=1.60\times10^{-19}\ \mathrm{J}$，玻尔兹曼常量 $k=1.38\times10^{-23}\ \mathrm{J/K}$，由(2.3.2)式，动力温度与开尔文单位间的关系为

$$T_k(1\ \mathrm{eV}) = \frac{1\ \mathrm{eV}}{k} = 1.60\times10^{-19}\mathrm{J}\Big/1.38\times10^{-23}\mathrm{J/K} = 11\,600\ \mathrm{K},$$

$$T_k(1\ \mathrm{keV}) = 1.16\times10^{7}\ \mathrm{K},$$

所以，1 keV 约为 1 千万度(K).

在等离子体中，通过粒子间碰撞最终可以达到热平衡，所以可以用等离子体温度参量来描述. 但是，等离子体至少含有电子和离子两种成分，电子和离子的质量相差很大，而且同类粒子达到平衡的时间比电子-离子间达到平衡的时间快得多，因此在实验室等离子体中，通常会出现电子温度 T_e 和离子温度 T_i 不相同的情况，这样又有电子温度和离子温度两个温度参量. 另外，在磁约束等离子体中，由于磁场对带电粒子作用只影响粒子的横向运动，等离子体在磁场中呈现各向异性，所以会出现平行磁场方向速度分布与垂直磁场方向速度分布不同，相应的就有平行温度 $T_{\parallel}$ 与垂直温度 $T_{\perp}$. 经过更长时间粒子间的碰撞，电子-离子达到平衡，这样才有最终的等离子体温度 T.

(3) 特征参量

除了以上等离子体密度、等离子体温度两个独立参量外，还有许多特征参量，如德拜屏蔽长度 λ_D，德拜球内的粒子数 $N_D=(4\pi/3)\lambda_D^3 n$，电子等离子体振荡频率 ω_{pe}，电子回旋频率 ω_{ce}，离子回旋频率 ω_{ci}，电子-电子平均碰撞时间(频率)$\tau_{ee}(\nu_{ee})$，离子-离子平均碰撞时间(频率)$\tau_{ii}(\nu_{ii})$，离子-电子平均碰撞时间(频率)$\tau_{ie}(\nu_{ie})$等. 还有粒子平均距离：

$$l = n^{-1/3}. \tag{2.3.3}$$

这些特征参量都是与表征粒子性质的物理量及系统的独立参量相关的.

2. 等离子体分类

等离子体大到宇宙空间等离子体，小到实验室等离子体，作为其系统独立参量的粒子密度和温度有很大差别. 粒子数密度可以相差十几个量级甚至更多，温度也能相差 4～5 个量级. 因此等离子体的性质就可能有很大不同，所采取的研究方法也要相应地改变. 为了研究方便，根据不同的等离子体参量对等离子体进行分类是必要的. 现在按照等离子体的密度和温度这两个独立参量进行分类.

(1) 相对论条件

当等离子体温度很高时,电子热运动速度 $v_e \to c$,这时应考虑相对论效应.

电子特征热运动速度 $v_{te}=\sqrt{T_e/2m_e}\approx 3\times 10^5\ \sqrt{T_e[\mathrm{eV}]}\,\mathrm{m/s}$. 当 $T_e\approx 10\ \mathrm{keV}$ 时,$v_{te}\approx 0.3c$,这时应当用相对论的电磁相互作用、相对论动力学和运动学公式.一般把电子温度 $T_e\approx 10\ \mathrm{keV}$ 作为划分相对论与非相对论的界限.如果电子温度 $T_e<10\ \mathrm{keV}$,等离子体中的粒子运动可以采用非相对论近似.

(2) 经典条件

当等离子体的密度很高,接近固体密度时,粒子间的距离接近或小于电子德布罗意波长,即

$$l=n^{-1/3}\leqslant \hbar/m_e v_{te}\quad (\text{电子德布罗意波长}). \tag{2.3.4}$$

这时应考虑量子效应.(2.3.4)式是判断量子等离子体和经典等离子体界线.

(3) 理想条件

稀薄的普通气体可作为理想气体.对于等离子体,也可按照粒子间作用强弱区分理想与非理想等离子体(或弱耦合与强耦合等离子体).

等离子体粒子间平均势能

$$E_p=e^2/4\pi\varepsilon_0 l=e^2 n_e^{1/3}/4\pi\varepsilon_0, \tag{2.3.5}$$

等离子体粒子平均热运动动能

$$E_k=(3/2)T_e. \tag{2.3.6}$$

理想条件是:

$$E_p/E_k=2e^2 n_e^{1/3}/12\pi\varepsilon_0 T_e\ll 1. \tag{2.3.7}$$

满足(2.3.7)条件的等离子体,称理想等离子体,也称弱耦合等离子体.对于 $E_p/E_k\ll 1$ 时的理想等离子体,和普通理想气体一样,可以把相互作用当成小量来处理,在数学上可以用微扰展开方法.而对于非理想等离子体,$E_p/E_k>1$(也称强耦合等离子体),数学上必须用完全不同的方法,当然结果也不一样.

表 2.3.1 列举了宇宙和实验室中等离子体参量.

表 2.3.1　一些典型等离子体参量近似量级

对象	n/m^{-3}	T/eV	$\omega_{pe}/\mathrm{s}^{-1}$	λ_D/cm	$n\lambda_D^3$	ν_{ei}/s^{-1}
星际气体	10^6	1	6×10^4	7×10^2	4×10^8	7×10^{-5}
气体星云	10^9	1	2×10^6	20	10^7	6×10^{-2}
日冕	10^{15}	10^2	2×10^9	2×10^{-1}	8×10^6	60
漫射热等离子体	10^{18}	10^2	6×10^{10}	7×10^{-3}	4×10^5	40
太阳大气、气体放电	10^{20}	1	6×10^{11}	7×10^{-5}	40	2×10^9
温等离子体	10^{20}	10	6×10^{11}	7×10^{-4}	10^3	10^7

（续表）

对象	n/m^{-3}	T/eV	$\omega_{pe}/\mathrm{s}^{-1}$	λ_D/cm	$n\lambda_D^3$	ν_{ei}/s^{-1}
热等离子体	10^{20}	10^2	6×10^{11}	7×10^{-4}	4×10^4	4×10^6
热核等离子体	10^{21}	10^4	2×10^{12}	2×10^{-3}	10^7	5×10^4
角向箍缩	10^{22}	10^2	6×10^{12}	7×10^{-5}	4×10^3	3×10^8
稠密热等离子体	10^{24}	10^2	6×10^{13}	7×10^{-6}	4×10^2	2×10^{10}
激光等离子体	10^{26}	10^2	6×10^{14}	7×10^{-7}	40	2×10^{12}

参见：J. D. Huba，NRL Plasma Formulary，revised. Naval Research Laboratory，Washington，2000，p. 40.

由表 2.3.1 数据表明，等离子体数密度相差 10 到 20 个量级甚至更多，温度也相差 4～5 个量级. 等离子体振荡频率 ω_{pe} 比电子碰撞频率 ν_{ei} 大很多(2～3 个量级以上)，即等离子体中的碰撞过程比等离子体集体振荡过程慢得多，所以等离子体的特性是以集体效应为主的.

图 2.3.1 给出了一些典型的等离子体密度、温度区域.

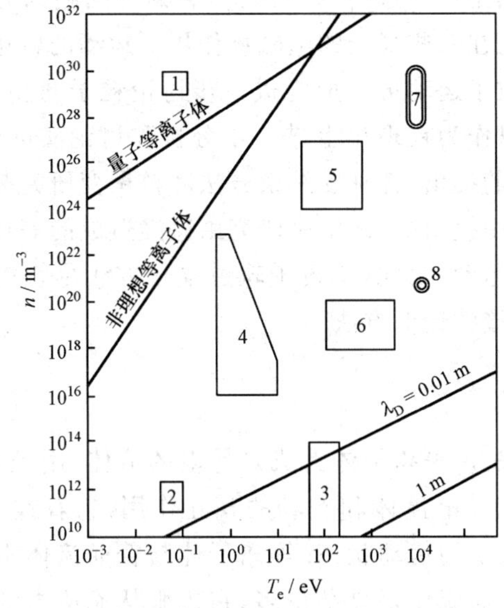

图 2.3.1 一些典型的等离子体密度、温度区域

1. 固体等离子体；2. 电离层；3. 日冕；4. 气体放电等离子体；5. 激光热核实验等离子体；6. 准稳热核实验等离子体；7. 激光热核反应堆(方案)；8. 准稳热核反应堆(方案)

本书涉及的等离子体大部分都是经典理想等离子体(图 2.3.1 中的 2,4—8). 因此，以后都只讨论这种类型的等离子体.

2.4　等离子体的描述方法

等离子体中带电粒子间既有短程库仑作用引起的碰撞，又存在长程库仑作用引起的集体运动，其中又有外加的强磁场，还有自身产生的电磁场，因此要精确描述等离子体的行为极其困难. 目前，只能根据不同条件和研究的问题，采用不同的近似方法，对等离子体进行描述. 常用的描述方法有：单粒子轨道描述法、磁流体描述法、统计描述法和粒子模拟法.

1. 单粒子轨道描述法

单粒子轨道描述法是研究等离子体中单个带电粒子在外加的电场或磁场作用下的运动，等离子体中其他带电粒子对它的作用被完全忽略. 单个粒子的运动轨道只需用牛顿力学方程和粒子的初始条件(空间位置和速度)就可以完全确定. 单粒子轨道描述方法，显然是一种近似的方法，但它处理问题的方法简单，物理图像直观，能够给出带电粒子在一些复杂的电磁场作用下运动的轨迹，能较好地解释等离子体的许多性质. 单粒子运动可以成为进一步讨论粒子间相互作用对等离子体行为影响的基础，也可以作为在理论上进一步分析和讨论实际问题的出发点. 例如，磁约束聚变研究概念的提出、各种磁约束方法和核聚变研究装置的约束原理，都是从单粒子轨道的研究中提出的. 即使是研究由碰撞造成的等离子体输运现象时，也需要依靠单粒子轨道运动. 因此，单粒子轨道描述方法尽管粗糙，但它是了解等离子体性质的一种最直接的近似方法.

2. 磁流体描述法

磁流体描述法就是把等离子体看成是导电的流体，用经典流体力学和电动力学相结合的方法，研究导电流体和磁场的相互作用，它着重于等离子体的整体行为，不考虑其中单个粒子的运动状态. 等离子体与普通流体不同，等离子体是导电的流体，它的运动比普通流体要复杂得多，它既服从流体力学规律，又服从电动力学规律，即要用流体力学方程和电动力学方程联合进行描述，因而形成了研究导电流体在电磁场中运动规律的科学，称为磁流体力学，常以 MHD(magneto-hydrodynamics)表示. 磁流体描述法主要用于描述等离子体的宏观运动，如等离子体的集体振荡、宏观平衡、宏观不稳定性以及各种波动现象.

研究磁流体问题，首先是建立磁流体力学或双流体力学基本方程组，其次是用这个方程组来解决各种问题. 磁流体力学主要应用于天体物理、受控热核反应和磁流体直接发电、宇宙飞行的等离子体推进等技术领域.

3. 统计描述法

单粒子轨道描述法和磁流体描述法虽可用来描述许多等离子体现象，但前者只考察单个粒子的运动，忽略了粒子间的相互作用；而后者只考虑整体行为，忽略了单个粒子的运动，因而这两种方法都是近似的描述法. 实际上，等离子体是由大量微观粒子组成的体系，对于这样的体系，用统计力学方法才可揭示其更深刻的运动规律. 因而，等离子体的统计描述法是最基本的描述法. 上述两种近似理论都可从统计描述法的简化情形中得到. 统计力学最基本的描述是定义粒子的位置、速度、时间的分布函数，然后确定分布函数满足的方程，即动理学方程. 求解动理学方程，得到粒子的分布函数，则一切宏观量都可以由粒子的分布函数求平均得到.

4. 粒子模拟法

在有些等离子体问题中，无论用磁流体描述法还是统计描述法，都不足以描述等离子体行为，于是人们不得不去跟踪每个粒子的轨道，以了解整个体系的行为. 等离子体粒子模拟就是通过跟踪大量带电粒子在自洽场和外加电磁场作用下的运动来了解等离子体的某些行为. 虽然现代的计算机可用来跟踪几千个甚至百万个粒子的运动轨道，但想用轨道描述来研究一个实际的等离子体体系仍然是不够的. 因为，核聚变装置中每 m^3 等离子体的总粒子数约为 10^{19} 个，如果对这些粒子的运动轨道都加以考虑，则当代计算机的容量就远远不够. 如果我们只限于研究某类等离子体的某些特殊行为，实际上只需要考察一个相对小的模拟体系，使得其尺度和其中的粒子数，足以描述所想要研究的等离子体现象，这样就可用计算机模拟等离子体系的行为.

第 3 章　单粒子轨道理论

在等离子体中，如忽略带电粒子间的相互作用，则只需考察其中单个带电粒子在电磁场中的运动，这就是单粒子运动模型. 这个模型虽然粗糙，但简单直观，所得结果仍可说明受控核聚变中粒子约束问题. 一般地，粒子运动速度 $v \ll c$，因此可以用非相对论性的经典力学方法来研究单粒子运动.

3.1　带电粒子在均匀恒定磁场中的运动

一个质量为 m 电荷为 q 的粒子，在磁场 $\boldsymbol{B}$ 中运动时，它的运动方程为

$$m\frac{\mathrm{d}\boldsymbol{v}}{\mathrm{d}t} = q\boldsymbol{v}\times\boldsymbol{B} \quad 或 \quad m\ddot{\boldsymbol{r}} = q\dot{\boldsymbol{r}}\times\boldsymbol{B}. \tag{3.1.1}$$

一般情况，$\boldsymbol{B}=\boldsymbol{B}(\boldsymbol{r},t)$，(3.1.1)是非线性方程，它的解析解是不可能得到的. 但是，如果磁场是均匀恒定的，即不随空间时间变化，$\boldsymbol{B}$ 为常矢量，则可容易得到(3.1.1)方程的解.

选取直角坐标系，如图 3.1.1，设磁场沿 z 轴方向，$\boldsymbol{B}=B\boldsymbol{k}$，(3.1.1)运动方程可写为

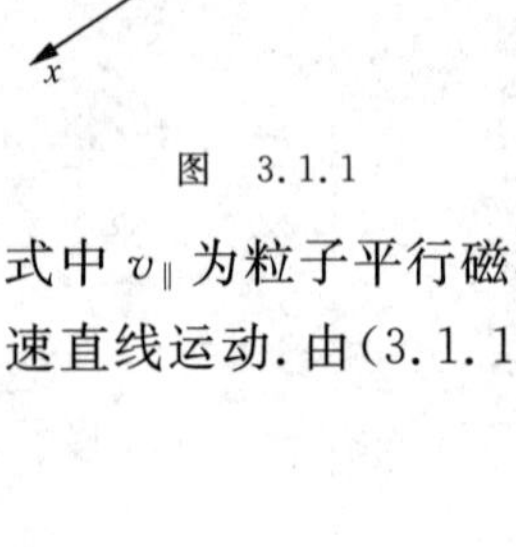

$$\begin{cases} \ddot{x} = \omega_c \dot{y}, \\ \ddot{y} = -\omega_c \dot{x}, \\ \ddot{z} = 0, \end{cases} \tag{3.1.2}$$

图　3.1.1

式中 $\omega_c = qB/m$，由运动方程得到

$$\dot{z} = v_\parallel = 常量,$$
$$z = v_\parallel t + z_0, \tag{3.1.3}$$

式中 $v_\parallel$ 为粒子平行磁场方向运动的速度分量，结果是粒子沿 z 轴（磁场方向）是匀速直线运动. 由(3.1.1)方程得

$$\frac{\mathrm{d}}{\mathrm{d}t}\left(\frac{1}{2}m\dot{\boldsymbol{r}}^2\right) = 0,$$

则

$$W = \frac{1}{2}m\dot{\boldsymbol{r}}^2 = \frac{1}{2}mv^2 = 常量.$$

结果表明，由于粒子所受的洛伦兹力始终垂直于粒子运动速度，因而磁场对粒子不做功，所以粒子动能是守恒量，这一结果对非均匀磁场也是适用的. 粒子动能 W 还

可以表示为平行磁场方向运动的动能 $W_{\parallel}$ 与垂直磁场方向运动的动能 $W_{\perp}$ 之和，即

$$W = W_{\parallel} + W_{\perp} = \text{常量},$$

而且已知 $v_{\parallel}$ = 常量，即

$$W_{\parallel} = \frac{1}{2}mv_{\parallel}^2 = \text{常量},$$

这样，$W_{\perp}$ 也是常量，所以在恒定磁场中运动的带电粒子总动能 W、平行方向动能 $W_{\parallel}$ 和垂直方向动能 $W_{\perp}$ 都是守恒量.

为了(3.1.2)横向方向(垂直磁场方向)运动方程求解，可令

$$u = x + \mathrm{i}y, \quad \dot{u} = \dot{x} + \mathrm{i}\dot{y}, \tag{3.1.4}$$

于是(3.1.2)横向运动方程可表示为

$$\ddot{u} = \ddot{x} + \mathrm{i}\ddot{y} = -\mathrm{i}\omega_c \dot{u},$$

即

$$\ddot{u} + \mathrm{i}\omega_c \dot{u} = 0. \tag{3.1.5}$$

(3.1.5)方程对时间积分，得

$$\dot{u}(t) = \dot{u}(0)\exp(-\mathrm{i}\omega_c t),$$

选取初始条件

$$\dot{u}(0) = v_{\perp} \exp(-\mathrm{i}\alpha),$$

这里 $v_{\perp}$ 为初始横向速度，α 为初始横向速度的相位，则

$$\dot{u}(t) = v_{\perp} \exp[-\mathrm{i}(\omega_c t + \alpha)],$$

根据(3.1.4)定义，上式写成分量形式：

$$\begin{cases} \dot{x} = v_{\perp} \cos(\omega_c t + \alpha), \\ \dot{y} = -v_{\perp} \sin(\omega_c t + \alpha), \end{cases} \tag{3.1.6}$$

再对(3.1.6)方程积分，最后得运动方程的解

$$\begin{cases} x = \left(\dfrac{v_{\perp}}{\omega_c}\right)\sin(\omega_c t + \alpha) + x_0, \\ y = \left(\dfrac{v_{\perp}}{\omega_c}\right)\cos(\omega_c t + \alpha) + y_0, \\ z = v_{\parallel} t + z_0. \end{cases} \tag{3.1.7}$$

(3.1.7)包括了平行磁场方向的解(3.1.3)，式中 $\alpha, x_0, y_0, z_0, v_{\parallel}, v_{\perp}$ 都是由初始条件决定的值. 由(3.1.7)式得，带电粒子在垂直磁场平面内运动轨迹

$$(x - x_0)^2 + (y - y_0)^2 = r_c^2, \tag{3.1.8}$$

其中

$$r_c = v_{\perp} / |\omega_c| = mv_{\perp} / |q| B.$$

(3.1.8)式表明，带电粒子在垂直磁场方向(x, y)平面内粒子运动轨迹是以(x_0, y_0)为圆心、r_c 为半径的圆，即粒子做匀速圆周运动，称回旋运动，回旋运动的曲率中心(x_0, y_0)称回旋中心或引导中心，回旋运动半径 r_c 称回旋半径. 在平行磁场方向带

电粒子做匀速直线运动，所以粒子的运动轨迹是绕一根固定磁力线做等螺距的螺旋线运动. 这就是磁场对等离子体实现横向约束的基本依据. 回旋中心的运动轨迹：

$$\boldsymbol{r}_{\mathrm{g}}=(x_0,y_0,v_{\parallel}t+z_0),\tag{3.1.9}$$

回旋频率

$$|\omega_{\mathrm{c}}|=|q|B/m,$$

回旋半径

$$r_{\mathrm{c}}=v_{\perp}/|\omega_{\mathrm{c}}|=mv_{\perp}/|q|B.$$

因为带电粒子有正负电荷之分，所以这里定义回旋频率、回旋半径时，电荷 q 应取绝对值. 现在电子电荷为 e，离子电荷为 Ze，则电子回旋频率 ω_{ce} 和离子回旋频率 ω_{ci} 分别为

$$\omega_{\mathrm{ce}}=eB/m_{\mathrm{e}},\quad \omega_{\mathrm{ci}}=ZeB/m_{\mathrm{i}};\tag{3.1.10}$$

电子回旋半径 r_{ce} 和离子回旋半径 r_{ci} 分别为

$$r_{\mathrm{ce}}=v_{\perp}/\omega_{\mathrm{ce}}=mv_{\perp}/eB,\quad r_{\mathrm{ci}}=v_{\perp}/\omega_{\mathrm{ci}}=mv_{\perp}/ZeB.\tag{3.1.11}$$

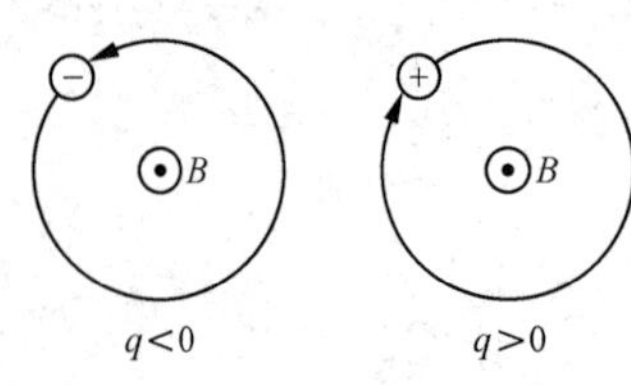

图 3.1.2　带电粒子在垂直磁场平面的回旋运动

注意，在运动方程(3.1.2)和其解(3.1.7)中，ω_{c} 与电荷 q 的符号有关，这表明正负电荷粒子的回旋方向相反，如图 3.1.2，对着 $\boldsymbol{B}$ 的方向看，为正电荷粒子顺时针方向、负电荷粒子逆时针方向旋转. 带电粒子回旋运动可以看成环形电流，按右手定则，电流产生的磁场与原来磁场反向.

带电粒子回旋运动形成的电流具有磁矩. 根据定义，回旋运动电流的磁矩(或磁偶极矩)

$$\boldsymbol{\mu}=I\pi r_{\mathrm{c}}^2\boldsymbol{n},$$

这里电流强度

$$I=|q\omega_{\mathrm{c}}/2\pi|=q^2B/2\pi m,$$

$\boldsymbol{n}$ 代表磁矩方向，它是由电流回旋的右手法则确定. 根据图 3.1.2，正负电荷粒子的回旋运动方向相反，但其电流 I 的方向是相同的，因此正负电荷粒子的磁矩方向 $\boldsymbol{n}$ 也相同，而且 $\boldsymbol{n}$ 与磁场 $\boldsymbol{B}$ 反方向，即 $\boldsymbol{n}=-\boldsymbol{B}/B$. 再利用回旋半径 r_{c} 公式，则回旋运动电流的磁矩

$$\boldsymbol{\mu}=I\pi r_{\mathrm{c}}^2\boldsymbol{n}=-\frac{W_{\perp}}{B}\cdot\frac{\boldsymbol{B}}{B},\tag{3.1.12}$$

式中 $W_{\perp}$ 为粒子垂直于磁场方向运动的动能. 应当注意，在(3.1.12)式中出现了一个负号，表明磁矩 $\boldsymbol{\mu}$ 与磁场 $\boldsymbol{B}$ 反平行，即等离子体是抗磁性物质，这是等离子体的基本特性.

前面已经指出，粒子的动能 W 是守恒量(对于不均匀恒定磁场也成立)，而且对于均匀恒定磁场，$W_{\parallel}$ 与 $W_{\perp}$ 也是运动的守恒量. 因此，根据(3.1.12)式，均匀恒

定磁场时磁矩 $\boldsymbol{\mu}$ 是守恒量. 还可以看到,通过回旋轨道所围面积的磁通量

$$\Phi_c = \pi r_c^2 B = \frac{2\pi m}{q^2}\mu \tag{3.1.13}$$

也是守恒量. 以上这些守恒量都是带电粒子在均匀恒定磁场中运动的重要特性.

回旋频率、回旋半径是磁约束等离子体中带电粒子的两个重要特征参量. 因为 $\omega_c \propto 1/m$,所以等离子体中电子与离子的回旋频率之比

$$\omega_{ce}/\omega_{ci} = m_i/m_e \gg 1,$$

式中下标 i 代表离子的量,下标 e 代表电子的量,这表明电子的回旋频率远大于离子.

如果电子与离子处于热平衡状态,则回旋半径之比

$$r_{ce}/r_{ci} = \sqrt{m_e/m_i} \ll 1,$$

即离子回旋半径比电子的大得多.

现在以 $T_e = T_i = 10$ keV 的氘等离子体为例. $Z=1$,质量数 $A=2$,$B=1$ T,则

$$\omega_{ce} = 1.76 \times 10^{11}\ \mathrm{rad/s}, \quad \omega_{ci} = 4.8 \times 10^{7}\ \mathrm{rad/s}.$$

相应的频率

$$f_{ce} = \omega_{ce}/2\pi = 2.8 \times 10^{10}\ \mathrm{Hz} = 2.8 \times 10^{4}\ \mathrm{MHz},$$

$$f_{ci} = \omega_{ci}/2\pi = 7.6 \times 10^{6}\ \mathrm{Hz} = 7.6\ \mathrm{MHz}.$$

回旋半径 $$r_{ce} = 0.024\ \mathrm{cm}, \quad r_{ci} = 1.44\ \mathrm{cm}.$$

计算结果表明,对高温等离子体,离子回旋频率比较低,属低频范围,而电子回旋频率很高,属微波波段. 这些数值关系到对等离子体进行射频加热时应选取的波段. 离子的回旋半径不大,电子的则很小,这表明强磁场能约束高温等离子体.

3.2 电场引起的漂移

在磁约束等离子体中,一般地,磁场不是均匀恒定的,在这种情况下要严格求解带电粒子运动轨道是很困难的. 但如果磁场随时间空间变化很缓慢,即时间处于一个回旋周期,空间处于一个回旋半径的范围,磁场的变化很小或者在均匀恒定磁场中还存在小的横向电场,可以预期,带电粒子运动轨道与均匀恒定磁场中螺旋形运动轨道偏离不大,这样可以把粒子的运动近似地看成粒子回旋中心运动和绕这个中心的回旋运动. 回旋中心垂直于磁力线方向的运动称为漂移. 用这种近似来处理单粒子运动轨道的方法称漂移近似. 在磁约束等离子体中,主要关心回旋中心垂直磁力线方向的运动,因此粒子漂移是极其重要的.

1. 电场引起的漂移

现在首先利用漂移近似方法来研究电场引起的漂移. 假定在均匀恒定的磁场

中，还存在垂直于磁场方向、强度较小的电场 $\boldsymbol{E}$，即 $\boldsymbol{E}\perp\boldsymbol{B}$，这时只要研究粒子的横向运动，其方程为

$$m\frac{\mathrm{d}\,\boldsymbol{v}_{\perp}}{\mathrm{d}t}=q(\boldsymbol{v}_{\perp}\times\boldsymbol{B})+q\boldsymbol{E}. \tag{3.2.1}$$

现在将粒子的横向运动 $\boldsymbol{v}_{\perp}$ 分解为回旋中心的运动 $\boldsymbol{v}_{\mathrm{D}}$ 和绕这个中心的回旋运动 $\boldsymbol{v}'_{\perp}$ 两部分，即

$$\boldsymbol{v}_{\perp}=\boldsymbol{v}'_{\perp}+\boldsymbol{v}_{\mathrm{D}}, \tag{3.2.2}$$

并假设回旋中心运动速度 $\boldsymbol{v}_{\mathrm{D}}$ 为常矢量. 将(3.2.2)式代入(3.2.1)方程，则

$$m\frac{\mathrm{d}\,\boldsymbol{v}'_{\perp}}{\mathrm{d}t}=q(\boldsymbol{v}'_{\perp}\times\boldsymbol{B})+q(\boldsymbol{v}_{\mathrm{D}}\times\boldsymbol{B})+q\boldsymbol{E}. \tag{3.2.3}$$

如选取

$$\boldsymbol{v}_{\mathrm{D}}=\boldsymbol{E}\times\boldsymbol{B}/B^2, \tag{3.2.4}$$

这样就能满足

$$q(\boldsymbol{v}_{\mathrm{D}}\times\boldsymbol{B})+q\boldsymbol{E}=0,$$

于是(3.2.3)方程化为

$$m\frac{\mathrm{d}\,\boldsymbol{v}'_{\perp}}{\mathrm{d}t}=q(\boldsymbol{v}'_{\perp}\times\boldsymbol{B}). \tag{3.2.5}$$

上式与(3.1.1)方程的横向分量相比较，其形式完全相同. 因此(3.2.5)方程所描述的粒子运动 $\boldsymbol{v}'_{\perp}$，也是粒子在磁场 $\boldsymbol{B}$ 中作回旋运动. 但现在所不同的是，这里是在以恒定速度 $\boldsymbol{v}_{\mathrm{D}}$(垂直磁场方向)的运动坐标系中观察到的结果. 因此，由(3.2.2)式，粒子的横向运动应看成回旋中心以 $\boldsymbol{v}_{\mathrm{D}}$ 运动，同时粒子又绕着这个中心作回旋运动. 回旋中心垂直于磁场方向的运动称为漂移. 因此(3.2.4)式表示的 $\boldsymbol{v}_{\mathrm{D}}$ 就是微小电场 $\boldsymbol{E}$ 引起的漂移速度. 注意，能够把粒子的运动分解为一个回旋中心运动(包括沿磁场方向运动和垂直磁场方向的漂移)和绕这个中心的回旋运动，这是有条件的，即均匀恒定的磁场的作用是主要的，外加电场应该是微扰.

由(3.2.4)式，电场 $\boldsymbol{E}$ 引起的漂移与粒子的质量、电荷都无关. 其结果使等离子体中所有带电粒子的回旋中心都以同一速度 $\boldsymbol{v}_{\mathrm{D}}$ 垂直于磁场方向运动. 这种漂移是破坏等离子体磁约束的一种重要机制.

电场引起漂移的(3.2.4)式，也可以用狭义相对论两个惯性参考系间的电磁场变换得到. 只要选取运动速度为 $\boldsymbol{v}_{\mathrm{D}}$ 的新惯性参考系，使得满足在新惯性参考系中只存在纯磁场而没有电场.

电场引起的漂移，在物理上是很容易理解的. 带电粒子在均匀恒定磁场中运动时，其横向运动轨迹如图 3.2.1(a)所示. 如图，如果存在小的电场 $\boldsymbol{E}$，而且 $\boldsymbol{E}\perp\boldsymbol{B}$，粒子基本上还是做回旋运动，但电场 $\boldsymbol{E}$ 使得正电荷 q 在左半圆加速，到达圆周顶部 b 点时速度最大，在右半圆电场 $\boldsymbol{E}$ 使 q 减速，到达底部 d 点时速度最小. 因为回旋半

径 $r_c \propto v_\perp$，因此受电场 $\boldsymbol{E}$ 的作用后，正电荷 q 在左半圆向上运动时曲率半径逐渐增大，在顶部 b 时最大，在右半圆则曲率半径逐渐减小，到底部 d 点时半径最小，因而不能形成闭合的圆形轨道，而是如图 3.2.1(b)所示的轨迹. 它相当于回旋中心以 $\boldsymbol{v}_\mathrm{D}$ 速度运动，同时粒子又绕这个中心回旋运动. 对于负电荷($-q$)的漂移也可用同样的方法分析，得到与$+q$ 相同方向的漂移.

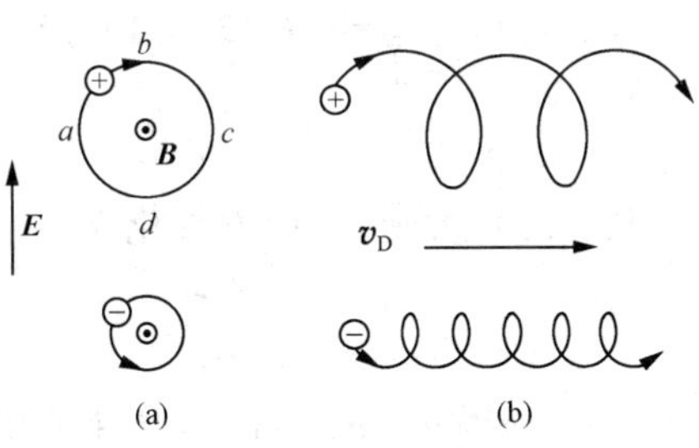

图 3.2.1 垂直磁场方向小电场 E 引起带电粒子的漂移

如果外加电场 $\boldsymbol{E}$ 有平行磁场的分量 $\boldsymbol{E}_\parallel$，则由(3.2.4)式，$\boldsymbol{E}_\parallel$ 不产生漂移，但 $\boldsymbol{E}_\parallel$ 使回旋中心沿磁场方向做加速运动.

2. 其他外力引起的漂移

如果在均匀恒定磁场之外，有一垂直磁场方向的其他外力 $\boldsymbol{F}$ 的微扰，结果与图 3.2.1 所示的物理分析道理完全一样. 外力 $\boldsymbol{F}$ 作用也会引起了粒子的漂移，结果只需在(3.2.1)方程中的 $q\boldsymbol{E}$ 用 $\boldsymbol{F}$ 代替，可直接由(3.2.4)式作替换 $\boldsymbol{E}\to\boldsymbol{F}/q$ 得到，即

$$\boldsymbol{v}_\mathrm{D} = \frac{\boldsymbol{F}\times\boldsymbol{B}}{qB^2}. \tag{3.2.6}$$

对于重力，$\boldsymbol{F}=m\boldsymbol{g}$，由上式得重力漂移速度

$$\boldsymbol{v}_\mathrm{D} = \frac{m\boldsymbol{g}\times\boldsymbol{B}}{qB^2}. \tag{3.2.7}$$

由此可见，重力引起的漂移与粒子的质量、电荷大小及符号都有关. 这样，在等离子体中正负电荷朝相反方向漂移，产生电荷分离，结果出现附加电场，附加电场又引起粒子的漂移. 在地球上重力很小，一般情况下，重力引起的漂移可以忽略.

3.3 带电粒子在缓慢变化的电场中的运动

如果在(3.2.1)方程中的电场是随时间缓慢变化的，则横向运动方程为

$$m\frac{\mathrm{d}\boldsymbol{v}_\perp}{\mathrm{d}t} = q(\boldsymbol{v}_\perp\times\boldsymbol{B}) + q\boldsymbol{E}(t). \tag{3.3.1}$$

假定电场随时间变化的特征时间(或周期)远大于粒子的回旋运动周期，则仍可将粒子的横向运动分解为回旋中心漂移运动和绕这个中心的回旋运动两部分，即

$$\boldsymbol{v}_\perp = \boldsymbol{v}_\perp^{(0)} + \boldsymbol{v}_\perp^{(1)}, \tag{3.3.2}$$

这里 $\boldsymbol{v}_\perp^{(0)}$ 为粒子在磁场 $\boldsymbol{B}$ 中的回旋运动，满足方程

$$\frac{\mathrm{d}\boldsymbol{v}_\perp^{(0)}}{\mathrm{d}t} = \frac{q}{m}(\boldsymbol{v}_\perp^{(0)}\times\boldsymbol{B}), \tag{3.3.3}$$

$\boldsymbol{v}_{\perp}^{(1)}$ 为回旋中心运动. 对(3.3.1)方程求时间微商,得

$$\frac{\mathrm{d}^2\boldsymbol{v}_{\perp}}{\mathrm{d}t^2}=\frac{q}{m}\left(\frac{\mathrm{d}\boldsymbol{v}_{\perp}}{\mathrm{d}t}\times\boldsymbol{B}\right)+\frac{q}{m}\frac{\mathrm{d}\boldsymbol{E}}{\mathrm{d}t},$$

利用(3.3.1)方程,上面方程化为

$$\frac{\mathrm{d}^2\boldsymbol{v}_{\perp}}{\mathrm{d}t^2}+\omega_{\mathrm{c}}^2\boldsymbol{v}_{\perp}=\omega_{\mathrm{c}}^2\frac{\boldsymbol{E}\times\boldsymbol{B}}{B^2}+\frac{q}{m}\frac{\mathrm{d}\boldsymbol{E}}{\mathrm{d}t},\tag{3.3.4}$$

这里 $\omega_{\mathrm{c}}=qB/m$. 由此可见,如果不存在电场 $\boldsymbol{E}$,粒子在均匀恒定磁场中运动,则(3.3.4)方程化为

$$\frac{\mathrm{d}^2\boldsymbol{v}_{\perp}^{(0)}}{\mathrm{d}t^2}+\omega_{\mathrm{c}}^2\boldsymbol{v}_{\perp}^{(0)}=0,\tag{3.3.5}$$

因此,(3.3.4)方程右方两项就是电场 $\boldsymbol{E}$ 及其随时间变化 $\mathrm{d}\boldsymbol{E}/\mathrm{d}t$ 引起的粒子漂移. 将(3.3.2)式代入(3.3.4)方程,得

$$\frac{\mathrm{d}^2(\boldsymbol{v}_{\perp}^{(0)}+\boldsymbol{v}_{\perp}^{(1)})}{\mathrm{d}t^2}+\omega_{\mathrm{c}}^2(\boldsymbol{v}_{\perp}^{(0)}+\boldsymbol{v}_{\perp}^{(1)})=\omega_{\mathrm{c}}^2\frac{\boldsymbol{E}\times\boldsymbol{B}}{B^2}+\frac{q}{m}\frac{\mathrm{d}\boldsymbol{E}}{\mathrm{d}t}.\tag{3.3.6}$$

假定电场随时间变化缓慢,

$$\frac{\mathrm{d}^2\boldsymbol{v}_{\perp}^{(1)}}{\mathrm{d}t^2}\approx 0,$$

即为高级小量,将其忽略,同时利用(3.3.5)方程,则由(3.3.6)得回旋中心漂移运动

$$\boldsymbol{v}_{\perp}^{(1)}=\frac{\boldsymbol{E}\times\boldsymbol{B}}{B^2}+\frac{m}{qB^2}\frac{\mathrm{d}\boldsymbol{E}}{\mathrm{d}t},\tag{3.3.7}$$

$\boldsymbol{v}_{\perp}^{(1)}$ 就是带电粒子在随时间缓慢变化的电场中的漂移运动速度,它包含两部分:上式右方第 1 项就是电场引起的漂移运动速度

$$\boldsymbol{v}_{\mathrm{D}}=\frac{\boldsymbol{E}\times\boldsymbol{B}}{B^2},$$

即 3.2 节的(3.2.4)式;第 2 项为电场随时间缓慢变化时引起的漂移运动速度

$$\boldsymbol{v}_{\mathrm{P}}=\frac{m}{qB^2}\frac{\mathrm{d}\boldsymbol{E}}{\mathrm{d}t}=\frac{1}{\omega_{\mathrm{c}}B}\frac{\mathrm{d}\boldsymbol{E}}{\mathrm{d}t}.\tag{3.3.8}$$

结果表明,电场随时间缓慢变化引起的漂移速度 $\boldsymbol{v}_{\mathrm{P}}$ 是与电场强度的时间变化率 $\mathrm{d}\boldsymbol{E}/\mathrm{d}t$ 成正比,而且漂移速度与电荷的符号有关,即电子和离子的漂移速度方向相反,这种漂移会引起电荷"极化"并产生极化电流,因此 $\boldsymbol{v}_{\mathrm{P}}$ 称为极化漂移. 极化漂移产生的极化电流

$$\boldsymbol{j}_{\mathrm{P}}=ne(\boldsymbol{v}_{\mathrm{Pi}}-\boldsymbol{v}_{\mathrm{Pe}})=\frac{n(m_{\mathrm{i}}+m_{\mathrm{e}})}{B^2}\frac{\mathrm{d}\boldsymbol{E}}{\mathrm{d}t}=\frac{\rho_{\mathrm{M}}}{B^2}\frac{\mathrm{d}\boldsymbol{E}}{\mathrm{d}t},\tag{3.3.9}$$

这里 $n=n_{\mathrm{i}}=n_{\mathrm{e}}$,$q_{\mathrm{i}}=e$(设 $Z=1$),$q_{\mathrm{e}}=-e$,ρ_{M} 为等离子体质量密度.

如果把等离子体看成电介质,则极化电流对等离子体介质的电学性质有重要

影响.根据麦克斯韦方程

$$\nabla \times \boldsymbol{H} = \boldsymbol{j} + \frac{\partial \boldsymbol{D}}{\partial t} = \boldsymbol{j} + \varepsilon_0 \frac{\partial \boldsymbol{E}}{\partial t}, \tag{3.3.10}$$

上式 $\boldsymbol{D}=\varepsilon_0 E$.(3.3.10)式表明,磁场是由传导电流 $\boldsymbol{j}$、位移电流 $\varepsilon_0 \frac{\partial \boldsymbol{E}}{\partial t}$激发产生的.考虑极化电流 $\boldsymbol{j}_P$ 激发磁场的贡献,则(3.3.10)式应改写为

$$\nabla \times \boldsymbol{H} = (\boldsymbol{j} + \boldsymbol{j}_P) + \varepsilon_0 \frac{\partial \boldsymbol{E}}{\partial t}, \tag{3.3.11}$$

将(3.3.9)式代入(3.3.11)式,得

$$\nabla \times \boldsymbol{H} = \boldsymbol{j} + \frac{n(m_i + m_e)}{B^2} \frac{\partial \boldsymbol{E}}{\partial t} + \varepsilon_0 \frac{\partial \boldsymbol{E}}{\partial t} = \boldsymbol{j} + \left[\varepsilon_0 + \frac{n(m_i + m_e)}{B^2}\right] \frac{\partial \boldsymbol{E}}{\partial t}. \tag{3.3.12}$$

(3.3.12)式与(3.3.10)式相比较,得

$$\boldsymbol{D} = \varepsilon_0 \left[1 + \frac{n(m_i + m_e)}{\varepsilon_0 B^2}\right] \boldsymbol{E} = \varepsilon \boldsymbol{E}, \tag{3.3.13}$$

因此考虑极化电流效应,等离子体的介电常量

$$\varepsilon = \varepsilon_0 \left[1 + \frac{n(m_i + m_e)}{\varepsilon_0 B^2}\right]. \tag{3.3.14}$$

对于多数典型的等离子体

$$n(m_i + m_e)/\varepsilon_0 B^2 \gg 1,$$

因此,对于变化的电场,等离子体通常可以看成是介电常量非常大的电介质.

3.4　带电粒子在不均匀磁场中的漂移

对于不均匀磁场,因为方程(3.1.1)是非线性的,难于求得它的精确解.但是,如果磁场的不均匀性很小,即在回旋半径 r_c 范围内磁场 $\boldsymbol{B}$ 的变化满足缓慢变化条件

$$|\boldsymbol{r}_c \cdot \nabla \boldsymbol{B}| \ll B, \tag{3.4.1}$$

亦即在一个回旋轨道运动过程中粒子所感受的磁场基本不变,这样粒子的运动仍可近似地看成两部分:在均匀磁场中绕磁力线回旋运动和磁场微小的不均匀性引起的回旋中心的漂移.

一般地讨论带电粒子在不均匀磁场中的运动也是极其复杂的.下面只讨论两种简单情况,即磁场梯度和磁力线弯曲引起的漂移.

1. 梯度漂移

设磁场 $\boldsymbol{B}$ 沿 z 轴,在 y 轴方向有梯度,即 $\boldsymbol{B}=(0,0,B(y))$,因此 $\nabla B=\frac{\partial B}{\partial y}\boldsymbol{e}_y$,

如图3.4.1所示.粒子的运动方程为

$$m\frac{\mathrm{d}\boldsymbol{v}}{\mathrm{d}t}=q\boldsymbol{v}\times\boldsymbol{B}(\boldsymbol{r}).\tag{3.4.2}$$

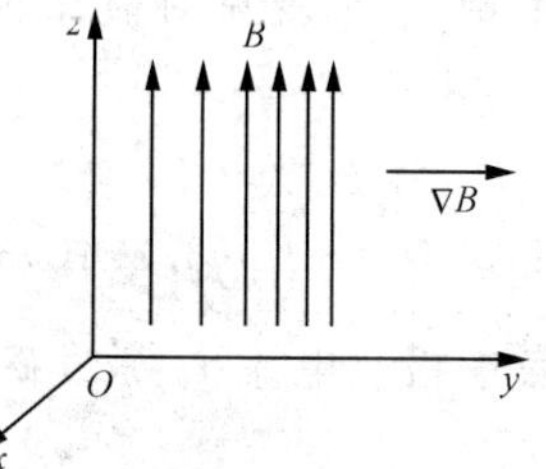

图3.4.1　存在横向梯度的不均匀磁场

因为$\boldsymbol{B}$满足缓慢变化条件(3.4.1),则可在回旋中心处作展开,只保留一级小量项,即

$$\boldsymbol{B}\approx\boldsymbol{B}_0+(\boldsymbol{r}_c\cdot\nabla)\boldsymbol{B}_0,\tag{3.4.3}$$

这里$\boldsymbol{B}_0$是回旋中心处的磁场,$\boldsymbol{r}_c$是回旋运动的径矢.现在把$\boldsymbol{v}$分解为回旋运动$\boldsymbol{v}_0$和漂移运动$\boldsymbol{v}_D$两部分,即

$$\boldsymbol{v}=\boldsymbol{v}_0+\boldsymbol{v}_D,\tag{3.4.4}$$

并假设$\boldsymbol{v}_D$是常矢量.将(3.4.3)、(3.4.4)式代入方程(3.4.2),得

$$m\frac{\mathrm{d}\boldsymbol{v}_0}{\mathrm{d}t}=q(\boldsymbol{v}_0\times\boldsymbol{B}_0)+q(\boldsymbol{v}_D\times\boldsymbol{B}_0)+q\boldsymbol{v}_0\times[(\boldsymbol{r}_c\cdot\nabla)\boldsymbol{B}_0]+q\boldsymbol{v}_D\times[(\boldsymbol{r}_c\cdot\nabla)\boldsymbol{B}_0].\tag{3.4.5}$$

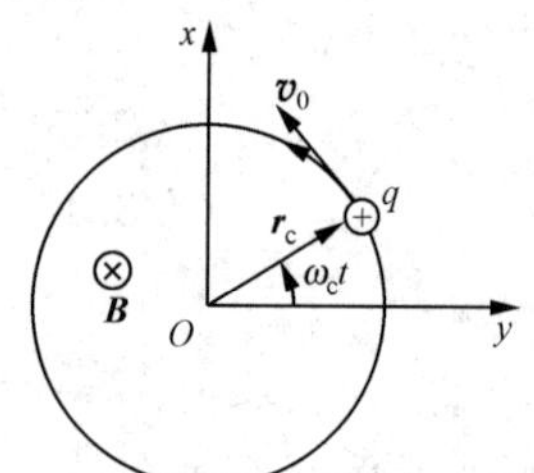

图3.4.2　带电粒子在均匀恒定磁场中的回旋运动

式中$\boldsymbol{r}_c$,$\boldsymbol{v}_0$是粒子在均匀恒定磁场中做回旋运动时的量,由图3.4.2,和(3.1.6)、(3.1.7)式,得

$$\boldsymbol{r}_c=\left(\frac{v_\perp}{\omega_c}\sin\omega_c t,\ \frac{v_\perp}{\omega_c}\cos\omega_c t,\ 0\right),\tag{3.4.6}$$

$$\boldsymbol{v}_0=v_\perp(\cos\omega_c t,\ -\sin\omega_c t,\ 0).\tag{3.4.7}$$

显然$\boldsymbol{r}_c$,$\boldsymbol{v}_0$都是随时间周期变化的,将(3.4.6)、(3.4.7)式代入(3.4.5)方程,并在一个回旋周期上对时间求平均.因为$\langle\boldsymbol{r}_c\rangle=0$,$\langle\boldsymbol{v}_0\rangle=0$(这里$\langle\ \rangle$表示在一个回旋周期上对时间求平均),(3.4.5)方程中只有右方第2,3项时间平均不为0,因此(3.4.5)方程时间平均后得

$$q(\boldsymbol{v}_D\times\boldsymbol{B}_0)+q\langle[\boldsymbol{v}_0\times(\boldsymbol{r}_c\cdot\nabla)\boldsymbol{B}_0]\rangle=0.\tag{3.4.8}$$

[(3.4.8)式]$\times\boldsymbol{B}_0$,则得

$$\boldsymbol{v}_D=\langle[\boldsymbol{v}_0\times(\boldsymbol{r}_c\cdot\nabla)\boldsymbol{B}_0]\times\boldsymbol{B}_0\rangle/B_0^2.\tag{3.4.9}$$

将(3.4.6)、(3.4.7)式的$\boldsymbol{r}_c$,$\boldsymbol{v}_0$周期变化分量代入(3.4.9)式,其中时间平均项$\langle(\cos\omega_c t)^2\rangle=\langle(\sin\omega_c t)^2\rangle=1/2$,$\langle(\cos\omega_c t\times\sin\omega_c t)\rangle=0$,则得

$$\boldsymbol{v}_D=-\frac{1}{2B_0}\frac{v_\perp^2}{\omega_c}\frac{\partial B_0}{\partial y}\boldsymbol{e}_x.\tag{3.4.10}$$

(3.4.10)式可以表示为一般形式:

$$\boldsymbol{v}_D=\frac{W_\perp}{qB^3}\boldsymbol{B}\times\nabla B=\frac{(-\mu\nabla B)\times\boldsymbol{B}}{qB^2},\tag{3.4.11}$$

式中$W_\perp$,μ为带电粒子垂直动能和磁矩,$\boldsymbol{B}$为回旋中心处的磁场.(3.4.11)就是磁场梯度引起漂移的公式.上式表明,梯度漂移与粒子的电荷及符号有关,因此正负

粒子的漂移方向相反.这种漂移能够引起等离子体电流和电荷分离.

(3.4.11)式与(3.2.6)式相比较,还可以发现,磁场梯度漂移是因带电粒子磁矩 μ 在不均匀磁场中受力所引起的,磁矩 μ 受的力

$$\boldsymbol{F}=-\mu\nabla B. \tag{3.4.12}$$

(3.4.12)式表明,$\boldsymbol{F}$ 与 ∇B 方向相反,即带电粒子在不均匀磁场中运动时,受到由强磁场区域向弱磁场区域的排斥力,这也说明,带电粒子在磁场中运动时具有反磁性.

2. 曲率漂移

如果磁力线有轻微的弯曲,其曲率半径 $R\gg r_c$,即满足(3.4.1)条件,这时可以采用漂移近似.如果带电粒子回旋中心以 $v_\parallel$ 的速率沿弯曲的磁力线运动,同时粒子绕磁力线做回旋运动,如图 3.4.3 所示,回旋中心沿弯曲磁力线运动时粒子将感受到一个惯性离心力的作用,产生曲率漂移.

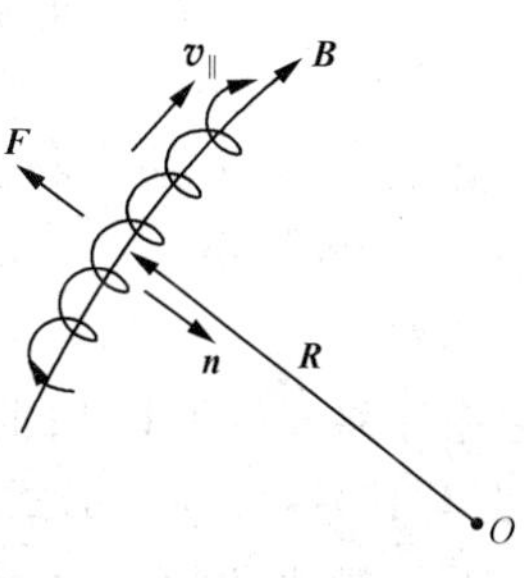

图 3.4.3　在弯曲磁力线中带电粒子的运动

粒子回旋中心运动感受到的离心力

$$\boldsymbol{F}=\frac{mv_\parallel^2}{R^2}\boldsymbol{R}. \tag{3.4.13}$$

根据(3.2.6)式,这个离心力引起的曲率漂移速度

$$\boldsymbol{v}_D=\frac{mv_\parallel^2}{qB^2R^2}\boldsymbol{R}\times\boldsymbol{B}=\frac{2W_\parallel}{qB^2R^2}\boldsymbol{R}\times\boldsymbol{B}. \tag{3.4.14}$$

这就是磁力线曲率引起的漂移速度,显然正负粒子沿相反方向漂移.

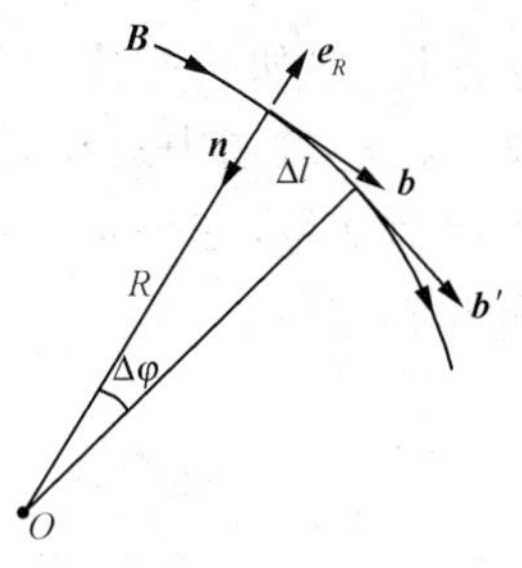

图 3.4.4　曲率半径 R 的定义

(3.4.14)曲率漂移公式,根据曲率半径 R 与磁场 $\boldsymbol{B}$ 的关系,完全可以用磁场的量来表示.如图 3.4.4 所示,曲率半径 R 的定义:

$$1/R=\lim_{\Delta l\to 0}\frac{\Delta\varphi}{\Delta l}=\lim_{\Delta l\to 0}\frac{|\Delta\boldsymbol{b}|}{\Delta l},$$

式中 $\boldsymbol{b}=\boldsymbol{B}/B$.利用 $\boldsymbol{n}=-\boldsymbol{R}/R$,则得

$$\frac{\boldsymbol{n}}{R}=\lim_{\Delta l\to 0}\frac{\Delta\boldsymbol{b}}{\Delta l}=\frac{\partial\boldsymbol{b}}{\partial l}=(\boldsymbol{b}\cdot\nabla)\boldsymbol{b}=-\frac{\boldsymbol{R}}{R^2},$$

即

$$\frac{\boldsymbol{R}}{R^2}=-(\boldsymbol{b}\cdot\nabla)\boldsymbol{b}=-\left(\frac{\boldsymbol{B}}{B}\cdot\nabla\right)\frac{\boldsymbol{B}}{B}, \tag{3.4.15}$$

(3.4.15)式即曲率半径 R 与磁场 $\boldsymbol{B}$ 的关系.因此,曲率漂移速度(3.4.14)式也可用场的量表示为

$$\boldsymbol{v}_D=\frac{2W_\parallel}{qB^2}\boldsymbol{B}\times\left(\frac{\boldsymbol{B}}{B}\cdot\nabla\right)\frac{\boldsymbol{B}}{B}. \tag{3.4.16}$$

如果所研究的空间点不存在电流,则 $\nabla\times\boldsymbol{B}=0$,(3.4.16)式可以再简化.如图

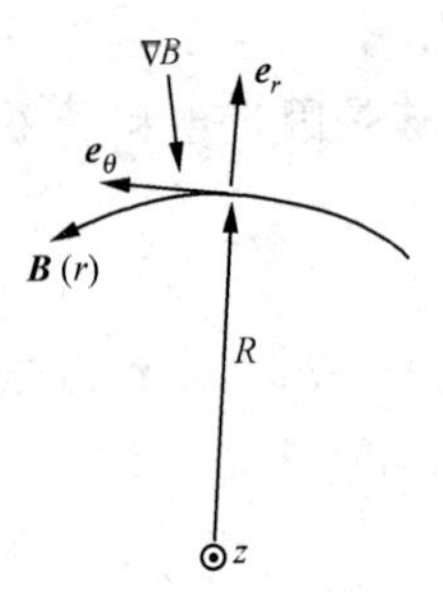

图 3.4.5 磁力线为平面曲线

3.4.5 所示，设磁力线为平面曲线，而且在柱坐标系中

$$\boldsymbol{B} = B(r)\boldsymbol{e}_\theta,$$

由柱坐标系中 $\nabla\times\boldsymbol{B}=0$，得

$$\frac{1}{r}\frac{\partial}{\partial r}[rB(r)] = 0,$$

求得 $$B(r) = A/r \quad (A\text{ 为待定常数}),$$

取 $r=R$，于是

$$\nabla B/B = -\boldsymbol{R}/R^2. \tag{3.4.17}$$

利用(3.4.17)式，曲率漂移速度(3.4.14)式还可表示为

$$\boldsymbol{v}_{\mathrm{D}} = \frac{2W_\parallel}{qB^3}\boldsymbol{B}\times\nabla B. \tag{3.4.18}$$

曲率漂移速度可以用曲率半径表示的(3.4.14)式，也可以用磁场的量表示的(3.4.16)或(3.4.18)式.

一般地，磁力线弯曲时必定存在磁场梯度，磁场的不均匀性引起粒子的总漂移应该是梯度漂移与曲率漂移的叠加. 由(3.4.11)和(3.4.18)式，并利用(3.4.17)关系，不均匀磁场中粒子的总漂移速度为

$$\boldsymbol{v}_{\mathrm{D}} = \frac{W_\perp + 2W_\parallel}{qB^3}\boldsymbol{B}\times\nabla B = \frac{W_\perp + 2W_\parallel}{qB^2R^2}\boldsymbol{R}\times\boldsymbol{B}. \tag{3.4.19}$$

(3.4.19)式常用于分析环形磁约束装置中带电粒子的漂移.

3.5 浸渐不变量及其应用

在经典力学中，为了求粒子的运动轨道，必须求解微分方程. 但如果能找到某类运动积分(运动常量)，则求解就容易多了. 在研究带电粒子在电磁场中运动时，可以证明，当某些参量变化足够缓慢时，有些物理量是近似运动常量(守恒量)，则称这些物理量为浸渐不变量. 本节就要研究几个浸渐不变量及其应用.

1. 磁矩不变性与磁镜约束原理

已经知道粒子在磁场中回旋运动的磁矩

$$\mu = W_\perp/B, \tag{3.5.1}$$

可以证明，当磁场 $\boldsymbol{B}(\boldsymbol{r},t)$ 随空间、时间缓慢变化时，磁矩 μ 是浸渐不变量.

(1) 磁场 $\boldsymbol{B}(\boldsymbol{r})$ 随空间缓慢变化

设磁场是 z 轴对称的，而且沿 z 轴方向缓慢增大(会聚)，如图 3.5.1. 取柱坐标系，$\boldsymbol{B}=(B_r,0,B_z)$，粒子运动速度 $\boldsymbol{v}=(0,v_\theta,v_z)$，则纵向运动方程为

$$F_\parallel = m\frac{\mathrm{d}v_\parallel}{\mathrm{d}t} = -qv_\theta B_r. \tag{3.5.2}$$

$\nabla\cdot\boldsymbol{B}=0$ 方程在柱坐标系中可写为

$$\frac{1}{r}\frac{\partial}{\partial r}(rB_r)+\frac{\partial B_z}{\partial z}=0. \tag{3.5.3}$$

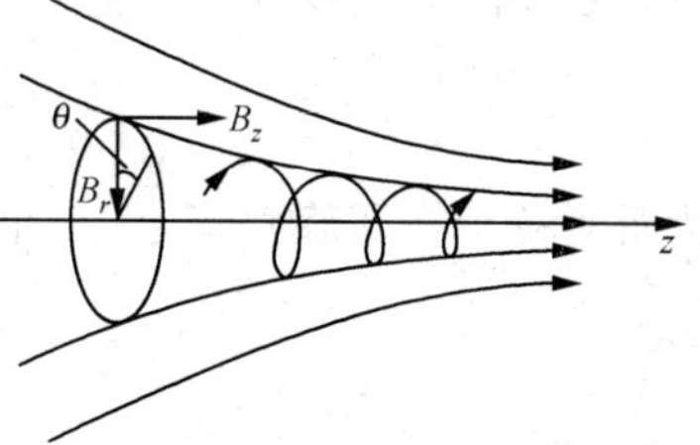

图 3.5.1 轴对称沿 z 方向会聚的磁场

利用缓慢变化条件(3.4.1),在回旋半径 r_c 范围内,可令

$$\frac{\partial B_z}{\partial z}=\frac{\partial B}{\partial z}\approx 常量, \tag{3.5.4}$$

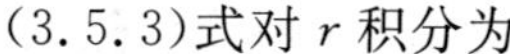
(3.5.3)式对 r 积分为

$$\int_0^{r_c}\frac{\partial}{\partial r}(rB_r)\mathrm{d}r=-\frac{\partial B}{\partial z}\int_0^{r_c}r\mathrm{d}r,$$

结果得

$$B_r=-\frac{r_c}{2}\frac{\partial B}{\partial z}. \tag{3.5.5}$$

将(3.5.5)式代入(3.5.2),并注意到正电荷时 $v_\theta=-v_\perp$,负电荷时 $v_\theta=v_\perp$,则

$$F_\parallel=-\frac{mv_\perp^2}{2B}\frac{\partial B}{\partial z}=-\frac{W_\perp}{B}\frac{\partial B}{\partial z} \tag{3.5.6}$$

或

$$\boldsymbol{F}_\parallel=-\mu\nabla B. \tag{3.5.7}$$

(3.5.7)式与(3.4.12)式结果相同,表明带电粒子在恒定纵向不均匀磁场中运动时,将受到从强磁场区域指向弱磁场区域的作用力.由此可得粒子纵向动能变化率

$$\frac{\mathrm{d}W_\parallel}{\mathrm{d}t}=F_\parallel v_\parallel=-\mu\frac{\partial B}{\partial z}\frac{\mathrm{d}z}{\mathrm{d}t}=-\mu\frac{\mathrm{d}B}{\mathrm{d}t}, \tag{3.5.8}$$

式中 $\mathrm{d}B/\mathrm{d}t$ 是磁场随粒子运动引起的变化.由(3.5.1)式得粒子横向动能变化率

$$\frac{\mathrm{d}W_\perp}{\mathrm{d}t}=\frac{\mathrm{d}}{\mathrm{d}t}(\mu B)=B\frac{\mathrm{d}\mu}{\mathrm{d}t}+\mu\frac{\mathrm{d}B}{\mathrm{d}t}. \tag{3.5.9}$$

(3.5.8)和(3.5.9)两式相加,并根据粒子动能守恒,得

$$\frac{\mathrm{d}W}{\mathrm{d}t}=\frac{\mathrm{d}W_\parallel}{\mathrm{d}t}+\frac{\mathrm{d}W_\perp}{\mathrm{d}t}=B\frac{\mathrm{d}\mu}{\mathrm{d}t}=0, \tag{3.5.10}$$

所以

$$\frac{\mathrm{d}\mu}{\mathrm{d}t}=0\quad 或\quad \mu=常量. \tag{3.5.11}$$

上式表明磁矩 μ 是守恒量,因为利用了磁场缓慢变化条件,所以磁矩 μ 是浸渐不变量.

(2) 磁场 $\boldsymbol{B}(t)$ 随时间缓慢变化

假设磁场随时间缓慢变化,即在回旋周期 $\tau_c=2\pi/\omega_c$ 内场的变化

$$\left|\tau_c\frac{\partial B}{\partial t}\right|\ll B. \tag{3.5.12}$$

因为磁场随时间变化产生感应电场 $\boldsymbol{E}$，

$$\nabla\times\boldsymbol{E}=-\frac{\partial\boldsymbol{B}}{\partial t},$$

从而使粒子在回旋轨道上，一个周期内增加的横向动能

$$\Delta W_{\perp}=q\oint\boldsymbol{E}\cdot\mathrm{d}\boldsymbol{l}=q\int(\nabla\times\boldsymbol{E})\cdot\boldsymbol{n}\mathrm{d}S$$

$$=-q\int\frac{\partial\boldsymbol{B}}{\partial t}\cdot\boldsymbol{n}\mathrm{d}S\approx|q|\frac{\partial B}{\partial t}\pi r_{\mathrm{c}}^{2}. \tag{3.5.13}$$

注意，在上式计算中正电荷回旋时的 $\boldsymbol{n}$ 与 $\boldsymbol{B}$ 反方向，负电荷回旋时 $\boldsymbol{n}$ 与 $\boldsymbol{B}$ 同方向. 因为在一周期内磁场的增量

$$\Delta B\approx\frac{\partial B}{\partial t}\frac{2\pi}{\omega_{\mathrm{c}}}, \tag{3.5.14}$$

利用(3.5.14)和 r_{c}，ω_{c} 公式，(3.5.13)式可化为

$$\Delta W_{\perp}=\frac{W_{\perp}}{B}\Delta B,$$

即

$$\Delta\left(\frac{W_{\perp}}{B}\right)=\Delta\mu=0. \tag{3.5.15}$$

因此 $\mu=W_{\perp}/B=$ 常量，表明当磁场随时间缓慢变化时，磁矩也是近似守恒量.

2. 磁镜约束原理

根据粒子的磁矩不变性，可以很好地说明磁镜型磁场形态对等离子体的约束. 所谓磁镜，就是如图 3.5.2(a)的磁场形态. 它是由轴对称的中间弱、两端加强的磁场构成的系统. 假设在中心处粒子的速度为 $\boldsymbol{v}_0$，$\boldsymbol{v}_0$ 与 z 轴的夹角为 θ_0，$\boldsymbol{v}_0$ 的垂直分量为 $v_{0\perp}$，中心处磁场为 B_0，这时粒子的磁矩

$$\mu=\frac{W_{0\perp}}{B_0}=\frac{mv_{0\perp}^2}{2B_0}.$$

当粒子向强磁场区域(向左或向右)回旋运动时，由于 μ 不变，$\boldsymbol{B}$ 的增大使 $W_{\perp}$ 也随之增大，但粒子总动能 W_0 是守恒的，所以 $W_{\parallel}$ 要减小. 当到达磁场足够强的区域时，如果 $W_{\perp}=W_0$，即横向动能等于总动能，这时粒子平行动能 $W_{\parallel}=0$，平行速度分量 $v_{\parallel}=0$，粒子就不能继续向强磁场区域前进. 但粒子仍受力 $\boldsymbol{F}=-\mu\nabla_{\parallel}B$ 的作用，因而它被"反射"回较弱磁场的区域. 这样粒子继续绕磁力线回旋运动，当它到达另

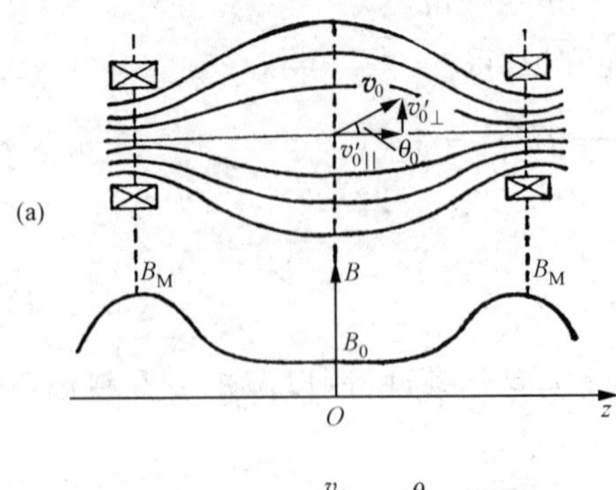

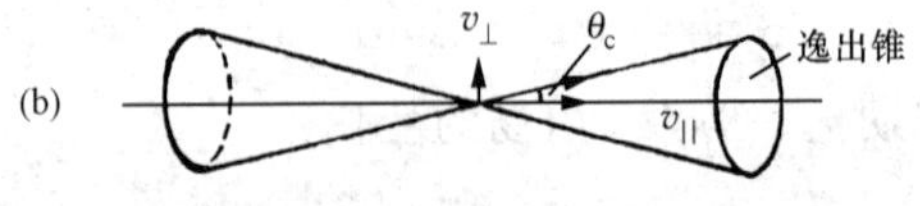

图 3.5.2 磁镜约束原理和速度空间逸出锥

一端强磁场区域时,将可能再被“反射”. 于是粒子将在两端强磁场区域之间来回反射. 因此强磁场区域又称为“磁镜”.

粒子能被磁镜反射是有条件的. 已知粒子在中心处速度 $\boldsymbol{v}_0$ 与 z 轴的夹角(称投射角)为 θ_0,当它向强磁场区域运动时,由于 $W_\perp$ 增大和 $W_\parallel$ 减小,$\boldsymbol{v}$ 与 z 轴的夹角 θ 不断增大,当 θ 增大到 $\pi/2$,这时 $v_\parallel=0$,粒子就被反射. 因此,粒子能被反射的临界条件是,在磁场为最强区域(即 $B=B_\mathrm{M}$),$\theta_\mathrm{M}=\pi/2$. 由磁矩不变性

$$\mu=\frac{W_\perp}{B}=\frac{\frac{1}{2}mv_0^2\sin^2\theta_0}{B_0}=\frac{\frac{1}{2}mv_0^2\sin^2\theta_\mathrm{M}}{B_\mathrm{M}}=\text{常量},$$

则

$$\sin^2\theta_0=\frac{B_0}{B_\mathrm{M}}\sin^2\theta_\mathrm{M}.$$

因此,当 $\theta_\mathrm{M}=\pi/2$,对应的临界投射角 $\theta_0=\theta_\mathrm{c}$ 应满足

$$\sin^2\theta_\mathrm{c}=B_0/B_\mathrm{M}=1/\eta,$$

则临界投射角

$$\theta_\mathrm{c}=\arcsin\sqrt{1/\eta},\tag{3.5.16}$$

式中 $\eta=B_\mathrm{M}/B_0$ 称为磁镜比. 当 B_0 处粒子的投射角 $\theta_0>\theta_\mathrm{c}$ 时,粒子可被反射,约束在两磁镜之内;若 $\theta_0<\theta_\mathrm{c}$,粒子则会穿过磁镜逃逸出去. 对具有速度分布的等离子体,在速度空间 $\theta_0\leqslant\theta_\mathrm{c}$ 的圆锥角内的粒子,都可能逃逸出磁镜,这个圆锥角也称逸出锥,如图 3.5.2(b). 即使原先粒子的速度不在逸出锥内,当它受到其他粒子碰撞,如果碰撞后其速度落在逸出锥内,则它也会从磁镜逃逸出去. 因此,磁镜系统也只能部分地解决等离子体约束问题,因为它仍存在终端损失.

如果粒子的速度分布是各向同性的,则通过逸出锥的粒子损失率

$$p=\frac{\Omega}{2\pi}=\int_0^{\theta_\mathrm{c}}\sin\theta\mathrm{d}\theta=1-\cos\theta_\mathrm{c}=1-\sqrt{1-1/\eta}.\tag{3.5.17}$$

实际上,如果取 $\eta\approx1.5$,则 $p=0.42$,因此在磁镜型装置中损失率还是比较大的. 如果能提高磁镜比 η 值,则可减少粒子损失率. 由于存在逸出锥,粒子在速度空间的分布是不平衡的,还可能通过粒子间的碰撞,使原来 $\theta>\theta_\mathrm{c}$ 的捕获粒子落到 $\theta<\theta_\mathrm{c}$ 的逸出锥内,继续逃逸出磁镜系统.

磁镜形态的磁场,在实验室中的离子源系统、地球两磁极、宇宙中强磁场的星云之间都存在,它可以捕获带电粒子. 应用磁矩不变性,可以分析粒子在这些系统中运动的有关特性.

3. 纵向不变量 J 与费米加速

如果带电粒子被捕获在两个磁镜之间,其回旋中心沿磁力线来回运动. 当两个

磁镜缓慢运动时，如果满足磁场缓慢变化条件

$$\left|\tau_b \frac{\partial B}{\partial t}\right| \ll B, \tag{3.5.18}$$

式中 τ_b 代表粒子在磁镜间来回运动的周期，则可证明，纵向作用积分

$$J = \oint m v_{\parallel} \mathrm{d}z \tag{3.5.19}$$

是浸渐不变量，式中 $v_{\parallel}$ 和 $\mathrm{d}z$ 是回旋中心的纵向运动速度和位移.

现在证明如下：由

$$W = W_{\parallel} + W_{\perp} = \frac{1}{2} m v_{\parallel}^2 + \mu B,$$

得

$$m v_{\parallel} = \pm \sqrt{2m(W - \mu B)}. \tag{3.5.20}$$

将上式代入(3.5.19)式，得

$$J = \oint m v_{\parallel} \mathrm{d}z = 2\int_{z_1}^{z_2} \sqrt{2m(W - \mu B)}\mathrm{d}z, \tag{3.5.21}$$

式中积分限 z_1 和 z_2 表示粒子回旋中心在两个磁镜反射点处的坐标. 当 $z_1 \to z_2$ 积分时，(3.5.20)式取“+”号，当 $z_2 \to z_1$ 积分时，(3.5.20)式取“−”号，因为两个磁镜运动很缓慢，这两项积分近似相等，(3.5.21)式就是这两项积分相加后的结果. (3.5.21)式对时间求全微分，则

$$\frac{\mathrm{d}J}{\mathrm{d}t} = 2\frac{\mathrm{d}}{\mathrm{d}t}\int_{z_1}^{z_2} \sqrt{2m(W - \mu B)}\mathrm{d}z. \tag{3.5.22}$$

利用(3.5.18)条件，可以认为在 τ_b 周期内 W 仍近似是常量，但经过多个 τ_b 周期后，转折点 z_1 和 z_2 及被积函数随时间是有些变化，即与 t 有关的. 因此(3.5.22)式为

$$\begin{aligned}\frac{1}{2}\frac{\mathrm{d}J}{\mathrm{d}t} = & \left[\sqrt{2m(W - \mu B)}\right]_{z_2}\frac{\mathrm{d}z_2}{\mathrm{d}t} - \left[\sqrt{2m(W - \mu B)}\right]_{z_1}\frac{\mathrm{d}z_1}{\mathrm{d}t} \\ & + \int_{z_1}^{z_2} \frac{\mathrm{d}}{\mathrm{d}t}[2m(W - \mu B)]^{1/2}\mathrm{d}z.\end{aligned} \tag{3.5.23}$$

因为在转折点 z_1 和 z_2 处 $W - \mu B = W_{\parallel} = 0$，所以(3.5.23)式右方第1,2项为零. 对第3项中的被积函数，利用(3.5.7)及磁矩不变性，则

$$\frac{\mathrm{d}}{\mathrm{d}t}[2m(W - \mu B)]^{1/2} = \frac{\mathrm{d}}{\mathrm{d}t}(m v_{\parallel}) = F_{\parallel} = -\frac{\partial}{\partial z}(\mu B). \tag{3.5.24}$$

(3.5.24)代入(3.5.23)式，最后得

$$\frac{\mathrm{d}J}{\mathrm{d}t} = -2\int_{z_1}^{z_2} \frac{\partial}{\partial z}(\mu B)\mathrm{d}z = -\oint \frac{\partial}{\partial z}(\mu B)\mathrm{d}z = 0. \tag{3.5.25}$$

这就证明了 J 是浸渐不变量. 因为在两磁镜间来回运动的周期 τ_b 远大于粒子回旋运动的周期 τ_c，因此 J 不变性所要求的条件(3.5.18)要比磁矩 μ 不变性的条件(3.5.12)强得多.

现在应用 J 的不变性来说明，粒子在相向运动的磁镜中被反射时会增加能量

(加速).如图 3.5.3 所示,当 $t=0$ 时,磁镜位置在 z_1,z_2,其距离为 L,在 $t=t'$ 时,磁镜位置在 z_1',z_2',其距离为 L'.为简单起见,假定在两个转折点之间 $v_\parallel$ 和 $v_\parallel'$ 近似为常量.J 的不变性意味着粒子在相空间中所围的面积(即图 3.5.3 曲线下面积)相等,因此

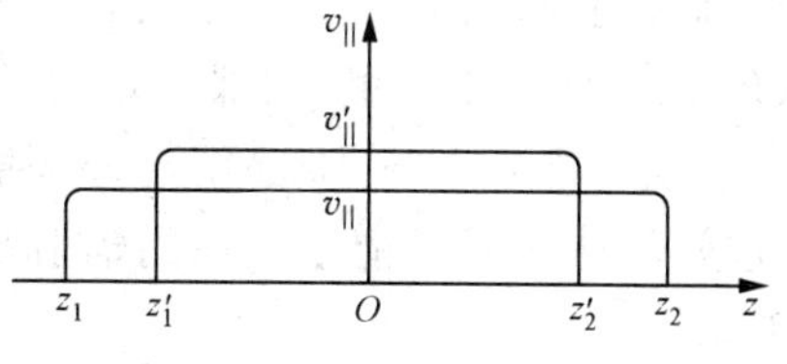

图 3.5.3 J 的不变性与带电粒子在运动磁镜中的加速

$$v_\parallel' L' = v_\parallel L \quad 或 \quad v_\parallel' = \frac{L}{L'} v_\parallel > v_\parallel , \tag{3.5.26}$$

再根据 μ 的不变性,在中间区域 B 不变,所以 $\frac{1}{2}mv_\perp^2=\frac{1}{2}mv_\perp'^2$.因此,当两磁镜缓慢靠近时($L'<L$),粒子动能

$$W' = \frac{1}{2}m(v_\perp'^2 + v_\parallel'^2) = \frac{1}{2}m\left[v_\perp^2 + \left(\frac{L}{L'}\right)^2 v_\parallel^2\right] > W. \tag{3.5.27}$$

上式表明,在磁镜中被捕获的粒子的能量会增加.这种能量增加是由粒子与运动磁镜相碰撞而得到的.这种加速机制在 1949 年首先由费米(Fermi)提出,所以称费米加速.根据这个理论,宇宙线中的极高能量的粒子(10^9 GeV)可能就是星际空间具有强磁场的磁云相向运动时,在其间被捕获的带电粒子与磁云多次碰撞获得能量的结果.由于费米加速,使粒子的 $v_\parallel$ 增加,而 $v_\perp$ 保持不变,这样粒子的投射角 $\theta_0=\arctan(v_\perp/v_\parallel)$ 会逐渐减小,因此,经多次与运动磁镜碰撞后,只要达到 $\theta_0<\theta_c$ 时,粒子就逃逸出去,这样就不能继续加速了.

4. 地球辐射带与磁通不变量

地球磁场就是一个很好的天然磁捕集器.由太阳辐射出来的带电粒子(太阳风)或宇宙线与地球高层大气相互作用形成的带电粒子,可以被地球磁场捕获,沿地磁场磁力线做螺旋形运动,同时辐射电磁波(回旋辐射),即形成地球辐射带,也称范艾伦(van Allen)带.这种辐射带最初是 1905 年斯托末(F. C. M. Størmer)根据极光观测预言的,后来 1958—1959 年范艾伦等人根据人造地球卫星的观测资料证明了它的存在,因而又称范艾伦带.

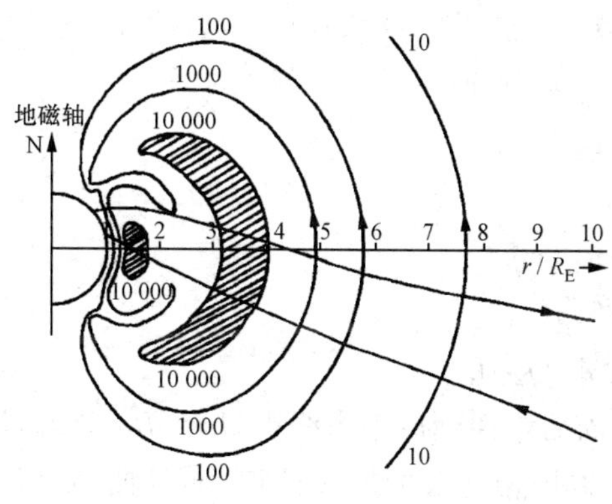

图 3.5.4 地球辐射带——范艾伦带

图 3.5.4 就是探索者 4 号和先锋 3 号卫星探测到的地球辐射带.根据观测,

地球辐射带有内辐射带与外辐射带两个区域,内辐射带,高度在 1～2 个地球半径(R_E),平均几千公里,大部分是质子、电子,也有少量氘和氚(约为质子数的百分之一),质子能量 10～100 MeV. 外辐射带高度在 3～4 个地球半径,约 20 000 公里,密度较低,带电粒子能量也比内辐射带低,质子能量在 0.1～几个 MeV,电子能量一般大于 40 keV.

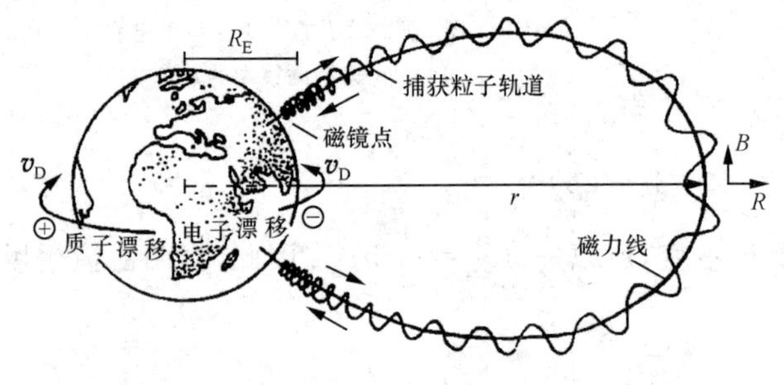

图 3.5.5　地球磁场的磁通不变量

现在可以用磁通不变量来说明地球辐射带的形成. 带电粒子被地磁场捕获,沿地磁场磁力线在两磁极间作螺旋运动,并被两磁极来回反射,如图 3.5.5 所示.

由于地磁场有磁场梯度 ∇B 和磁力线弯曲引起漂移,总漂移为(3.4.19)式:

$$\boldsymbol{v}_D = \frac{(W_\perp + 2W_\parallel)}{qB^2R^2}\boldsymbol{R}\times\boldsymbol{B}.$$

总漂移 $\boldsymbol{v}_D$ 使粒子做环向漂移运动,正电荷(质子)由东向西,负电荷(电子)由西向东. 可以证明,粒子环向漂移绕地球一周后仍然回到原来的磁力线上,即粒子的环向漂移是周期性运动.

用反证法:

假设粒子环向漂移一周后不回到原来磁力线上,开始时粒子在力线 1 上,L_1 为这根力线上粒子来回反射点间长度,对应的半径 $R=r_1$;环向漂移一周后粒子跳到力线 2 上,粒子来回反射点间长度为 L_2,对应的半径 $R=r_2$,而且 $r_2>r_1$,$L_2>L_1$.

由磁矩守恒 $\mu=W_\perp/B=$ 常量,因为 $r_2>r_1$,$B(r_2)<B(r_1)$,则 $W_\perp(r_2)<W_\perp(r_1)$. 再由动能 W 守恒,则 $W_\parallel(r_2)>W_\parallel(r_1)$,即

$$v_\parallel(r_2) > v_\parallel(r_1).$$

由此得

$$v_\parallel(r_2)L_2 > v_\parallel(r_1)L_1. \tag{3.5.28}$$

(3.5.28)式与纵向不变量 J 的结果(3.5.26)式

$$v_\parallel(r_2)L_2 = v_\parallel(r_1)L_1$$

相矛盾. 这就证明原假设不成立,即漂移一周后应回到原来力线上,$L_1=L_2$. 于是粒子环向漂移运动使回旋中心描绘一个与地磁场相吻合的旋转曲面,而且曲面内所包围的磁通量是不变量. 这个不变量成立条件为

$$\left|\tau_D \frac{\partial B}{\partial t}\right| \ll B,$$

式中 τ_D 为回旋中心环绕纵向不变量曲面一周的时间，这个时间比纵向不变量特征时间 τ_b 长得多. 对于 40 keV 电子，τ_D 约为 1 小时.

由此可见，太阳辐射的带电粒子被地磁场捕获后沿磁力线做回旋运动（如图 3.5.5），由于磁矩守恒，粒子会沿磁力线在两磁极间来回反射. 由于磁力线弯曲和磁场梯度，带电粒子在磁极间来回反射的同时，回旋中心有横越磁场的环向漂移，这样粒子回旋运动所在的磁力线会绕地球磁轴旋转，形成一个闭合的旋转曲面（这个曲面也就是纵向不变量的曲面）. 上面已经指出，通过旋转曲面包围的磁通量是不变量，因此带电粒子形成的辐射带与地球磁力线形状相吻合（如图 3.5.4）.

3.6 带电粒子在环形磁场中的运动

许多核聚变磁约束实验装置都是环形磁场，因此，研究带电粒子在环形磁场中的运动是非常必要的.

1. 带电粒子在简单环形磁场中的漂移

现在以简单的圆环形磁场为例，来说明漂移给等离子体的磁约束带来的困难. 如图 3.6.1 所示，在环形管上绕有电流线圈以产生环向磁场 B_φ，磁力线是半径不同的圆. 因为安匝数①相同，根据安培环路定理，磁场梯度都指向中心轴 z. 根据(3.4.19)式，磁力线弯曲和磁场梯度引起正电荷粒子向上漂移、负电荷粒子向下漂移. 这样就形成电荷分离并产生一个向下的电场 $\boldsymbol{E}$，从而又发生了电漂移 $\boldsymbol{v}_D = \boldsymbol{E}\times\boldsymbol{B}/B^2$，使正、负电荷粒子都沿环的半径向外漂移，而使等离子体很快碰到器壁上，因此简单的圆环形磁场不能很好地约束热核等离子体.

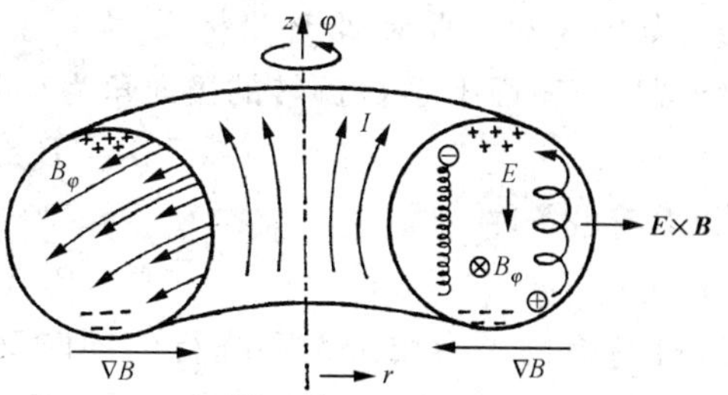

图 3.6.1 带电粒子在简单环形磁场中的漂移

2. 磁场的旋转变换

如果在图 3.6.1 中，在圆环横截面的极向角方向再施加一个磁场 B_θ（称角向磁场），这时环向磁场 B_φ 与角向磁场 B_θ 合成为一个螺旋磁场 $\boldsymbol{B}$，如图 3.6.2 所示，原

① 安匝数＝电流（安培）×线圈匝数，在工程中常用.

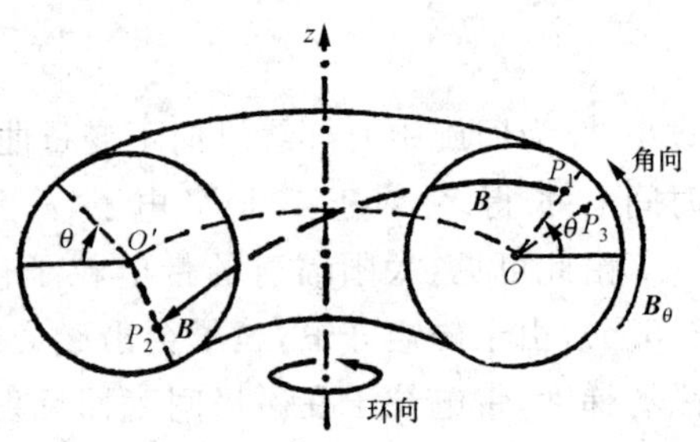

图 3.6.2 环形磁场中磁力线的旋转变换

来环形磁力线发生旋转.因而磁力线不是一个简单的闭合圆环,而是绕环形轴 OO' 旋转的螺旋线.例如从 P_1 点出发的磁力线,绕环半周后通过 P_2 点,绕环一周后回到 P_3.一般讲,磁力线绕环一周后并不闭合,而是在极向角方向旋转了一定角度,磁力线的这种性质,称旋转变换.可以证明,在一定条件下,经过磁力线的旋转变换后,可以克服简单圆环形磁场引起的等离子体的向外漂移,从而实现对等离子体的良好约束.例如,在 P_1 点离子是向上磁漂移,即离开等离子体中心 O,但沿着磁力线到达 P_2 点时,离子虽然还是向上磁漂移,但这时因有磁力线旋转,P_2 点位置处在环轴 OO' 的下方,离子的向上磁漂移变成向等离子体中心 O' 靠近.这样,磁漂移就可能在磁力线不断旋转的过程中相互抵消掉.核聚变研究中的托卡马克装置,就是根据这种原理设计的.

3. 托卡马克装置磁场位形和约束原理

托卡马克(Tokamak)装置由螺旋管线圈电流产生环向磁场 B_φ,再叠加上一个沿圆环截面绕小圆形方向的角向磁场 B_θ,形成的总磁场 $\boldsymbol{B}$ 的磁力线是旋转的螺旋线.如图 3.6.3 所示,取环坐标系,大环主轴为 z 轴,绕大环主轴旋转的环向角为 φ,绕圆环横截面中心 O 旋转的极向角为 θ,则总的磁场(旋转变换磁场)

$$\boldsymbol{B} = B_\varphi \boldsymbol{e}_\varphi + B_\theta \boldsymbol{e}_\theta. \tag{3.6.1}$$

如果满足条件

$$B_\varphi \gg B_\theta,$$

则磁场 $\boldsymbol{B}$ 的磁力线沿大环绕行的同时又绕小圆环旋转,即形成螺旋线状.如图 3.6.3 所示,从 P 点出发的磁力线,绕大环一周(φ 角变化 2π)而到达 P' 点,极向角 θ 改变了角度 ζ,称 ζ 为旋转变换角.假定磁力线沿大环绕 m 圈,同时在小圆环沿 θ 角绕 n 圈后磁力线回到原出发点(即闭合),则旋转变换角

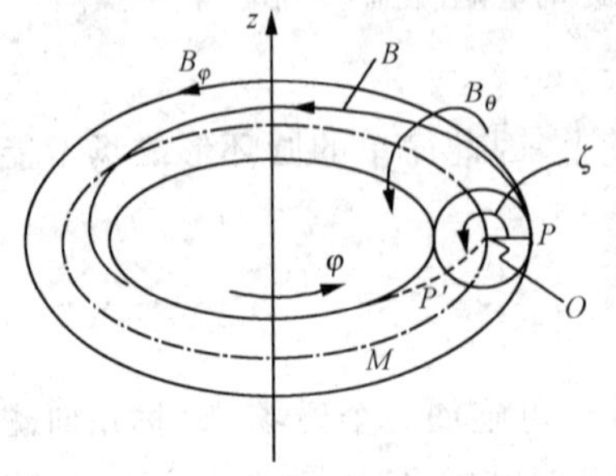

图 3.6.3 托卡马克装置中磁场的旋转变换,M 为磁轴

$$\zeta = 2n\pi/m. \tag{3.6.2}$$

若 m,n 为正整数,即 n/m 为有理数,表明磁力线绕大环 m 圈后可以闭合,这样的磁力线构成的磁面称有理磁面.如果 n/m 为无理数,则表明从一点出发的磁力线绕大环旋转任意多圈也不能回到

原出发点，即不会闭合，也可理解为沿大环绕无限多圈才能逼近原出发点，这样的一根磁力线经过无限多圈旋转构成的磁面称无理磁面. 从小圆截面中心 O 点出发的磁力线，绕大环时不产生旋转，这根线 M 称为磁轴. 与磁轴相距不同半径上的磁力线都构成旋转磁面，因此形成以磁轴为中心，不同半径嵌套的一组磁面，如图 3.6.4 所示.

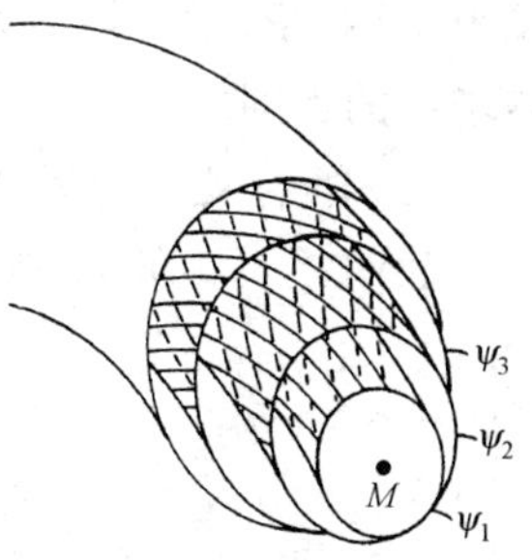

图 3.6.4 托卡马克装置中不同半径嵌套的一组磁面

由旋转变换角 ζ 可以引入一个重要参量

$$q(r) = 2\pi/\zeta, \tag{3.6.3}$$

$q(r)$ 是表示一根磁力线绕极向角一周（即 θ 变化 2π）在大环方向需要绕的圈数. $q(r)$ 值是用来划分磁约束装置类型的一个重要参数. 对于托卡马克装置，要求 $q>1$，这是抑制磁流体螺旋不稳定性的条件，故 q 称为安全因子. 但对于另一类磁约束装置，如反向场箍缩装置，则要求 $q<1$ 的条件.

设旋转磁力线的螺距为 d，则

$$2\pi r/d = B_\theta/B_\varphi \ll 1,$$
$$d = 2\pi r B_\varphi/B_\theta.$$

旋转变换角

$$\zeta = \left(\frac{2\pi R_0}{d}\right)\cdot 2\pi = \frac{2\pi R_0 B_\theta}{r B_\varphi}, \tag{3.6.4}$$

式中 R_0 为托卡马克大环半径（即环轴线半径），r 是磁力线所在磁面与（磁轴）轴心 O 的距离，旋转变换角 ζ 与 r 有关. 则安全因子

$$q(r) = 2\pi/\zeta = \frac{r B_\varphi}{R_0 B_\theta}. \tag{3.6.5}$$

设等离子体半径为 a，则

$$q(a) = \frac{a B_\varphi}{R_0 B_\theta}. \tag{3.6.6}$$

托卡马克装置要求 $q(a)>1$，只要 $B_\varphi \gg B_\theta$，这个条件是可以满足的.

在托卡马克磁场位形中，沿一根磁力线做回旋运动的粒子，由于磁场的旋转变换，粒子回旋中心有时在环的外侧（此处磁场较弱），有时又绕到环的内侧（此处磁场较强）. 对于运行的粒子而言，这种磁场强弱变化在某种程度上类似于磁镜场的结构，于是在其中运行的粒子可以分为两类：一类粒子运动速度 $\boldsymbol{v}$ 与 $\boldsymbol{B}$ 的夹角较小，即速度的平行分量 $v_\parallel$ 较大，这种粒子在绕磁力线运动时，能通过较强磁场区域，这类粒子称通行粒子；另一类粒子 $v_\parallel$ 较小，它绕磁力线运动时，不能通过较强磁场区域（类似于磁镜中被反射），即只能在两个相邻的强磁场区域间（局限在一个

螺距 d 内)来回反射,这类粒子称捕获粒子.下面分别讨论这两类粒子在旋转变换磁场中的运动.

(1) 通行粒子的运动

如图3.6.5所示,取大环的一个横截面,其中心 O 点与大环的对称轴 z 的距离为 R_0(即大环半径),在截面上以 O 为原点,建立直角坐标 x-y,x-y 平面跟随着粒子以 $v_\parallel$ 绕磁力线一起运动.若粒子无漂移,则回旋中心绕旋转磁力线、处在以 O 为中心的虚线圆的磁面上;若考虑粒子漂移,回旋中心会偏离这个磁面.设 t 时刻粒子回旋中心在 P 点,与 z 轴的距离为 R,与 O 点的距离为 r,OP 与 x 轴的夹角为 θ.由放电电流产生的角向磁场

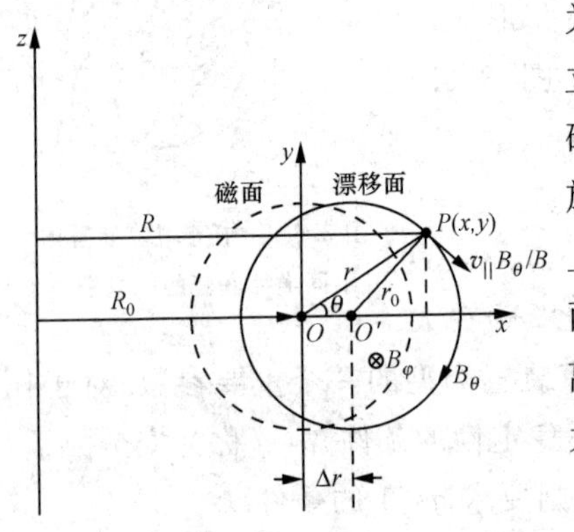

图3.6.5　通行粒子的漂移面

$$B_\theta = B_\theta(r),\quad r = \sqrt{x^2 + y^2}.$$

由螺线管电流线圈产生的环向场 B_φ,因安匝数相同,由安培环路定理得

$$B_\varphi \propto \frac{1}{R},$$

则

$$B_\varphi = B_0 R_0 / R,$$

B_0 为轴心上的环向磁场,因为等离子体半径 $a \ll R_0$,所以等离子体中 P 点坐标 $x \ll R_0$,即 $x/R_0 \ll 1$,则环向场

$$B_\varphi = B_0 \frac{R_0}{R_0 + x} \approx B_0 \left(1 - \frac{x}{R_0}\right). \tag{3.6.7}$$

总的磁场

$$\boldsymbol{B} = B_0 \left(1 - \frac{x}{R_0}\right) \boldsymbol{e}_\varphi + B_\theta(r) \boldsymbol{e}_\theta. \tag{3.6.8}$$

现在把粒子回旋中心运动分解为沿旋转磁力线的运动 $\boldsymbol{v}_\parallel$ 和磁场不均匀引起的漂移 $\boldsymbol{v}_\mathrm{D}$.因为 $B_\varphi \gg B_\theta$,B_θ 不均匀性产生的漂移可以忽略,现只考虑 B_φ 不均匀性引起的漂移.由(3.4.19)式,因为 $\boldsymbol{R} \times \boldsymbol{B}_\varphi = RB_\varphi \boldsymbol{e}_y$,得

$$\boldsymbol{v}_\mathrm{D} = \frac{1}{qB_\varphi R}\left(\frac{1}{2} m v_\perp^2 + m v_\parallel^2\right) \boldsymbol{e}_y. \tag{3.6.9}$$

如图3.6.6所示,回旋中心沿磁力线 $\boldsymbol{B}$ 方向运动速度 $\boldsymbol{v}_\parallel$ 在 x-y 平面上的投影为 $v_\parallel B_\theta / B$,假定粒子回旋运动是顺时针旋转的,则 $\boldsymbol{v}_\parallel$ 在 x-y 平面上投影的两个分量为

$$\begin{cases} v_{\parallel x} = v_{\parallel} \dfrac{B_\theta}{B}\sin\theta = v_{\parallel} \dfrac{B_\theta}{B} \dfrac{y}{r}, \\ v_{\parallel y} = -v_{\parallel} \dfrac{B_\theta}{B}\cos\theta = -v_{\parallel} \dfrac{B_\theta}{B} \dfrac{x}{r}. \end{cases} \tag{3.6.10}$$

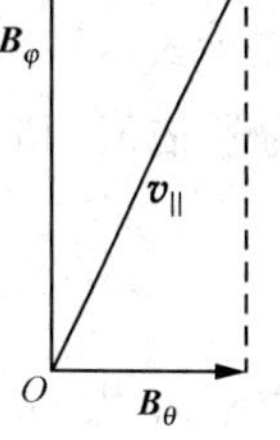

图 3.6.6

如果是逆时针方向旋转,上面两式都改变符号.回旋中心运动

$$\boldsymbol{v} = \boldsymbol{v}_{\parallel} + \boldsymbol{v}_{\mathrm{D}}, \tag{3.6.11}$$

于是,将(3.6.9)、(3.6.10)式代入(3.6.11)式,得回旋中心在 x-y 平面上投影的运动方程为

$$\begin{cases} \dfrac{\mathrm{d}x}{\mathrm{d}t} = v_{\parallel} \dfrac{B_\theta}{B} \dfrac{y}{r}, \\ \dfrac{\mathrm{d}y}{\mathrm{d}t} = -v_{\parallel} \dfrac{B_\theta}{B} \dfrac{x}{r} + v_{\mathrm{D}}, \end{cases} \tag{3.6.12}$$

(3.6.12)式的第 1 式乘以 $\mathrm{d}y$、第 2 式乘以 $\mathrm{d}x$,并相减得

$$v_{\parallel} \frac{B_\theta}{B} \frac{1}{r}(x\mathrm{d}x + y\mathrm{d}y) - v_{\mathrm{D}}\mathrm{d}x = 0,$$

因 $\mathrm{d}r = \dfrac{1}{r}(x\mathrm{d}x + y\mathrm{d}y)$,所以上式化为

$$\frac{\mathrm{d}r}{\mathrm{d}x} = \frac{v_{\mathrm{D}}B}{v_{\parallel} B_\theta} \equiv \alpha_0, \tag{3.6.13}$$

式中 $\alpha_0 = v_{\mathrm{D}}B/v_{\parallel} B_\theta \ll 1$,而且 α_0 近似为常量,这是因为忽略磁场 B_θ 的不均匀性,通行粒子 $v_\parallel$ 也近似不变.于是(3.6.13)方程的解为

$$r = r_0 + \alpha_0 x, \tag{3.6.14}$$

式中 r_0 为 $x=0$ 处回旋中心与轴心 O 点的距离,即初始磁面的半径.(3.6.14)式还可改写为

$$r^2 = x^2 + y^2 = r_0^2 + 2r_0\alpha_0 x + \alpha_0^2 x^2,$$

略去高级量 $\alpha_0^2 x^2$,则得回旋中心运动轨道在 x-y 平面上投影

$$(x - \alpha_0 r_0)^2 + y^2 = r_0^2(1 + \alpha_0^2) \approx r_0^2. \tag{3.6.15}$$

(3.6.15)式的结果表明:在 x-y 平面上投影的回旋中心运动轨道近似为一个半径为 r_0 的圆(图 3.6.5 中实线圆),只是其圆心在 x 轴上向右移动了 $\alpha_0 r_0$ 距离.因此粒子回旋中心轨道的漂移曲面相对于磁面向右移动了 $\alpha_0 r_0$.类似地,也可推导粒子逆时针旋转的情况,其结果只是在(3.6.14)和(3.6.15)式中 α_0 前面加一负号.这样粒子轨道的漂移曲面中心相对于磁面是向左移动了 $\alpha_0 r_0$ 距离.因为 $\alpha_0 \ll 1$,漂移曲面的移动 $\alpha_0 r_0 \ll r_0$,这说明,有了磁场的旋转变换,通行粒子可被很好地约束.

现在估算漂移曲面的移动距离

$$\Delta r \equiv \alpha_0 r_0 - \frac{v_D B}{v_\parallel B_\theta} r_0,$$

为了估值,利用(3.6.9)式,取 $v_D \approx \frac{m v_\perp v_\parallel}{qBR}$,$B_\varphi \approx B$,则

$$\Delta r \approx \left(\frac{m v_\perp}{qB}\right)\left(\frac{B r_0}{B_\theta R}\right) \approx r_c q(r_0). \tag{3.6.16}$$

式中 r_c 为回旋半径,安全因子 $q(r_0)$ 可取为 2～3,所以

$$\Delta r \approx (2 \sim 3) r_c,$$

即漂移曲面中心只向左右移动了 $(2\sim3)r_c$. 由此可见,安全因子 $q(r)$ 也不能太大,否则会影响约束.

(2) 捕获粒子的运动

如果不考虑漂移,则捕获粒子只是在旋转变换磁场位形中两个局部的磁镜场中来回运动,其回旋中心在 x-y 平面上的投影只是磁面上两个反射点 M_1,M_2 间的一段圆弧,如图 3.6.7 所示. 但考虑了漂移之后,回旋中心的运动轨道投影要发生变化. 对于捕获粒子,回旋中心运动在 x-y 平面投影,仍然是(3.6.13)方程,即

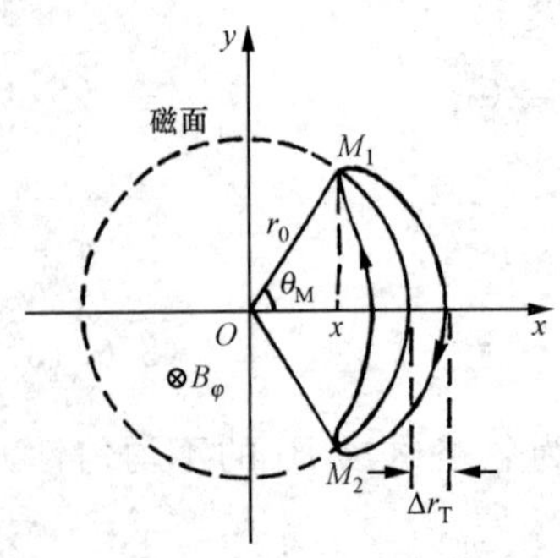

图 3.6.7　捕获粒子漂移的"香蕉形"轨道

$$\frac{dr}{dx} = \pm \frac{v_D B}{v_\parallel B_\theta}. \tag{3.6.17}$$

但是,现在(3.6.17)方程中的 $v_\parallel$ 是随 x 变化的,即为 $v_\parallel(x)$. 这是因为捕获粒子的 $v_\parallel$ 比通行粒子的 $v_\parallel$ 小很多,而且在两个反射点 M_1,M_2 处 $v_\parallel = 0$. 另外(3.6.17)式中"+"号对应顺时针旋转,"−"号对应逆时针旋转.

现来计算 $v_\parallel(x)$. 在反射点:$B = B_M$,$v_\parallel = 0$,$v_\perp = v_0$,由磁矩不变量

$$\mu = \frac{1}{2} m v_\perp^2 / B = \frac{1}{2} m v_0^2 / B_M,$$

$$v_\parallel = \sqrt{v_0^2 - v_\perp^2} = v_0 \sqrt{1 - (v_\perp / v_0)^2} = v_0 \sqrt{1 - (B/B_M)}. \tag{3.6.18}$$

注意,现在应考虑磁场 B 的变化,由(3.6.7)式

$$B \approx B_\varphi \approx B_0 (1 - x/R_0),$$

将上式代入(3.6.18),得

$$v_\parallel = v_0 \sqrt{1 - \frac{1 - x/R_0}{1 - x_M/R_0}} \approx v_0 \sqrt{\frac{x - x_M}{R_0}}. \tag{3.6.19}$$

这里 x_M 为反射点 M_1,M_2 的横坐标,上式应用了 $x/R_0 \ll 1$,$x_M/R_0 \ll 1$ 条件. 将

(3.6.19)式代入(3.6.17)式,得

$$\frac{\mathrm{d}r}{\mathrm{d}x}=\pm\frac{v_{\mathrm{D}}B_0}{v_0B_\theta}\sqrt{R_0/(x-x_{\mathrm{M}})},\tag{3.6.20}$$

因为偏离磁面不远,即 r 变化不大,所以上式取 $B_\theta(r)\approx B_\theta$ 为常量,$B\approx B_0$;又因为 $v_\parallel\ll v_\perp$,而且 $\mu=mv_\perp^2/2B\approx$ 常量,所以由(3.6.9)式,v_{D} 近似为常量. 于是将(3.6.20)式对 x 积分,得

$$r=\pm\frac{2v_{\mathrm{D}}B_0}{v_0B_\theta}\sqrt{R_0(x-x_{\mathrm{M}})}+r_0,\tag{3.6.21}$$

即

$$r-r_0=\pm\frac{2v_{\mathrm{D}}B_0}{v_0B_\theta}\sqrt{R_0(x-x_{\mathrm{M}})}.\tag{3.6.22}$$

当 $x=x_{\mathrm{M}}$ 时,$r=r_0$. 取平面极坐标,$x=r\cos\theta\approx r_0\cos\theta$,$x_{\mathrm{M}}=r_0\cos\theta_{\mathrm{M}}$,则(3.6.22)式可表示为

$$r-r_0\approx\pm\frac{2v_{\mathrm{D}}B_0}{v_0B_\theta}\sqrt{R_0r_0(\cos\theta-\cos\theta_{\mathrm{M}})}.\tag{3.6.23}$$

(3.6.22)或(3.6.23)式表示粒子漂移曲面与磁面的偏离.

当 $\theta=\theta_{\mathrm{M}}$,$r=r_0$,这是两个反射点的情况.

当 $\theta=0$ 时,偏离最大,

$$\Delta r_{\mathrm{T}}=|r-r_0|_{\theta=0}=\frac{2v_{\mathrm{D}}B_0}{v_0B_\theta}\sqrt{R_0r_0(1-\cos\theta_{\mathrm{M}})}.\tag{3.6.24}$$

由(3.6.23)式结果:当粒子回旋中心沿磁力线顺时针旋转时,$r>r_0$,即漂移曲面向外偏离;当粒子回旋中心沿磁力线逆时针旋转时,$r<r_0$,即漂移曲面向内偏离. 由于原来是顺时针旋转的,到达反射点经过反射后,$v_\parallel$ 方向相反了,于是顺时针旋转就变成逆时针旋转,反之亦然,因而漂移曲面形成一个闭合曲面,它在 x-y 平面上的投影就为如图 3.6.7 所示的"香蕉形"闭合曲线,(3.6.24)式的 Δr_{T} 就是香蕉半宽度. 因此捕获粒子也称为"香蕉粒子".

现在取 $v_{\mathrm{D}}\approx mv_0^2/qBR_0$,$R\approx R_0$,$\varepsilon=r_0/R_0\approx a/R_0$,$q(r)=B_\varphi r/B_\theta R_0$,$B_\varphi\approx B_0$,则可用(3.5.24)式估算香蕉形半宽度

$$\Delta r_{\mathrm{T}}=2r_cq(r_0)\sqrt{\varepsilon(1-\cos\theta_{\mathrm{M}})}/\varepsilon<2q(r_0)r_c/\sqrt{\varepsilon}.\tag{3.6.25}$$

$q(r_0)=2\sim3$,$\varepsilon\approx1/10$,则 $\Delta r_{\mathrm{T}}\approx(10\sim20)r_c$.

Δr_{T} 就是粒子漂移面偏离磁面的最大距离,大约为十几个回旋半径. 只要 $\Delta r_{\mathrm{T}}/a\ll1$ 时(a 为等离子体环小半径),则可认为捕获粒子的环形漂移被抑制了.

以上讨论的都是带电粒子回旋中心运动在小圆形截面(x-y 平面)上投影的轨迹,图 3.6.8 则是托卡马克装置中捕获粒子的运动轨道及其回旋中心的投影.

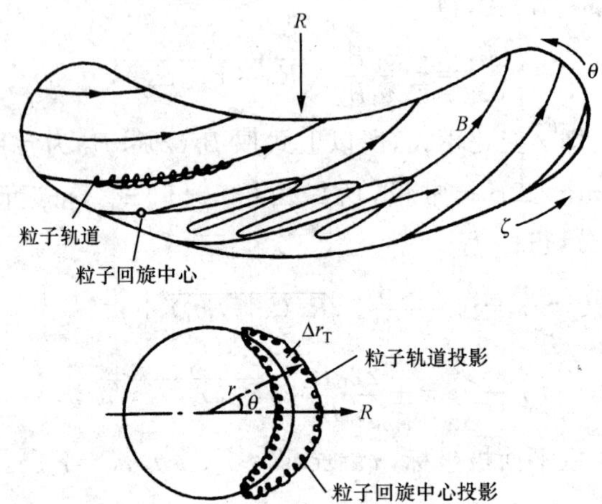

图 3.6.8　托卡马克装置中捕获粒子的运动轨道及其回旋中心的投影

第 4 章　磁流体力学

磁流体力学是研究导电流体在电磁场中运动规律的一种宏观理论. 这种理论是在 20 世纪初为研究天体物理过程而发展起来的,20 世纪 50 年代后受控热核聚变的研究,推动了其进一步发展.

因为等离子体可以看成导电流体,其宏观运动通常又和电磁场结合在一起,如果等离子体的某些现象或行为只与它的宏观平均性质有关,则可以近似地用磁流体力学来描写. 磁流体力学是把流体力学与电动力学结合起来描述导电流体在电磁场中的运动,它的基本方程式包括电动力学方程组和流体力学方程组. 这些方程组可以从统计力学的微观方程(动理学方程)及电磁场方程取适当的平均推导出来.

本章从动理学方程出发,先求速度矩及矩方程,由此推导出磁流体力学方程,然后再应用这些方程讨论等离子体的磁流体力学性质.

4.1　速度矩及矩方程

可以用场的观点来研究等离子体的流体运动(欧拉法). 这个方法用以描述体系状态的量为: 流体元的质量密度 $\rho(\boldsymbol{r},t)$或数密度 $n(\boldsymbol{r},t)$,速度 $\boldsymbol{u}(\boldsymbol{r},t)$,能量密度 $\varepsilon(\boldsymbol{r},t)$或温度 $T(\boldsymbol{r},t)$等,这些状态量都是时间 t、流体元空间位置 $\boldsymbol{r}$ 的函数. 要研究流体的这些状态量的时间演化规律,则需要建立流体力学方程组.

流体力学方程组可以从体系的动理学方程的矩方程得到,也可以从物理上比较直观的、唯象的方法导出. 现在应用前一种方法推导磁流体力学方程组.

1. 速度矩

因为等离子体包含多种带电粒子(一种以上正电荷离子和电子),所以设 α 类粒子的分布函数为 $f_\alpha(\boldsymbol{r},\boldsymbol{v},t)$,则它满足动理学方程(即 1872 年玻尔兹曼提出的关于粒子分布函数随时间演化的方程)

$$\frac{\partial f_\alpha}{\partial t}+\boldsymbol{v}\cdot\frac{\partial f_\alpha}{\partial \boldsymbol{r}}+\frac{\boldsymbol{F}_\alpha}{m_\alpha}\cdot\frac{\partial f_\alpha}{\partial \boldsymbol{v}}=\sum_\beta\left(\frac{\partial f_\alpha}{\partial t}\right)_{\mathrm{c},\alpha\beta}. \tag{4.1.1}$$

为求速度矩时书写简便起见,以后(4.1.1)式中的角标 α 暂时省略,右边碰撞项也简化为$\left(\frac{\partial f}{\partial t}\right)_{\mathrm{c}}$,但仍应理解为 α 类粒子与各类 β 粒子(包括同类粒子)间碰撞引起分布函数变化的总和.有关动理学方程在7.1节有详细介绍.

(1) 速度矩定义

设 $\psi=\psi(\boldsymbol{v})$,则速度矩定义为

$$\langle\psi(\boldsymbol{v})\rangle=\int\psi(\boldsymbol{v})f(\boldsymbol{r},\boldsymbol{v},t)\mathrm{d}\boldsymbol{v}\Big/\int f(\boldsymbol{r},\boldsymbol{v},t)\mathrm{d}\boldsymbol{v}$$

$$=\int\psi(\boldsymbol{v})f(\boldsymbol{r},\boldsymbol{v},t)\mathrm{d}\boldsymbol{v}\Big/n(\boldsymbol{r},t),\tag{4.1.2}$$

式中 $n=\int f(\boldsymbol{r},\boldsymbol{v},t)\mathrm{d}\boldsymbol{v}$ 为粒子数密度,符号〈 〉表示对速度分布求平均.

(2) 零阶、一阶、二阶和三阶矩

下面应用(4.1.2)定义,求前几个速度矩:零阶、一阶、二阶和三阶矩.

① 零阶矩:$\psi(\boldsymbol{v})=1$,则

$$\int f(\boldsymbol{r},\boldsymbol{v},t)\mathrm{d}\boldsymbol{v}=n(\boldsymbol{r},t),\tag{4.1.3}$$

$n(\boldsymbol{r},t)$表示粒子数密度,若粒子质量为 m,则 $\rho(\boldsymbol{r},t)=nm$ 为质量密度或体密度.

② 一阶矩:$\psi(\boldsymbol{v})=\boldsymbol{v}$,则

$$\boldsymbol{u}(\boldsymbol{r},t)=\int\boldsymbol{v}f(\boldsymbol{r},\boldsymbol{v},t)\mathrm{d}\boldsymbol{v}\Big/n(\boldsymbol{r},t),\tag{4.1.4}$$

$\boldsymbol{u}(\boldsymbol{r},t)$为流体平均速度.

定义无规热运动速度: $\boldsymbol{w}=\boldsymbol{v}-\boldsymbol{u}(\boldsymbol{r},t)$,

则$\langle\boldsymbol{w}\rangle=0$,表明 $\boldsymbol{w}$ 是无规化的.

③ 二阶矩:$\psi(\boldsymbol{v})=nm\boldsymbol{v}\boldsymbol{v}$,共有9个分量,为(本书用正黑体字符表示二阶张量,以避免与矢量斜黑体字符相混淆)

$$\mathbf{P}=nm\langle\boldsymbol{v}\boldsymbol{v}\rangle=nm\langle(\boldsymbol{u}+\boldsymbol{w})(\boldsymbol{u}+\boldsymbol{w})\rangle$$

$$=nm\boldsymbol{u}\boldsymbol{u}+nm\langle\boldsymbol{w}\boldsymbol{w}\rangle=nm\boldsymbol{u}\boldsymbol{u}+\mathbf{p},\tag{4.1.5}$$

式中

$$\mathbf{p}=nm\langle\boldsymbol{w}\boldsymbol{w}\rangle=m\int\boldsymbol{w}\boldsymbol{w}f(\boldsymbol{r},\boldsymbol{v},t)\mathrm{d}\boldsymbol{v},\tag{4.1.6}$$

$\mathbf{p}$ 为热压强张量,其中的对角项

$$p_{kk}=nm\langle w_k^2\rangle,$$

$\mathbf{p}$ 的非对角项 $p_{kl}(k\neq l)$是对称的:

$$p_{kl}=p_{lk},$$

所以非对角项只有3个独立分量.如果体系处于局域热平衡状态,其分布函数为局域性麦克斯韦分布

$$f(\boldsymbol{r},\boldsymbol{v},t)=n(\boldsymbol{r},t)\left(\frac{m}{2\pi T(\boldsymbol{r},t)}\right)^{3/2}\exp\left[-\frac{mw^2}{2T(\boldsymbol{r},t)}\right],$$

则

$$p_{kk}=n(\boldsymbol{r},t)T(\boldsymbol{r},t)=p(\boldsymbol{r},t)\tag{4.1.7}$$

或
$$nm\langle w^2\rangle = \sum_{k=1}^{3} p_{kk} = 3nT = 3p,$$
所以 $\mathbf{p}$ 的对角项 p_{kk} 就是热压强. 注意(4.1.7)式中的温度 $T(\boldsymbol{r},t)$ 为动力学温度.

粒子系的总动能密度
$$K = \left\langle \frac{1}{2}nmv^2 \right\rangle = \frac{1}{2}\sum_{k=1}^{3} P_{kk} = \frac{1}{2}nmu^2 + \frac{3}{2}p, \tag{4.1.8}$$
上式右边第 1 项为单位体积流体平均运动动能，第 2 项 $(3/2)p=(3/2)nT$ 为热运动动能.

定义黏性应力张量：
$$\mathbf{\Pi} = \mathbf{p} - p\mathbf{I} \quad 或 \quad \Pi_{kl} = p_{kl} - p\delta_{kl}, \tag{4.1.9}$$
$\mathbf{\Pi}$ 为对称张量，6 个非对角项中只有 3 个分量是独立的，于是(4.1.5)式为
$$\mathbf{P} = nm\langle \boldsymbol{vv}\rangle = nm\boldsymbol{uu} + \mathbf{p} = nm\boldsymbol{uu} + p\mathbf{I} + \mathbf{\Pi}. \tag{4.1.10}$$

④ 三阶矩 $\psi(\boldsymbol{v})=m\boldsymbol{vvv}$，共有 27 个分量，其中有明确物理意义的分量只有 3 个，为
$$\begin{aligned}\boldsymbol{Q} &= \frac{1}{2}nm\langle v^2\boldsymbol{v}\rangle = \frac{1}{2}nm\langle v^2(\boldsymbol{u}+\boldsymbol{w})\rangle \\ &= K\boldsymbol{u} + \frac{1}{2}nm\langle v^2\boldsymbol{w}\rangle = K\boldsymbol{u} + nm\boldsymbol{u}\cdot\langle\boldsymbol{ww}\rangle + \frac{1}{2}nm\langle w^2\boldsymbol{w}\rangle.\end{aligned}$$

定义热流矢量：
$$\boldsymbol{q} = \frac{1}{2}nm\langle w^2\boldsymbol{w}\rangle, \tag{4.1.11}$$
则
$$\boldsymbol{Q} = \frac{1}{2}nm\langle v^2\boldsymbol{v}\rangle = K\boldsymbol{u} + \boldsymbol{u}\cdot\mathbf{p} + \boldsymbol{q}. \tag{4.1.12}$$
(4.1.12)式右方各项意义：第 1 项 $K\boldsymbol{u}$ 为流体宏观流动带走的总动能，第 2 项为流体宏观流动时压强张量做的功率，当 $\boldsymbol{u}=0$ 时，这两项都为 0；第 3 项为热流矢量 $\boldsymbol{q}$，即使 $\boldsymbol{u}=0$，$\boldsymbol{q}$ 也存在，它是由碰撞产生的热量从高温流体元到低温流体元的流动.

2. 速度矩方程

在动理学方程(4.1.1)各项乘以 $\psi(\boldsymbol{v})$，并对 $\mathrm{d}\boldsymbol{v}$ 积分，即可得到一般的速度矩方程
$$\begin{aligned}&\int\psi(\boldsymbol{v})\frac{\partial f}{\partial t}\mathrm{d}\boldsymbol{v} + \int\psi(\boldsymbol{v})\,\boldsymbol{v}\cdot\nabla f\mathrm{d}\boldsymbol{v} + \frac{q}{m}\int\psi(\boldsymbol{v})(\boldsymbol{E}+\boldsymbol{v}\times\boldsymbol{B})\cdot\frac{\partial f}{\partial\boldsymbol{v}}\mathrm{d}\boldsymbol{v} \\ &\quad = \int\psi(\boldsymbol{v})\left(\frac{\partial f}{\partial t}\right)_{\mathrm{c}}\mathrm{d}\boldsymbol{v},\end{aligned} \tag{4.1.13}$$
上式左方第 3 项为粒子受的力 $\boldsymbol{F}=q(\boldsymbol{E}+\boldsymbol{v}\times\boldsymbol{B})$. 对(4.1.13)式左方各项做计算：

(1) $\displaystyle\int\psi(\boldsymbol{v})\frac{\partial f}{\partial t}\mathrm{d}\boldsymbol{v} = \frac{\partial}{\partial t}\int\psi(\boldsymbol{v})f\mathrm{d}\boldsymbol{v} = \frac{\partial}{\partial t}(n\langle\psi(\boldsymbol{v})\rangle).$

(2) $\int \psi(\boldsymbol{v})\, \boldsymbol{v} \cdot \nabla f \mathrm{d}\boldsymbol{v} = \nabla \cdot \int \psi(\boldsymbol{v})\, \boldsymbol{v} f \mathrm{d}\boldsymbol{v} = \nabla \cdot (n\langle \psi(\boldsymbol{v})\, \boldsymbol{v} \rangle)$.

(3) $$\frac{q}{m}\int \psi(\boldsymbol{v}) \boldsymbol{E} \cdot \frac{\partial f}{\partial \boldsymbol{v}} \mathrm{d}\boldsymbol{v} = \frac{q}{m}\boldsymbol{E} \cdot \int \psi(\boldsymbol{v}) \frac{\partial f}{\partial \boldsymbol{v}} \mathrm{d}\boldsymbol{v}$$

$$= \frac{q}{m}\boldsymbol{E} \cdot \left\{ [f\psi]_{\text{边界}} - \int f \frac{\partial \psi}{\partial \boldsymbol{v}} \mathrm{d}\, \boldsymbol{v} \right\} = -\frac{nq}{m} \boldsymbol{E} \cdot \left\langle \frac{\partial \psi}{\partial \boldsymbol{v}} \right\rangle,$$

上式分部积分的第 1 项$[f\psi]_{\text{边界}}=0$,这是因为边界条件 $\boldsymbol{v}\to\infty, f(\boldsymbol{v})\to 0$. 最后一项为对洛伦兹力项的积分.

(4) $$\frac{q}{m}\int \psi(\boldsymbol{v})(\boldsymbol{v}\times\boldsymbol{B}) \cdot \frac{\partial f}{\partial \boldsymbol{v}} \mathrm{d}\boldsymbol{v}$$

$$= \frac{q}{m}\left\{ [\psi(\boldsymbol{v})(\boldsymbol{v}\times\boldsymbol{B}) f]_{\text{边界}} - \int f \frac{\partial}{\partial \boldsymbol{v}} \cdot [\psi(\boldsymbol{v})(\boldsymbol{v}\times\boldsymbol{B})] \mathrm{d}\boldsymbol{v} \right\}$$

$$= -\frac{q}{m}\left[\int f(\boldsymbol{v}\times\boldsymbol{B}) \cdot \frac{\partial \psi}{\partial \boldsymbol{v}} + f\psi(\boldsymbol{v}) \frac{\partial}{\partial \boldsymbol{v}} \cdot (\boldsymbol{v}\times\boldsymbol{B}) \right] \mathrm{d}\boldsymbol{v}$$

$$= -\frac{q}{m}\int f(\boldsymbol{v}\times\boldsymbol{B}) \cdot \frac{\partial \psi}{\partial \boldsymbol{v}} \mathrm{d}\boldsymbol{v} = -\frac{nq}{m}\left\langle (\boldsymbol{v}\times\boldsymbol{B}) \cdot \frac{\partial \psi}{\partial \boldsymbol{v}} \right\rangle.$$

上面分部积分计算时应用了边界条件

$$[\psi(\boldsymbol{v})(\boldsymbol{v}\times\boldsymbol{B}) f]_{\text{边界}} = 0 \quad \text{和} \quad \frac{\partial}{\partial \boldsymbol{v}} \cdot (\boldsymbol{v}\times\boldsymbol{B}) = 0$$

的结果.

将以上(1)—(4)项计算结果代入(4.1.13),最后得**速度矩方程**:

$$\frac{\partial}{\partial t}(n\langle \psi(\boldsymbol{v}) \rangle) + \nabla \cdot (n\langle \psi(\boldsymbol{v})\, \boldsymbol{v} \rangle) - \frac{nq}{m}\boldsymbol{E} \cdot \left\langle \frac{\partial \psi}{\partial \boldsymbol{v}} \right\rangle - \frac{nq}{m}\left\langle (\boldsymbol{v}\times\boldsymbol{B}) \cdot \frac{\partial \psi}{\partial \boldsymbol{v}} \right\rangle$$
$$= \int \psi(\boldsymbol{v}) \left(\frac{\partial f}{\partial t} \right)_{\mathrm{c}} \mathrm{d}\boldsymbol{v}. \tag{4.1.14}$$

速度矩方程是动理学方程对速度矩求平均的结果,它反映了速度矩所代表的宏观量随时间演化的过程.

4.2 等离子体的双流体力学方程

现在应用各阶矩的定义和(4.1.14)矩方程,可以得到磁流体力学方程组. 一般的矩方程中,物理上有意义的只有 $\psi=1, \psi=m\boldsymbol{v}$ 和 $\psi=\frac{1}{2}mv^2$ 三种矩,它们是与质量、动量、能量守恒相联系的. 对普通流体,这三种矩方程可得到流体力学方程组. 但对于等离子体,因为有不同类型的粒子,至少含有一种正离子和电子,如果正离子和电子没有达到平衡,则离子和电子应作为两种不同的粒子体系,即两种不同的流体,于是就相应有两种不同的流体方程,称双流体力学方程.

下面推导方程的过程中，仍暂时省略标明粒子种类的角标 α，而且在计算矩方程碰撞项的贡献时，假定没有粒子的电离、复合等情况，即都只发生弹性碰撞.

1. 连续性方程

令 $\psi=1$，由(4.1.14)方程得

$$\frac{\partial n}{\partial t}+\nabla\cdot(n\boldsymbol{u})=0. \tag{4.2.1}$$

因为只发生弹性碰撞，碰撞过程粒子数守恒，所以碰撞项 $\int\left(\frac{\partial f}{\partial t}\right)_{\mathrm{c}}\mathrm{d}\boldsymbol{v}=0$，(4.2.1)称连续性方程，也就是粒子数守恒方程，对于离子、电子都如此.(4.2.1)方程如果乘以粒子质量 m，用 $\rho=mn$ 表示粒子质量密度，则得到质量守恒方程

$$\frac{\partial \rho}{\partial t}+\nabla\cdot(\rho\boldsymbol{u})=0. \tag{4.2.2}$$

2. 运动方程

令 $\psi=m\boldsymbol{v}$，则由(4.1.14)得

$$\frac{\partial(nm\boldsymbol{u})}{\partial t}+\nabla\cdot(nm\langle\boldsymbol{vv}\rangle)-n\boldsymbol{F}=\boldsymbol{R}, \tag{4.2.3}$$

式中 $\boldsymbol{F}=q(\boldsymbol{E}+\boldsymbol{u}\times\boldsymbol{B})$，$\boldsymbol{F}$ 是以平均速度 $\boldsymbol{u}$ 运动的流体元受的洛伦兹力.碰撞项

$$\boldsymbol{R}=m\int\boldsymbol{v}\left(\frac{\partial f}{\partial t}\right)_{\mathrm{c}}\mathrm{d}\boldsymbol{v}=m\int(\boldsymbol{u}+\boldsymbol{w})\left(\frac{\partial f}{\partial t}\right)_{\mathrm{c}}\mathrm{d}\boldsymbol{v}=m\int\boldsymbol{w}\left(\frac{\partial f}{\partial t}\right)_{\mathrm{c}}\mathrm{d}\boldsymbol{v}, \tag{4.2.4}$$

这里 $\boldsymbol{R}$ 为摩擦阻力.$mn\langle\boldsymbol{vv}\rangle$ 可应用(4.1.10)式结果，则(4.2.3)式可以写为

$$\frac{\partial(nm\boldsymbol{u})}{\partial t}+\nabla\cdot[(nm\boldsymbol{u})\boldsymbol{u}]=n\boldsymbol{F}-\nabla p-\nabla\cdot\boldsymbol{\Pi}+\boldsymbol{R}. \tag{4.2.5}$$

(4.2.5)式为流体元的运动方程.利用粒子数守恒方程(4.2.1)，运动方程简化为

$$mn\frac{\mathrm{d}\boldsymbol{u}}{\mathrm{d}t}=n\boldsymbol{F}-\nabla p-\nabla\cdot\boldsymbol{\Pi}+\boldsymbol{R}, \tag{4.2.6}$$

式中

$$\frac{\mathrm{d}}{\mathrm{d}t}\equiv\frac{\partial}{\partial t}+\boldsymbol{u}\cdot\nabla$$

称运流导数(或随体微商)，它表示跟随流体元运动轨道计算的时间微商.(4.2.6)方程左边表示流体元动量变化率，右边各项意义是流体元所受的力：$n\boldsymbol{F}$ 为电磁场力，$-\nabla p$ 是热压力，$-\nabla\cdot\boldsymbol{\Pi}$ 是黏性力，$\boldsymbol{R}$ 为 α 粒子与不同 β 粒子弹性碰撞后，α 粒子失去的动量，即流体元受到的摩擦阻力.因为同类粒子弹性碰撞动量守恒，所以同类粒子间碰撞对 $\boldsymbol{R}$ 无贡献.

3. 能量方程

令 $\psi=\frac{1}{2}mv^2$，代入(4.1.14)方程并应用(4.1.8)和(4.1.12)式得

$$\frac{\partial K}{\partial t}=-\nabla\cdot\boldsymbol{Q}+qn\boldsymbol{u}\cdot\boldsymbol{E}+\boldsymbol{u}\cdot\boldsymbol{R}+Q. \tag{4.2.7}$$

式中 $K=\left\langle\frac{1}{2}nmv^2\right\rangle$，$\boldsymbol{Q}=n\left\langle\frac{1}{2}mv^2\,\boldsymbol{v}\right\rangle$，而且在推导上式时

$$\left\langle\frac{\partial}{\partial\boldsymbol{v}}\left(\frac{1}{2}mv^2\right)\right\rangle=m\boldsymbol{u},\quad \left\langle(\boldsymbol{v}\times\boldsymbol{B})\cdot\frac{\partial}{\partial\boldsymbol{v}}\left(\frac{1}{2}mv^2\right)\right\rangle\equiv 0,$$

(4.2.7)式的最后两项是弹性碰撞的贡献，即

$$\begin{aligned}\int\frac{1}{2}mv^2\left(\frac{\partial f}{\partial t}\right)_{\mathrm{c}}\mathrm{d}\boldsymbol{v}&=\frac{1}{2}m\int(u^2+2\boldsymbol{u}\cdot\boldsymbol{w}+w^2)\left(\frac{\partial f}{\partial t}\right)_{\mathrm{c}}\mathrm{d}\boldsymbol{v}\\&=\boldsymbol{u}\cdot\int m\boldsymbol{w}\left(\frac{\partial f}{\partial t}\right)_{\mathrm{c}}\mathrm{d}\boldsymbol{v}+\frac{1}{2}m\int w^2\left(\frac{\partial f}{\partial t}\right)_{\mathrm{c}}\mathrm{d}\boldsymbol{v}\\&=\boldsymbol{u}\cdot\boldsymbol{R}+Q,\end{aligned}$$

这里

$$Q=\frac{1}{2}m\int w^2\left(\frac{\partial f}{\partial t}\right)_{\mathrm{c}}\mathrm{d}\boldsymbol{v}. \tag{4.2.8}$$

Q 是不同类粒子的弹性碰撞引起的热能交换，因为弹性碰撞动能守恒，所以同类粒子间的碰撞无贡献.(4.2.7)式为能量方程，即总动能守恒方程.它的意义是左方代表的空间固定一点的流体元动能的变化率等于右边各项之和：$-\nabla\cdot\boldsymbol{Q}$ 代表从流体元表面流入的净能流；$qn\boldsymbol{u}\cdot\boldsymbol{E}$ 为电场对流体元做的功率，即欧姆加热功率；$\boldsymbol{u}\cdot\boldsymbol{R}$ 为碰撞摩擦阻力做的功率；Q 为不同类粒子碰撞交换的热能.

应用连续性方程(4.2.1)和运动方程(4.2.6)，可以把能量方程(4.2.7)改写为热能平衡方程的形式：

$$\frac{3}{2}n\frac{\mathrm{d}T}{\mathrm{d}t}=-(\mathbf{p}\cdot\nabla)\cdot\boldsymbol{u}-\nabla\cdot\boldsymbol{q}+Q. \tag{4.2.9}$$

(4.2.9)方程是用动力学温度 T 表示热能，因而常用于描述温度随时间的变化过程.方程中各项的物理意义也是显然的：$-(\mathbf{p}\cdot\nabla)\cdot\boldsymbol{u}$ 表示内摩擦(黏性力)做的功率；$-\nabla\cdot\boldsymbol{q}$ 为热传导；Q 为不同类粒子的弹性碰撞引起的热能交换.如果 $\boldsymbol{u}\equiv 0$，则表明流体元的温度变化仅来源于热传导和弹性碰撞引起的热能交换.

将(4.2.7)方程改写为(4.2.9)形式，没有原则上的困难，但比较冗长.如果直接取 $\psi=\psi(\boldsymbol{v}-\boldsymbol{u})=\psi(\boldsymbol{w})=\frac{1}{2}mw^2$ 代入矩方程进行计算可能更简便些.但在计算中应当注意，因为 $\boldsymbol{u}=\boldsymbol{u}(\boldsymbol{r},t)$，$\boldsymbol{w}=\boldsymbol{v}-\boldsymbol{u}$ 是 $\boldsymbol{r},t$ 的函数.现将 $\psi(\boldsymbol{w})$ 代替 $\psi(\boldsymbol{v})$ 代入(4.1.13)方程计算时，只有(4.1.13)方程左方第 2 项有差别：因为 $\boldsymbol{w}$ 是 $\boldsymbol{r},t$ 的函数，$\nabla\,\psi(\boldsymbol{w})\neq 0$，则第 2 项

$$\begin{aligned}\int\psi(\boldsymbol{w})\,\boldsymbol{v}\cdot\nabla\,f\mathrm{d}\boldsymbol{v}&=\nabla\cdot\int\psi(\boldsymbol{w})\,\boldsymbol{v}f\,\mathrm{d}\boldsymbol{v}-\int f\boldsymbol{v}\cdot\nabla\,\psi(\boldsymbol{w})\mathrm{d}\boldsymbol{v}\\&=\nabla\cdot(n\langle\psi(\boldsymbol{w})\,\boldsymbol{v}\rangle)-n\langle\boldsymbol{v}\cdot\nabla\,\psi(\boldsymbol{w})\rangle.\end{aligned}$$

因此，用 $\psi(\boldsymbol{w})$ 代替 $\psi(\boldsymbol{v})$ 代入(4.1.14)方程计算时，必须增加一项：$-n\langle \boldsymbol{v}\cdot\nabla\psi(\boldsymbol{w})\rangle$.

现将 $\psi(\boldsymbol{w})=\dfrac{1}{2}mw^2$ 代入(4.1.14)方程，会出现如下各项：

$$n\langle\psi(\boldsymbol{w})\rangle = n\left\langle\frac{1}{2}mw^2\right\rangle = \frac{3}{2}nT,$$

$$n\langle\boldsymbol{v}\psi(\boldsymbol{w})\rangle = n\left\langle\frac{1}{2}mw^2\,\boldsymbol{v}\right\rangle = n\left\langle\frac{1}{2}mw^2(\boldsymbol{u}+\boldsymbol{w})\right\rangle = \frac{3}{2}nT\boldsymbol{u}+\boldsymbol{q},$$

$$\begin{aligned}n\langle\boldsymbol{v}\cdot\nabla\psi(\boldsymbol{w})\rangle &= n\sum_i\left\langle v_i\frac{\partial}{\partial x_i}\left[\frac{1}{2}m\sum_j(v_j-u_j)^2\right]\right\rangle\\ &=-n\sum_{i,j}\left\langle mv_i(v_j-u_j)\frac{\partial u_j}{\partial x_i}\right\rangle\\ &=-n\sum_{i,j}\langle m(u_i+w_i)w_j\rangle\frac{\partial u_j}{\partial x_i}=-\sum_{i,j}p_{ij}\frac{\partial u_j}{\partial x_i}=-(\mathbf{p}\cdot\nabla)\cdot\boldsymbol{u},\end{aligned}$$

$$\left\langle\frac{\partial\psi(w)}{\partial\boldsymbol{v}}\right\rangle = \sum_i\left\langle\frac{\partial}{\partial v_i}\left[\frac{1}{2}m(v_i-u_i)^2\right]\right\rangle = \sum_i\langle m(v_i-u_i)\rangle = 0,$$

$$\begin{aligned}\left\langle(\boldsymbol{v}\times\boldsymbol{B})\cdot\frac{\partial\psi(\boldsymbol{w})}{\partial\boldsymbol{v}}\right\rangle &= \sum_i\left\langle(\boldsymbol{v}\times\boldsymbol{B})_i\frac{\partial}{\partial v_i}\left[\frac{1}{2}m(v_i-u_i)^2\right]\right\rangle\\ &=\sum_i\langle m(\boldsymbol{v}\times\boldsymbol{B})_i w_i\rangle\\ &=\sum_i\langle m(\boldsymbol{u}\times\boldsymbol{B})_i w_i\rangle+\sum_i\langle m(\boldsymbol{w}\times\boldsymbol{B})_i w_i\rangle=0,\end{aligned}$$

因 $\langle w_i\rangle=0$，所以上式最后等式中第 1 项为 0，第 2 项 w_jw_i 的分量出现两次，而且符号相反，即 $\langle w_iw_j-w_jw_i\rangle=0$. 碰撞项

$$\int\frac{1}{2}mw^2\left(\frac{\partial f}{\partial t}\right)_{\mathrm{c}}\mathrm{d}\,\boldsymbol{v}=\boldsymbol{Q}.$$

将以上各项计算结果代入(4.1.14)方程，注意要增加 $-n\langle\boldsymbol{v}\cdot\nabla\psi(\boldsymbol{w})\rangle$ 的项，就可以得到(4.2.9)形式的热能平衡方程.

4. 等离子体双流体力学方程组

上面导得的流体方程(4.2.1)、(4.2.6)和(4.2.9)适用于各类粒子，因此加上表示粒子种类的角标 α 后，就得到等离子体各类粒子的流体力学方程组，如果只有一种离子和电子，则为等离子体双流体力学方程组：

$$\begin{cases}\dfrac{\partial n_\alpha}{\partial t}+\nabla\cdot(n_\alpha\boldsymbol{u}_\alpha)=0,\\ m_\alpha n_\alpha\dfrac{\mathrm{d}\boldsymbol{u}_\alpha}{\mathrm{d}t}=-\nabla p_\alpha-\nabla\cdot\boldsymbol{\Pi}_\alpha+n_\alpha\boldsymbol{F}_\alpha+\boldsymbol{R}_\alpha,\\ \dfrac{3}{2}n_\alpha\dfrac{\mathrm{d}T_\alpha}{\mathrm{d}t}=-(\mathbf{p}_\alpha\cdot\nabla)\cdot\boldsymbol{u}_\alpha-\nabla\cdot\boldsymbol{q}_\alpha+Q_\alpha,\end{cases}\tag{4.2.10}$$

式中角标 α 取为 i 表示离子,取为 e 表示电子,而且式中

$$\boldsymbol{F}_\alpha=q_\alpha(\boldsymbol{E}+\boldsymbol{u}_\alpha\times\boldsymbol{B}),\quad \frac{\mathrm{d}}{\mathrm{d}t}=\frac{\partial}{\partial t}+\boldsymbol{u}_\alpha\cdot\nabla,$$

$$\boldsymbol{E}=\boldsymbol{E}_0+\boldsymbol{E}_1,\quad \boldsymbol{B}=\boldsymbol{B}_0+\boldsymbol{B}_1,$$

$\boldsymbol{E}_0$ 和 $\boldsymbol{B}_0$ 是外场,$\boldsymbol{E}_1$ 和 $\boldsymbol{B}_1$ 为等离子体本身的电荷、电流产生的场,称为波场.波场由与双流体力学方程耦合的麦克斯韦方程组确定:

$$\begin{cases}\nabla\cdot\boldsymbol{E}_1=\sum\limits_\alpha q_\alpha n_\alpha/\varepsilon_0,\\ \nabla\cdot\boldsymbol{B}_1=0,\\ \nabla\times\boldsymbol{E}_1=-\dfrac{\partial\boldsymbol{B}_1}{\partial t},\\ \nabla\times\boldsymbol{B}_1=\dfrac{1}{c^2}\dfrac{\partial\boldsymbol{E}_1}{\partial t}+\mu_0\sum\limits_\alpha n_\alpha q_\alpha\boldsymbol{u}_\alpha.\end{cases}\tag{4.2.11}$$

需要指出,由动理学方程求速度矩得到的双流体力学方程组是严格的、精确的,但是它不封闭.这在动理学方程(4.1.1)的第2项就可看出,在求任一阶速度矩方程时,总含有更高一阶矩的分量,所以无论如何增加矩方程的阶数,方程组都不可能封闭.因此要求解方程组,首先要设法截断矩方程组,使其封闭:在一定条件下,略去高阶矩,或高阶矩用低阶矩表示,这样才能获得封闭的矩方程组.例如,对于冷等离子体,因热能很小,压强张量和热流矢量都可以忽略,即 $\boldsymbol{\Pi}_\alpha\approx0$,$\boldsymbol{q}_\alpha\approx0$,这样高阶矩被截断,方程组可以闭合.如果碰撞频繁或占优势,流体接近平衡的麦克斯韦分布,$\boldsymbol{\Pi}$ 和 $\boldsymbol{q}$ 都是微小的量,可以用查普曼-恩斯库格(Chapman-Enskog)展开方法截断.方程组的封闭问题,还可仿照普通流体力学,引入唯象输运定律,用黏性定律把 $\boldsymbol{\Pi}_\alpha$ 和 $\partial u_{\alpha i}/\partial x_j$ 联系起来,用热传导的傅里叶定律把 $\boldsymbol{q}_\alpha$ 和 ∇T_α 联系起来.

为了使方程组封闭,现在取如下近似:

$$\nabla\cdot\boldsymbol{\Pi}_\alpha=0,\quad \nabla\cdot\boldsymbol{q}_\alpha=0,$$

则由(4.2.10)得到封闭的双流体力学方程组:

$$\begin{cases} \dfrac{\partial n_\alpha}{\partial t}+\nabla\cdot(n_\alpha \boldsymbol{u}_\alpha)=0, \\ n_\alpha m_\alpha \dfrac{\mathrm{d}\boldsymbol{u}_\alpha}{\mathrm{d}t}=-\nabla p_\alpha+n_\alpha \boldsymbol{F}_\alpha+\boldsymbol{R}_\alpha, \\ \dfrac{3}{2}n_\alpha \dfrac{\mathrm{d}T_\alpha}{\mathrm{d}t}=-p_\alpha \nabla\cdot \boldsymbol{u}_\alpha+Q_\alpha. \end{cases} \tag{4.2.12}$$

(4.2.12)方程组中含有独立未知标量函数：n_α，$\boldsymbol{u}_\alpha$，T_α(α=i,e)共 10 个，正好也有 10 个标量方程. 但由于(4.2.12)方程组中 $\boldsymbol{F}_\alpha=q_\alpha(\boldsymbol{E}+\boldsymbol{u}_\alpha\times\boldsymbol{B})$ 是电磁作用力，其中 $\boldsymbol{E}=\boldsymbol{E}_0+\boldsymbol{E}_1$，$\boldsymbol{B}=\boldsymbol{B}_0+\boldsymbol{B}_1$，它包含外场 $\boldsymbol{E}_0$，$\boldsymbol{B}_0$ 和波场 $\boldsymbol{E}_1$，$\boldsymbol{B}_1$，因此(4.2.12)方程组还不是完整的. 波场 $\boldsymbol{E}_1$，$\boldsymbol{B}_1$ 由与双流体力学方程耦合的麦克斯韦方程组(4.2.11)确定. 波场是等离子体本身的电荷、电流产生的，因而还需要满足电荷连续性方程、电流密度的欧姆定律，这样又增加了 $\boldsymbol{E}_1$，$\boldsymbol{B}_1$，ρ_e(电荷密度)，j(电流密度)共 10 个未知标量函数，相应地也增加了 10 个独立的标量方程($\nabla\times\boldsymbol{E}_1$ 和 $\nabla\times\boldsymbol{B}_1$ 方程，ρ_e 连续性方程，$\boldsymbol{j}$ 的欧姆定律). 因此双流体方程组及与其耦合的电磁场方程组共有 20 个标量方程，组成了描述 n_α，$\boldsymbol{u}_\alpha$，T_α(α=i,e)，$\boldsymbol{E}_1$，$\boldsymbol{B}_1$，ρ_e，$\boldsymbol{j}$ 共 20 个未知标量函数的完整方程组.

需要说明，在(4.2.12)方程组里，没有把 p_α 算为独立的未知标量函数，这是因为它可以由状态方程 $p_\alpha=p_\alpha(n_\alpha,T_\alpha)$ 确定. 如果把 p_α 算为独立的未知标量函数，则需增加相应的状态方程 $p_\alpha=p_\alpha(n_\alpha,T_\alpha)$. 因此，为了完整地描述流体性质，还需给出流体自然状态和与流体进行某种具体过程相关联的状态方程. 例如：

流体处于平衡或局域性平衡状态时：$p_\alpha=n_\alpha T_\alpha$；

流体进行等温过程时：$\dfrac{\mathrm{d}}{\mathrm{d}t}(p_\alpha n_\alpha^{-1})=0$，或 $p_\alpha n_\alpha^{-1}=C$(常量)；

流体进行绝热过程时：$\dfrac{\mathrm{d}}{\mathrm{d}t}(p_\alpha n_\alpha^{-\gamma})=0$，或 $p_\alpha n_\alpha^{-\gamma}=C$(常量).

式中 $\gamma=(f+2)/f$，f 为自由度数. 在第 5 章讨论等离子体波传播时就要用到这些状态方程.

双流体力学方程组中，如果只考虑外场作用，而忽略波场 $\boldsymbol{E}_1$ 和 $\boldsymbol{B}_1$，这样就不需要与之耦合的麦克斯韦方程组，于是(4.2.10)就变成输运方程组. 如果忽略碰撞项，同时也不考虑黏性力，只考虑波场的作用，这样需保留波场的麦克斯韦方程组，于是就得到描述等离子体波的双流体力学方程组.

4.3 磁(单)流体力学方程

若等离子体中的电子和离子之间有很强的耦合，电中性条件总是满足，而且研究的问题随时间变化很缓慢，离子、电子的流动速度都小于离子热运动的速度，离子和电子温度达到平衡，这样可以把电子、离子看成一种流体，即单流体模型，它所满足的运动方程组称单流体力学方程，或称磁流体力学方程.

1. 磁流体力学方程

磁流体力学方程可以从双流体力学方程组出发，对不同种类粒子相应方程求和得到. 为此，先定义描写单流体的宏观物理量——粒子数密度、质量密度、电荷密度、电流密度：

$$\text{粒子数密度}\quad n(\boldsymbol{r},t)=n_{\mathrm{i}}+n_{\mathrm{e}}=\sum_{\alpha}n_{\alpha},$$

$$\text{质量密度}\quad \rho(\boldsymbol{r},t)=m_{\mathrm{i}}n_{\mathrm{i}}+m_{\mathrm{e}}n_{\mathrm{e}}=\sum_{\alpha}m_{\alpha}n_{\alpha},$$

$$\text{电荷密度}\quad \rho_{\mathrm{e}}(\boldsymbol{r},t)=n_{\mathrm{i}}Z_{\mathrm{i}}e-n_{\mathrm{e}}e=\sum_{\alpha}n_{\alpha}q_{\alpha},$$

$$\text{电流密度}\quad \boldsymbol{j}=n_{\mathrm{i}}Z_{\mathrm{i}}e\boldsymbol{u}_{\mathrm{i}}-n_{\mathrm{e}}e\boldsymbol{u}_{\mathrm{e}}=\sum_{\alpha}n_{\alpha}q_{\alpha}\boldsymbol{u}_{\alpha}.$$

因为中性流体元的运动速度采用质心运动速度，即

$$\text{质心运动速度}\quad \boldsymbol{u}(\boldsymbol{r},t)=\frac{m_{\mathrm{i}}n_{\mathrm{i}}\boldsymbol{u}_{\mathrm{i}}+m_{\mathrm{e}}n_{\mathrm{e}}\boldsymbol{u}_{\mathrm{e}}}{m_{\mathrm{i}}n_{\mathrm{i}}+m_{\mathrm{e}}n_{\mathrm{e}}}=\sum_{\alpha}m_{\alpha}n_{\alpha}\boldsymbol{u}_{\alpha}\Big/\sum_{\alpha}m_{\alpha}n_{\alpha},$$

所以带电粒子热运动速度 $\boldsymbol{w}_{\alpha}^{0}$ 必须以质心运动速度 $\boldsymbol{u}$ 作参考，于是定义：

$$\text{热运动速度}\qquad \boldsymbol{w}_{\alpha}^{0}=\boldsymbol{v}_{\alpha}-\boldsymbol{u},$$

$$\text{热运动速度的平均值}\quad \langle\boldsymbol{w}_{\alpha}^{0}\rangle=\boldsymbol{u}_{\alpha}-\boldsymbol{u}\neq 0.$$

上式表明：每种粒子的热运动速度的平均值不为0.

带电粒子热运动速度 $\boldsymbol{w}_{\alpha}^{0}$ 的二阶、三阶矩的平均值定义：

$$\text{压强张量}\quad \mathbf{p}_{\alpha}^{0}=m_{\alpha}n_{\alpha}\langle\boldsymbol{w}_{\alpha}^{0}\boldsymbol{w}_{\alpha}^{0}\rangle=p_{\alpha}^{0}\mathbf{I}+\mathbf{\Pi}_{\alpha}^{0},$$

式中压强 $p_{\alpha}^{0}=n_{\alpha}T_{\alpha}$ 为压强张量 $\mathbf{p}_{\alpha}^{0}$ 的对角项分量，$\mathbf{\Pi}_{\alpha}^{0}$ 为非对角项分量. 单流体元的总压强张量 $\mathbf{p}$、黏性应力张量 $\mathbf{\Pi}$ 和压强 p 是两种粒子流体相关量之和：

$$\text{总压强张量}\quad \mathbf{p}=\sum_{\alpha}\mathbf{p}_{\alpha}^{0}=p\mathbf{I}+\mathbf{\Pi},$$

式中 $p=\sum_{\alpha}p_{\alpha}^{0}=\sum_{\alpha}n_{\alpha}T_{\alpha}=nT$（当 $T_{\alpha}=T$，即两种粒子流体温度相同），$\mathbf{\Pi}=\sum_{\alpha}\mathbf{\Pi}_{\alpha}^{0}$.

$$\text{热流矢量}\quad \boldsymbol{q}_{\alpha}^{0}=\frac{1}{2}m_{\alpha}n_{\alpha}\langle(w_{\alpha}^{0})^{2}\boldsymbol{w}_{\alpha}^{0}\rangle,$$

$$\text{总热流矢量}\quad \boldsymbol{q}=\sum_{\alpha}\boldsymbol{q}_{\alpha}^{0}.$$

根据以上定义,可以得到以下速度矩的表示式:

$$m_\alpha n_\alpha \langle \boldsymbol{v}_\alpha \boldsymbol{v}_\alpha \rangle = m_\alpha n_\alpha \langle (\boldsymbol{u} + \boldsymbol{w}_\alpha^0)(\boldsymbol{u} + \boldsymbol{w}_\alpha^0) \rangle = \mathbf{p}_\alpha^0 + m_\alpha n_\alpha (\boldsymbol{u}_\alpha \boldsymbol{u} + \boldsymbol{u}\boldsymbol{u}_\alpha - \boldsymbol{u}\boldsymbol{u}),$$

$$\sum_\alpha m_\alpha n_\alpha \langle \boldsymbol{v}_\alpha \boldsymbol{v}_\alpha \rangle = \mathbf{p} + \rho \boldsymbol{u}\boldsymbol{u}. \tag{4.3.1}$$

$$n_\alpha \left\langle \frac{1}{2} m_\alpha v_\alpha^2 \right\rangle = n_\alpha \left\langle \frac{1}{2} m_\alpha (\boldsymbol{u} + \boldsymbol{w}_\alpha^0)^2 \right\rangle = \frac{3}{2} p_\alpha^0 + m_\alpha n_\alpha (\boldsymbol{u}_\alpha - \boldsymbol{u}) \cdot \boldsymbol{u} + \frac{1}{2} m_\alpha n_\alpha u^2,$$

$$\sum_\alpha n_\alpha \left\langle \frac{1}{2} m_\alpha v_\alpha^2 \right\rangle = \frac{3}{2} p + \frac{1}{2} \rho u^2. \tag{4.3.2}$$

$$n_\alpha \left\langle \frac{1}{2} m_\alpha v_\alpha^2 \boldsymbol{v}_\alpha \right\rangle = \boldsymbol{q}_\alpha^0 + \frac{3}{2} p_\alpha^0 \boldsymbol{u} + \mathbf{p}_\alpha^0 \cdot \boldsymbol{u} + m_\alpha n_\alpha (\boldsymbol{u}_\alpha - \boldsymbol{u}) \cdot \boldsymbol{u}\boldsymbol{u} + \frac{1}{2} m_\alpha n_\alpha u^2 \boldsymbol{u}_\alpha,$$

$$\sum_\alpha n_\alpha \left\langle \frac{1}{2} m_\alpha v_\alpha^2 \boldsymbol{v}_\alpha \right\rangle = \boldsymbol{q} + \frac{3}{2} p \boldsymbol{u} + \mathbf{p} \cdot \boldsymbol{u} + \frac{1}{2} \rho u^2 \boldsymbol{u}. \tag{4.3.3}$$

有了以上定义和速度矩的计算结果,现在取 $\psi(\boldsymbol{v}_\alpha) = m_\alpha, m_\alpha \boldsymbol{v}_\alpha, \frac{1}{2} m_\alpha v_\alpha^2$,代入(4.1.14)矩方程,得

$$\frac{\partial n_\alpha m_\alpha}{\partial t} + \nabla \cdot (n_\alpha m_\alpha \boldsymbol{u}_\alpha) = 0, \tag{4.3.4}$$

$$\frac{\partial (m_\alpha n_\alpha \boldsymbol{u}_\alpha)}{\partial t} + \nabla \cdot (m_\alpha n_\alpha \langle \boldsymbol{v}_\alpha \boldsymbol{v}_\alpha \rangle) = n_\alpha \boldsymbol{F}_\alpha + \boldsymbol{R}_\alpha, \tag{4.3.5}$$

$$\frac{\partial}{\partial t} \left(n_\alpha \left\langle \frac{1}{2} m_\alpha v_\alpha^2 \right\rangle \right) + \nabla \cdot \left(n_\alpha \left\langle \frac{1}{2} m_\alpha v_\alpha^2 \boldsymbol{v}_\alpha \right\rangle \right) = q_\alpha n_\alpha \boldsymbol{u}_\alpha \cdot \boldsymbol{E} + \boldsymbol{R}_\alpha \cdot \boldsymbol{u}_\alpha + Q_\alpha, \tag{4.3.6}$$

(4.3.4)、(4.3.5)、(4.3.6)方程也就是 4.2 节中的(4.2.1)、(4.2.3)、(4.2.7)方程,写成现在的形式更便于下面计算. 现将(4.3.4)、(4.3.5)、(4.3.6)方程用于不同种类粒子(α=i,e),然后求和就可得到单流体力学方程.

首先对(4.3.4)方程,取 α=i,e,两式相加,并利用质量密度、质心运动速度定义,则得

$$\frac{\partial \rho}{\partial t} + \nabla \cdot (\rho \boldsymbol{u}) = 0, \tag{4.3.7}$$

这就是单流体的连续性方程.

类似地,对(4.3.5)方程,取 α=i,e,两式相加,并利用(4.3.1)式和质心运动速度定义,得

$$\frac{\partial}{\partial t}(\rho \boldsymbol{u}) + \nabla \cdot (\mathbf{p} + \rho \boldsymbol{u}\boldsymbol{u}) = \sum_\alpha n_\alpha \boldsymbol{F}_\alpha + \sum_\alpha \boldsymbol{R}_\alpha, \tag{4.3.8}$$

因为总动量守恒,碰撞项

$$\sum_\alpha \boldsymbol{R}_\alpha = \boldsymbol{R}_{\mathrm{ie}} + \boldsymbol{R}_{\mathrm{ei}} = 0,$$

而且由 $\boldsymbol{F}_\alpha=\boldsymbol{E}+\boldsymbol{u}_\alpha\times\boldsymbol{B}$ 和电流密度 $\boldsymbol{j}=\sum_\alpha n_\alpha q_\alpha\boldsymbol{u}_\alpha$ 以及电中性 $\sum_\alpha n_\alpha q_\alpha=0$ 条件，得

$$\sum_\alpha n_\alpha\boldsymbol{F}_\alpha=\sum_\alpha n_\alpha q_\alpha(\boldsymbol{E}+\boldsymbol{u}_\alpha\times\boldsymbol{B})=\boldsymbol{j}\times\boldsymbol{B},$$

于是(4.3.8)化为

$$\frac{\partial}{\partial t}(\rho\boldsymbol{u})+\nabla\cdot(\mathbf{p}+\rho\boldsymbol{u}\boldsymbol{u})=\boldsymbol{j}\times\boldsymbol{B}.$$

再利用连续性方程(4.3.7)，由上式得单流体运动方程

$$\rho\frac{\mathrm{d}\boldsymbol{u}}{\mathrm{d}t}=-\nabla\cdot\mathbf{p}+\boldsymbol{j}\times\boldsymbol{B}.\tag{4.3.9}$$

如果忽略黏性应力张量，$\boldsymbol{\Pi}=0$，单流体运动方程(4.3.9)还可简化为

$$\rho\frac{\mathrm{d}\boldsymbol{u}}{\mathrm{d}t}=-\nabla p+\boldsymbol{j}\times\boldsymbol{B}.\tag{4.3.10}$$

应用(4.3.6)方程，取 $\alpha=\mathrm{i},\mathrm{e}$，两式求和，并利用(4.3.2)、(4.3.3)和质心运动速度、总压强张量、总热流矢量定义，得

$$\frac{\partial}{\partial t}\left(\frac{3}{2}p+\frac{1}{2}\rho u^2\right)+\nabla\cdot\left[\boldsymbol{q}+\left(\frac{3}{2}p+\frac{1}{2}\rho u^2\right)\boldsymbol{u}+\mathbf{p}\cdot\boldsymbol{u}\right]=\boldsymbol{j}\cdot\boldsymbol{E}.\tag{4.3.11}$$

在(4.3.6)方程取 $\alpha=\mathrm{i},\mathrm{e}$，两式求和时应用了总动能守恒，因此碰撞项

$$\sum_\alpha\int\left(\frac{1}{2}m_\alpha v_\alpha^2\right)\left(\frac{\partial f}{\partial t}\right)_{\mathrm{c}}\mathrm{d}\boldsymbol{v}=\sum_\alpha(\boldsymbol{u}_\alpha\cdot\boldsymbol{R}_\alpha+Q_\alpha)=0.$$

(4.3.11)为单流体的能量平衡方程，其意义是明确的. 方程左方第1项为流体元的热能 $(3/2)p=(3/2)nT$ 与平动能 $\frac{1}{2}\rho u^2$ 之和，即总能量的变化率；第2项为经流体元表面流出去的净能流，它分三个部分：热传导流出的能量 $\nabla\cdot\boldsymbol{q}$、流出的总能流 $\nabla\cdot(3p/2+\rho u^2/2)\boldsymbol{u}$ 和压强张量做的功率 $\nabla\cdot(\mathbf{p}\cdot\boldsymbol{u})$，方程右方为电场做的功率(即欧姆加热) $\boldsymbol{j}\cdot\boldsymbol{E}$.

现在求得的单流体力学方程：(4.3.7)、(4.3.9)和(4.3.11)，仍存在速度矩不封闭问题. 对于单流体模型，等离子体行为变化更为缓慢，其特征时间远大于粒子间平均碰撞时间，因而碰撞更加充分，使不同成分的流体元都处在以质心运动速度为 $\boldsymbol{u}$ 的局部热平衡状态. 因此可以应用如下局域性平衡的麦克斯韦速度分布

$$f_\alpha(n_\alpha,\boldsymbol{u},T)=n_\alpha\left(\frac{m_\alpha}{2\pi T}\right)^{3/2}\exp\left[-\frac{m_\alpha(\boldsymbol{v}_\alpha-\boldsymbol{u})^2}{2T}\right].$$

以此分布函数作为零级近似求 $\boldsymbol{q}$，$\boldsymbol{\Pi}$ 和 p，按照本节开头的定义

$$\boldsymbol{q}=0,\quad\boldsymbol{\Pi}=0,\quad p=nT.\tag{4.3.12}$$

如果实际分布函数 f_α 与平衡态偏离不远，(4.3.12)结果仍近似成立，这样单流体

方程组就是封闭的.

利用(4.3.7)、(4.3.9)方程和(4.3.12)近似,可以将能量方程(4.3.11)再简化为

$$\frac{\mathrm{d}}{\mathrm{d}t}\left(\frac{3}{2}p\right)-\frac{5}{2}\frac{p}{\rho}\frac{\mathrm{d}\rho}{\mathrm{d}t}=\boldsymbol{j}\cdot(\boldsymbol{E}+\boldsymbol{u}\times\boldsymbol{B}). \tag{4.3.13}$$

上式两边再乘以 $\rho^{-5/3}$ 后得单流体能量方程

$$\frac{\mathrm{d}}{\mathrm{d}t}(p\rho^{-5/3})=\frac{2}{3}\rho^{-5/3}\boldsymbol{j}\cdot(\boldsymbol{E}+\boldsymbol{u}\times\boldsymbol{B}). \tag{4.3.14}$$

静止导电介质的欧姆定律为

$$\boldsymbol{j}=\sigma_{\mathrm{c}}\boldsymbol{E},$$

式中 σ_{c} 为电导率.对于以速度 $\boldsymbol{u}$ 运动的导电流体(即使保持电中性),由于它在磁场中运动时会产生感应电动势,相应的感应电场为 $\boldsymbol{u}\times\boldsymbol{B}$,因此运动导体的欧姆定律为

$$\boldsymbol{j}=\sigma_{\mathrm{c}}(\boldsymbol{E}+\boldsymbol{u}\times\boldsymbol{B}). \tag{4.3.15}$$

利用欧姆定律(4.3.15)式,单流体能量方程(4.3.14)改写为

$$\frac{\mathrm{d}}{\mathrm{d}t}(p\rho^{-5/3})=\frac{2}{3\sigma_{\mathrm{c}}}\rho^{-5/3}j^2. \tag{4.3.16}$$

为了使单流体方程组封闭,现在取(4.3.12)近似,则单流体力学方程表示式取(4.3.7)、(4.3.10)和(4.3.16)式,再加上欧姆定律(4.3.15)和麦克斯韦方程组,最后得磁(单)流体力学方程组:

$$\begin{cases}\dfrac{\partial\rho}{\partial t}+\nabla\cdot(\rho\boldsymbol{u})=0, & \text{(连续性方程)}\\[2mm] \rho\dfrac{\mathrm{d}\boldsymbol{u}}{\mathrm{d}t}=-\nabla p+\boldsymbol{j}\times\boldsymbol{B}, & \text{(运动方程)}\\[2mm] \dfrac{\mathrm{d}}{\mathrm{d}t}(p\rho^{-5/3})=\dfrac{2}{3\sigma_{\mathrm{c}}}\rho^{-5/3}j^2, & \text{(能量方程)}\\[2mm] p=p(\rho,T), & \text{(状态方程)}\\[2mm] \nabla\times\boldsymbol{E}=-\dfrac{\partial\boldsymbol{B}}{\partial t}, & \text{(麦克斯韦方程组)}\\[2mm] \nabla\times\boldsymbol{B}=\mu_0\boldsymbol{j}, & \text{(麦克斯韦方程组)}\\[2mm] \boldsymbol{j}=\sigma_{\mathrm{c}}(\boldsymbol{E}+\boldsymbol{u}\times\boldsymbol{B}), & \text{(欧姆定律)}\end{cases} \tag{4.3.17}$$

式中

$$\frac{\mathrm{d}}{\mathrm{d}t}=\frac{\partial}{\partial t}+\boldsymbol{u}\cdot\nabla$$

是运流导数,即跟随流体元运动的时间微分算符.

(4.3.17)方程组共有 15 个方程和需要由方程确定的 $\rho,\boldsymbol{u},T,p,\boldsymbol{j},\boldsymbol{E},\boldsymbol{B}$ 共 15 个未知标量,所以这一组方程是闭合的.现在对这些基本方程式做一些说明.

在麦克斯韦方程组中 $\nabla\times\boldsymbol{B}$ 的方程，忽略了位移电流项，这是因为在磁流体中场的变化一般都比较缓慢，如果场的变化较快，则位移电流项要保留. 两个散度方程 $\nabla\cdot\boldsymbol{E}=0$ 和 $\nabla\cdot\boldsymbol{B}=0$ 只作为初始条件，在这里没有被列入，这一点在电动力学教科书中都有说明. 在有些问题中，由于正负电荷分离，存在空间电荷密度 ρ_e，则 $\nabla\cdot\boldsymbol{E}=\rho_e/\varepsilon_0$ 方程应保留. 这样增加了一个方程，相应地也增加了一个未知量电荷密度 ρ_e.

2. 理想磁流体力学方程

如果流体无黏性、不传热(绝热)，而且是理想导体(即 $\sigma_c\to\infty$)，则(4.3.17)方程组化为

$$\begin{cases}\dfrac{\partial\rho}{\partial t}+\nabla\cdot(\rho\boldsymbol{u})=0,\\ \rho\dfrac{\mathrm{d}\boldsymbol{u}}{\mathrm{d}t}=-\nabla p+\boldsymbol{j}\times\boldsymbol{B},\\ \dfrac{\mathrm{d}}{\mathrm{d}t}(p\rho^{-5/3})=0,\\ \nabla\times(\boldsymbol{u}\times\boldsymbol{B})=\dfrac{\partial\boldsymbol{B}}{\partial t},\\ \nabla\times\boldsymbol{B}=\mu_0\boldsymbol{j},\\ \boldsymbol{E}+\boldsymbol{u}\times\boldsymbol{B}=0.\end{cases}\tag{4.3.18}$$

(4.3.18)称理想磁流体力学方程组.

因为是理想导体，$\sigma_c\to\infty$，因此在(4.3.17)中，欧姆定律变为

$$\boldsymbol{E}+\boldsymbol{u}\times\boldsymbol{B}=0,\tag{4.3.19}$$

于是其中方程 $\nabla\times\boldsymbol{E}=-\partial\boldsymbol{B}/\partial t$ 化为 $\nabla\times(\boldsymbol{u}\times\boldsymbol{B})=\partial\boldsymbol{B}/\partial t$.

有了磁流体力学方程组(4.3.17)或理想磁流体力学方程组(4.3.18)，则可应用这些方程组来研究等离子体的电磁性质和揭示等离子体的许多新现象.

3. 磁流体描述的适用条件

磁流体力学就是把等离子体作为导电流体的一种宏观描述方法，它适用于缓慢变化的等离子体过程和现象. 现在引入特征长度 λ 和特征时间 τ，在此长度和时间范围内，等离子体的宏观状态参量会发生显著变化. 所谓缓慢变化是指等离子体的特征长度 λ 和特征时间 τ 远大于等离子体粒子的碰撞平均自由程 λ_c 和平均碰撞时间 τ_c，即

$$\lambda\gg\lambda_c,\quad \tau\gg\tau_c.\tag{4.3.20}$$

因为流体力学方程中的宏观物理量都是在空间 $\boldsymbol{r}$ 处附近、$\mathrm{d}\boldsymbol{r}$ 小体积元内微观量的

平均结果，所以小体积元的线度 $\mathrm{d}r$ 必须远小于等离子体的特征长度 λ，即 $\mathrm{d}r\ll\lambda$，这样才能描述宏观物理量的局部特征. 另一方面，小体积元的线度 $\mathrm{d}r$ 也不能太小，它必须比碰撞平均自由程 λ_c 大得多，以便在小体积元 $\mathrm{d}\boldsymbol{r}$ 内含有足够多的粒子，使物理量的平均有确切的含义，即 $\mathrm{d}r\gg\lambda_c$. 因此，磁流体描述的空间适用条件为

$$\lambda\gg\mathrm{d}r\gg\lambda_c. \tag{4.3.21}$$

正因为(4.3.21)条件，要求流体介质不能太稀薄，即要求碰撞过程起主要作用，相应地要求流体介质变化过程的特征时间 τ 应比平均碰撞时间 τ_c 大得多，即 $\tau\gg\tau_c$. 因此，(4.3.20)就是等离子体磁流体描述的适用条件. 在这个条件下，所讨论的等离子体流体介质的变化或扰动等过程中，粒子满足局域性麦克斯韦分布.

当有磁场时，等离子体的带电粒子受磁场作用，在其中做回旋运动，因而在垂直磁场方向粒子运动受到限制. 引入等离子体宏观状态参量在垂直磁场方向发生显著变化的特征长度 $\lambda_\perp$，与(4.3.21)相类似，垂直磁场方向上运动磁流体描述适用条件为

$$\lambda_\perp\gg r_c, \tag{4.3.22}$$

式中 r_c 为粒子的回旋运动半径.

需要指出，在强磁场中的等离子体，由于在垂直磁场方向粒子运动受到强烈抑制，只要满足(4.3.22)条件，即使无碰撞，仍可用磁流体模型描述等离子体横越磁场的运动，称无碰撞的磁流体力学. 在物理上，此时磁场的存在起了碰撞所起的作用，因为磁场使粒子牢牢地束缚在磁力线上，因而使得在流体的运动中，粒子的横向运动限制在流体元内.

等离子体的磁流体描述只是一种简化的描述方法，它并不能给出全部等离子体知识. 因为这种宏观描述方法是对大量带电粒子运动进行统计平均的结果，而抹杀了粒子速度分布效应，即忽略了粒子热运动所造成的影响，这就是作为宏观描述方法的磁流体力学的局限性.

4.4 磁压强与磁应力

在磁流体力学方程组(4.3.10)中，单位体积导电流体所受的磁力

$$\boldsymbol{f}=\boldsymbol{j}\times\boldsymbol{B}=\frac{1}{\mu_0}(\nabla\times\boldsymbol{B})\times\boldsymbol{B}=\frac{1}{\mu_0}(\boldsymbol{B}\cdot\nabla)\boldsymbol{B}-\frac{1}{2\mu_0}\nabla B^2. \tag{4.4.1}$$

令

$$\mathbf{T}=\frac{1}{\mu_0}\left(\boldsymbol{BB}-\frac{1}{2}B^2\mathbf{I}\right), \tag{4.4.2}$$

这里 $\mathbf{I}$ 为单位并矢或单位张量. 可以证明

$$\boldsymbol{f}=\boldsymbol{j}\times\boldsymbol{B}=\nabla\cdot\mathbf{T}. \tag{4.4.3}$$

(4.4.2)式中 $\mathbf{T}$ 就是麦克斯韦应力张量的磁场部分，在等离子体物理中 $\mathbf{T}$ 称磁应力

张量，它是由磁场 $\boldsymbol{B}$ 组成的二阶对称张量. 现在我们可以对流体所受的磁力作一种新的解释. 取体积 V，对(4.4.1)做体积分得

$$\int_V \boldsymbol{f}\,\mathrm{d}V = \int_V \nabla\cdot\mathbf{T}\mathrm{d}V = \oint_S \boldsymbol{n}\cdot\mathbf{T}\mathrm{d}S = \oint \boldsymbol{T}_n\mathrm{d}S,$$

式中

$$\boldsymbol{T}_n = \boldsymbol{n}\cdot\mathbf{T} = \frac{1}{\mu_0}\left[\boldsymbol{B}(\boldsymbol{B}\cdot\boldsymbol{n}) - \frac{1}{2}B^2\boldsymbol{n}\right]. \tag{4.4.4}$$

这里 $\boldsymbol{T}_n$ 代表法向矢量为 $\boldsymbol{n}$ 的单位面元上的应力，称磁应力. 因为 $\boldsymbol{n}$ 定义为区域 V 表面上小面元的外法向单位矢量，因此 $\boldsymbol{T}_n$ 表示区域 V 表面外磁场作用于区域表面上的力. (4.4.4)式磁应力的第 1 项 $\boldsymbol{B}(\boldsymbol{B}\cdot\boldsymbol{n})/\mu_0$，表示沿磁力线方向、大小为 B^2/μ_0 的张力，因为当 $\boldsymbol{n}$ 与 $\boldsymbol{B}$ 平行时，面元受的力沿 $\boldsymbol{B}$ 方向，当 $\boldsymbol{n}$ 与 $\boldsymbol{B}$ 反平行时，面元受的力沿 $-\boldsymbol{B}$ 方向，因此这一项代表沿磁力线方向张力；磁应力的第 2 项是 $-\boldsymbol{n}B^2/2\mu_0$，表示大小为 $B^2/2\mu_0$、方向与 $\boldsymbol{n}$ 相反的、作用于 V 表面上的压力，是各向同性的磁压强. 因此流体所受的磁应力等效于各向同性的磁压强($B^2/2\mu_0$)和沿磁力线方向的张力(B^2/μ_0)之和.

由此可见，磁力线好像拉紧的橡皮筋，沿着磁力线方向是张力，磁场增强也就意味着张力增大. 如果磁力线是弯曲的，这个张力就可产生指向磁力线曲率中心的恢复力，磁流体力学波的激发就是由于这个恢复力和磁力线冻结效应的结果.

在(4.3.10)的运动方程中，流体元所受的力，除了磁应力外还有动力压强，因此流体总的受力为

$$-\nabla p + \boldsymbol{j}\times\boldsymbol{B} = \nabla\cdot(\mathbf{T} - p\mathbf{I}), \tag{4.4.5}$$

式中

$$\mathbf{T} - p\mathbf{I} = -(p + B^2/2\mu_0)\mathbf{I} + \boldsymbol{BB}/\mu_0. \tag{4.4.6}$$

法向矢量为 $\boldsymbol{n}$ 的单位面元上总应力为

$$(\mathbf{T} - p\mathbf{I})\cdot\boldsymbol{n} = -(p + B^2/2\mu_0)\boldsymbol{n} + (\boldsymbol{B}\cdot\boldsymbol{n})\boldsymbol{B}/\mu_0. \tag{4.4.7}$$

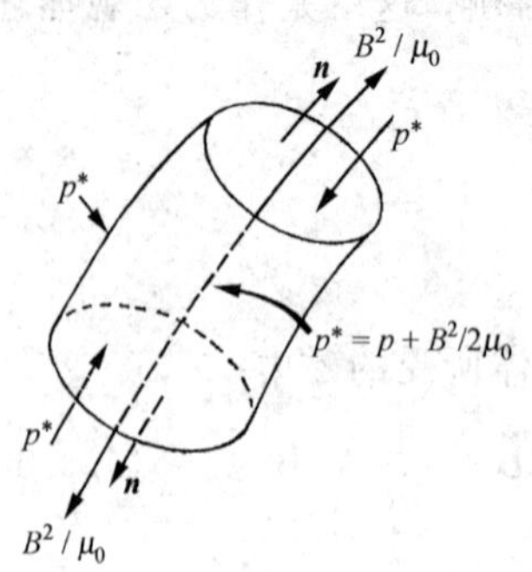

图 4.4.1 磁流体所受的总应力

(4.4.7)式表明，磁流体所受的总应力为各向同性的总压强 $p^* = p + B^2/2\mu_0$(动力压强 p 与磁压强 $B^2/2\mu_0$ 之和，方向 $-\boldsymbol{n}$)和沿磁力线方向的张力 B^2/μ_0 之和，如图 4.4.1 所示.

流体热压强与磁压强之比

$$\beta = \frac{p}{B^2/2\mu_0} \tag{4.4.8}$$

是磁流体力学一个重要无量纲参量，称 β 值. β 值反映了磁约束的性能，β 值越高，实现约束的代价就越低；同时 β 值也反映等离子体物理状况. 在讨论等离子体约束等问题时，这个参量经常要用到.

4.5　磁场的冻结与扩散

现在研究导电流体与磁场相互作用的重要性质——磁场的冻结与扩散效应.由麦克斯韦方程组

$$\nabla \cdot \boldsymbol{E} = 0, \quad \nabla \cdot \boldsymbol{B} = 0,$$

$$\nabla \times \boldsymbol{E} = -\frac{\partial \boldsymbol{B}}{\partial t}, \quad \nabla \times \boldsymbol{B} = \mu_0 \boldsymbol{j}$$

及欧姆定律

$$\boldsymbol{j} = \sigma_c(\boldsymbol{E} + \boldsymbol{u} \times \boldsymbol{B}),$$

消去 $\boldsymbol{j}$,得

$$\boldsymbol{E} = -\boldsymbol{u} \times \boldsymbol{B} + \frac{1}{\sigma_c \mu_0} \nabla \times \boldsymbol{B}. \tag{4.5.1}$$

对(4.5.1)式两边求旋度,并假设 σ_c 为常量,则

$$\frac{\partial \boldsymbol{B}}{\partial t} = \nabla \times (\boldsymbol{u} \times \boldsymbol{B}) + \nu_m \nabla^2 \boldsymbol{B}, \tag{4.5.2}$$

式中 $\nu_m = 1/\mu_0 \sigma_c$,它的量纲与流体力学中的黏性系数相同,所以称 ν_m 为磁黏性系数.(4.5.2)称感应方程.下面分两种极端情况,讨论(4.5.2)感应方程右方两项的物理意义.

1. 磁场的冻结

假设等离子体是理想导体,即 $\sigma_c \to \infty$,$\nu_m \to 0$,则(4.5.2)方程为

$$\frac{\partial \boldsymbol{B}}{\partial t} = \nabla \times (\boldsymbol{u} \times \boldsymbol{B}). \tag{4.5.3}$$

(4.5.3)称为冻结方程.因为由这个方程可以证明如下两条定理:

定理 1　通过和理想导电流体一起运动的任何封闭回路所围曲面的磁通量是不变的.

如图 4.5.1 所示,任意取一个与流体一起运动的回路 C,回路上的线元 $\mathrm{d}\boldsymbol{l}$ 与流体一起运动时,单位时间切割磁力线引起的磁通量变化为

$$\Delta \Phi = (\boldsymbol{u} \times \mathrm{d}\boldsymbol{l}) \cdot \boldsymbol{B} = (\boldsymbol{B} \times \boldsymbol{u}) \cdot \mathrm{d}\boldsymbol{l},$$

因此,随流体一起运动时,闭合回路 C 所围面积的磁通量变化率,应等于磁场随时间变化$\frac{\partial \boldsymbol{B}}{\partial t}$和随流体一起运动的闭合回路 C 切割磁力线两者引起的磁通量变化率之和,即

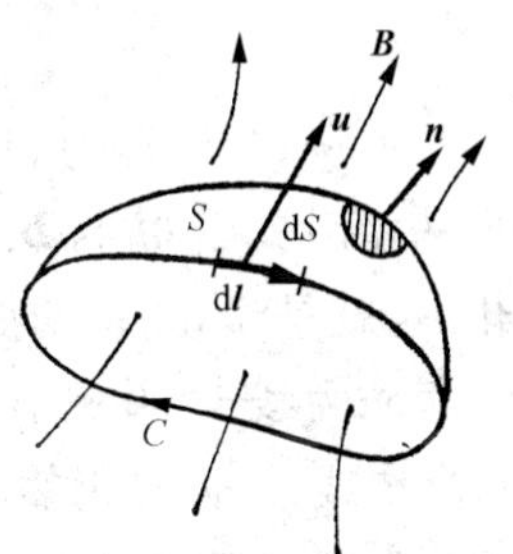

图 4.5.1　与流体一起运动的回路引起的磁通量变化

$$\frac{d\Phi}{dt}=\frac{d}{dt}\int_S \boldsymbol{B}\cdot\boldsymbol{n}dS=\int_S\frac{\partial\boldsymbol{B}}{\partial t}\cdot\boldsymbol{n}dS+\oint_C(\boldsymbol{B}\times\boldsymbol{u})\cdot d\boldsymbol{l}$$

$$=\int_S\left[\frac{\partial\boldsymbol{B}}{\partial t}+\nabla\times(\boldsymbol{B}\times\boldsymbol{u})\right]\cdot\boldsymbol{n}dS=0. \tag{4.5.4}$$

上式等于零是利用了冻结方程(4.5.3).这一定理表明,不管外界磁场如何变化,随着理想导电流体一起运动的任何闭合回路所围的磁力线数目是不变的.

定理2　在理想导电流体中,起始位于一根磁力线上的流体元,以后也一直处在这根磁力线上.

由冻结方程(4.5.3)

$$\frac{\partial\boldsymbol{B}}{\partial t}=\nabla\times(\boldsymbol{u}\times\boldsymbol{B})$$

$$=(\boldsymbol{B}\cdot\nabla)\boldsymbol{u}-(\boldsymbol{u}\cdot\nabla)\boldsymbol{B}+\boldsymbol{u}(\nabla\cdot\boldsymbol{B})-\boldsymbol{B}(\nabla\cdot\boldsymbol{u}). \tag{4.5.5}$$

应用连续性方程(4.3.10)

$$\frac{d\rho}{dt}=\frac{\partial\rho}{\partial t}+\boldsymbol{u}\cdot\nabla\rho=-\rho\nabla\cdot\boldsymbol{u}$$

和 $\nabla\cdot\boldsymbol{B}=0$,则(4.5.5)化为

$$\frac{d\boldsymbol{B}}{dt}=(\boldsymbol{B}\cdot\nabla)\boldsymbol{u}+\frac{\boldsymbol{B}}{\rho}\frac{d\rho}{dt}.$$

上式两边同除以 ρ,则得

$$\frac{d}{dt}\left(\frac{\boldsymbol{B}}{\rho}\right)=\left(\frac{\boldsymbol{B}}{\rho}\cdot\nabla\right)\boldsymbol{u}. \tag{4.5.6}$$

(4.5.6)式是冻结方程和连续性方程的结果,其意义实际上证明了定理2.现在说明如下:

设在一根磁力线上取一流体线元 $\delta\boldsymbol{l}$,线元一端流速为 $\boldsymbol{u}$,另一端为 $\boldsymbol{u}'=\boldsymbol{u}+(\delta\boldsymbol{l}\cdot\nabla)\boldsymbol{u}$,因此单位时间流体线元的变化率

$$\frac{d(\delta\boldsymbol{l})}{dt}=(\delta\boldsymbol{l}\cdot\nabla)\boldsymbol{u}, \tag{4.5.7}$$

比较方程(4.5.7)与(4.5.6)可见,$\delta\boldsymbol{l}$ 与 $\boldsymbol{B}/\rho$ 满足相同的时间演化方程.这表明,如果初始时矢量 $\delta\boldsymbol{l}$ 与 $\boldsymbol{B}/\rho$ 平行,则以后也保持平行,而且它们的长度也成比例地变化.也就是说,如果初始 $t=0$ 时刻,流体线元 $\delta\boldsymbol{l}(0)$ 与 $\boldsymbol{B}(0)/\rho(0)$ 平行,刚好处在某一根磁力线上,并且有 $\delta\boldsymbol{l}(0)=\alpha\boldsymbol{B}(0)/\rho(0)$,这里 α 为比例常数;则在以后任意时刻 t,流体线元 $\delta\boldsymbol{l}(t)$ 仍然处在这根磁力线上,而且有 $\delta\boldsymbol{l}(t)=\alpha\boldsymbol{B}(t)/\rho(t)$.因此(4.5.6)式实际上证明了定理2.

由以上两个定理说明,在理想导电流体中,不仅与流体一起运动的回路所包围的磁力线数目不变,而且流体的物质线元只能沿同一根磁力线运动.因此流体沿磁力线方向运动是自由的.一旦流体有垂直于磁力线方向的运动,则磁力线也要随着

流体物质一起运动.即磁力线被“冻结”在理想导电流体物质中,或称理想导电流体物质“黏”在磁力线上.这种现象称磁场冻结.从物理上这种冻结现象是很容易理解的.由电磁感应定律,当导体有切割磁力线相对运动时就产生感应电场和感应电流,感应电流的方向正是要能使它产生的磁场对抗原来磁场的变化.对于理想导体,因为电导率趋于∞,只要有感应电场,引起的感应电流就无限大.因此在理想导体中就不允许存在感应电场,即不允许导电流体有切割磁力线的相对运动,所以磁力线被冻结在理想导电的流体中.高温等离子体是电导率很大的流体,在其中的磁场就有“冻结”现象,磁场如果原来是在等离子体外,也就难以进入等离子体内.

2. 磁场的扩散

如果导电流体的电导率 σ_c 有限,并假定流体静止不动,$\boldsymbol{u}=0$,则(4.5.2)方程简化为

$$\frac{\partial \boldsymbol{B}}{\partial t} = \nu_m \nabla^2 \boldsymbol{B}, \tag{4.5.8}$$

(4.5.8)称磁场的扩散方程.由扩散方程可以说明,当 σ_c 有限时,磁力线不完全冻结在等离子体中,等离子体中的磁场会随时间衰减,磁场从强的区域向弱的区域扩散.

现在估算等离子体中磁场扩散的特征时间.设原来磁场集中在线度为 L 的等离子体区域内,$\nabla^2 B \approx -B/L^2$,则方程(4.5.8)近似地为

$$\frac{\partial B}{\partial t} = -\nu_m B/L^2 = -B/\tau_d, \tag{4.5.9}$$

式中

$$\tau_d \approx L^2/\nu_m = \mu_0 \sigma_c L^2. \tag{4.5.10}$$

(4.5.9)方程的解

$$B(t) = B(0)e^{-t/\tau_d}, \tag{4.5.11}$$

(4.5.11)结果说明磁场随时间扩散或衰减,τ_d 为磁扩散时间或磁衰减时间.由(4.5.10)式可以看出,电导率越大,磁场衰减越慢,如果 $\sigma_c \to \infty$,则磁场不衰减.对于有限电导率的流体,如果它的特征长度 L 越大,则磁场衰减也越慢.表 4.5.1 列出了一些典型导体的磁场衰减时间.对于宇宙等离子体,因为它的线度很大,所以衰减时间就特别长.

表 4.5.1 典型的磁场衰减时间与磁雷诺系数

对象	L/m	τ_d/s	Rm
水银	0.1	10^{-2}	10^{-1}
铜球	1	10	10
电弧放电	0.1	10^{-3}	1
地核	10^6	10^{12}	10^7
太阳黑子	10^7	10^{14}	10^9
日冕	10^9	10^{18}	10^{12}

以上讨论的是两种极端情况,实际上磁场的冻结与扩散两种效应都存在,即(4.5.2)方程右边两项都有贡献.为了估计这两项的相对重要性,可以定义一个类似于流体力学的雷诺系数,称磁雷诺系数,其定义为

$$Rm=\frac{|\nabla\times(\boldsymbol{u}\times\boldsymbol{B})|}{|\nu_{\mathrm{m}}\nabla^2\boldsymbol{B}|}=\frac{|\nabla\times(\boldsymbol{u}\times\boldsymbol{B})|}{|\nu_{\mathrm{m}}\nabla\times\nabla\times\boldsymbol{B}|}\approx\frac{|\boldsymbol{u}\times\boldsymbol{B}|}{|\nu_{\mathrm{m}}\nabla\times\boldsymbol{B}|}\approx\frac{uB}{\nu_{\mathrm{m}}BL^{-1}}=\mu_0\sigma_{\mathrm{c}}Lu,\tag{4.5.12}$$

上式在估算 Rm 时,应用了关系式:$\nabla\times\nabla\times\boldsymbol{B}=\nabla(\nabla\cdot\boldsymbol{B})-\nabla^2\boldsymbol{B}=-\nabla^2\boldsymbol{B}$.由此可见,当 $Rm\gg1$ 时,冻结效应占优势,当 $Rm\ll1$ 时,扩散效应占优势.

3. 横越磁场扩散与博姆扩散

前面研究了两种极端情况下的效应,即磁场冻结与磁场扩散,实际上两项效应都存在.研究磁场在等离子体中变化时(如磁扩散),一般情况下不能把等离子体看成不动的导电介质(即 $\boldsymbol{u}\neq0$),因此考虑磁场扩散时,也应考虑等离子体的定向运动 $\boldsymbol{u}$.现在研究稳态情况下,垂直磁场方向等离子体的定向流动 $\boldsymbol{u}_\perp$,即横越磁场扩散.稳态情况 $\partial\boldsymbol{B}/\partial t=0$,方程(4.5.2)为

$$\begin{aligned}\frac{\partial\boldsymbol{B}}{\partial t}&=\nu_{\mathrm{m}}\nabla^2\boldsymbol{B}+\nabla\times(\boldsymbol{u}\times\boldsymbol{B})\\&=\nu_{\mathrm{m}}[\nabla(\nabla\cdot\boldsymbol{B})-\nabla\times(\nabla\times\boldsymbol{B})]+\nabla\times(\boldsymbol{u}\times\boldsymbol{B})\\&=-\nabla\times\nu_{\mathrm{m}}(\nabla\times\boldsymbol{B})+\nabla\times(\boldsymbol{u}\times\boldsymbol{B})=0.\end{aligned}$$

因为 $\nabla\cdot\boldsymbol{B}=0$,$\nu_{\mathrm{m}}$ 近似常量,则由上式得(注意下式的结果不是唯一的,可相差一任意函数的梯度)

$$\boldsymbol{u}\times\boldsymbol{B}=\nu_{\mathrm{m}}(\nabla\times\boldsymbol{B}),\tag{4.5.13}$$

上式两边同叉乘 $\boldsymbol{B}$,并利用$(\nabla\times\boldsymbol{B})=\mu_0\boldsymbol{j}$, $\nu_{\mathrm{m}}=1/\mu_0\sigma_{\mathrm{c}}$,得

$$\boldsymbol{u}_\perp=\frac{\nu_{\mathrm{m}}}{B^2}\boldsymbol{B}\times(\nabla\times\boldsymbol{B})=\frac{\mu_0\nu_{\mathrm{m}}}{B^2}\boldsymbol{B}\times\boldsymbol{j}=-\frac{1}{\sigma_{\mathrm{c}}B^2}(\boldsymbol{j}\times\boldsymbol{B}).\tag{4.5.14}$$

稳态时流体运动方程 $\dfrac{\mathrm{d}\boldsymbol{u}}{\mathrm{d}t}=-\nabla p+\boldsymbol{j}\times\boldsymbol{B}=0$,

即

$$\boldsymbol{j}\times\boldsymbol{B}=\nabla_\perp p,\tag{4.5.15}$$

将(4.5.15)式代入(4.5.14)式,则

$$\boldsymbol{u}_\perp=-\frac{1}{\sigma_{\mathrm{c}}B^2}\nabla_\perp p.\tag{4.5.16}$$

假定电子、离子密度相同,$n_{\mathrm{e}}=n_{\mathrm{i}}=n$,而电子温度与离子温度不同,$T_{\mathrm{e}}\neq T_{\mathrm{i}}$,$p=n(T_{\mathrm{i}}+T_{\mathrm{e}})$,则(4.5.16)式化为

$$\boldsymbol{u}_\perp=-\frac{(T_{\mathrm{i}}+T_{\mathrm{e}})}{\sigma_{\mathrm{c}}B^2}\nabla_\perp n.\tag{4.5.17}$$

以后可以证明,等离子体电导率(见4.7节(4.7.6)式)

$$\sigma_c = ne^2 / m_e \nu_{ei}, \tag{4.5.18}$$

式中 ν_{ei} 为电子与离子碰撞频率.(4.5.18)式代入(4.5.17)式后得

$$\boldsymbol{u}_\perp = - D_\perp \frac{\nabla_\perp n}{n}, \tag{4.5.19}$$

式中

$$D_\perp = \frac{m_e \nu_{ei}(T_i + T_e)}{e^2 B^2}. \tag{4.5.20}$$

(4.5.19)式是典型的扩散方程,$\boldsymbol{u}_\perp$ 为横向扩散流速度,$D_\perp$ 为横向扩散系数,扩散流通量

$$\boldsymbol{\Gamma} = n\boldsymbol{u}_\perp = - D \nabla n. \tag{4.5.21}$$

结果表明,要维持稳态磁场,一定要存在横越磁场的稳定扩散流通量 $\boldsymbol{\Gamma}$.(4.5.20)式的显著特点是,横向扩散系数 $D_\perp$ 与磁感应强度 B 的平方成反比,通常称(4.5.20)式的扩散为经典扩散.由于 ν_{ei} 有限,只要 B 足够大,则扩散系数就很小.

但在很多实验中发现,横向扩散系数比经典扩散(4.5.20)式计算的大很多.在20世纪40年代,博姆(Bohm)等人就注意到磁约束等离子体中的反常扩散现象.博姆发现横向扩散系数不是与磁感应强度 B 的平方成反比,而是与 B 成反比.他给出了一个半经验的扩散系数公式:

$$D_B = \frac{1}{16} \frac{T_e}{eB}. \tag{4.5.22}$$

D_B 称博姆扩散系数,后来许多实验结果都与(4.5.22)式相符合,因此就把这种横越磁场的反常扩散称为博姆扩散.博姆扩散系数比经典扩散系数大几个量级.后来对博姆扩散机制有许多研究,也有几种不同解释,如湍流电场的存在、粒子和电场涨落、不对称性导致开放磁场结构或存在不对称电场导致指向器壁的电漂移流等.目前,很多实验的扩散系数已经比博姆扩散系数低得多了,因此,现在就把博姆扩散系数作为估计反常扩散的上限.

4.6　磁流体平衡与箍缩效应

等离子体是运动非常活跃的流体,实际上很少有静止的情况,而涉及研究磁约束核聚变,就必须研究磁流体平衡问题.

1. 磁流体平衡

要实现等离子体的磁约束,首先要实现平衡.当磁流体的每一小体积元所受的合力为0,$\mathrm{d}\boldsymbol{u}/\mathrm{d}t=0$,则可实现平衡.因此,由(4.3.17)方程组中的运动方程

$$\rho \frac{\mathrm{d}\boldsymbol{u}}{\mathrm{d}t} = - \nabla p + \boldsymbol{j} \times \boldsymbol{B} = 0,$$

可得等离子体平衡条件

$$\nabla p = \boldsymbol{j} \times \boldsymbol{B}. \tag{4.6.1}$$

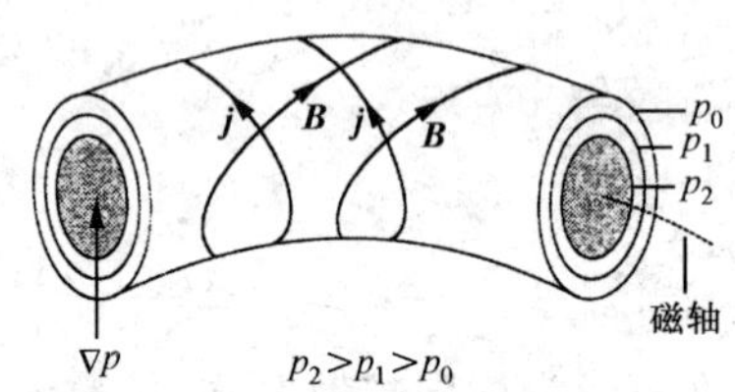

图 4.6.1 等离子体平衡时磁力线和电流线都在等压面上

由此可见,只有电流洛伦兹力与压强梯度相等时,等离子体才能达到平衡.由(4.6.1)平衡条件,很容易得到

$$\boldsymbol{B} \cdot \nabla p = 0, \tag{4.6.2}$$

$$\boldsymbol{j} \cdot \nabla p = 0. \tag{4.6.3}$$

(4.6.2)和(4.6.3)式表明,平衡时磁力线($\boldsymbol{B}$)和电流线($\boldsymbol{j}$)都应在等压面上,一般讲 $\boldsymbol{B}$ 与 $\boldsymbol{j}$ 在等压面上可以任意角度相交,如图 4.6.1 所示.

一般等离子体都是中间密度大,向外密度减小,到了边缘密度降为 0,所以等离子体流体元受的压力($-\nabla p$)是由轴心垂直等压面向外,而流体元上的电流所受的洛伦兹力($\boldsymbol{j}\times\boldsymbol{B}$)是垂直等压面向里,只有这两种力相互抵消才能达到平衡,所以 $\boldsymbol{j}\times\boldsymbol{B}$ 就是磁场对等离子体施加的约束力.

利用(4.4.1)式得

$$\nabla p - \boldsymbol{j} \times \boldsymbol{B} = \nabla(p + B^2/2\mu_0) - (\boldsymbol{B}\cdot\nabla)\boldsymbol{B}/\mu_0,$$

则(4.6.1)平衡条件表示为

$$\nabla(p + B^2/2\mu_0) = (\boldsymbol{B}\cdot\nabla)\boldsymbol{B}/\mu_0. \tag{4.6.4}$$

如果磁力线是相互平行的直线,这时沿磁场方向 $\boldsymbol{B}$ 无变化,即$(\boldsymbol{B}\cdot\nabla)\boldsymbol{B}/\mu_0=0$,所以平衡条件为

$$p + B^2/2\mu_0 = 常量. \tag{4.6.5}$$

(4.6.5)条件在整个等离子体区域都必须满足.一般地,平衡时在等离子体内部中心区域密度高,向外逐渐降低,到达边界时密度为 0,因而等离子体动力压强也是中心区域最大,向外逐渐减小,到边缘为 0.根据(4.6.5),磁场应是在中心区比较弱,向外逐渐增强,这样才能保持动力压强与磁压强之和为常量,使等离子体达到平衡.因此等离子体内部磁场总是小于外部磁场,这个结果也说明等离子体是抗磁性介质.

在第 3 章已经指出,带电粒子在磁场中做回旋运动时,其磁矩方向与磁场反方向(反磁性).由外磁场约束的等离子体,其中的带电粒子都在外磁场作用下做回旋运动,这些粒子产生的磁场与外磁场方向相反,这样就降低了内部的净磁场.因为内部粒子密度高,动力压强高,但内部粒子做回旋运动产生的反向磁场也强,所以净磁场被减弱,磁压强就减小,这样就可能保持动力压强与磁压强之和为常量,使等离子体达到平衡.如果等离子体密度和温度足够高,相应的动力压强也足够高,

等离子体的抗磁性可能把等离子体内部磁场降为 0.

2. 箍缩效应

流过等离子体的强电流和此电流产生的磁场之间的相互作用,能引起等离子体向中心区域压缩,并使等离子体密度、温度增加,这种效应称为箍缩(pinch)效应. 下面讨论两个例子.

(1) 角向箍缩

如图 4.6.2 所示,一个圆柱形放电管(一般由玻璃管或陶瓷管制成),管内充有气体,在它外面包围一个同轴的圆柱形单匝金属线圈. 接通开关 K,则由已充电的电容器 C 快速地向线圈放电,流经金属线圈的电流 $I(t)$ 在放电管中产生一个与管轴(设为 z 轴)同向的变化磁场 $\boldsymbol{B}(t)$,变化磁场 $\boldsymbol{B}(t)$ 在管内产生角向的感应电场 $\boldsymbol{E}_\theta$. 由法拉第电磁感应定律

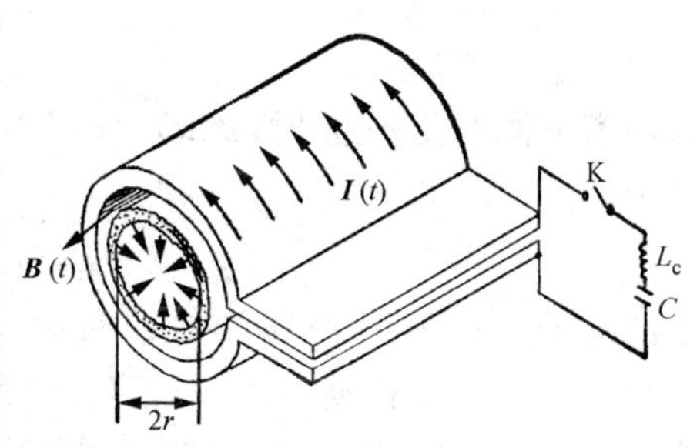

图 4.6.2 角向箍缩

$$\oint \boldsymbol{E} \cdot \mathrm{d}\boldsymbol{l} = -\int \frac{\partial \boldsymbol{B}}{\partial \boldsymbol{t}} \cdot \boldsymbol{n} \mathrm{d}S,$$

则感应电场

$$E_\theta \approx -\frac{r}{2}\frac{\partial B}{\partial t}.$$

从上式可见: 在初始阶段 $\boldsymbol{B}(t)$ 上升,$\boldsymbol{E}_\theta$ 方向与电流 $\boldsymbol{I}(t)$ 的方向相反,因为 $E_\theta \propto r$,在管壁附近(r 大)$\boldsymbol{E}_\theta$ 较大. 如果 $\boldsymbol{B}(t)$ 上升的速度很快,$\boldsymbol{E}_\theta$ 就很强,可使管壁附近气体先击穿,形成薄层等离子体鞘,同时在这薄层等离子体内产生角向感应电流 $\boldsymbol{j}_\theta$,感应电流 $\boldsymbol{j}_\theta$ 方向与电流 $\boldsymbol{I}(t)$ 的方向相反. 轴向磁场 $\boldsymbol{B}(t)$ 不能透过等离子体,只局限在等离子体鞘与金属线圈之间,于是感应电流 $\boldsymbol{j}_\theta$ 与轴向的磁场 $\boldsymbol{B}$ 形成的洛伦兹力 $\boldsymbol{j}_\theta \times \boldsymbol{B}$,其方向指向轴线,使等离子体鞘脱离开管壁并向轴线迅速压缩,压缩过程提高了等离子体密度并增加动能,经粒子间碰撞等离子体温度升高,最后磁压强与热压强达到平衡,形成收缩的等离子体柱,获得磁约束的高温等离子体. 这种角向感应电流 $\boldsymbol{j}_\theta$ 与外线圈中电流 $\boldsymbol{I}(t)$ 产生的轴向磁场 $\boldsymbol{B}(t)$ 相互作用,在径向引起箍缩(或压缩)称为角向箍缩(θ-pinch).

现在讨论角向箍缩的平衡条件. 选取柱坐标系(r,θ,z),设平衡时等离子体电流 $\boldsymbol{j}_\theta = -j_\theta(r)\boldsymbol{e}_\theta$,电流产生的磁场 $\boldsymbol{B} = B(r)\boldsymbol{e}_z$,由 $\nabla \times \boldsymbol{B} = \mu_0 \boldsymbol{j}$ 得

$$-\frac{\mathrm{d}B(r)}{\mathrm{d}r} = -\mu_0 j_\theta(r). \tag{4.6.6}$$

平衡条件(4.6.1)可写为

$$\frac{\mathrm{d}p(r)}{\mathrm{d}r}=-j_\theta(r)B(r). \tag{4.6.7}$$

将(4.6.6)式的 $j_\theta(r)$ 代入(4.6.7)式,得

$$\frac{\mathrm{d}}{\mathrm{d}r}\left[p(r)+\frac{1}{2\mu_0}B^2(r)\right]=0,$$

所以平衡条件:

$$p(r)+\frac{1}{2\mu_0}B^2(r)=\text{常量}. \tag{4.6.8}$$

取等离子体半径 $r=a$ 时,$p(a)=0$,$B(a)=B_0$,则由(4.6.8)式得角向箍缩平衡条件为

$$p(r)+B^2(r)/2\mu_0=B_0^2/2\mu_0. \tag{4.6.9}$$

角向箍缩平衡时各物理量的径向分布如图 4.6.3 所示. 在等离子体柱界面上($r=a$)压强为 0,根据(4.6.9)式,在柱界面上磁场最强,沿半径向里(轴心)等离子体压强增大,则磁场减小,但热压强与磁压强之和保持不变.

实际上,由于放电管两端是开口的,不受磁场约束,等离子体会从两端逃逸,因此这种平衡维持时间很短,约微秒量级.

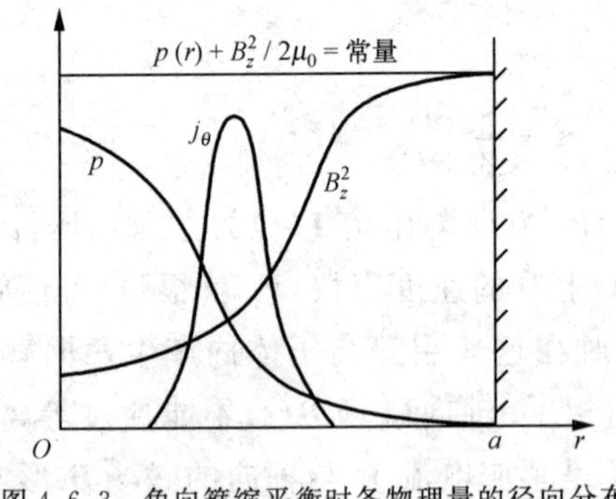

图 4.6.3 角向箍缩平衡时各物理量的径向分布

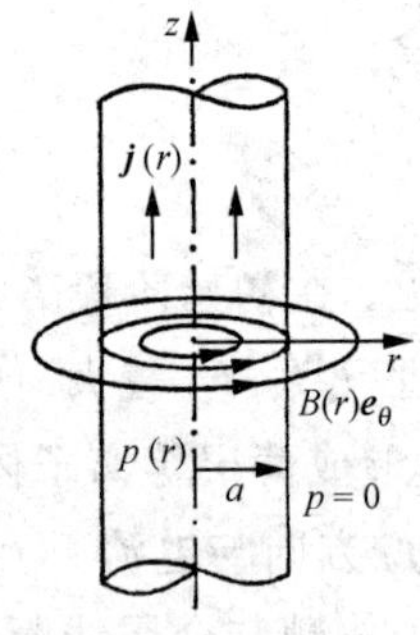

图 4.6.4 z 箍缩

(2) z 箍缩

如图 4.6.4 所示,一个沿 z 轴的直圆柱形放电管,沿轴向脉冲放电时形成等离子体柱. 设沿轴向流过的轴对称电流 $\boldsymbol{j}=j(r)\boldsymbol{e}_z$,电流产生的磁场 $\boldsymbol{B}=B(r)\boldsymbol{e}_\theta$,由于电流与自身磁场的相互作用 $\boldsymbol{j}\times\boldsymbol{B}$,使等离子体柱受到指向轴线方向的作用力,而使得等离子体向轴线方向压缩,这就是 z 箍缩(z-pinch)效应. 随着等离子体柱向内箍缩的过程,柱内等离子体密度和温度增加,动力压强增大,最后可能达到平衡,获得磁约束高温等离子体.

设平衡时柱的半径为 a,柱内电流密度为 $j(r)\boldsymbol{e}_z$、磁感应强度为 $B(r)\boldsymbol{e}_\theta$、压强分

布为 $p(r)$，麦克斯韦方程 $\nabla\times\boldsymbol{B}=\mu_0\boldsymbol{j}$ 在柱坐标系中可表示为

$$\frac{1}{r}\frac{\mathrm{d}}{\mathrm{d}r}[rB(r)]=\mu_0 j(r), \tag{4.6.10}$$

由此解得磁场分布

$$\begin{cases} B(r)=\dfrac{\mu_0}{r}\displaystyle\int_0^r rj(r)\mathrm{d}r & (r<a), \\ B(r)=\dfrac{\mu_0 I}{2\pi r} & (r\geqslant a), \end{cases} \tag{4.6.11}$$

式中 $I=\int_0^a 2\pi rj(r)\mathrm{d}r$ 为流过等离子体柱的总电流. 由平衡条件(4.6.1)和(4.6.10)方程，可得

$$\frac{\mathrm{d}p}{\mathrm{d}r}=-\frac{B}{\mu_0 r}\frac{\mathrm{d}}{\mathrm{d}r}(rB) \tag{4.6.12}$$

或

$$\frac{\mathrm{d}p}{\mathrm{d}r}=-\frac{1}{2\mu_0 r^2}\frac{\mathrm{d}}{\mathrm{d}r}(r^2B^2), \tag{4.6.13}$$

它的解为

$$p(r)=p_0-\frac{1}{2\mu_0}\int_0^r\frac{1}{r^2}\frac{\mathrm{d}}{\mathrm{d}r}(r^2B^2)\mathrm{d}r. \tag{4.6.14}$$

式中 p_0 为 $r=0$ 时的动力压强. 因为在 $r=a$ 处 $p(a)=0$，所以

$$p_0=\frac{1}{2\mu_0}\int_0^a\frac{1}{r^2}\frac{\mathrm{d}}{\mathrm{d}r}(r^2B^2)\mathrm{d}r. \tag{4.6.15}$$

将上式代入(4.6.14)式得

$$p(r)=\frac{1}{2\mu_0}\int_r^a\frac{1}{r^2}\frac{\mathrm{d}}{\mathrm{d}r}(r^2B^2)\mathrm{d}r. \tag{4.6.16}$$

等离子体柱内平均压强

$$\langle p\rangle=\frac{2\pi}{\pi a^2}\int_0^a rp(r)\mathrm{d}r, \tag{4.6.17}$$

对上式分部积分，并利用(4.6.13)和(4.6.11)得

$$\langle p\rangle=\frac{\mu_0 I^2}{8\pi^2a^2}. \tag{4.6.18}$$

这就是平衡状态时等离子体柱的平均压强、总电流、柱半径之间的关系.

对于热核聚变，要求等离子体温度 $T\approx 10$ keV，密度 $n\approx 10^{21}\ \mathrm{m}^{-3}$，$p=nT\approx 1.4\times 10^6$ Pa，由(4.6.18)式估计放电电流 $I\approx 9\times 10^6 a$ A(a 取 m 为单位)，这个电流在柱面上产生的磁场 $B\approx 1.9$ T. 因此要约束高温等离子体需要很大的电流.

只有给出电流密度分布 $j(r)$，以上相关的计算公式才能给出各物理量的径向分布，如 $p(r)$，$B(r)$等. 现假定两种情况：一种是电流密度在柱内为常量，其结果如图 4.6.5(a)；另一种是电流分布在柱面上很薄的一层内，其结果如图 4.6.5(b).

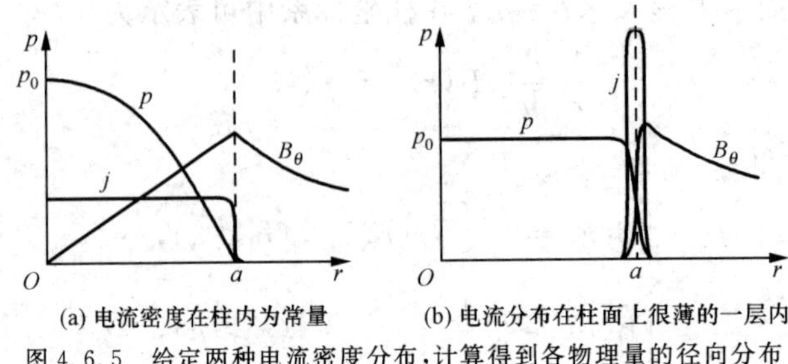

(a) 电流密度在柱内为常量　　(b) 电流分布在柱面上很薄的一层内

图 4.6.5　给定两种电流密度分布，计算得到各物理量的径向分布

还可以对(4.6.13)式进行积分

$$\int_0^a r^2 \frac{\mathrm{d}p}{\mathrm{d}r}\mathrm{d}r = -\frac{1}{2\mu_0}\int_0^a \frac{\mathrm{d}}{\mathrm{d}r}(r^2B^2),$$

得

$$\int_0^a 2pr\,\mathrm{d}r = \frac{a^2}{2\mu_0}[B(a)]^2.$$

利用 $p=(n_i+n_e)T=2nT$(设 $n_i=n_e=n$)及(4.6.11)式，由上式可得

$$I^2 = 16\pi NT/\mu_0, \tag{4.6.19}$$

其中 $N=\int_0^a 2\pi rn\,\mathrm{d}r$ 为单位长度柱体内的总电子数. (4.6.19)式称本奈特(Bennett)关系，是 1934 年本奈特研究气体放电时得到的. (4.6.19)式表明，$T\propto I^2$，只有足够大的电流才可以使等离子体获得较高的温度.

4.7　广义欧姆定律与等离子体电导率

如果等离子体中离子和电子的平均速度不同，即 $\boldsymbol{u}_i\neq\boldsymbol{u}_e$，则它们之间的相对运动就会产生宏观电流 $\boldsymbol{j}$，现在可以应用双流体模型来研究等离子体的电流的规律.

1. 广义欧姆定律

为简单起见，设电子和离子的密度相同，$n_e=n_i=n$，并保持电中性，应用双流体方程组(4.2.12)，其中 $\alpha=$i，e，在等离子体物理中，由(4.2.4)式定义的摩擦阻力 $\boldsymbol{R}_\alpha$ 通常可写成由苏联学者布拉金斯基(S. I. Braginski)给出的形式：

$$\boldsymbol{R}_{ei} = -\boldsymbol{R}_{ie} = -m_e n_e \nu_{ei}(\boldsymbol{u}_e - \boldsymbol{u}_i), \tag{4.7.1}$$

式中 ν_{ei} 为电子-离子碰撞频率. 需要指出，同类粒子碰撞时因其动量守恒，对摩擦阻力无贡献，所以 $\boldsymbol{R}_i=\boldsymbol{R}_{ie}$，$\boldsymbol{R}_e=\boldsymbol{R}_{ei}$，而且 $\boldsymbol{R}_{ie}=-\boldsymbol{R}_{ei}$. 于是(4.2.12)双流体运动方程可以写成

$$\begin{cases} nm_{\mathrm{i}}\left(\dfrac{\partial \boldsymbol{u}_{\mathrm{i}}}{\partial t}+\boldsymbol{u}_{\mathrm{i}}\cdot\nabla\,\boldsymbol{u}_{\mathrm{i}}\right)+\nabla\,p_{\mathrm{i}}=en(\boldsymbol{E}+\boldsymbol{u}_{\mathrm{i}}\times\boldsymbol{B})+m_{\mathrm{e}}n_{\mathrm{e}}\nu_{\mathrm{ei}}(\boldsymbol{u}_{\mathrm{e}}-\boldsymbol{u}_{\mathrm{i}}), \\ nm_{\mathrm{e}}\left(\dfrac{\partial \boldsymbol{u}_{\mathrm{e}}}{\partial t}+\boldsymbol{u}_{\mathrm{e}}\cdot\nabla\,\boldsymbol{u}_{\mathrm{e}}\right)+\nabla\,p_{\mathrm{e}}=-en(\boldsymbol{E}+\boldsymbol{u}_{\mathrm{e}}\times\boldsymbol{B})-m_{\mathrm{e}}n_{\mathrm{e}}\nu_{\mathrm{ei}}(\boldsymbol{u}_{\mathrm{e}}-\boldsymbol{u}_{\mathrm{i}}). \end{cases} \tag{4.7.2}$$

用 e/m_{i} 乘以(4.7.2)第 1 式,e/m_{e} 乘以(4.7.2)第 2 式,然后两式相减,得

$$\begin{aligned} &ne\left(\frac{\partial \boldsymbol{u}_{\mathrm{i}}}{\partial t}-\frac{\partial \boldsymbol{u}_{\mathrm{e}}}{\partial t}\right)+ne(\boldsymbol{u}_{\mathrm{i}}\cdot\nabla\,\boldsymbol{u}_{\mathrm{i}}-\boldsymbol{u}_{\mathrm{e}}\cdot\nabla\,\boldsymbol{u}_{\mathrm{e}})+e\left(\frac{1}{m_{\mathrm{i}}}\nabla\,p_{\mathrm{i}}-\frac{1}{m_{\mathrm{e}}}\nabla\,p_{\mathrm{e}}\right) \\ &\quad=e^2n\left(\frac{1}{m_{\mathrm{e}}}+\frac{1}{m_{\mathrm{i}}}\right)\boldsymbol{E}+e^2n\left(\frac{1}{m_{\mathrm{i}}}\boldsymbol{u}_{\mathrm{i}}+\frac{1}{m_{\mathrm{e}}}\boldsymbol{u}_{\mathrm{e}}\right)\times\boldsymbol{B}-m_{\mathrm{e}}ne\nu_{\mathrm{ei}}\left(\frac{1}{m_{\mathrm{i}}}+\frac{1}{m_{\mathrm{e}}}\right)(\boldsymbol{u}_{\mathrm{i}}-\boldsymbol{u}_{\mathrm{e}}). \end{aligned} \tag{4.7.3}$$

电流密度
$$\boldsymbol{j}=ne(\boldsymbol{u}_{\mathrm{i}}-\boldsymbol{u}_{\mathrm{e}}), \tag{4.7.4}$$
化简(4.7.3)式时,应用如下近似:

$$m_{\mathrm{e}}\ll m_{\mathrm{i}},\quad \frac{1}{m_{\mathrm{e}}}\pm\frac{1}{m_{\mathrm{i}}}\approx\frac{1}{m_{\mathrm{e}}},$$

$$\boldsymbol{u}=\frac{n_{\mathrm{i}}m_{\mathrm{i}}\boldsymbol{u}_{\mathrm{i}}+n_{\mathrm{e}}m_{\mathrm{e}}\boldsymbol{u}_{\mathrm{e}}}{n_{\mathrm{i}}m_{\mathrm{i}}+n_{\mathrm{e}}m_{\mathrm{e}}}=\frac{m_{\mathrm{i}}\boldsymbol{u}_{\mathrm{i}}+m_{\mathrm{e}}\boldsymbol{u}_{\mathrm{e}}}{m_{\mathrm{i}}+m_{\mathrm{e}}}\approx\frac{m_{\mathrm{i}}\boldsymbol{u}_{\mathrm{i}}+m_{\mathrm{e}}\boldsymbol{u}_{\mathrm{e}}}{m_{\mathrm{i}}},$$

因为 $p_{\mathrm{i}}=n_{\mathrm{i}}T_{\mathrm{i}}$,$p_{\mathrm{e}}=n_{\mathrm{e}}T_{\mathrm{e}}$,$n_{\mathrm{i}}=n_{\mathrm{e}}$,$T_{\mathrm{i}}\approx T_{\mathrm{e}}$,因此$\dfrac{1}{m_{\mathrm{i}}}\nabla\,p_{\mathrm{i}}\ll\dfrac{1}{m_{\mathrm{e}}}\nabla\,p_{\mathrm{e}}$.

(4.7.3)式左方第 1 项

$$\begin{aligned} ne\frac{\partial}{\partial t}(\boldsymbol{u}_{\mathrm{i}}-\boldsymbol{u}_{\mathrm{e}})&=\frac{\partial}{\partial t}[ne(\boldsymbol{u}_{\mathrm{i}}-\boldsymbol{u}_{\mathrm{e}})]-(\boldsymbol{u}_{\mathrm{i}}-\boldsymbol{u}_{\mathrm{e}})e\frac{\partial n}{\partial t} \\ &=\frac{\partial \boldsymbol{j}}{\partial t}-(\boldsymbol{u}_{\mathrm{i}}-\boldsymbol{u}_{\mathrm{e}})e\frac{\partial n}{\partial t}\approx\frac{\partial \boldsymbol{j}}{\partial t}, \end{aligned}$$

上式忽略了$(\boldsymbol{u}_{\mathrm{i}}-\boldsymbol{u}_{\mathrm{e}})e\dfrac{\partial n}{\partial t}$二级小量项,这是因为平均速度 $\boldsymbol{u}_{\mathrm{i}}$,$\boldsymbol{u}_{\mathrm{e}}$ 很小,而且 $\boldsymbol{u}_{\mathrm{i}}$,$\boldsymbol{u}_{\mathrm{e}}$,$n$ 随时间、空间变化都很缓慢.同理,(4.7.3)式左方第 2 项为二级小量项,也可忽略.(4.7.3)式右方第 2 项中因子

$$\begin{aligned} e^2n\left(\frac{1}{m_{\mathrm{i}}}\boldsymbol{u}_{\mathrm{i}}+\frac{1}{m_{\mathrm{e}}}\boldsymbol{u}_{\mathrm{e}}\right)&=\frac{e^2n}{m_{\mathrm{e}}}\left(\frac{m_{\mathrm{e}}\boldsymbol{u}_{\mathrm{i}}+m_{\mathrm{i}}\boldsymbol{u}_{\mathrm{e}}}{m_{\mathrm{i}}}\right) \\ &=\frac{e^2n}{m_{\mathrm{e}}}\left\{\frac{m_{\mathrm{i}}\boldsymbol{u}_{\mathrm{i}}+m_{\mathrm{e}}\boldsymbol{u}_{\mathrm{e}}}{m_{\mathrm{i}}}-\left[\frac{(m_{\mathrm{i}}\boldsymbol{u}_{\mathrm{i}}-m_{\mathrm{e}}\boldsymbol{u}_{\mathrm{i}})}{m_{\mathrm{i}}}-\frac{(m_{\mathrm{i}}\boldsymbol{u}_{\mathrm{e}}-m_{\mathrm{e}}\boldsymbol{u}_{\mathrm{e}})}{m_{\mathrm{i}}}\right]\right\} \\ &=\frac{e^2n}{m_{\mathrm{e}}}\boldsymbol{u}-\frac{e}{m_{\mathrm{e}}}\left\{ne\left[\left(1-\frac{m_{\mathrm{e}}}{m_{\mathrm{i}}}\right)(\boldsymbol{u}_{\mathrm{i}}-\boldsymbol{u}_{\mathrm{e}})\right]\right\}=\frac{e^2n}{m_{\mathrm{e}}}\boldsymbol{u}-\frac{e}{m_{\mathrm{e}}}\boldsymbol{j}, \end{aligned}$$

应用以上结果,(4.7.3)式可以简化为

$$\frac{m_{\mathrm{e}}}{ne^2}\frac{\partial \boldsymbol{j}}{\partial t}=(\boldsymbol{E}+\boldsymbol{u}\times\boldsymbol{B})-\frac{1}{ne}\boldsymbol{j}\times\boldsymbol{B}+\frac{1}{ne}\nabla\,p_{\mathrm{e}}-\frac{1}{\sigma_{\mathrm{c}}}\boldsymbol{j}. \tag{4.7.5}$$

(4.7.5)式就是等离子体的广义欧姆定律,式中

$$\sigma_c = \frac{e^2 n}{m_e \nu_{ei}} \tag{4.7.6}$$

为等离子体电导率.

对于稳恒情况，$\frac{\partial \boldsymbol{j}}{\partial t}=0$，则由(4.7.5)，广义欧姆定律可化为

$$\boldsymbol{j} = \sigma_c\left[(\boldsymbol{E}+\boldsymbol{u}\times\boldsymbol{B}) - \frac{1}{ne}\boldsymbol{j}\times\boldsymbol{B} + \frac{1}{ne}\nabla p_e\right]. \tag{4.7.7}$$

(4.7.7)式就是等离子体导电性质的宏观描述.方括号中第 1 项是通常磁流体运动时欧姆定律，是电场 $\boldsymbol{E}$ 和感应电场 $\boldsymbol{u}\times\boldsymbol{B}$ 引起的电流；方括号中第 2,3 项是双流体效应增加的项，第 2 项是霍尔电流效应，它反映磁场对等离子体电子运动的影响，第 3 项是电子压强梯度引起的，即等离子体中温度不均匀或密度不均匀都会引起电流.如果洛伦兹力 $\boldsymbol{j}\times\boldsymbol{B}$ 与热压力∇p($\nabla p=\nabla p_e+\nabla p_i\approx 2\nabla p_e$)同一量级，则双流体效应增加的这两项也同一量级.现在可以估计这两项的量级：

$$\frac{\sigma_c}{ne}\mid \boldsymbol{j}\times\boldsymbol{B}\mid = \frac{\omega_{ce}}{\nu_{ei}}\left|\frac{\boldsymbol{j}\times\boldsymbol{B}}{B}\right| \approx \frac{\omega_{ce}}{\nu_{ei}}\mid \boldsymbol{j}\mid,$$

这里 $\omega_{ce}=eB/m_e$ 为电子回旋频率.因此，当 $\omega_{ce}/\nu_{ei}\ll 1$ 时，双流体效应的两项可以忽略，欧姆定律就化为通常的磁流体力学形式，即(4.3.15)式.当 $\omega_{ce}/\nu_{ei}\gg 1$ 时，双流体的两项引起的电流就很大，可以大大超过 $\boldsymbol{j}$.

一般情况，研究等离子体准稳态或静态的磁流体行为时(如平衡)，双流体效应的两项可以忽略.但是，如果研究磁流体中波的行为，则这两项不能忽略.因此，广义欧姆定律中的各项大小及取舍，要视研究的具体问题而定.

2. 等离子体电导率

在稳恒情况下，在广义欧姆定律(4.7.7)式中，因为等离子体中温度不均匀或密度不均匀项$\frac{1}{ne}\nabla p_e$、电场 $\boldsymbol{E}$ 以及感应电场 $\boldsymbol{u}\times\boldsymbol{B}$ 项这三项在引起电流效应上是共同的，所以引入有效电场

$$\boldsymbol{E}_{eff} = \boldsymbol{E}+\boldsymbol{u}\times\boldsymbol{B}+\frac{1}{ne}\nabla p_e, \tag{4.7.8}$$

而且令电子-离子平均碰撞时间 $\tau_{ei}=1/\nu_{ei}$，则广义欧姆定律(4.7.7)可以表示为

$$\boldsymbol{j} = \sigma_c\boldsymbol{E}_{eff} - \frac{\omega_{ce}\tau_{ei}}{B}\boldsymbol{j}\times\boldsymbol{B}. \tag{4.7.9}$$

为简单起见，选直角坐标系，取 x 轴沿 $\boldsymbol{B}$ 方向，即 $\boldsymbol{B}=(B,0,0)$，$\boldsymbol{j}=(j_x,j_y,j_z)$，则(4.7.9)式可以写为分量形式：

$$\begin{cases} j_x = \sigma_c(E_{eff})_x, \\ j_y = \sigma_c(E_{eff})_y - \omega_{ce}\tau_{ei}j_z, \\ j_z = \sigma_c(E_{eff})_z + \omega_{ce}\tau_{ei}j_y. \end{cases} \tag{4.7.10}$$

由(4.7.10)方程组,解得

$$\begin{cases} j_x = \sigma_c (E_{\text{eff}})_x, \\ j_y = \dfrac{\sigma_c}{1+\omega_{ce}^2\tau_{ei}^2}[(E_{\text{eff}})_y - \omega_{ce}\tau_{ei}(E_{\text{eff}})_z], \\ j_z = \dfrac{\sigma_c}{1+\omega_{ce}^2\tau_{ei}^2}[\omega_{ce}\tau_{ei}(E_{\text{eff}})_y + (E_{\text{eff}})_z]. \end{cases} \tag{4.7.11}$$

(4.7.11)式可改写为

$$j_i = \sum_{k=1}^{3} \sigma_{ik}(E_{\text{eff}})_k, \tag{4.7.12}$$

式中 σ_{ik} 组成二阶张量

$$\boldsymbol{\sigma} = \frac{\sigma_c}{1+\omega_{ce}^2\tau_{ei}^2}\begin{bmatrix} 1+\omega_{ce}^2\tau_{ei}^2 & 0 & 0 \\ 0 & 1 & -\omega_{ce}\tau_{ei} \\ 0 & \omega_{ce}\tau_{ei} & 1 \end{bmatrix}, \tag{4.7.13}$$

$\boldsymbol{\sigma}$ 为电导率张量. 于是(4.7.12)也可用电导率张量表示为

$$\boldsymbol{j} = \boldsymbol{\sigma}\cdot\boldsymbol{E}_{\text{eff}}. \tag{4.7.14}$$

由此可见,一般情况下,$\boldsymbol{j}$ 与 $\boldsymbol{E}_{\text{eff}}$ 方向不一致,这是因为有磁场时,等离子体是各向异性导电介质,但 $\boldsymbol{j}$ 与 $\boldsymbol{E}_{\text{eff}}$ 各分量具有线性关系,所以电导率具有张量形式.

(i) 如果 $\boldsymbol{E}_{\text{eff}}$ 与 $\boldsymbol{B}$ 平行,即 $\boldsymbol{E}_{\text{eff}}=(E_{\text{eff}},0,0)$,由(4.7.11)式,$j_y=j_z=0$,则

$$\boldsymbol{j} = \sigma_c \boldsymbol{E}_{\text{eff}},$$

这表明,$\boldsymbol{j}$ 与 $\boldsymbol{E}_{\text{eff}}$ 同方向,而且电导率为 σ_c,它与磁场大小无关.

(ii) 如果 $\boldsymbol{E}_{\text{eff}}$ 与 $\boldsymbol{B}$ 垂直,可设 $\boldsymbol{E}_{\text{eff}}$ 沿 z 轴方向,即

$$(E_{\text{eff}})_x = (E_{\text{eff}})_y = 0,$$

由(4.7.11)式,得

$$\begin{cases} j_x = 0, \\ j_y = -\dfrac{\sigma_c\omega_{ce}\tau_{ei}}{1+\omega_{ce}^2\tau_{ei}^2}E_{\text{eff}}, \\ j_z = \dfrac{\sigma_c}{1+\omega_{ce}^2\tau_{ei}^2}E_{\text{eff}}. \end{cases}$$

结果表明,沿电场 $\boldsymbol{E}_{\text{eff}}$ 方向(z 轴方向)电导率多了 $1/(1+\omega_{ce}^2\tau_{ei}^2)$ 因子,如果磁场很强,使 $\omega_{ce}\tau_{ei}\gg 1$,则电导率降低很多. 垂直磁场的电场 $\boldsymbol{E}_{\text{eff}}$ 除了产生沿电场方向的电流(j_z)外,还产生既垂直电场又垂直磁场的电流(j_y),这就是霍尔电流,沿这个方向的电导率比沿电场方向的大($\omega_{ce}\tau_{ei}$)倍,但还是比 σ_c 小很多,因为 $\omega_{ce}\tau_{ei}/(1+\omega_{ce}^2\tau_{ei}^2)\ll 1$.

最后,如果 $\boldsymbol{B}=0$,即无磁场情况,而且 $\nabla p=0$(一般金属导体近似满足),则(4.7.13)式简化为

$$\boldsymbol{\sigma} = \sigma_c \mathbf{I}, \quad \boldsymbol{j} = \sigma_c \boldsymbol{E}.$$

这就是普通导体情况或无磁场等离子体情况,这时 $\boldsymbol{j}$ 与 $\boldsymbol{E}$ 同方向,电导率是各向同性的.

将6.4节电子-离子平均碰撞频率(6.4.37)结果代入(4.7.6)式,可得电导率

$$\sigma_c \propto T^{3/2}. \tag{4.7.15}$$

这个结果表明,高温等离子体是良导体,而且随着温度升高,电导率按 $T^{3/2}$ 增长.因此在温度很高时,等离子体电阻非常小,这时对等离子体的欧姆加热将失效.

第5章　等离子体波

等离子体是由大量带电粒子组成的一种连续介质，其行为主要是由其中带电粒子间长程相互作用引起的集体效应确定的. 等离子体波就是这种集体效应的一种运动形式. 第4章磁流体力学方程已经给出，在等离子体中存在三种作用力：热压力、静电力和磁力，这三种力对等离子体的扰动都能起到弹性恢复力的作用，因而能使扰动在介质中传播，形成等离子体波.

等离子体中的波就是以等离子体为介质的波动现象，其具体特征是由介质性质决定的. 由于等离子体自身的特殊性质及其与电磁场之间的耦合，等离子体波的模式极为丰富多彩. 在等离子体中不仅有粒子振荡，而且还有电磁振荡，以及这两种振荡的耦合，所以形成的波是极其多样和复杂的. 只有在某些特殊情况下，才有比较简单的波动形态.

等离子体波对受控核聚变和空间等离子体研究都非常重要. 在受控核聚变研究中，等离子体不稳定性、波加热等离子体、波电流驱动以及等离子体诊断技术等都与等离子体波有密切关系.

对等离子体波特性的研究，有两种方法：一种是等离子体的流体描述，即磁流体力学方法；另一种是用分布函数描述的动理论方法. 前一种方法比较简单、直观，因此本章将用它来讨论几种典型的等离子体波现象.

5.1　波的描述和若干基本概念

为讨论方便，现在先简要介绍波的描述和它的若干基本概念. 因为任何周期性的扰动或波动，都可以分解为单一频率的简谐振动或简谐波的叠加，因此只需研究单一频率简谐振动与简谐波的问题.

1. 简谐波的描述

为计算方便，单一频率（或称单色）平面波可用复数形式表示为

$$\boldsymbol{E}(\boldsymbol{r},t)=\boldsymbol{E}_0\exp[\mathrm{i}(\boldsymbol{k}\cdot\boldsymbol{r}-\omega t)]. \tag{5.1.1}$$

实际的物理量为实数，所以最终真实的结果都应取其实部，即(5.1.1)代表单色平面波

$$\boldsymbol{E}(\boldsymbol{r},t)=\boldsymbol{E}_0\cos(\boldsymbol{k}\cdot\boldsymbol{r}-\omega t), \tag{5.1.2}$$

式中 $\boldsymbol{E}_0$ 为波的振幅，ω 为波的圆(角)频率，$\boldsymbol{k}$ 为波矢量，它的方向代表波传播方向，其数值 $k=2\pi/\lambda$，称为波数，这里 λ 为波长，它表示在一个周期内振动状态传播的距离，$(\boldsymbol{k}\cdot\boldsymbol{r}-\omega t)$ 称为波的相位.

2. 波的相速度和群速度

波的相速度定义为相位恒常点运动的速度，也就是振动状态的传播速度. 如波是沿 x 轴方向传播，其恒常相位

$$\phi=\boldsymbol{k}\cdot\boldsymbol{r}-\omega t=kx-\omega t=\text{常量},$$

对时间求导应有

$$\frac{\mathrm{d}\phi}{\mathrm{d}t}=k\frac{\mathrm{d}x}{\mathrm{d}t}-\omega=0,$$

则相速度

$$v_{\mathrm{p}}=\left(\frac{\mathrm{d}x}{\mathrm{d}t}\right)_{\phi=\text{常量}}=\omega/k. \tag{5.1.3}$$

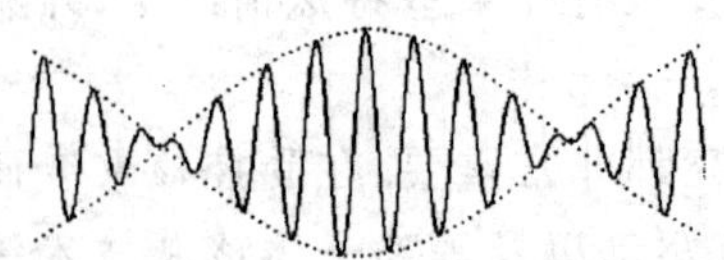

图 5.1.1 不同频率波的叠加构成的波包

实际的波不可能是单色的，而是以某一频率(或波矢)为中心，在其附近小的范围内各个不同频率(或波矢)的波按不同振幅叠加构成的，这样合成的波称为波群，合成波的包络线为波包，如图 5.1.1 所示. 波包的场仅局限在空间很小的范围，波包的整体运动速度为群速度. 波包实际上是一种振幅调制的波，它携带着信息和波的能量，并以群速度在介质中传播. 根据狭义相对论，群速度不能超过光速.

不同波矢、沿 x 方向传播的平面波，叠加构成的波包可用傅氏积分表示为

$$\psi(x,t)=\frac{1}{\sqrt{2\pi}}\int_{-\infty}^{\infty}a(k)\exp[\mathrm{i}(kx-\omega t)]\mathrm{d}k, \tag{5.1.4}$$

式中 $\omega=\omega(k)$，不同波矢的振幅

$$a(k)=\frac{1}{\sqrt{2\pi}}\int_{-\infty}^{\infty}\psi(x,0)\mathrm{e}^{-\mathrm{i}kx}\mathrm{d}x. \tag{5.1.5}$$

假定 k 的变化范围 Δk 很小，而且 $\omega(k)$ 随 k 变化缓慢，则 $\omega(k)$ 可在 $k=k_0$ 点展开，

$$\omega(k)=\omega_0+\left(\frac{\mathrm{d}\omega}{\mathrm{d}k}\right)_0(k-k_0)+\cdots, \tag{5.1.6}$$

式中 $\left(\frac{\mathrm{d}\omega}{\mathrm{d}k}\right)_0$ 表示在 k_0 点求导. 将(5.1.6)代入波包表达式(5.1.4)，只保留一级小量项，得

$$\psi(x,t)=\frac{1}{\sqrt{2\pi}}\int a(k)\exp\left\{\mathrm{i}\left[kx-\omega_0 t-\left(\frac{\mathrm{d}\omega}{\mathrm{d}k}\right)_0(k-k_0)t\right]\right\}\mathrm{d}k$$

$$= \frac{1}{\sqrt{2\pi}} \exp[\mathrm{i}(k_0 v_g - \omega_0)t] \int_{-\infty}^{\infty} a(k) \exp[\mathrm{i}k(x - v_g t)] \mathrm{d}k$$

$$= \psi(x - v_g t, 0) \exp[\mathrm{i}(k_0 v_g - \omega_0)t], \tag{5.1.7}$$

式中 $v_g = (\mathrm{d}\omega/\mathrm{d}k)_0$. (5.1.7)式结果表明,$t=0$ 时刻的波包(即 $\psi(x,0)$)以速度 v_g 不变形地传播,v_g 称为群速度,即

$$v_g = \frac{\mathrm{d}\omega}{\mathrm{d}k}. \tag{5.1.8}$$

利用(5.1.3)式,

$$v_g = \frac{\mathrm{d}}{\mathrm{d}k}(v_p k) = v_p + k \frac{\mathrm{d}v_p}{\mathrm{d}k} \tag{5.1.9}$$

或

$$v_g = v_p - \lambda \frac{\mathrm{d}v_p}{\mathrm{d}\lambda}, \tag{5.1.10}$$

(5.1.9)和(5.1.10)为群速度与相速度之间的关系式.

3. 色散关系

波在介质中传播时,相速度与波长(或频率)的关系称色散关系,即 $v_p(\lambda)$ 或 $v_p(\omega)$. 色散关系反映波在介质中传播的特性,因此研究波在介质中传播,关键就是要得到 ω 与 k 之间关系的方程(色散方程),从而可以求得 $v_p(\omega)$, $v_g(\omega)$. 利用 $v_p(\lambda)$,可以定义介质的色散性质. 如果:

$\mathrm{d}v_p/\mathrm{d}\lambda > 0$, 则 $v_g < v_p$,为正常色散;

$\mathrm{d}v_p/\mathrm{d}\lambda < 0$, 则 $v_g > v_p$,为反常色散;

$\mathrm{d}v_p/\mathrm{d}\lambda = 0$, 则 $v_g = v_p$,无色散.

4. 波的偏振

波的偏振是波的一种重要特性. 波的偏振是波矢量端点在一个周期内的轨迹.

(1) 线偏振波

在直角坐标系中,如果波沿正 z 轴传播,波矢量 $\boldsymbol{E}$ 的端点在一个周期内的轨迹是 x-y 平面上的一条直线,则称线偏振波,如图 5.1.2 所示,

$$E_y/E_x = \text{常量}. \tag{5.1.11}$$

因为满足(5.1.11)条件沿 z 轴传播的波矢量 $\boldsymbol{E}$,其端点轨迹在同一平面内,所以线偏振波又称为平面偏振波.

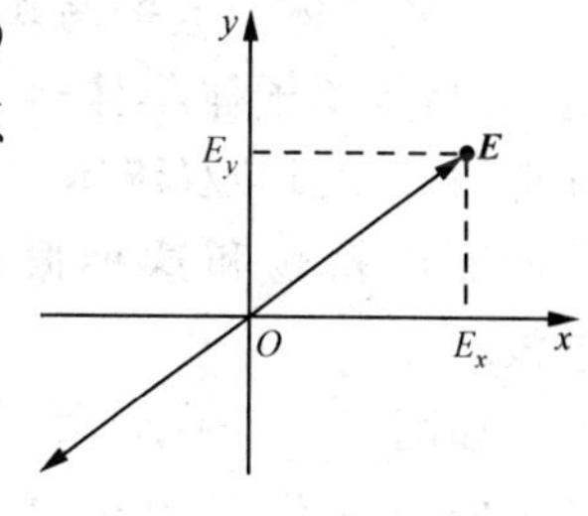

图 5.1.2 线偏振波

(2) 椭圆偏振波

如果沿 z 轴传播的波矢量为

$$\boldsymbol{E}(\boldsymbol{r},t)=(E_{x0}\boldsymbol{e}_x\pm \mathrm{i}E_{y0}\boldsymbol{e}_y)\exp[\mathrm{i}(kz-\omega t)], \tag{5.1.12}$$

取实部,得

$$\begin{cases}E_x=E_{x0}\cos(kz-\omega t),\\ E_y=\mp E_{y0}\sin(kz-\omega t),\end{cases} \tag{5.1.13}$$

则

$$\frac{E_x^2}{E_{x0}^2}+\frac{E_y^2}{E_{y0}^2}=1. \tag{5.1.14}$$

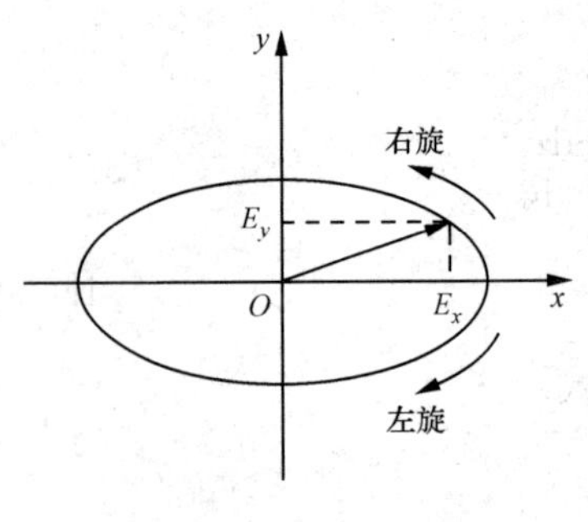

图 5.1.3 椭圆偏振波

(5.1.14)方程表明,$\boldsymbol{E}$ 的端点在一个周期内的轨迹为椭圆,因此(5.1.12)式的波称椭圆偏振波. $\boldsymbol{E}$ 的端点轨迹沿椭圆旋转还有两个方向:在(5.1.12)式中取"+"号、即(5.1.13)式中取"−"号时,是逆时针旋转,称右旋椭圆偏振波(或称 R 波);在(5.1.12)式中取"−"号、即(5.1.13)式中取"+"号时,是顺时针旋转,称左旋椭圆偏振波(或称 L 波). 图 5.1.3 表明了这两种不同旋转的椭圆偏振波.

当 $E_{x0}=E_{y0}$ 时,(5.1.14)式就是圆的方程,此时称圆偏振波. 由(5.1.12)式,圆偏振波为

$$E_y/E_x=\pm \mathrm{i},$$

或

$$\boldsymbol{E}=\boldsymbol{E}_0(\boldsymbol{e}_x\pm \mathrm{i}\boldsymbol{e}_y), \tag{5.1.15}$$

(5.1.15)式取"+"号为右旋圆偏振波(R 波),取"−"号为左旋圆偏振波(L 波).

5.2 电子静电振荡与电子静电波

在平衡状态时,等离子体保持电中性. 如果等离子体受扰动,使电子与离子出现电荷分离,从而产生强大的恢复力,引起静电振荡,这种振荡的传播所形成的波,称静电波.

1. 电子静电振荡

等离子体静电振荡现象在 2.2 节已经介绍过,它是等离子体集体运动的一种重要特性. 现在应用(4.2.12)双流体运动方程,来研究等离子体的静电振荡和这种振荡的传播所形成的静电波.

如图 5.2.1 所示,如果在原来电中性的等离子体中,有一部分电子受到扰动,沿正 z 轴方向

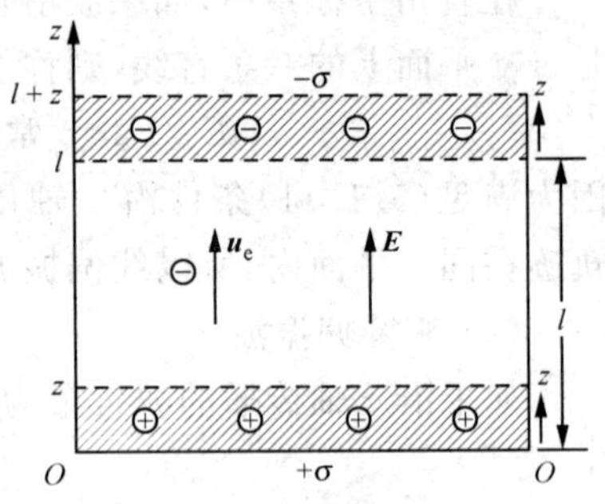

图 5.2.1 电子静电振荡

偏离，破坏了电中性，因而产生了静电场 $\boldsymbol{E}$，这个场提供了恢复力，力图把这部分电子拉回原来位置，以恢复电中性. 但由于电子的惯性，当它回到扰动前的位置时，还会继续向负 z 轴方向运动，又产生反方向的偏离. 这样反复进行，于是形成电子静电振荡.

电子静电振荡是一种高频振荡. 由于离子质量比电子大得多，它对高频振荡几乎不响应，所以可以把离子近似地看成一种均匀的正电荷背景，这样可以把电子单独作为一种流体，研究电子流体运动.

假定等离子体温度很低($T_e \approx 0$)，是一种冷等离子体，电子的热运动可以忽略，即电子的热压力 $\nabla p_e \approx 0$. 设电子电荷为 $-e$，质量为 m_e，粒子数密度为 $n_e(\boldsymbol{r},\boldsymbol{t})$，流体运动速度为 $\boldsymbol{u}_e(\boldsymbol{r},t)$，由双流体运动方程组(4.2.12)，电子流体的力学方程为

$$\frac{\partial n_e}{\partial t} + \nabla \cdot (n_e \boldsymbol{u}_e) = 0, \tag{5.2.1}$$

$$m_e n_e \left[\frac{\partial \boldsymbol{u}_e}{\partial t} + (\boldsymbol{u}_e \cdot \nabla)\boldsymbol{u}_e\right] = - e n_e \boldsymbol{E}. \tag{5.2.2}$$

在(5.2.2)中，没有列入电子的热压强项(因为冷等离子体，$\nabla p_e \approx 0$)和外磁场的作用；又因为电子振荡频率比电子-离子碰撞频率高得多，所以碰撞摩擦阻力 $\boldsymbol{R}_{ei}$ 也被忽略. 其中电场 $\boldsymbol{E}$ 是电子运动产生的电荷分离引起的，它满足方程

$$\nabla \cdot \boldsymbol{E} = - e(n_e - n_0)/\varepsilon_0, \tag{5.2.3}$$

式中 n_0 为离子的均匀密度(设 $Z=1$). 现在只讨论小振幅的振荡. 令

$$\begin{cases} n_e = n_0 + n_{e1}(\boldsymbol{r},t), \\ \boldsymbol{u}_e = \boldsymbol{u}_{e1}(\boldsymbol{r},t), \\ \boldsymbol{E} = \boldsymbol{E}_1(\boldsymbol{r},t), \end{cases} \tag{5.2.4}$$

以下角标“0”表示平衡状态的量，下角标“1”表示小的扰动量. 将(5.2.4)代入(5.2.1)—(5.2.3)式，只保留一级小量项，则得线性化方程组

$$\begin{cases} \dfrac{\partial n_{e1}}{\partial t} + n_0 \nabla \cdot \boldsymbol{u}_{e1} = 0, \\ m_e \dfrac{\partial \boldsymbol{u}_{e1}}{\partial t} = - e\boldsymbol{E}_1, \\ \nabla \cdot \boldsymbol{E}_1 = - e n_{e1}/\varepsilon_0. \end{cases} \tag{5.2.5}$$

设扰动发生在 z 轴方向，这时 $\boldsymbol{u}_{e1}$，$\boldsymbol{E}_1$ 也沿 z 轴方向，取平面波解：

$$(n_{e1}, u_{e1}, E_1) \propto e^{i(kz-\omega t)},$$

将它代入线性化方程组(5.2.5)，得

$$\begin{cases} - i\omega n_{e1} + i n_0 k u_{e1} = 0, \\ - i m_e \omega u_{e1} = - eE_1, \\ ikE_1 = - e n_{e1}/\varepsilon_0. \end{cases} \tag{5.2.6}$$

注意，今后对 $\exp[i(kz-\omega t)]$的时间、空间微商，只需做如下替换：

$$\frac{\partial}{\partial t} \to -\mathrm{i}\omega, \quad \nabla \to \mathrm{i}\boldsymbol{k}.$$

在(5.2.6)式的3个未知量 n_{e1}, u_{e1}, E_1 中，任意消去其中两个，例如消去 n_{e1}, E_1，则得

$$(\omega^2 - n_0 e^2 / m_e \varepsilon_0) u_{e1} = 0, \tag{5.2.7}$$

由此得 u_{e1} 非零解条件：

$$\omega^2 - n_0 e^2 / m_e \varepsilon_0 = 0. \tag{5.2.8}$$

(5.2.8)式称色散关系.(5.2.8)式中 ω 与 k 无关，则群速度 $v_g = \mathrm{d}\omega/\mathrm{d}k = 0$，表明电子振荡不能在介质中传播，它只是一种局部的静电振荡，其振荡频率

$$\omega = \omega_{pe} = \sqrt{\frac{n_0 e^2}{m_e \varepsilon_0}}, \tag{5.2.9}$$

ω_{pe} 为电子振荡频率，也称电子等离子体频率.这是因为 ω_{pe} 只与等离子体的密度、电子质量、电荷有关，所以它也是等离子体的特征频率.相应的振荡周期 $T = 2\pi/\omega_{pe}$ 可作为衡量等离子体准电中性的特征时间.这里得到的电子振荡频率与2.2节的(2.2.18)式相同.

对于热核等离子体，电子振荡频率 $\omega_{pe} \sim 10^{12}$，而电子-离子碰撞频率 $\nu_{ei} \sim 10^4$，$\omega_{pe} \gg \nu_{ei}$，因此在电子运动方程(5.2.2)中，忽略碰撞项的贡献(摩擦阻力 $\boldsymbol{R}_{ei}$)是合理的.

2. 电子静电波

上面已经指出，静电振荡不能传播，这是因为在电子运动方程(5.2.2)中只考虑电场的恢复力，而略去了热压强项和其他场的作用.如果考虑了电子的热运动，则电子静电振荡可以传播出去，形成电子静电波，也称电子等离子体波、空间电荷波或朗缪尔波.

为研究电子静电波的传播，根据(4.2.12)方程组，比较完整地写出电子流体动力学方程组

$$\begin{cases} \dfrac{\partial n_e}{\partial t} + \nabla \cdot (n_e \boldsymbol{u}_e) = 0, \\ m_e n_e \left[\dfrac{\partial \boldsymbol{u}_e}{\partial t} + (\boldsymbol{u}_e \cdot \nabla) \boldsymbol{u}_e \right] = -e n_e (\boldsymbol{E} + \boldsymbol{u}_e \times \boldsymbol{B}) - \nabla p_e, \end{cases} \tag{5.2.10}$$

和麦克斯韦方程组

$$\begin{cases} \nabla \cdot \boldsymbol{E} = -e(n_e - n_0)/\varepsilon_0, \\ \nabla \cdot \boldsymbol{B} = 0, \\ \nabla \times \boldsymbol{E} = -\dfrac{\partial \boldsymbol{B}}{\partial t}, \\ \nabla \times \boldsymbol{B} = -\mu_0 e n_e \boldsymbol{u}_e + \dfrac{1}{c^2} \dfrac{\partial \boldsymbol{E}}{\partial t}. \end{cases} \tag{5.2.11}$$

式中 m_e 为电子质量，n_e 为电子密度，n_0 为离子背景密度. 在运动方程组(5.2.10)中考虑了电子的热压强和磁场的作用，在(5.2.11)方程组中考虑了电荷密度 $\rho_e=-e(n_e-n_0)$ 及电子运动的电流 $\boldsymbol{j}=-en_e\boldsymbol{u}_e$ 对场的贡献. 假定不存在外磁场 $\boldsymbol{B}_0$，平衡时流体是静止的，而且是电中性的. 现在只考虑体系偏离平衡状态的小扰动，则由(5.2.10)和(5.2.11)两个方程组，同样只保留一级小量项，可得线性化方程组

$$\begin{cases}\dfrac{\partial n_{e1}}{\partial t}+n_0\nabla\cdot\boldsymbol{u}_{e1}=0,\\ \dfrac{\partial\boldsymbol{u}_{e1}}{\partial t}+\dfrac{e}{m_e}\boldsymbol{E}_1+\dfrac{1}{m_en_0}\nabla p_e=0,\\ \nabla\cdot\boldsymbol{E}_1+en_{e1}/\varepsilon_0=0,\\ \nabla\cdot\boldsymbol{B}_1=0,\\ \nabla\times\boldsymbol{E}_1=-\dfrac{\partial\boldsymbol{B}_1}{\partial t},\\ \nabla\times\boldsymbol{B}_1-\dfrac{1}{c^2}\dfrac{\partial\boldsymbol{E}_1}{\partial t}+\mu_0en_0\boldsymbol{u}_{e1}=0,\end{cases}\tag{5.2.12}$$

式中 $\boldsymbol{E}_1$，$\boldsymbol{B}_1$ 都是波场，而且是一级小量. 如果存在外磁场 $\boldsymbol{B}_0$，则在(5.2.12)式第 2 个方程中应增加一项 $e(\boldsymbol{u}_{e1}\times\boldsymbol{B}_0)/m_e$，而且第 2 个方程中的 ∇p_e 应由状态方程确定. 如果波长比一个周期内电子所走的距离大得多(即长波近似)，也就是波的相速度比电子平均热运动速度大得多，则可认为过程是绝热的，因而可以用绝热的状态方程

$$p_en_e^{-\gamma}=C(\text{常量}),\tag{5.2.13}$$

由(5.2.13)方程和局域热平衡状态时 $p_e=n_eT_e$ 关系，得

$$n_e^{-\gamma}\nabla p_e+p_e(-\gamma)n_e^{-\gamma-1}\nabla n_e=0,$$

$$\nabla p_e-\gamma p_en_e^{-1}\nabla n_e=\nabla p_e-\gamma T_e\nabla n_e=0,$$

则

$$\nabla p_e=\gamma T_e\nabla n_e.\tag{5.2.14}$$

这里 $\gamma=(f+2)/f$，f 为自由度数. 如果是等温过程，则 $\gamma=1$. (5.2.14)关系式在研究波传播问题时经常用到，因为有了此式，p_e 就不是独立的.

考虑到密度振荡是一维的，而且振荡频率比碰撞频率高得多，在一个振荡周期内沿波传播方向一维压缩引起的能量变化，还来不及均分给另外两个自由度，因此波传播过程可认为是一维绝热过程，即 $f=1$，$\gamma=3$，而且电子特征热速度 $v_{te}=\sqrt{T_e/m_e}$，$n_e=n_0+n_{e1}$，$\nabla n_0=0$，所以(5.2.14)式可以化为

$$\nabla p_e=3m_ev_{te}^2\nabla n_e=3m_ev_{te}^2\nabla n_{e1}.\tag{5.2.15}$$

将(5.2.15)代入(5.2.12)方程组，并假定所有的扰动量都具有 $\exp[i(\boldsymbol{k}\cdot\boldsymbol{r})-\omega t]$ 的变化形式，则(5.2.12)方程组化为

$$
\begin{cases}
-\omega n_{e1} + n_0 \boldsymbol{k} \cdot \boldsymbol{u}_{e1} = 0, \\
-\mathrm{i}\omega \boldsymbol{u}_{e1} + \dfrac{e}{m_e}\boldsymbol{E}_1 + \mathrm{i}\,\dfrac{3n_{e1}}{n_0} v_{te}^2 \boldsymbol{k} = 0, \\
\mathrm{i}\boldsymbol{k} \cdot \boldsymbol{E}_1 + e n_{e1}/\varepsilon_0 = 0, \\
\boldsymbol{k} \cdot \boldsymbol{B}_1 = 0, \\
\boldsymbol{k} \times \boldsymbol{E}_1 = \omega \boldsymbol{B}_1, \\
\boldsymbol{k} \times \boldsymbol{B}_1 + \dfrac{\omega}{c^2}\boldsymbol{E}_1 - \mathrm{i}\mu_0 e n_0 \boldsymbol{u}_{e1} = 0.
\end{cases}
\tag{5.2.16}
$$

(5.2.16)方程组的前 3 个方程与磁场 $\boldsymbol{B}_1$ 无关，而且这 3 个方程是封闭的，因此可能存在 $\boldsymbol{B}_1=0$ 的纯静电解. 如果 $\boldsymbol{u}_{e1} \parallel \boldsymbol{k}$，$\boldsymbol{E}_1 \parallel \boldsymbol{k}$，则这 3 个方程与(5.2.6)相比，只是在第 2 个方程中增加了与电子热运动有关的一项. 现在(5.2.16)前 3 个封闭的方程为

$$
\begin{cases}
-\omega n_{e1} + n_0 k u_{e1} = 0, \\
-\mathrm{i}\omega u_{e1} + \dfrac{e}{m_e}E_1 + \mathrm{i}\,\dfrac{3n_{e1}}{n_0} v_{te}^2 k = 0, \\
\mathrm{i}k E_1 + e n_{e1}/\varepsilon_0 = 0.
\end{cases}
\tag{5.2.17}
$$

在(5.2.17)式中，3 个未知标量函数 n_{e1}，u_{e1}，E_1 任意消去两个，例如消去 n_{e1}，E_1，则得

$$(\omega^2 - n_0 e^2/m_e\varepsilon_0 - 3v_{te}^2 k^2) u_{e1} = 0,$$

由 u_{e1} 的非零解条件可以得到色散关系：

$$\omega^2 = \omega_{pe}^2 + 3v_{te}^2 k^2, \tag{5.2.18}$$

则相速度

$$v_p = \omega/k = [\omega_{pe}^2/k^2 + 3v_{te}^2]^{1/2}. \tag{5.2.19}$$

由此可见，只要在(5.2.2)运动方程中增加了电子热压强项，电子静电振荡就可以传播，形成电子静电波. (5.2.18)就是电子静电波的色散关系，(5.2.19)就是电子静电波的相速度. 电子静电波是纯静电的纵波，它是电子静电振荡通过电子热压强提供的恢复力作用、在等离子体中传播的. 由色散关系(5.2.18)可知，只有当 $\omega > \omega_{pe}$ 时，$k^2 > 0$，电子静电波才能传播，否则被禁止. 与此同时，电子密度 n_{e1}、电场 $\boldsymbol{E}_1$ 和电子运动速度 $\boldsymbol{u}_1$ 一样，也是以纵波形式在等离子体中传播的.

由(5.2.18)式所得的色散曲线如图 5.2.2 所示. 由曲线可见，只有当 $\omega > \omega_{pe}$ 时，电子静电波才存在，所以 $\omega = \omega_{pe}$ 为截止频率. 曲线上任一点 P 与原点 O 的连线 $\overline{OP}$，其斜率就是 P 点电子静电波的相速度 v_p，P 点的切线斜率就是 P 点对应的群速度 v_g，$k \to \infty$ 时曲线所趋近的渐近线的斜率为 $\sqrt{3}v_{te}$，而且

$$v_p = v_g = \sqrt{3}v_{te}.$$

电子静电波只是一种可能的模式，如果 $\boldsymbol{B}_1$ 不为 0，还可能存在横电磁波. 为了

了解各种可能的振荡模式，可以从(5.2.16)方程组第5和第6式消去 $\boldsymbol{B}_1$，得

$$\boldsymbol{u}_{e1} = \frac{\varepsilon_0}{i\omega n_0 e}[(\omega^2 - k^2c^2)\boldsymbol{E}_1 + c^2(\boldsymbol{k}\cdot\boldsymbol{E}_1)\boldsymbol{k}], \tag{5.2.20}$$

再由第2和第3式消去 n_{e1}，得

$$\boldsymbol{u}_{e1} = \frac{e}{i\omega m_e}\boldsymbol{E}_1 + \frac{3\varepsilon_0}{i\omega n_0 e}v_{te}^2(\boldsymbol{k}\cdot\boldsymbol{E}_1)\boldsymbol{k}. \tag{5.2.21}$$

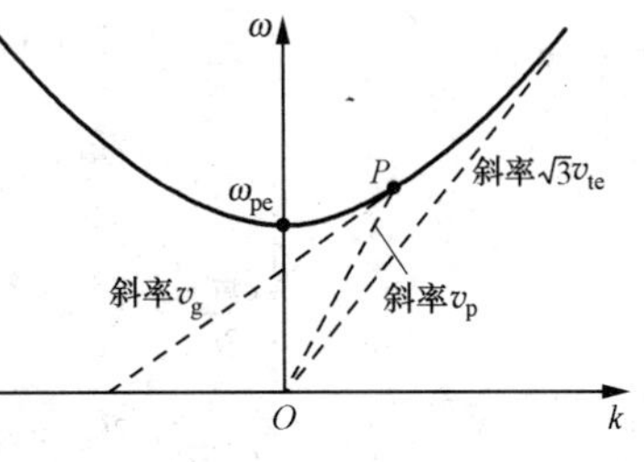

图 5.2.2 电子静电波的色散关系

最后由(5.2.20)和(5.2.21)消去 $\boldsymbol{u}_{e1}$，得 $\boldsymbol{E}_1$ 的方程

$$[(\omega^2 - \omega_{pe}^2 - c^2k^2)\boldsymbol{E}_1 + (c^2 - 3v_{te}^2)(\boldsymbol{k}\cdot\boldsymbol{E}_1)\boldsymbol{k}] = 0. \tag{5.2.22}$$

现在分两种情况：

① $\boldsymbol{E}_1 \parallel \boldsymbol{k}$，则(5.2.22)方程化为

$$(\omega^2 - \omega_{pe}^2 - 3v_{te}^2k^2)\boldsymbol{E}_1 = 0. \tag{5.2.23}$$

它的色散关系就是(5.2.18)式，因此这种情况就是前面讨论过的纯电子静电纵波，也称电子等离子体波.

② $\boldsymbol{E}_1 \perp \boldsymbol{k}$，则(5.2.22)方程化为

$$(\omega^2 - \omega_{pe}^2 - c^2k^2)\boldsymbol{E}_1 = 0. \tag{5.2.24}$$

这是横电磁波，其色散关系为

$$\omega^2 = \omega_{pe}^2 + c^2k^2. \tag{5.2.25}$$

(5.2.25)式与5.4节讨论的在无外磁场情况下等离子体中传播的电磁波的色散关系(5.4.6)式相同.在这里它是从磁流体力学方程导出的.

需要指出，在无外磁场时，静电振荡与横电磁振荡并不耦合.但如果有外加磁场时，在运动方程中增加了一项洛伦兹力，则这两种振荡是耦合的.对于有外加磁场的情况将在5.3节讨论.

3. 离子声波与离子静电波

前面讨论的是高频静电波，离子不响应，只是电子的静电振荡及其静电波.现在讨论低频情况，$\omega \leqslant \omega_{pi} \ll \omega_{pe}$，这里 $\omega_{pi} = \sqrt{n_0 e^2/\varepsilon_0 m_i}$ 为离子等离子体频率，m_i 为离子质量.因为频率比较低，离子运动是主要的，为保持等离子体的电中性，电子是竭力地跟随离子运动，因此要描述低频振荡及其波的传播，电子、离子运动都得考虑.由双流体力学方程组(4.2.12)，需用如下方程组：

$$\begin{cases}\dfrac{\partial n_e}{\partial t}+\nabla\cdot(n_e\boldsymbol{u}_e)=0,\\ m_e n_e\left(\dfrac{\partial \boldsymbol{u}_e}{\partial t}+\boldsymbol{u}_e\cdot\nabla\, u_e\right)=-\gamma_e T_e\nabla\, n_e-en_e\boldsymbol{E},\\ \dfrac{\partial n_i}{\partial t}+\nabla\cdot(n_i\boldsymbol{u}_i)=0,\\ m_i n_i\left(\dfrac{\partial \boldsymbol{u}_i}{\partial t}+\boldsymbol{u}_i\cdot\nabla\,\boldsymbol{u}_i\right)=-\gamma_i T_i\nabla\, n_i+en_i\boldsymbol{E},\\ \nabla\cdot\boldsymbol{E}=e(n_i-n_e)/\varepsilon_0,\end{cases}\tag{5.2.26}$$

式中角标 i,e 分别代表离子和电子的物理量,离子的 $Z=1$.(5.2.26)式中第 2,4 方程已取 $\boldsymbol{B}=0$,并忽略碰撞摩擦力项,而且右方第 1 项($-\nabla\, p$)应用了由绝热状态方程得到的(5.2.14)关系式,最后一项是电荷分离产生的电场.

现在对(5.2.26)方程组进行线性化处理,即扰动量都为一级小量,并加下标"1"表示,其中只保留一级小量项.如

$$n_e=n_0+n_{e1},\quad n_i=n_0+n_{i1},\quad \boldsymbol{u}_e=\boldsymbol{u}_{e1},\quad \boldsymbol{u}_i=\boldsymbol{u}_{i1},\quad \boldsymbol{E}=\boldsymbol{E}_1,$$

则得

$$\begin{cases}\dfrac{\partial n_{e1}}{\partial t}+n_0\nabla\cdot\boldsymbol{u}_{e1}=0,\\ m_e n_0\dfrac{\partial \boldsymbol{u}_{e1}}{\partial t}=-\gamma_e T_e\nabla\, n_{e1}-en_0\boldsymbol{E}_1,\\ \dfrac{\partial n_{i1}}{\partial t}+n_0\nabla\cdot\boldsymbol{u}_{i1}=0,\\ m_i n_0\dfrac{\partial \boldsymbol{u}_{i1}}{\partial t}=-\gamma_i T_i\nabla\, n_{i1}+en_0\boldsymbol{E}_1,\\ \nabla\cdot\boldsymbol{E}_1=e(n_{i1}-n_{e1})/\varepsilon_0.\end{cases}\tag{5.2.27}$$

现在分两种情况讨论:

(1) 离子声波

当 $\lambda\gg\lambda_{De}$,即 $k\lambda_{De}\ll 1$,λ_{De} 是电子德拜屏蔽距离,这是低频长波情况,即波长比德拜屏蔽距离大很多,其特点是当离子受到扰动时,电子强烈地恢复电中性倾向,可以认为等离子体保持准电中性,$n_{e1}=n_{i1}$,这时电子、离子一起运动,但离子是主要的,因此(5.2.27)方程组中第 1,5 方程不必要了,第 2 方程中电子惯性可以忽略,这样只需保留如下 3 个方程:

$$\begin{cases}\gamma_e T_e\nabla\, n_{e1}+en_0\boldsymbol{E}_1=0,\\ \dfrac{\partial n_{i1}}{\partial t}+n_0\nabla\cdot\boldsymbol{u}_{i1}=0,\\ m_i n_0\dfrac{\partial \boldsymbol{u}_{i1}}{\partial t}=-\gamma_i T_i\nabla\, n_{i1}+en_0\boldsymbol{E}_1.\end{cases}\tag{5.2.28}$$

(5.2.28)方程求解方法与电子静电波完全类似，现在需要求解的是 $n_{e1}=n_{i1}$，$\boldsymbol{E}_1$，$\boldsymbol{u}_{i1}$，它们具有相同的传播因子 $\exp[\mathrm{i}(kx-\omega t)]$，将此传播因子的时间、空间微商结果，代入(5.2.28)式，消去 $\boldsymbol{E}_1$，$\boldsymbol{u}_{i1}$后，得

$$\left[\omega^2-\left(\frac{\gamma_i T_i+\gamma_e T_e}{m_i}\right)k^2\right]n_{i1}=0. \tag{5.2.29}$$

由此得色散关系

$$\omega^2=v_s^2k^2, \tag{5.2.30}$$

式中

$$v_s=\left(\frac{\gamma_i T_i+\gamma_e T_e}{m_i}\right)^{1/2}. \tag{5.2.31}$$

(5.2.30)式为离子声波色散关系，v_s 是离子声速. 由(5.2.30)式可得离子声波的相速度与群速度：

$$v_p=\omega/k=v_s,\quad v_g=\mathrm{d}\omega/\mathrm{d}k=v_s=v_p.$$

结果表明，离子声波的相速度与群速度相等，而且就是离子声速 v_s，表达 v_s 的(5.2.31)式与普通的中性气体的声速 c_s 相似：

$$c_s=\sqrt{\gamma p_0/\rho_0}=\sqrt{\gamma T/m}, \tag{5.2.32}$$

式中对于中性气体，压强 $p_0=nT$，质量密度 $\rho_0=nm$. 但也有不同，在普通气体中，当 $T=0$ 时，$c_s=0$，即普通声波就不存在；而对于等离子体，因为其中含有两种流体，当 $T_i=0$ 而 $T_e\neq 0$ 时，$v_s=\sqrt{\gamma_e T_e/m_i}\neq 0$，离子声波仍然存在，这是因为 $T_e\neq 0$，电子运动还有影响.

关于离子声波的物理机制再做些说明. 从(5.2.28)第 3 个方程看到，离子声波有两项驱动力：第 1 项是离子热压力，反映在离子声速中的 $\gamma_i T_i/m_i$ 项，当离子密度受扰动出现疏密变化时，热压力会使离子从稠密区域向稀疏区域扩散，以恢复密度平衡；第 2 项是电荷分离的静电力，因为电子跟随离子运动时电子屏蔽不可能完全，仍有微小的电场 $\boldsymbol{E}_1$，这是通过(5.2.28)第 1 个方程，反映在离子声速中的 $\gamma_e T_e/m_i$ 项，这项静电力 $\boldsymbol{E}_1$ 也会驱动离子从密度稠密区域向稀疏区域运动，使离子密度恢复平衡. 当然这两种驱动力不可能使离子密度达到平衡而后就终止，因为离子的惯性，离子密度还会出现新的不平衡，这样继续往复，就形成离子声波的传播. 现在可以清楚地看到，即使离子温度 $T_i=0$，第 1 项驱动力不存在，但还有第 2 项驱动力($\gamma_e T_e/m_i$)，所以离子声波仍然存在. 普通中性气体就没有这项驱动力，所以当 $T=0$ 时，普通声波就不存在了.

当 $T_i\approx T_e$ 时，离子声速 $v_s=\sqrt{2T_i/m_i}$与离子特征热速度 $v_{ti}=\sqrt{T_i/m_i}$相近，由动理学理论可以证明，这时波与离子运动发生强烈相互作用，离子声波传播时受到强阻尼，因而很快衰减，这一机制对离子加热有利.

因此，离子声波存在条件：

① $\lambda \gg \lambda_{De}$，即 $k\lambda_{De} \ll 1$，这样保证等离子体准电中性；

② $T_i \ll T_e$，这样离子声波才不受到强阻尼.

(2) 离子静电波

当 $\lambda \ll \lambda_{De}$，即 $k\lambda_{De} \gg 1$，这是低频短波情况，即波长比德拜屏蔽距离小很多，这时存在电荷分离，$n_{e1} \neq n_{i1}$，等离子体准电中性不成立. 因此在(5.2.27)方程组中需要保留方程：

$$\nabla \cdot \boldsymbol{E}_1 = e(n_{i1} - n_{e1})/\varepsilon_0 \quad (n_{i1} \neq n_{e1}),$$

相应地，在(5.2.28)中应增加一个方程

$$\mathrm{i}k\boldsymbol{E}_1 = e(n_{i1} - n_{e1})\varepsilon_0,$$

现在共有 4 个方程：

$$\begin{cases} \gamma_e T_e \nabla n_{e1} + e n_0 \boldsymbol{E}_1 = 0, \\ \dfrac{\partial n_{i1}}{\partial t} + n_0 \nabla \cdot \boldsymbol{u}_{i1} = 0, \\ m_i n_0 \dfrac{\partial \boldsymbol{u}_{i1}}{\partial t} = -\gamma_i T_i \nabla n_{i1} + e n_0 \boldsymbol{E}_1, \\ \nabla \cdot \boldsymbol{E}_1 = e(n_{i1} - n_{e1})/\varepsilon_0. \end{cases} \tag{5.2.33}$$

显然，$\boldsymbol{E}_1 \parallel \boldsymbol{u}_{i1} \parallel \boldsymbol{k}$，而且都具有相同的传播因子 $\exp[\mathrm{i}(kx-\omega t)]$，则(5.2.33)化为

$$\begin{cases} \mathrm{i}k\gamma_e T_e n_{e1} + e n_0 E_1 = 0, \\ -\mathrm{i}\omega n_{i1} + \mathrm{i}n_0 k u_{i1} = 0, \\ -\mathrm{i}\omega m_i n_0 u_{i1} = -\mathrm{i}k\gamma_i T_i n_{i1} + e n_0 E_1, \\ \mathrm{i}kE_1 = e(n_{i1} - n_{i1})/\varepsilon_0. \end{cases} \tag{5.2.34}$$

由(5.2.34)的第 1,4 式解得

$$n_{e1} = \frac{1}{(1 + \gamma_e k^2 \lambda_{De}^2)} n_{i1} \xrightarrow{k\lambda_{De} \ll 1} n_{i1}, \tag{5.2.35}$$

由此可见，当 $k\lambda_{De} \ll 1$（低频长波），$n_{e1} \approx n_{i1}$，即保持电中性；当 $k\lambda_{De} \gg 1$（低频短波），$n_{e1} \neq n_{i1}$，即存在电荷分离，产生电场 $\boldsymbol{E}_1$，引起离子静电振荡. 因此从(5.2.34)方程组出发，自然也包含了低频长波情况.

由包含电荷分离效应的(5.2.34)式，得到色散关系：

$$\omega^2 = k^2 \left[\frac{\gamma_i T_i}{m_i} + \frac{\gamma_e T_e}{m_i(1 + \gamma_e k^2 \lambda_{De}^2)} \right] \xrightarrow{k\lambda_{De} \ll 1} v_s^2 k^2 \text{（离子声波）}. \tag{5.2.36}$$

由(5.2.36)式，取低频长波近似($k\lambda_{De} \ll 1$)，就得离子声波的色散关系(5.2.30). 对于低频短波情况($k\lambda_{De} \gg 1$)，(5.2.36)式化为

$$\omega^2 = \omega_{pi}^2 + \gamma_i v_{ti}^2 k^2, \tag{5.2.37}$$

式中
$$\omega_{pi}^2 = T_e / m_i \lambda_{De}^2 = n_0 e^2 / m_i \varepsilon_0 \ll \omega_{pe}^2,$$

ω_{pi} 为离子振荡频率，$v_{ti} = \sqrt{T_i/m_i}$，v_{ti} 为离子特征热速度. (5.2.37)就是离子静电波

的色散关系,与电子静电波的色散关系(5.2.18)式相似.(5.2.37)色散关系代表离子静电波,式中 ω_{pi}^2 项是电荷分离的恢复力效应,$\gamma_i v_{ti}^2 k^2$ 项为离子热压强效应.电子静电波是高频的电子振荡($\omega > \omega_{pe}$),离子只作为均匀的背景,静电振荡靠电子热压强驱动形成电子静电波的传播.离子静电波是低频短波,离子受低频扰动出现电荷分离而建立电场 $\boldsymbol{E}_1$,产生离子静电振荡,然后通过离子热压强驱动,形成离子静电波的传播.电子质量虽然很小,但电荷分离建立的电场对电子运动也有作用.因为电子响应很快,在离子振荡的长周期内,平均讲电子是均匀分布的,因此离子是在动态的电子均匀背景上进行静电振荡,并通过离子热压强形成离子振荡的传播,即离子静电波.

现在将电子静电波的色散曲线和离子声波、离子静电波的色散曲线进行比较.图 5.2.3 是根据色散关系(5.2.36),取离子温度 $T_i = 0$ 时画出的结果.在(5.2.36)式取 $T_i = 0$,当 $k\lambda_{De} \gg 1$ 时,

$$\omega = \omega_{pi}, \quad v_g = d\omega/dk = 0,$$

由此可见,离子静电波变成恒频振荡,不能传播.图 5.2.3 色散曲线就反映了离子静电波传播的这些特点:当 $k\lambda_{De} \to \infty$ 时,$\omega = \omega_{pi}$ 的渐近线为离子做恒频振荡;当 $k\lambda_{De} \to 0$ 时,为离子声波,色散曲线渐近线斜率(以 λ_{De} 为单位):

$$v_p = \omega/k = v_s.$$

电子静电波色散曲线特点与离子静电波的相反:当 $k\lambda_{De} \to 0$ 时,$\omega = \omega_{pe}$ 的渐近线为电子做恒频振荡;当 $k\lambda_{De} \to \infty$,色散曲线的渐近线斜率(以 λ_{De} 为单位):

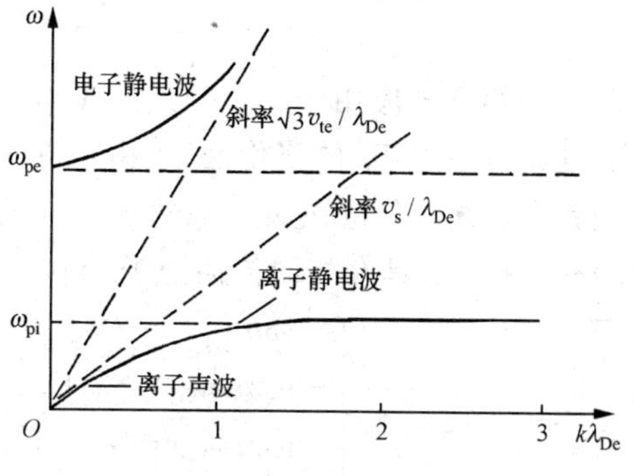

图 5.2.3 离子声波、离子静电波的色散关系及与电子静电波的比较

$$v_p = \omega/k = \sqrt{3} v_s.$$

5.3 垂直于磁场的静电波

当有外磁场 $\boldsymbol{B}_0$ 时的静电波,可以分为两种情况:

① $\boldsymbol{k} \parallel \boldsymbol{B}_0$,即波传播方向与外磁场平行情况.因为静电波是纵波,其振动 $\boldsymbol{u}_1$ 的方向就是沿波矢量 $\boldsymbol{k}$ 的方向,因此 $\boldsymbol{u}_1$ 与 $\boldsymbol{B}_0$ 平行,运动方程中外磁场作用力 $\boldsymbol{u}_1 \times \boldsymbol{B}_0 = 0$,这与上一节无外磁场情况相同,不需要重新讨论了.

② $\boldsymbol{k} \perp \boldsymbol{B}_0$,即波传播方向与外磁场垂直情况,这时 $\boldsymbol{u}_1 \times \boldsymbol{B}_0 \neq 0$,于是在运动方程中增加了洛伦兹力项,所以外磁场 $\boldsymbol{B}_0$ 对静电波的传播有影响.本节就讨论这种

情况.

1. 高混杂静电振荡与高混杂波

设高频情况,这时只有电子运动,离子不响应,它只作为均匀的正电荷背景.如图 5.3.1 所示,设外磁场 $\boldsymbol{B}_0$ 沿 z 轴方向,波矢量 $\boldsymbol{k}$ 与电场 $\boldsymbol{E}_1$ 沿 x 轴方向.所谓垂直磁场的静电波,是指波传播方向 $\boldsymbol{k}$ 与磁场 $\boldsymbol{B}_0$ 垂直.

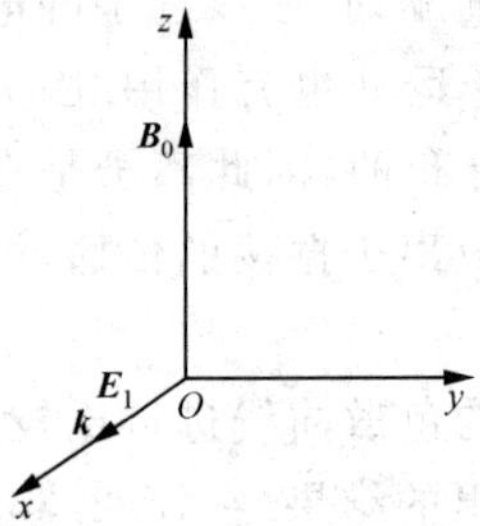

图 5.3.1

根据(5.2.12)前 3 个方程,现在有外磁场 $\boldsymbol{B}_0 \perp \boldsymbol{k}$ 情况,线性化电子运动方程组为

$$\begin{cases}\dfrac{\partial n_{\mathrm{e1}}}{\partial t}+n_0\,\nabla\cdot\boldsymbol{u}_{\mathrm{e1}}=0,\\ m_{\mathrm{e}}\dfrac{\partial\boldsymbol{u}_{\mathrm{e1}}}{\partial t}=-e(\boldsymbol{E}_1+\boldsymbol{u}_{\mathrm{e1}}\times\boldsymbol{B}_0)-\dfrac{1}{n_0}\gamma_{\mathrm{e}}T_{\mathrm{e}}\nabla n_{\mathrm{e1}},\\ \nabla\cdot\boldsymbol{E}_1=-en_{\mathrm{e1}}/\varepsilon_0,\end{cases}\tag{5.3.1}$$

(5.3.1)第 2 式应用(5.2.14)式的 $\nabla p_{\mathrm{e}}=\gamma_{\mathrm{e}}T_{\mathrm{e}}\nabla n_{\mathrm{e1}}$,同时比(5.2.12)多了 $\boldsymbol{u}_{\mathrm{e1}}\times\boldsymbol{B}_0$ 项,这是外磁场 $\boldsymbol{B}_0$ 的洛伦兹力.由于新增加的洛伦兹力与 $\boldsymbol{B}_0$ 垂直,因而电子运动 $\boldsymbol{u}_{\mathrm{e1}}$ 除了 x 方向分量 $u_{\mathrm{e}x}$ 外,必然还有 y 方向分量 $u_{\mathrm{e}y}$,即 $\boldsymbol{u}_{\mathrm{e1}}=(u_{\mathrm{e}x},u_{\mathrm{e}y})$.设扰动量 $E_1,n_{\mathrm{e1}},u_{\mathrm{e}x},u_{\mathrm{e}y}$ 具有相同传播因子 $\exp[\mathrm{i}(kx-\omega t)]$,于是(5.3.1)方程组变为

$$\begin{cases}-\mathrm{i}\omega n_{\mathrm{e1}}+\mathrm{i}n_0ku_{\mathrm{e}x}=0,\\ -\mathrm{i}\omega m_{\mathrm{e}}u_{\mathrm{e}x}=-eE_1-eu_{\mathrm{e}y}B_0-\mathrm{i}\gamma_{\mathrm{e}}T_{\mathrm{e}}kn_{\mathrm{e1}}/n_0,\\ -\mathrm{i}\omega m_{\mathrm{e}}u_{\mathrm{e}y}=eu_{\mathrm{e}x}B_0,\\ \mathrm{i}kE_1=-en_{\mathrm{e1}}/\varepsilon_0.\end{cases}\tag{5.3.2}$$

在(5.3.2)方程组中,任意消去 3 个未知标量(如 $n_{\mathrm{e1}},E_1,u_{\mathrm{e}y}$),则得

$$(\omega^2-\omega_{\mathrm{pe}}^2-\omega_{\mathrm{ce}}^2-k^2\gamma_{\mathrm{e}}T_{\mathrm{e}}/m_{\mathrm{e}})u_{\mathrm{e}x}=0,\tag{5.3.3}$$

式中 $\omega_{\mathrm{pe}}=\sqrt{n_0e^2/m_{\mathrm{e}}\varepsilon_0}$ 为电子等离子体频率,$\omega_{\mathrm{ce}}=eB_0/m_{\mathrm{e}}$ 为电子回旋频率.设运动是等温过程,$\gamma_{\mathrm{e}}=1$,电子特征热速度 $v_{\mathrm{te}}=\sqrt{T_{\mathrm{e}}/m_{\mathrm{e}}}$,由(5.3.3)式得色散关系

$$\omega^2=\omega_{\mathrm{pe}}^2+\omega_{\mathrm{ce}}^2+k^2v_{\mathrm{te}}^2,\tag{5.3.4}$$

改写为

$$\omega^2=\omega_{\mathrm{HH}}^2+k^2v_{\mathrm{te}}^2,\tag{5.3.5}$$

式中

$$\omega_{\mathrm{HH}}^2=\omega_{\mathrm{pe}}^2+\omega_{\mathrm{ce}}^2.\tag{5.3.6}$$

现在讨论(5.3.5)色散关系的物理意义:

(1) 高混杂静电振荡

当 $T_{\mathrm{e}}=0$,即冷等离子体情况,此时 $\nabla p_{\mathrm{e}}=0$,于是(5.3.5)色散关系变为

$$\omega^2=\omega_{\mathrm{HH}}^2,$$

即
$$\omega = \omega_{\mathrm{HH}} = \sqrt{\omega_{\mathrm{pe}}^2 + \omega_{\mathrm{ce}}^2}. \tag{5.3.7}$$
结果表明，群速度 $v_g = \mathrm{d}\omega/\mathrm{d}k = 0$，这是纯静电振荡，称高混杂静电振荡，频率 ω_{HH} 称高混杂频率. 正是由于 $\nabla p_e = 0$，没有热压强的恢复力，所以振荡不能在等离子体中传播.

显然，当 $\boldsymbol{B}_0 = 0$ 时，$\boldsymbol{k}, \boldsymbol{E}_1, \boldsymbol{u}_{e1}$ 都沿 x 轴方向，仅靠电荷分离产生的静电恢复力引起振荡，其频率 $\omega = \omega_{\mathrm{HH}} = \omega_{\mathrm{pe}}$. 这就是 5.2 节介绍的无外磁场时的电子静电振荡. 当有外磁场时，$\boldsymbol{B}_0 \neq 0$，而且 $\boldsymbol{B}_0 \perp \boldsymbol{k}$，洛伦兹力 $\boldsymbol{u}_e \times \boldsymbol{B}_0 \neq 0$，因此除 u_{ex} 振荡外，还有 u_{ey} 振荡分量，电子振荡轨迹就是 u_{ex} 和 u_{ey} 合成的椭圆. 由于振荡的恢复力除静电力外还增加了洛伦兹力，所以振荡频率也相应地增大了，即 $\omega = \omega_{\mathrm{HH}} = \sqrt{\omega_{\mathrm{pe}}^2 + \omega_{\mathrm{ce}}^2} > \omega_{\mathrm{pe}}$.

(2) 高混杂静电波

当 $T_e \neq 0$，这时(5.3.1)电子运动方程中增加了动力压强恢复力项 $-\nabla p_e = -\gamma_e T_e \nabla n_{e1}$，因此高混杂静电振荡可以在等离子体中传播，这就是高混杂静电波，(5.3.5)就是高混杂静电波的色散关系. 由此可得高混杂静电波的相速度与群速度：
$$v_p = \omega/k = (\omega_{\mathrm{HH}}^2/k^2 + v_{\mathrm{te}}^2)^{1/2}, \quad v_g = \frac{\mathrm{d}\omega}{\mathrm{d}k} = v_{\mathrm{te}}^2/v_p. \tag{5.3.8}$$

高混杂静电波是三种恢复力：静电力($-e\boldsymbol{E}_1$)，洛伦兹力$[-e(\boldsymbol{u}_e \times \boldsymbol{B}_0)]$和热压力($-\nabla p_e$)共同作用的结果. 如果 $\boldsymbol{B}_0 = 0$，$\omega_{\mathrm{HH}} = \omega_{\mathrm{pe}}$，则色散关系(5.3.5)、相速度和群速度(5.3.8)应当与电子静电波的(5.2.18)和(5.2.19)式相同，但其中出现的差别只是由于在 5.2 节假定一维绝热过程 $\gamma_e = 3$，现在假定等温过程 $\gamma_e = 1$ 引起的.

2. 低混杂静电振荡与低混杂波

当频率比较低时，离子可以响应，而且电子是竭力跟随离子运动，使等离子体保持准电中性，即 $n_{i1} \approx n_{e1}$，这时离子运动起主要作用. 电子、离子的运动方程与 5.2 节描述低频静电波方程组(5.2.27)相类似，可以写为
$$\begin{cases} \dfrac{\partial n_{e1}}{\partial t} + n_0 \nabla \cdot \boldsymbol{u}_{e1} = 0, \\ m_e n_0 \dfrac{\partial \boldsymbol{u}_{e1}}{\partial t} = -\gamma_e T_e \nabla n_{e1} - e n_0 \boldsymbol{E}_1 - e n_0 \boldsymbol{u}_{e1} \times \boldsymbol{B}_0, \\ \dfrac{\partial n_{i1}}{\partial t} + n_0 \nabla \cdot \boldsymbol{u}_{i1} = 0, \\ m_i n_0 \dfrac{\partial \boldsymbol{u}_{i1}}{\partial t} = -\gamma_i T_i \nabla n_{i1} + e n_0 \boldsymbol{E}_1 + e n_0 \boldsymbol{u}_{i1} \times \boldsymbol{B}_0. \end{cases} \tag{5.3.9}$$
因为现在外磁场 $\boldsymbol{B}_0 \neq 0$，所以在(5.3.9)方程组中，电子、离子运动方程都增加了洛伦兹力项. 又由于准电中性 $n_{i1} \approx n_{e1}$，$\nabla \cdot \boldsymbol{E}_1 = 0$ 方程就不需要.

因为 $\boldsymbol{B}_0 \neq 0$，受洛伦兹力作用，$\boldsymbol{u}_{e1}, \boldsymbol{u}_{i1}$ 在 x, y 两个方向上都有分量，所以 $\boldsymbol{u}_{e1} =$

(u_{ex}, u_{ey})，$\boldsymbol{u}_{i1}=(u_{ix}, u_{iy})$，因此(5.3.9)共有6个标量方程.(5.3.9)方程组中，第1，2方程描述电子运动，第3，4方程描述离子运动.由(5.3.9)方程组，可得单一频率的电子、离子的线性化方程组：

$$\begin{cases} -\mathrm{i}\omega n_{e1}+\mathrm{i}kn_0u_{ex}=0, \\ -\mathrm{i}m_e n_0\omega u_{ex}=-\mathrm{i}\gamma_e T_e kn_{e1}-en_0E_1-en_0u_{ey}B_0, \\ -\mathrm{i}m_e n_0\omega u_{ey}=en_0u_{ex}B_0, \\ -\mathrm{i}\omega n_{i1}+\mathrm{i}kn_0u_{ix}=0, \\ -\mathrm{i}m_i n_0\omega u_{ix}=-\mathrm{i}\gamma_i T_i kn_{i1}+en_0E_1+en_0u_{iy}B_0, \\ -\mathrm{i}m_i n_0\omega u_{iy}=-en_0u_{ix}B_0. \end{cases} \tag{5.3.10}$$

由(5.3.10)的前3个方程组，假定$\gamma_e=1$，消去n_{e1}，u_{ey}，得到电子运动的解

$$u_{ex}=\frac{-\mathrm{i}\omega E_1}{m_e(\omega^2-\omega_{ce}^2-k^2v_{te}^2)}. \tag{5.3.11}$$

类似地，由(5.3.10)的后3个方程组，假定$\gamma_i=1$，消去n_{i1}，u_{iy}，得到离子运动的解

$$u_{ix}=\frac{\mathrm{i}\omega E_1}{m_i(\omega^2-\omega_{ci}^2-k^2v_{ti}^2)}. \tag{5.3.12}$$

由(5.3.10)方程组中第1，4式(即电子、离子连续性方程)和电中性假设$n_{e1}=n_{i1}$，则得

$$u_{ix}=u_{ex}. \tag{5.3.13}$$

由(5.3.11)和(5.3.12)式，满足(5.3.13)条件，忽略$m_e/m_i\ll 1$的项，得到色散关系：

$$\omega^2=k^2v_s^2+\omega_{ce}\omega_{ci}, \tag{5.3.14}$$

式中$v_s=\sqrt{(T_i+T_e)/m_i}$，$\omega_{ce}=eB_0/m_e$，$\omega_{ci}=eB_0/m_i$. 令

$$\omega_{LH}=\sqrt{\omega_{ce}\omega_{ci}}, \tag{5.3.15}$$

则(5.3.14)色散关系可写为

$$\omega^2=k^2v_s^2+\omega_{LH}^2. \tag{5.3.16}$$

(5.3.16)为低混杂静电波的色散关系，ω_{LH}为低混杂静电振荡频率.

现在讨论(5.3.16)色散关系的物理意义：

(1) 低混杂静电振荡

当$T_e=T_i=0$时，即电子、离子都没有热压强，这时$v_s=0$，(5.3.16)色散关系变为

$$\omega=\omega_{LH}=\text{常量}.$$

这是纯静电振荡，没有波的传播，这种静电振荡称低混杂静电振荡或低混杂振荡，ω_{LH}称低混杂振荡频率.

为了考察外磁场$\boldsymbol{B}_0$对运动的影响，先假定无扰动，电子、离子是绕外磁场$\boldsymbol{B}_0$

（沿 z 轴方向）各自做回旋运动. 当在垂直磁场 $\boldsymbol{B}_0$、沿 x 方向有低频扰动，离子在 x 方向做振荡，运动速度为 u_{ix}，同时在 x 方向出现振荡电场 $\boldsymbol{E}_1(t)$. 因电子惯性小、反应快，电子受振荡电场 $\boldsymbol{E}_1(t)$ 作用，产生漂移振荡 $\boldsymbol{E}_1(t)\times\boldsymbol{B}_0$（沿 y 方向），电子的漂移振荡引起 y 方向的电荷分离和沿 y 方向电场 $\boldsymbol{E}_1'(t)$，于是电子又受这个电场 $\boldsymbol{E}_1'(t)$ 的作用，再产生漂移振荡 $\boldsymbol{E}_1'(t)\times\boldsymbol{B}_0$（沿 x 轴方向）. 电子漂移振荡速度为 u_{ex}，经过等离子体内部自身的反复调整，当 $\omega=\omega_{\mathrm{LH}}$ 时，达到电子和离子振荡速度相等（$u_{ex}=u_{ix}$），从而满足准电中性. 因此形成低频 $u_{ex}=u_{ix}$ 的振荡，这就是低混杂静电振荡. 因为假定 $T_e=T_i=0$，电子、离子热压强均为 0，所以这种振荡是局部的，无法传播出去.

（2）低混杂静电波

当电子温度 $T_e\neq0$，而离子温度 $T_i=0$ 或 $T_i\neq0$ 时，这时至少存在电子热压强的恢复力（$-\nabla p_e$），或电子和离子热压强的恢复力，有了这种恢复力就可使局部低混杂振荡形成波，在等离子体中传播，这就是低混杂静电波，也称低混杂波，其色散关系就是(5.3.16)式.

显然，当外磁场 $\boldsymbol{B}_0=0$，$\omega_{\mathrm{LH}}=0$，色散关系(5.3.16)就变为 $\omega^2=k^2v_s^2$，这就是 5.2 节的离子声波.

5.4　电磁波在等离子体中的传播

研究电磁波在等离子体中的传播，对受控核聚变研究、无线电空间通信、空间等离子体物理等都有重要意义.

本节只研究不存在外磁场情况. 对于高频电磁波，离子运动可以忽略，它只作为均匀正电荷背景，因此只需研究电子的运动. 无外磁场情况下，由(5.2.12)，电子运动的流体力学方程线性化后为

$$m_e n_0 \frac{\partial \boldsymbol{u}_{e1}}{\partial t} = -en_0\boldsymbol{E}_1, \tag{5.4.1}$$

电磁场方程组

$$\begin{cases}\nabla\times\boldsymbol{E}_1=-\dfrac{\partial \boldsymbol{B}_1}{\partial t},\\ \nabla\times\boldsymbol{B}_1=\dfrac{1}{c^2}\dfrac{\partial\boldsymbol{E}_1}{\partial t}+\mu_0\boldsymbol{j}_1,\\ \boldsymbol{j}_1=-en_0\boldsymbol{u}_{e1}.\end{cases} \tag{5.4.2}$$

需要说明，电磁波是横波，它的传播只引起电子的横向运动，因此电子运动方程(5.4.1)中不出现动力压强项 $-\nabla p_e$，因为这项作用只对纵向运动有影响；$\boldsymbol{E}_1$，$\boldsymbol{B}_1$ 是电磁波的场，为一级小量，$\boldsymbol{u}_{e1}$ 是电子运动的扰动项，也是一级小量，所以洛伦兹力作

用 $\boldsymbol{u}_{e1}\times\boldsymbol{B}_1$ 是高阶小量，在电子运动方程中可以忽略；对于稀薄等离子体，碰撞项的贡献也可忽略. 另外，电子只有横向运动，在波传播方向电子密度 n_e 不受扰动，则 $n_e=n_0$，所以电子的连续性方程也不需要列出.

现在由电磁场方程组(5.4.2)得

$$\nabla\times\nabla\times\boldsymbol{E}_1=\nabla(\nabla\cdot\boldsymbol{E}_1)-\nabla^2\boldsymbol{E}_1=-\frac{1}{c^2}\frac{\partial^2\boldsymbol{E}_1}{\partial t^2}-\mu_0\frac{\partial\boldsymbol{j}_1}{\partial t},$$

整理后为

$$\nabla^2\boldsymbol{E}_1-\nabla(\nabla\cdot\boldsymbol{E}_1)-\frac{1}{c^2}\frac{\partial^2 E_1}{\partial t^2}=\mu_0\frac{\partial\boldsymbol{j}_1}{\partial t}. \tag{5.4.3}$$

利用 $\boldsymbol{j}_1$ 定义，上式可化为

$$\nabla^2\boldsymbol{E}_1-\nabla(\nabla\cdot\boldsymbol{E}_1)-\frac{1}{c^2}\frac{\partial^2\boldsymbol{E}_1}{\partial t^2}=-en_0\mu_0\frac{\partial\boldsymbol{u}_{e1}}{\partial t}. \tag{5.4.4}$$

利用(5.4.1)方程和电磁波是横波的条件 $\nabla\cdot\boldsymbol{E}_1=0$，由(5.4.4)可得电磁波的波动方程

$$\nabla^2\boldsymbol{E}_1-\frac{1}{c^2}\frac{\partial^2\boldsymbol{E}_1}{\partial t^2}-\frac{\omega_{pe}^2}{c^2}\boldsymbol{E}_1=0. \tag{5.4.5}$$

式中 $\omega_{pe}=\sqrt{n_0e^2/m_e\varepsilon_0}$ 为电子等离子体频率，$c^2=1/\mu_0\varepsilon_0$. $\boldsymbol{E}_1$ 取平面波形式，即 $\boldsymbol{E}_1=\boldsymbol{E}_{10}\exp[\mathrm{i}(\boldsymbol{k}\cdot\boldsymbol{r}-\omega t)]$，代入波动方程(5.4.5)，得色散方程

$$(\omega^2-k^2c^2-\omega_{pe}^2)\boldsymbol{E}_1=0.$$

由此得到色散关系

$$\omega^2=\omega_{pe}^2+k^2c^2. \tag{5.4.6}$$

由(5.4.6)色散关系，可得等离子体的折射率

$$N=ck/\omega=\sqrt{1-\omega_{pe}^2/\omega^2} \tag{5.4.7}$$

和波数

$$k=\frac{\omega N}{c}=\frac{\omega}{c}\sqrt{1-\omega_{pe}^2/\omega^2}, \tag{5.4.8}$$

还可以得到电磁波在等离子体中传播的相速度和群速度：

$$v_p=\omega/k=c/\sqrt{1-\omega_{pe}^2/\omega^2}>c, \tag{5.4.9}$$

$$v_g=\frac{d\omega}{dk}=\frac{c^2}{v_p}<c. \tag{5.4.10}$$

结果表明：

① 电磁波在等离子体中传播时，折射率、波数、相速度和群速度都与频率 ω 有关，因此等离子体是一种色散介质. 而且相速度 $v_p>c$，群速度 $v_g<c$，等离子体的折射率 $N<1$，即折射率比真空时还要小. 仅当 $\omega\to\infty$ 时，$v_p=v_g=c$，$N=1$，这些特性可以从色散关系曲线图 5.4.1 清楚地显示出来.

② 电磁波在等离子体中传播时存在截止现象.

由(5.4.8)式可以看出：当 $\omega>\omega_{pe}$时，k 为实数，电磁波可以在等离子体中传播；当 $\omega<\omega_{pe}$时，k 为纯虚数，波的传播因子变为振幅衰减的振荡，表明电磁波不能在等离子体中传播，因此 $\omega=\omega_{pe}$称为截止频率. $\omega<\omega_{pe}$时，电磁波被截止. 等离子体振荡频率 ω_{pe}就是电磁波在等离子体中传播的截止频率.

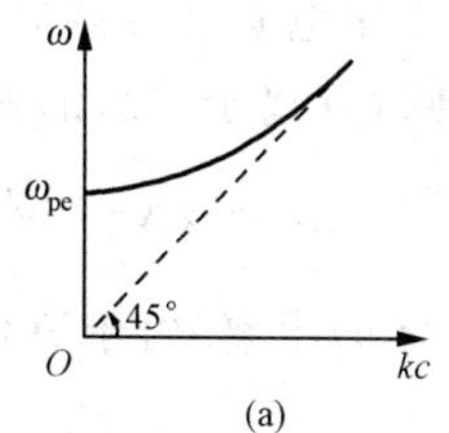

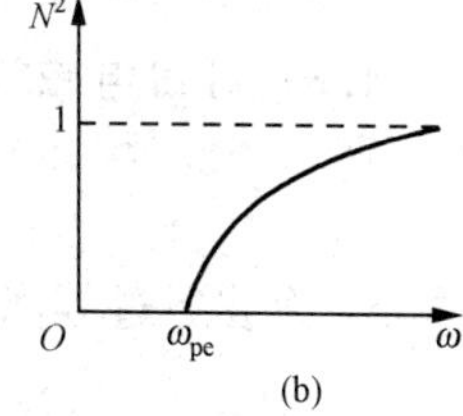

图 5.4.1 电磁波在等离子体中传播的色散关系曲线

电磁波在等离子体中的传播特性，在实际中有许多应用.

(1) 电磁波传播的截止现象在无线电通信中的应用

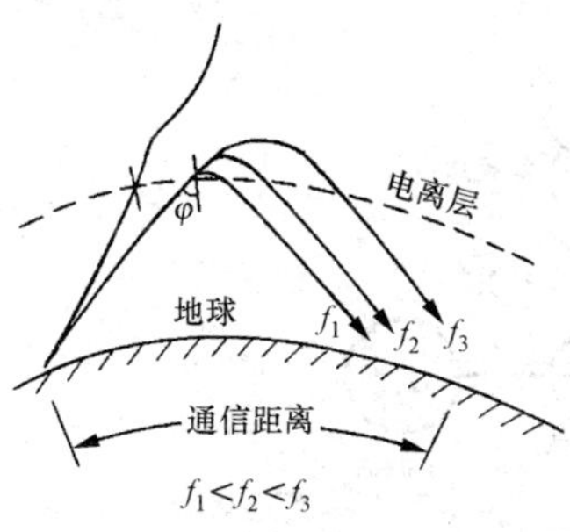

图 5.4.2 电离层对无线电波的反射

例如，一束频率为 ω 的电磁波，射向密度分布不均匀的等离子体(如电离层)，一般在边缘电子密度小，ω_{pe}也就小，满足 $\omega>\omega_{pe}$，电磁波可以向前传播，随着向内部深入，电子密度逐渐增大，ω_{pe}也随之增大($\omega_{pe}\propto\sqrt{n_0}$)，当电磁波到达某处 $\omega=\omega_{pe}$时，波被截止. 因为再继续向前的话，$\omega<\omega_{pe}$，波被衰减，不能继续前进，因而在 $\omega=\omega_{pe}$处发生反射. 地面上远距离的短波通信，就是利用地球高空电离层对无线电波的反射作用来实现的，如图 5.4.2 所示.

电离层是地球上空的大气层，由于太阳辐射及其他宇宙射线等的作用而形成的稀薄等离子体，其高度大约在 100～500 km，电子密度 $10^{10}\sim10^{12}\,\mathrm{m^{-3}}$. 因此，它的最大截止频率

$$f_{\mathrm{p}}=\omega_{pe}/2\pi\approx10\,\mathrm{MHz}.$$

地面短波通信是利用电离层对电磁波的反射来实现的，其频率 $f<f_{\mathrm{p}}$(电离层截止频率)，如考虑到其他因素，最高可用的地面通信频率是 30 MHz 以下. 地球与卫星间通信则是利用足够高频率的电磁波，使其能穿透电离层而到达外层空间，因此要求电磁波频率 $f>f_{\mathrm{p}}$(电离层截止频率)，卫星通信频率一般应高于 30 MHz. 卫星电视频段满足 $\omega>\omega_{pe}$条件，所以电视信号能够穿透电离层到达外层空间被通信卫星接收，然后再向地球转发. 所以，原先在地面只能直线传播几十公里的超高频信号，如要远距离传送，可依靠通信卫星转播. 因电离层厚度、电子密度等是随太阳辐射的昼夜、季节、地理位置等而改变，而且太阳的黑子、磁爆等对电离层也有影响，所以实际短波通信都受到这些因素的影响.

(2) 电磁波传播特性在等离子体诊断中的应用

在等离子体诊断中，常用电磁波传播特性来测定电子密度.例如，利用色散关系(5.4.8)，可得电磁波通过等离子体后的相移

$$\Delta\phi = k\Delta z = \frac{\omega N(\omega)}{c}\Delta z, \tag{5.4.11}$$

式中 Δz 为波通过等离子体的距离.由于 $N(\omega)$ 与电子密度相关：

$$N(\omega) = \sqrt{1-\omega_{\mathrm{pe}}^2/\omega^2}, \quad \omega_{\mathrm{pe}}^2 = n_0 e^2/m_{\mathrm{e}}\varepsilon_0,$$

因此，只要测得相移 $\Delta\phi$，则可定出电子密度 n_0.相移的测量一般采用微波干涉仪的方法，如图5.4.3，从微波发生器出来的微波信号分为两路，一路通过待测的等离子体，另一路作为参考束，沿标准路程前进.两路微波进入接收器中混合并发生干涉，干涉后的信号经过检波，放大后送到探测显示器(示波器).沿标准路程前进的参考束，波的相移为已知(假设是真空)，

$$\Delta\phi = k\Delta z = \omega\Delta z/c.$$

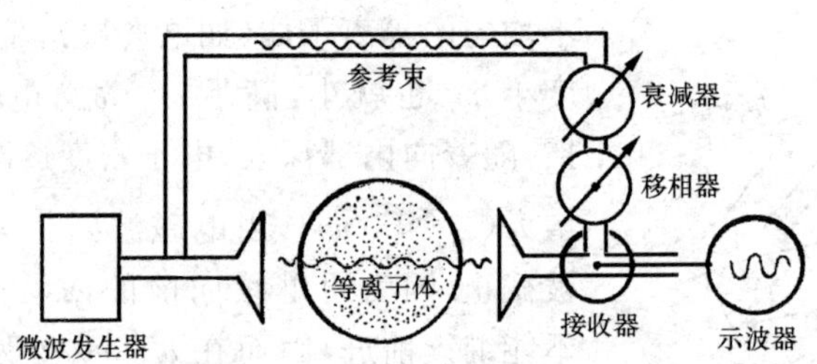

图5.4.3　微波干涉仪法测定电子密度

由于通过等离子体这一路的相移与等离子体电子密度有关.因此两路相移不同，振幅衰减也有差别，合成后产生干涉条纹.可以通过调节标准路程上的衰减器和移相器，使干涉条纹发生变化，最后定出通过等离子体这一路的相移，从而确定电子密度.这种方法称微波干涉方法.还有一种简单的方法，即利用微波通过等离子体的截止现象来进行，称透射法.这种方法是利用一定频率的微波射向等离子体，穿过等离子体后的波由检测器接收，如图5.4.4所示.当微波频率 $\omega>\omega_{\mathrm{pe}}$ 时，检测器能接收到微波信号；若微波频率 $\omega<\omega_{\mathrm{pe}}$，则检测器无微波信号.因此，可改变微波频率，根据检测器有无微波信号来确定等离子体截止频率 $\omega=\omega_{\mathrm{pe}}$.再由 $\omega_{\mathrm{pe}}=\sqrt{n_0 e^2/m_{\mathrm{e}}\varepsilon_0}$ 来估计等离子体的电子密度 n_0.

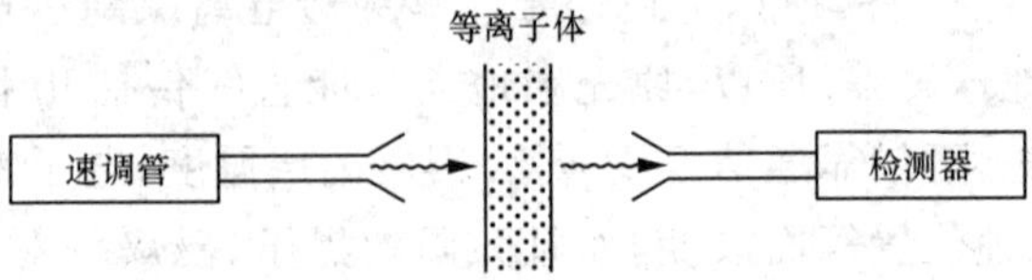

等离子体

速调管　　　　检测器

图5.4.4　微波透射法测定电子密度

5.5 垂直于磁场的高频电磁波

现在讨论等离子体中有外磁场时电磁波的传播问题.设电磁波的传播方向 $\boldsymbol{k}$ 与外磁场 $\boldsymbol{B}_0$ 垂直.对于高频电磁波,仍假定离子不响应,也只需考虑电子的运动.当等离子体中有外磁场时,可能出现纵向振荡分量,因此为简化起见,假定 $T_e=T_i=0$,$\nabla p_e=0$,根据(5.4.1)和(5.4.4),现在电子运动的线性化方程与场方程可以写为

$$m_e\frac{\partial \boldsymbol{u}_{e1}}{\partial t}=-e\boldsymbol{E}_1-e\boldsymbol{u}_{e1}\times\boldsymbol{B}_0, \tag{5.5.1}$$

$$\nabla^2\boldsymbol{E}_1-\nabla(\nabla\cdot\boldsymbol{E}_1)-\frac{1}{c^2}\frac{\partial^2\boldsymbol{E}_1}{\partial t^2}=-en_0\mu_0\frac{\partial \boldsymbol{u}_{e1}}{\partial t}. \tag{5.5.2}$$

因为现在有外加磁场 $\boldsymbol{B}_0$,(5.5.1)右边增加了洛伦兹力项,而且有了外磁场,$\boldsymbol{E}_1$ 可能有纵向分量,即 $\nabla\cdot\boldsymbol{E}_1$ 可能不为 0,所以在(5.5.2)中保留 $\nabla(\nabla\cdot\boldsymbol{E}_1)$项.$\boldsymbol{E}_1$,$\boldsymbol{B}_1$ 为电磁波的电磁场,电磁波传播方向 $\boldsymbol{k}$ 沿 $\boldsymbol{E}_1\times\boldsymbol{B}_1$ 方向,因此电场 $\boldsymbol{E}_1$ 可能有两种基本方向:$\boldsymbol{E}_1\parallel\boldsymbol{B}_0$ 和 $\boldsymbol{E}_1\perp\boldsymbol{B}_0$,这两种情况传播特性是不同的,现在分别讨论.

1. 寻常波($\boldsymbol{E}_1\parallel\boldsymbol{B}_0$)

设扰动电场 $\boldsymbol{E}_1=E_{10}\boldsymbol{e}_z\exp[\mathrm{i}(kx-\omega t)]$,$\boldsymbol{E}_1$,$\boldsymbol{B}_0$ 沿 z 轴方向,$\boldsymbol{k}$ 沿 x 轴方向,如图 5.5.1 所示.电子受 $\boldsymbol{E}_1$ 驱动,运动速度 $\boldsymbol{u}_{e1}$就沿 z 轴方向振荡,这样 $\boldsymbol{u}_{e1}\times\boldsymbol{B}_0=0$,而且 $\nabla\cdot\boldsymbol{E}_1=0$,所以由(5.5.1)和(5.5.2)方程可得

$$\begin{cases}-\mathrm{i}m_e\omega u_{e1}=-eE_1,\\ -k^2E_1+\omega^2E_1/c^2=\mathrm{i}n_0e\omega\mu_0u_{e1}.\end{cases} \tag{5.5.3}$$

由(5.5.3)消去 E_1 或 u_{e1},就可得到色散关系

$$\omega^2=\omega_{pe}^2+k^2c^2. \tag{5.5.4}$$

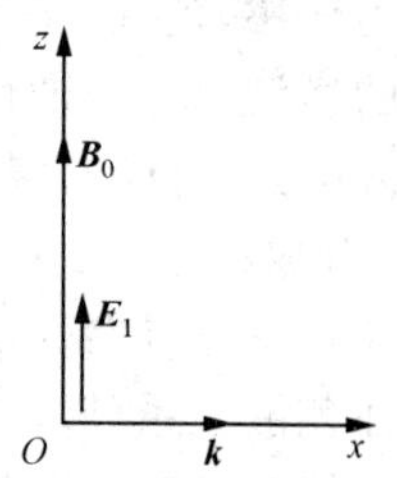

图 5.5.1 寻常波的传播

显然,(5.5.3)方程和(5.5.4)色散关系与 5.4 节无外磁场时完全相同.这种情况下电磁波的传播不受磁场影响,所以称它为寻常波或 o 波.

2. 非寻常波($\boldsymbol{E}_1\perp\boldsymbol{B}_0$)

当 $\boldsymbol{E}_1\perp\boldsymbol{B}_0$ 时,$\boldsymbol{u}_{e1}\times\boldsymbol{B}_0\neq0$,由于洛伦兹力的作用,电子运动不能沿某一固定方向,因此 $\boldsymbol{E}_1$,$\boldsymbol{u}_{1e}$在 x,y 方向都有分量,如图 5.5.2 所示,

$$\boldsymbol{E}_1=(E_{1x},E_{1y},0),\quad \boldsymbol{u}_{e1}=(u_x,u_y,0).$$

类似的做法,设所有扰动量分量都具有 $\exp[\mathrm{i}(kx-\omega t)]$形式,由(5.5.1)和(5.5.2)

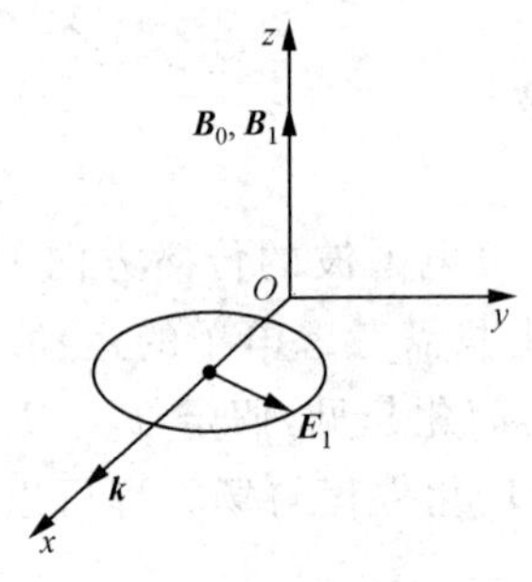

图 5.5.2　非寻常波的传播

得线性化方程组

$$\begin{cases}-\mathrm{i}\omega m_e u_x = -eE_{1x} - eu_y B_0, \\ -\mathrm{i}\omega m_e u_y = -eE_{1y} + eu_x B_0, \\ (\omega^2/c^2)E_{1x} = \mathrm{i}n_0 e\omega\mu_0 u_x, \\ (\omega^2/c^2 - k^2)E_{1y} = \mathrm{i}n_0 e\omega\mu_0 u_y.\end{cases} \tag{5.5.5}$$

(5.5.5)方程组中，消去 u_x, u_y 后得

$$\begin{cases}(\omega^2 - \omega_{\mathrm{pe}}^2)E_{1x} + \mathrm{i}(\omega_{\mathrm{ce}}/\omega)(\omega^2 - k^2c^2)E_{1y} = 0, \\ \mathrm{i}\omega_{\mathrm{ce}}\omega E_{1x} - (\omega^2 - \omega_{\mathrm{pe}}^2 - k^2c^2)E_{1y} = 0.\end{cases} \tag{5.5.6}$$

(5.5.6)方程组存在非零解的条件是系数行列式为0，即

$$\omega_{\mathrm{ce}}^2(\omega^2 - k^2c^2) - (\omega^2 - \omega_{\mathrm{pe}}^2)(\omega^2 - \omega_{\mathrm{pe}}^2 - k^2c^2) = 0. \tag{5.5.7}$$

由此可得色散关系

$$k^2 = \frac{\omega^2}{c^2}\left[1 - \frac{\omega_{\mathrm{pe}}^2(\omega^2 - \omega_{\mathrm{pe}}^2)}{\omega^2(\omega^2 - \omega_{\mathrm{HH}}^2)}\right] \tag{5.5.8}$$

或

$$N^2 = \frac{c^2k^2}{\omega^2} = 1 - \frac{\omega_{\mathrm{pe}}^2(\omega^2 - \omega_{\mathrm{pe}}^2)}{\omega^2(\omega^2 - \omega_{\mathrm{HH}}^2)}. \tag{5.5.9}$$

式中 $\omega_{\mathrm{HH}}^2 = \omega_{\mathrm{pe}}^2 + \omega_{\mathrm{ce}}^2$.(5.5.8)、(5.5.9)就是非寻常波(或称 x 波)的色散关系.

非寻常波是沿垂直磁场 $\boldsymbol{B}_0$ 方向传播，由于 $\boldsymbol{E}_1 \perp \boldsymbol{B}_0$，使电子受到 $\boldsymbol{E}_1$ 和 $\boldsymbol{B}_0$ 的洛伦兹力作用，$\boldsymbol{E}_1$ 在 x-y 平面上存在两个垂直于 $\boldsymbol{B}_0$ 的分量 E_{1x} 和 E_{1y}，E_{1y} 是垂直 $\boldsymbol{k}$ 方向的横波，E_{1x} 是平行 $\boldsymbol{k}$ 方向的纵波，因此非寻常波就是横电磁波(E_{1y}, B_1)和静电纵波(E_{1x})组成的混合波.由(5.5.6)方程和非零解条件(5.5.7)，可以证明：E_{1x} 与 E_{1y} 合成的 $\boldsymbol{E}_1$ 矢量端点轨迹是椭圆，所以非寻常波是椭圆偏振波.

在讨论非寻常波随频率变化特性前，先介绍波的截止与共振两个概念.

在色散关系(5.5.9)中，N^2 随波的频率 ω 变化时，会出现 $N^2=0$ 和 $N^2\to\infty$ 两种特殊情况.1963年艾利斯(Allis)将 $N^2=0$ 情况称截止，$N^2\to\infty$ 情况称共振.因为 $N^2<0$ 时，$k=\frac{\omega}{c}\sqrt{N^2}$ 为纯虚数，波的传播因子变为振幅衰减的振荡，表明波不能在等离子体中传播，因此 $N^2=0$($k^2=0, v_{\mathrm{p}}\to\infty$)为截止条件.$N^2\to\infty$ 时，$k\to\infty$，ω 与 k 无关，这时相速度、群速度都为0，波不能传播，出现共振，因此 $N^2\to\infty$ 为共振条件.虽然在截止点和共振点波都不能传播，但波在这两点的性质完全不同.如果进一步研究波在接近截止区域和接近共振区域的传播特性时，可以发现，一般截止点波被反射，共振点波被吸收.

现在利用(5.5.8)色散关系，讨论非寻常波的截止与共振.

(1) 截止

当 $N^2=0$ 时，得到截止条件：

$$\omega^2(\omega^2-\omega_{HH}^2)=\omega_{pe}^2(\omega^2-\omega_{pe}^2). \tag{5.5.10}$$

(5.5.10)是 ω 的 4 次方程，ω 应该有 4 个根，求解后其中只有两个根($\omega>0$)是合理的，即

$$\omega_R=\frac{\omega_{ce}}{2}\left(1+\sqrt{1+4\omega_{pe}^2/\omega_{ce}^2}\right)>\omega_{pe}, \tag{5.5.11}$$

$$\omega_L=\frac{\omega_{ce}}{2}\left(-1+\sqrt{1+4\omega_{pe}^2/\omega_{ce}^2}\right)<\omega_{pe}. \tag{5.5.12}$$

ω_R 称右旋截止频率，它是右旋椭圆偏振的非寻常波截止频率；ω_L 称左旋截止频率，它是左旋椭圆偏振的非寻常波截止频率. 对于高密度等离子体，$\omega_{pe}\gg\omega_{ce}$，所以 $\omega_R>\omega_{pe}$，$\omega_L<\omega_{pe}$.

(2) 共振

当 $N^2\to\infty$，(5.5.8)色散关系变为

$$\omega^2=\omega_{HH}^2=\omega_{pe}^2+\omega_{ce}^2. \tag{5.5.13}$$

上式 ω 与 k 无关，$v_p=\omega/k=c/N\to0$，$v_g=\mathrm{d}\omega/\mathrm{d}k=0$，表明波不能传播，出现共振情况，振荡频率 $\omega=\omega_{HH}$，波的能量被等离子体强烈吸收.(5.5.13)与 5.3 节高混杂波色散关系(5.3.7)相同，因此 $N^2\to\infty$时，非寻常波就变为垂直磁场方向的高混杂静电振荡. 共振情况的振荡特性是容易理解的，因为非寻常波本来就是横电磁波和(高混杂)静电纵波的混合波，在共振点电磁横波消失了，静电纵波退化为高混杂静电振荡.

共振对波加热等离子体有利，也是波加热等离子体必须满足的条件. 非寻常波和寻常波的色散关系如图 5.5.3 所示，图中曲线显示了不同频率区域波传播特性：对非寻常波(x 波)，当 $0<\omega<\omega_L$ 和 $\omega_{HH}<\omega<\omega_R$ 时，$N^2<0$，波不能传播；当 $\omega_L<\omega<\omega_{HH}$，$\omega>\omega_R$ 时，非寻常波可以传播. 因此非寻常波有两个传播带，而中间相隔一个截止带($\omega_{HH}<\omega<\omega_R$). 至于很低频率情况，如 $\omega\ll\omega_{ce}$，因为这时要考虑离子运动，以上因忽略离子运动计算的结果就不适用了. 对于寻常波(o 波)，传播带为 $\omega>\omega_{pe}$，其截止频率 $\omega=\omega_{pe}$.

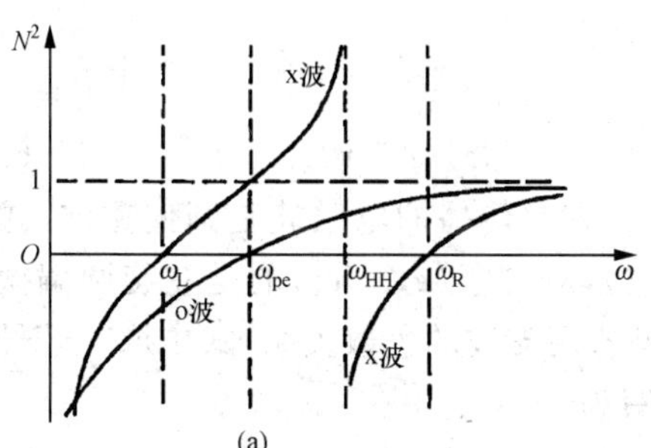

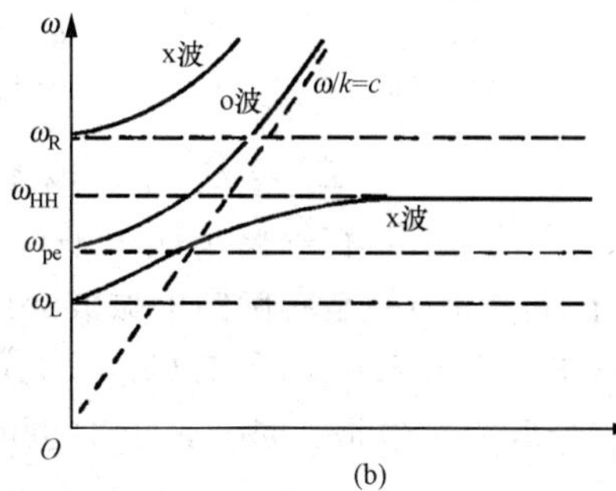

图 5.5.3 非寻常波和寻常波的色散关系

5.6 平行于磁场的高频电磁波

现在讨论高频电磁波的传播方向平行于外磁场,即 $\boldsymbol{k} \parallel \boldsymbol{B}_0$ 的情况.

设 $\boldsymbol{k},\boldsymbol{B}_0$ 都沿 z 轴方向,电磁波的电场 $\boldsymbol{E}_1$ 应在 x-y 平面内,因为有外磁场 $\boldsymbol{B}_0$,所以 $\boldsymbol{E}_1$ 和电子运动速度 $\boldsymbol{u}_{e1}$ 都有 x,y 两分量,即

$$\boldsymbol{E}_1 = (E_{1x}, E_{1y}, 0), \quad \boldsymbol{u}_{e1} = (u_x, u_y, 0).$$

所有扰动量都具有相同的传播因子 $\exp[\mathrm{i}(kz-\omega t)]$,用与以往类似的方法,利用(5.5.1)和(5.5.2)方程,并注意 $\nabla \cdot \boldsymbol{E}_1 = 0$(因为 $\boldsymbol{E}_1 \perp \boldsymbol{k}$),电子运动和场的线性化方程组为

$$\begin{cases} -\mathrm{i}\omega m_e u_x = -eE_{1x} - eu_y B_0, \\ -\mathrm{i}\omega m_e u_y = -eE_{1y} + eu_x B_0, \\ (\omega^2 - k^2c^2)E_{1x} = \mathrm{i}e\omega n_0 u_x/\varepsilon_0, \\ (\omega^2 - k^2c^2)E_{1y} = \mathrm{i}e\omega n_0 u_y/\varepsilon_0. \end{cases} \tag{5.6.1}$$

(5.6.1)中第1,2方程为电子运动方程,第3,4方程为场方程.利用第3,4方程解得的 u_x,u_y,代入第1,2方程,消去其中 u_x,u_y,则得 E_{1x},E_{1y} 的方程组

$$\begin{cases} (\omega^2 - k^2c^2 - \omega_{pe}^2)E_{1x} + \mathrm{i}\dfrac{\omega_{ce}}{\omega}(\omega^2 - k^2c^2)E_{1y} = 0, \\ \dfrac{\mathrm{i}\omega_{ce}}{\omega}(\omega^2 - k^2c^2)E_{1x} - (\omega^2 - k^2c^2 - \omega_{pe}^2)E_{1y} = 0. \end{cases} \tag{5.6.2}$$

式中 $\omega_{ce} = eB_0/m_e$,$\omega_{pe}^2 = n_0e^2/m_e\varepsilon_0$.(5.6.2)有非零解条件为系数行列式等于0,即

$$(\omega^2 - k^2c^2 - \omega_{pe}^2)^2 = \frac{\omega_{ce}^2}{\omega^2}(\omega^2 - k^2c^2)^2,$$

于是色散关系为

$$\omega^2 - k^2c^2 - \omega_{pe}^2 = \pm\frac{\omega_{ce}}{\omega}(\omega^2 - k^2c^2). \tag{5.6.3}$$

将(5.6.3)式代入(5.6.2)式,得

$$E_{1y} = \pm\mathrm{i}E_{1x}.$$

所以

$$\boldsymbol{E}_1 = E_{1x}\boldsymbol{e}_x + E_{1y}\boldsymbol{e}_y = E_0(\boldsymbol{e}_x \pm \mathrm{i}\boldsymbol{e}_y)\mathrm{e}^{\mathrm{i}(kz-\omega t)}. \tag{5.6.4}$$

(5.6.4)结果表明,在等离子体中平行于磁场方向传播的电磁波是圆偏振波,式中对应于($\boldsymbol{e}_x + \mathrm{i}\boldsymbol{e}_y$)的是右旋圆偏振波(称R波),对应于($\boldsymbol{e}_x - \mathrm{i}\boldsymbol{e}_y$)的是左旋圆偏振波(称L波),如图5.6.1所示.(5.6.3)式就是这两支波的色散关系,式中取"+"号对应R波,取"−"号是L波,(5.6.3)也可改写为

$$k_{R(L)} = \frac{\omega}{c}\left[1 - \frac{\omega_{pe}^2}{\omega^2(1 \mp \omega_{ce}/\omega)}\right]^{1/2} \tag{5.6.5}$$

或

$$N_{\mathrm{R(L)}}^2 = 1 - \frac{\omega_{\mathrm{pe}}^2}{\omega^2(1 \mp \omega_{\mathrm{ce}}/\omega)}. \quad (5.6.6)$$

其中下角 R 或 L 对应式中“∓”取上面或下面的符号. 显然,当 $k=0$ 或 $N=0$ 时,可得这两支波的截止频率

$$\omega_{\mathrm{R(L)}} = \frac{\omega_{\mathrm{ce}}}{2}\left(\pm 1 + \sqrt{1 + 4\omega_{\mathrm{pe}}^2/\omega_{\mathrm{ce}}^2}\right). \quad (5.6.7)$$

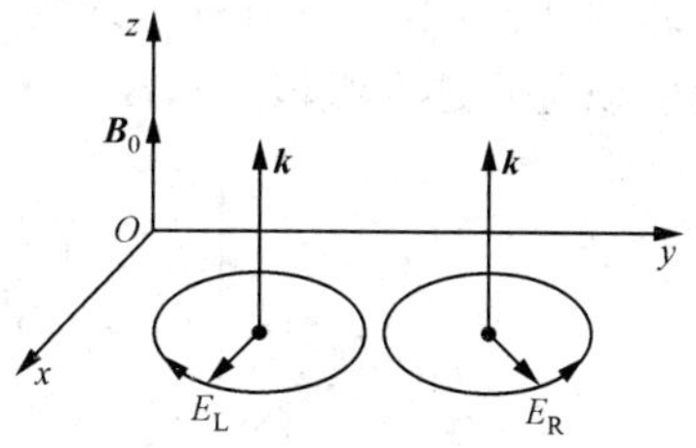

图 5.6.1 右旋圆偏振波和左旋圆偏振波

注意,这里 R 波、L 波的截止频率与非寻常波(5.5.11)、(5.5.12)的截止频率相同. 由(5.6.7)式,对于高密度等离子体,$\omega_{\mathrm{pe}} \gg \omega_{\mathrm{ce}}$,则 $\omega_{\mathrm{R}} > \omega_{\mathrm{pe}}$,$\omega_{\mathrm{L}} < \omega_{\mathrm{pe}}$. 图 5.6.2 画出了高密度等离子体的 R 波和 L 波色散曲线. 由图可见,R 波有两个传播带,$0<\omega<\omega_{\mathrm{ce}}$ 和 $\omega>\omega_{\mathrm{R}}$,其中被一个截止带 $\omega_{\mathrm{ce}}<\omega<\omega_{\mathrm{R}}$ 分开. 对于 L 波,只有 $\omega>\omega_{\mathrm{L}}$ 时才能传播. 在高频极限,$\omega\to\infty$ 时,R 波的高频分支($\omega>\omega_{\mathrm{R}}$)和 L 波的相速度都等于 c. 特别指出,在 R 波低频分支($\omega\leqslant\omega_{\mathrm{ce}}$),当 $\omega\to\omega_{\mathrm{ce}}$ 时,$N^2\to\infty$,出现共振.

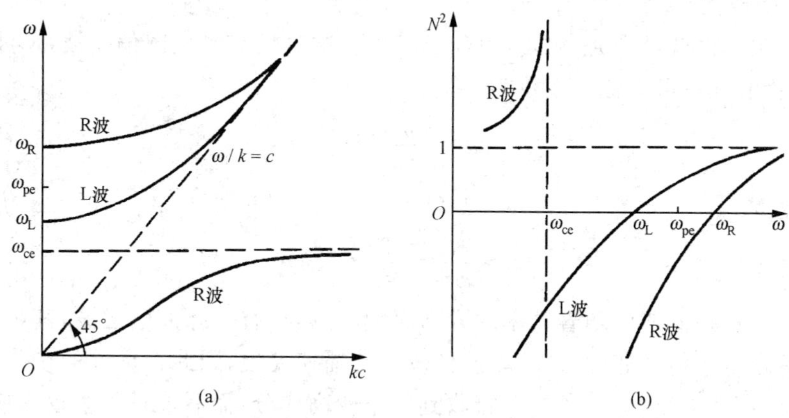

图 5.6.2 高密度等离子体的 R 波和 L 波色散曲线

现在根据色散关系,对这两种圆偏振波的特性做进一步的讨论.

(1) 电子回旋共振与离子回旋共振

R 波低频分支($\omega\leqslant\omega_{\mathrm{ce}}$),当 $\omega\to\omega_{\mathrm{ce}}$ 时,$N^2\to\infty$,发生共振. 因为电子回旋方向与 R 波电场矢量旋转方向相同(图 5.6.3),在共振时电场对电子不断加速,波能量转化为电子动能,这种现象称电子回旋共振,所以 R 波低频分支称电子回旋波. 电子回旋共振是加热等离子体的一种有效方法. 地球上空的电离层,由于地球磁场的作用,电子也做回旋运动. 如果地球磁场取其平均值 $B_0\approx5\times10^{-5}$ T,电子荷质比为 1.76×10^{11} C/kg,则电子回旋频率 $f=\omega_{\mathrm{ce}}/2\pi\approx1.4$ MHz. 由于 $\omega\to\omega_{\mathrm{ce}}$ 时会出现电

子回旋共振,电离层对频率约为 1.4 MHz 的电磁波吸收最大,因此在无线电通信中应该避开这个频段.

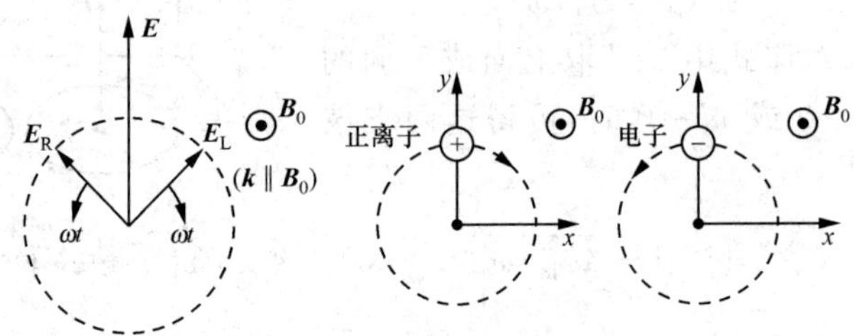

图 5.6.3 左旋和右旋圆偏振波的电场矢量

因为L波的电场矢量旋转方向与电子旋转方向相反(如图 5.6.3),所以不会与电子发生共振,在图 5.6.2(b)中,L波的 $N^2\leqslant 1$,不出现 $N^2\to\infty$ 的情况.

对于频率很低的情况,如果推导色散关系时离子运动是主要的,也会得到L波,因为L波电场矢量旋转方向与离子旋转方向相同,在 $\omega=\omega_{ci}$ 处也会发生共振,称离子回旋共振,这支波可以实现对离子的加热.

(2) 哨声波

如果频率很低,$\omega\ll\omega_{ce}\ll\omega_{pe}$,由(5.6.5)式,这时只有右旋圆偏振波(R波)能够传播,其色散关系可近似地表示为

$$\omega=\frac{\omega_{ce}c^2}{\omega_{pe}^2}k^2, \tag{5.6.8}$$

于是群速度

$$v_g=\frac{d\omega}{dk}=\frac{2c}{\omega_{pe}}\sqrt{\omega\omega_{ce}}. \tag{5.6.9}$$

(5.6.9)式表明,群速度随着频率的升高而增大,如果有一脉冲电磁波,其中频率较高成分沿磁力线传播速度快,频率较低成分传播速度慢,因此在远处的接收器是先接收到频率较高成分,而后才是频率较低成分.这样接收喇叭发出的声音是降调的,像哨声一样,故称哨声波.在空间物理研究中观察到这种哨声波,这是由于高空闪电产生的宽频带电磁波到达电离层后,沿着地球磁力线传播,到达地球另一端共轭点,如被探测器所接收,则为短哨声波;还有一部分被电离层反射回到闪电发生地,如被接收,则是长哨声波,如图 5.6.4 所示.

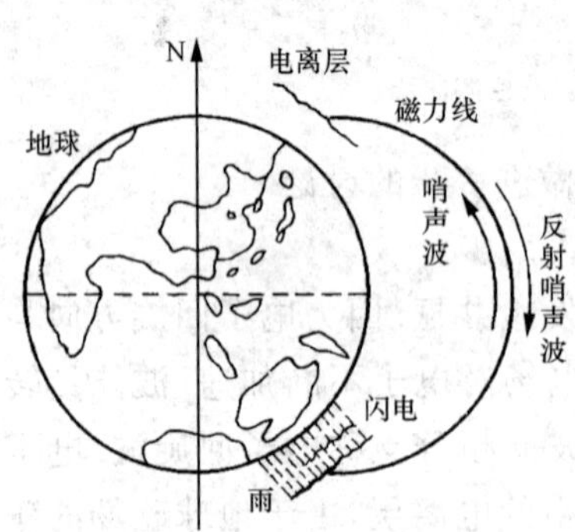

图 5.6.4 哨声波

哨声波最初是在第一次世界大战中,战地无线电报务员使用 10 kHz 通信系统工作时观测到

的一种现象，有时他们听到一个短的持续信号，开始频率高，后来频率低下来. 当时还以为他们听到的是运动炮弹壳发出的多普勒噪声. 1953 年斯托里（L. R. O. Storey）提出了对此现象的正确解释. 这是高空闪电产生的宽频电磁波脉冲穿入电离层后激发的低频波沿地球磁力线传播，被反射回原来地方，又冲到地球被人们听到.

空间物理研究中，常利用不同频率的哨声波传播速度不同引起的时间延迟，来测量等离子体电子的平均密度. 如果 $\omega \ll \omega_{ce}$，由(5.6.9)式，哨声波沿路径 s 传播时间

$$t = \int_s \frac{ds}{v_g} = \int_s \frac{\omega_{pe}(s)}{2c\sqrt{\omega\omega_{ce}}} ds, \tag{5.6.10}$$

如果 $\omega \leqslant \omega_{ce}$，则由(5.6.5)式，哨声波沿路径传播时间应改为

$$t = \frac{1}{2c}\int_s \frac{\omega_{pe}(s)}{\sqrt{\omega}} \frac{\omega_{ce}}{(\omega_{ce}-\omega)^{3/2}} ds. \tag{5.6.11}$$

(3) 法拉第旋转

一个线偏振波可以分解为一对左旋和右旋的圆偏振波；反之，一对圆偏振波也可合成为一个线偏振波. 因此，一束线偏振波平行磁场方向进入等离子体后，可形成左旋和右旋的两支圆偏振波，在传播过程中每一点还是合成为线偏振波. 但是沿磁力线方向传播时，因为这两支波的波矢量（或相速度）不同，随着传播距离变化引起的相位差就不同，合成的线偏振波的偏振面方向也就发生改变，因此沿磁力线方向传播时，波偏振面以磁力线为轴而旋转，这种现象称法拉第旋转，如图 5.6.5 所示.

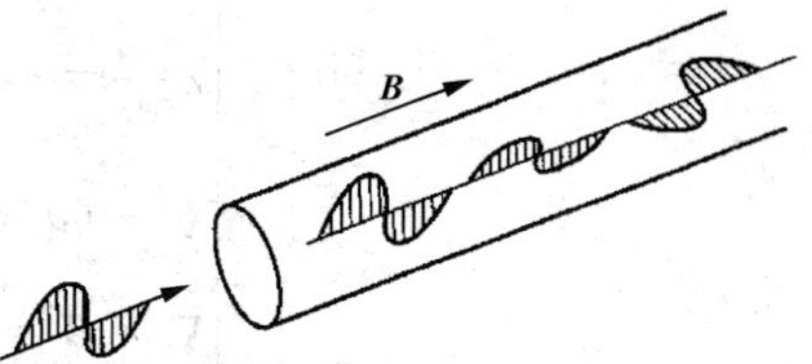

图 5.6.5 法拉第旋转

由(5.6.4)式，L 波与 R 波合成后的线偏振波为

$$\boldsymbol{E} = \boldsymbol{E}_L + \boldsymbol{E}_R = E_0[\boldsymbol{e}_x(e^{ik_L z} + e^{ik_R z}) - i\boldsymbol{e}_y(e^{ik_L z} - e^{ik_R z})]e^{-i\omega t}, \tag{5.6.12}$$

则

$$\frac{E_x}{E_y} = -i\frac{1+e^{i(k_L-k_R)z}}{1-e^{i(k_L-k_R)z}}. \tag{5.6.13}$$

令 $\boldsymbol{E}$ 与 x 轴的夹角为 φ，$\cot\varphi = E_x/E_y$，利用(5.6.13)式，可以证明，法拉第旋转角

$$\varphi = \operatorname{arccot}\frac{E_x}{E_y} = \frac{1}{2}(k_L - k_R)z. \tag{5.6.14}$$

因为 φ 与传播距离 z 成正比，表明偏振方向在波沿磁力线方向传播时不断地旋转. 法拉第旋转现象也可用来测定等离子体的平均电子密度.

通常试验选用的是高频电磁波，即 $\omega \gg \omega_{pe} \gg \omega_{ce}$ 情况，则由(5.6.5)式取近似得

$$(k_L - k_R) = \frac{\omega_{pe}^2 \omega_{ce}}{c\omega^2},$$

将此结果代入(5.6.14)式,则

$$\varphi = \frac{1}{2}(k_L - k_R)z = \frac{e^3 B_0 n_e}{2\varepsilon_0 c m_e^2 \omega^2} z. \tag{5.6.15}$$

因此,测量法拉第旋转角 φ,则可确定等离子体的平均电子密度.

5.7 磁流体力学波

前几节讨论的都是高频电磁波,其中都忽略了离子运动.本节要讨论的是有外磁场时,离子运动起主要作用的低频电磁波.对于磁化等离子体中频率很低的波($\omega \ll \omega_{pi}$或 $\omega \ll \omega_{ci}$),离子运动是主要的,而且电子和离子耦合在一起,因而可以用单磁流体力学方程来描述,通常称磁流体力学波.

现在考虑在稳定磁场 $\boldsymbol{B}_0$ 中的均匀无界等离子体,为简单起见,假定它是可压缩的无黏滞性的理想导电流体,满足理想磁流体力学方程(4.3.18)

$$\begin{cases} \dfrac{\partial \rho}{\partial t} + \nabla \cdot (\rho \boldsymbol{u}) = 0, \\ \rho \dfrac{\mathrm{d}\boldsymbol{u}}{\mathrm{d}t} = -\nabla p + \boldsymbol{j} \times \boldsymbol{B}, \\ \nabla \times (\boldsymbol{u} \times \boldsymbol{B}) = \dfrac{\partial \boldsymbol{B}}{\partial t}, \\ \nabla \times \boldsymbol{B} = \mu_0 \boldsymbol{j}, \\ p\rho^{-\gamma} = 常量 \quad (绝热方程). \end{cases} \tag{5.7.1}$$

这里绝热方程中 $\gamma = c_p/c_V = (f+2)/f$, f 为自由度数目.现在考虑偏离平衡的小扰动:

$$\begin{cases} \boldsymbol{B} = \boldsymbol{B}_0 + \boldsymbol{B}_1(r,t), \\ \boldsymbol{E} = E_1(\boldsymbol{r},t), \\ \rho = \rho_0 + \rho_1(\boldsymbol{r},t), \\ \boldsymbol{j} = \boldsymbol{j}_1(\boldsymbol{r},t), \\ p = p_0 + p_1(\boldsymbol{r},t), \\ \boldsymbol{u} = \boldsymbol{u}_1(\boldsymbol{r},t), \end{cases} \tag{5.7.2}$$

式中下角标“0”表示物理量的平衡值,下角标“1”表示扰动量.流体中电场、电流、速度的平衡值都为0.将(5.7.2)式代入(5.7.1)式,略去扰动量的二次以上小量的项,则得线性化方程组

$$\begin{cases} \dfrac{\partial \rho_1}{\partial t} + \rho_0 \nabla \cdot \boldsymbol{u}_1 = 0, \\ \rho_0 \dfrac{\partial \boldsymbol{u}_1}{\partial t} + v_s^2 \nabla \rho_1 + \dfrac{1}{\mu_0} \boldsymbol{B}_0 \times (\nabla \times \boldsymbol{B}_1) = 0, \\ \dfrac{\partial \boldsymbol{B}_1}{\partial t} - \nabla \times (\boldsymbol{u}_1 \times \boldsymbol{B}_0) = 0. \end{cases} \tag{5.7.3}$$

式中利用了由绝热方程得到的关系式

$$\nabla p = \frac{\partial p}{\partial \rho} \nabla \rho_1 = v_s^2 \nabla \rho_1. \tag{5.7.4}$$

其中

$$v_s = \sqrt{\gamma p_0 / \rho_0},$$

v_s 就是普通流体的声速. 由(5.7.3)联立方程组消去 ρ_1 和 $\boldsymbol{B}_1$，可得仅含 $\boldsymbol{u}_1$ 的方程

$$\frac{\partial^2 \boldsymbol{u}_1}{\partial t^2} - v_s^2 \nabla(\nabla \cdot \boldsymbol{u}_1) + \boldsymbol{v}_A \times \nabla \times [\nabla \times (\boldsymbol{u}_1 \times \boldsymbol{v}_A)] = 0, \tag{5.7.5}$$

其中

$$\boldsymbol{v}_A = \boldsymbol{B}_0 / \sqrt{\mu_0 \rho_0}. \tag{5.7.6}$$

(5.7.5)就是 $\boldsymbol{u}_1$ 的波动方程. 这个方程求解比较复杂，但如果分别研究平行于磁场和垂直于磁场两个方向传播的波，则可得到典型的、简单的解. 设平面波解

$$\boldsymbol{u}_1 = \boldsymbol{u}_{10} \exp[\mathrm{i}(\boldsymbol{k} \cdot \boldsymbol{r} - \omega t)],$$

将它代入(5.7.5)方程，得

$$-\omega^2 \boldsymbol{u}_1 + v_s^2 \boldsymbol{k}(\boldsymbol{k} \cdot \boldsymbol{u}_1) - \boldsymbol{v}_A \times \{\boldsymbol{k} \times [\boldsymbol{k} \times (\boldsymbol{u}_1 \times \boldsymbol{v}_A)]\} = 0,$$

上式化简后得波动方程

$$-\omega^2 \boldsymbol{u}_1 + (v_s^2 + v_A^2)(\boldsymbol{k} \cdot \boldsymbol{u}_1)\boldsymbol{k} + (\boldsymbol{v}_A \cdot \boldsymbol{k})[(\boldsymbol{v}_A \cdot \boldsymbol{k})\boldsymbol{u}_1 - (\boldsymbol{v}_A \cdot \boldsymbol{u}_1)\boldsymbol{k} - (\boldsymbol{k} \cdot \boldsymbol{u}_1)\boldsymbol{v}_A] = 0. \tag{5.7.7}$$

对于(5.7.7)波动方程，一般性讨论是比较复杂的，下面分别讨论两种典型的波模式.

1. 磁声波

设波传播方向垂直于磁场，$\boldsymbol{k} \perp \boldsymbol{B}_0$(即 $\boldsymbol{k} \perp \boldsymbol{v}_A$)，因 $\boldsymbol{v}_A \cdot \boldsymbol{k} = 0$，波动方程(5.7.7)第 3 项为 0，则可简化为

$$\omega^2 \boldsymbol{u}_1 - (v_s^2 + v_A^2)(\boldsymbol{k} \cdot \boldsymbol{u}_1)\boldsymbol{k} = 0. \tag{5.7.8}$$

显然，方程的解 $\boldsymbol{u}_1 \parallel \boldsymbol{k}$，所以是纵波，称磁声波. 由(5.7.8)式 $\boldsymbol{u}_1$ 非零解条件得磁声波色散关系

$$\omega^2 / k^2 = (v_s^2 + v_A^2). \tag{5.7.9}$$

由此得磁声波相速度

$$v_p = \omega / k = \sqrt{v_s^2 + v_A^2}. \tag{5.7.10}$$

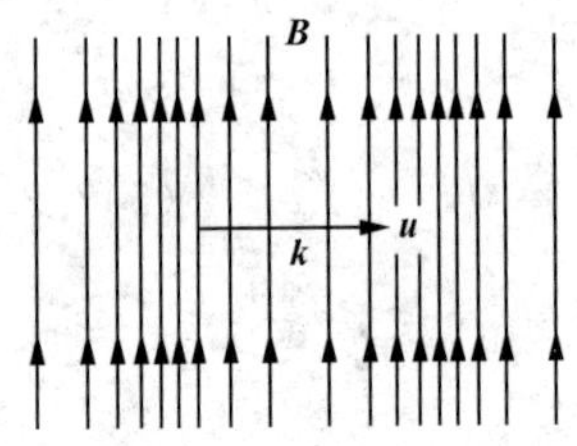

图 5.7.1 磁声波的物理图象

由(5.7.3)的第3个方程得

$$\boldsymbol{B}_1 = \frac{k}{\omega} u_1 \boldsymbol{B}_0, \tag{5.7.11}$$

(5.7.11)式结果表明，扰动磁场 $\boldsymbol{B}_1$ 与 $\boldsymbol{B}_0$ 方向平行，而且强度与 u_1 成正比周期性变化，因此磁流体中总磁场 $\boldsymbol{B}=\boldsymbol{B}_0+\boldsymbol{B}_1$，其磁力线不改变原来方向，但发生了疏密(或强度)的变化，如图5.7.1所示. 由于理想导电流体中磁力线的"冻结"效应，随着磁力线疏密的变化，磁流体也产生了松弛与压缩，形成纵波，即磁声波. 因此垂直于磁力线方向传播的磁声波就是由磁压强和动力压强产生的恢复力引起的纵波. 由(5.7.10)式，$v_{\mathrm{p}}=\sqrt{v_{\mathrm{s}}^2+v_{\mathrm{A}}^2}>v_{\mathrm{s}}$，即磁声波的相速度大于普通声速，这是因为增加了磁压强项，多了一个恢复力的缘故. 如果没有外磁场，$\boldsymbol{B}_0=0$，$\boldsymbol{v}_{\mathrm{A}}=0$，这时 $v_{\mathrm{p}}=v_{\mathrm{s}}$，磁声波就变成普通流体中传播的声波.

2. 阿尔文波

设波传播的方向平行于磁场，$\boldsymbol{k}\parallel\boldsymbol{B}_0$(即 $\boldsymbol{k}\parallel\boldsymbol{v}_{\mathrm{A}}$)，波动方程(5.7.7)化为

$$(k^2 v_{\mathrm{A}}^2-\omega^2)\boldsymbol{u}_1+(v_{\mathrm{s}}^2/v_{\mathrm{A}}^2-1)k^2(\boldsymbol{v}_{\mathrm{A}}\cdot\boldsymbol{u}_1)\,\boldsymbol{v}_{\mathrm{A}}=0. \tag{5.7.12}$$

这时可能存在两种波：

(1) 纵波(普通声波)：$\boldsymbol{u}_1\parallel\boldsymbol{k}$(即 $\boldsymbol{u}_1\parallel\boldsymbol{v}_{\mathrm{A}}$). 由(5.7.12)式 $\boldsymbol{u}_1$ 非零解条件得色散关系

$$\omega^2-k^2 v_{\mathrm{s}}^2=0. \tag{5.7.13}$$

因为 $\boldsymbol{u}_1\parallel\boldsymbol{k}\parallel\boldsymbol{B}_0$，由(5.7.3)第3式，$\boldsymbol{B}_1=0$，无扰动磁场，所以这种纵波就是普通声波，相速度 $v_{\mathrm{p}}=\omega/k=v_{\mathrm{s}}$(声速).

(2) 横波(阿尔文波)：$\boldsymbol{u}_1\perp\boldsymbol{k}$(即 $\boldsymbol{u}_1\cdot\boldsymbol{v}_{\mathrm{A}}=0$)，这时由(5.7.12)得色散关系为

$$\omega^2-k^2 v_{\mathrm{A}}^2=0. \tag{5.7.14}$$

因此相速度 $v_{\mathrm{p}}=\omega/k=v_{\mathrm{A}}$. 这是沿磁场方向、以恒定速度 v_{A} 传播的横波，称阿尔文(Alfvén)波，所以(5.7.6)式定义的 $\boldsymbol{v}_{\mathrm{A}}$ 称为阿尔文速度. 阿尔文波是一种纯的磁流体力学现象，它是1942年，阿尔文在研究宇宙电动力学中首先在理论上发现的一种磁流体力学波.

现在从物理上来说明阿尔文波. 因为磁场作用于导电流体上相当于各向同性的磁压强 $B^2/2\mu_0$ 和沿磁力线方向张力 B^2/μ_0. 假设穿过单位横截面积上有 B 条磁力线，则平均每条磁力线的张力为 B/μ_0. 由于磁力线的"冻结"效应，当流体元受垂直磁力线方向扰动偏离平衡位置时，磁力线与流体一起运动，引起磁力线弯曲，在磁力线弯曲处形成的磁张力提供垂直磁力线方向的恢复力，于是产生磁力线与流体一起的振荡. 这样磁力线就相当于一根有质量的弹性弦，平均每条磁力线单位长

度的质量为 ρ/B."拨动"这根磁力线与流体冻结在一起的"弹性弦"引起的振荡、沿着弦方向传播的波，就是阿尔文波，如图 5.7.2 所示. 根据弹性力学，弹性弦横振动的传播速度 $v=\sqrt{T/\rho}$，T 为弦的张力，ρ 为单位长度弦的质量. 现在每根磁力线张力为 B/μ_0，每根磁力线单位长度的质量为 ρ/B，则横振荡传播速度

$$v=\sqrt{\frac{B/\mu_0}{\rho/B}}=B/\sqrt{\mu_0\rho}=v_{\mathrm{A}}.$$

这个结果与阿尔文波传播速度(5.7.6)式完全相同.

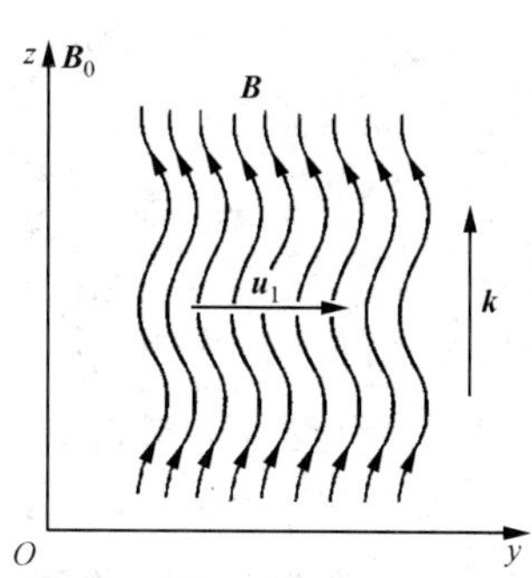

图 5.7.2 阿尔文波的物理图象

另一方面，由(5.7.3)的第 3 式可得

$$\boldsymbol{B}_1=-\frac{k}{\omega}B_0\boldsymbol{u}_1, \tag{5.7.15}$$

磁力线随 z 的横向位移

$$y(z,t)=\int_{z_0}^{z}\frac{B_{1y}(z,t)}{B_0}\mathrm{d}z=\frac{1}{B_0}\int_{z_0}^{z}B_{1y}(0)\mathrm{e}^{\mathrm{i}(kz-\omega t)}\mathrm{d}z=\frac{1}{\mathrm{i}kB_0}B_{1y}, \tag{5.7.16}$$

利用(5.7.15)和(5.7.16)式，磁力线横振荡的速度

$$u_y=\frac{\mathrm{d}y}{\mathrm{d}t}=-\mathrm{i}\omega y=-\frac{\omega}{kB_0}B_{1y}=u_1, \tag{5.7.17}$$

(5.7.17)式说明，磁力线的横振荡速度 u_y 与导电流体元的横振荡速度 u_1 相等.

由此可见，以上物理解释是合理的，阿尔文波就是由于磁力线与流体"冻结"在一起做横向振荡、并沿着磁场方向传播的横波.

磁声波(有时也称压缩阿尔文波)和阿尔文波都是频率很低的磁流体力学波. 本节所讨论的磁声波是垂直磁场方向传播的纵波，实际上磁声波也可与磁场成任意角度传播，称为快磁声波. 本节讨论的阿尔文波是沿磁力线方向传播的横波，实际上阿尔文波也可以与磁力线成任意角度(除 90°外)传播，称为斜阿尔文波.

3. 有限电导率时阿尔文波的衰减

如果流体的电导率是有限的，则磁力线与流体不完全"冻结"，磁力线与流体间有相对运动，波传播时应有损耗而振幅衰减. 现在应当从(4.3.17)磁流体力学方程组出发，导出扰动量的线性化方程. 这与理想磁流体条件下得到(5.7.3)式的方法一样，只是增加一项有限电导率贡献，即

$$\begin{cases}\dfrac{\partial\rho_1}{\partial t}+\rho_0\,\nabla\cdot\boldsymbol{u}_1=0,\\ \rho_0\,\dfrac{\partial\boldsymbol{u}_1}{\partial t}+v_s^2\,\nabla\rho_1+\dfrac{1}{\mu_0}\boldsymbol{B}_0\times(\nabla\times\boldsymbol{B}_1)=0,\\ \dfrac{\partial\boldsymbol{B}_1}{\partial t}-\nabla\times(\boldsymbol{u}_1\times\boldsymbol{B}_0)=\nu_m\,\nabla^2\boldsymbol{B}_1\neq 0.\end{cases}\tag{5.7.18}$$

式中 $\nu_m=1/\mu_0\sigma_c$，(5.7.18)第3式中 $\nu_m\,\nabla^2\boldsymbol{B}_1\neq 0$ 就是有限电导率增加的项.

对于阿尔文波：$\boldsymbol{k}\parallel\boldsymbol{B}_0$，$\boldsymbol{u}_1\perp\boldsymbol{k}$，设平面波解 $\boldsymbol{u}_1=\boldsymbol{u}_{10}\exp[\mathrm{i}(\boldsymbol{k}\cdot\boldsymbol{r}-\omega t)]$，则由(5.7.18)方程和 $\boldsymbol{u}_1$ 非零解条件，得色散关系：

$$k^2v_A^2=\omega^2(1+\mathrm{i}\nu_m k^2/\omega),\tag{5.7.19}$$

式中 $\boldsymbol{v}_A=\boldsymbol{B}_0/\sqrt{\mu_0\rho_0}$ 为阿尔文速度，(5.7.19)式就是有限电导率阿尔文波的色散关系. 显然，对于理想磁流体，$\nu_m=1/\mu_0\sigma_c\to 0$，则(5.7.19)式就化为理想磁流体阿尔文波色散关系(5.7.14)式. 一般地，由于电阻校正项较小，$\nu_m k^2/\omega\ll 1$，所以(5.7.19)式可近似地化为

$$k=\frac{\omega}{v_A}+\mathrm{i}\,\frac{\omega^2\nu_m}{2v_A^3}.\tag{5.7.20}$$

(5.7.20)式的波矢为复数，表明有限电导率时阿尔文波是振幅衰减的波，衰减的大小由虚部决定. 因为虚部与 ω^2 成正比，所以振幅衰减随频率的增加而迅速地增加，且随磁场强度增加而迅速地减少.

在核聚变研究中，阿尔文波可用来加热等离子体.

最后，将上节和本节讨论的高频至低频范围的电磁波，在高密度和低密度等离子体中，沿磁场方向的传播特性归纳在一起，用图 5.7.3 表示①. 由 ω-k 色散关系曲线可

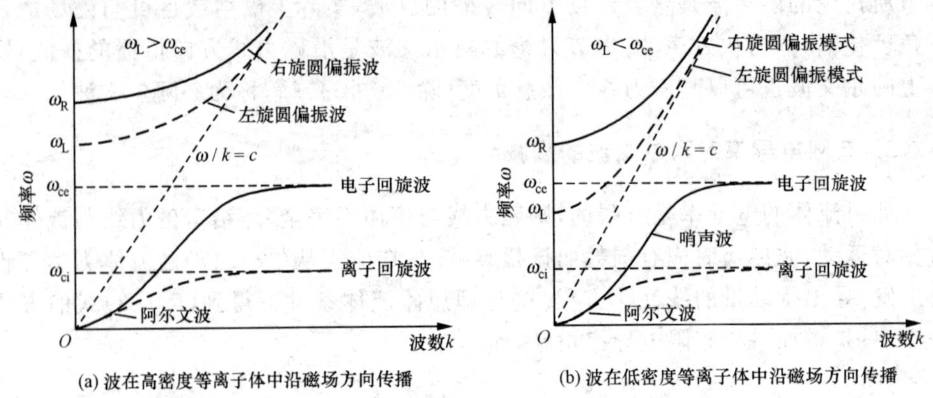

图 5.7.3　高频至低频范围的电磁波，在高密度(a)和低密度(b)等离子体中沿磁场方向的传播特性

① 参看：N. A. 克拉尔，A. W. 特里维尔皮斯著，郭书印等译，《等离子体物理学原理》，原子能出版社，1983年，125页.

见：$\omega \to \omega_{ce}$时是电子回旋共振波；$\omega \to \omega_{ci}$时是离子回旋共振波；$\omega \ll \omega_{ci}$时是阿尔文波.

5.8　波与粒子相互作用,朗道阻尼与朗道增长

本节讨论波和粒子间的相互作用.在没有碰撞情况下,也可能存在波和粒子间的能量交换,波的能量可能被粒子吸收而衰减,也可能从粒子吸收能量而增长.波与粒子作用机制研究对波加热等离子体或波的不稳定性都是非常重要的.

下面用粒子与静电波之间相互作用的简化模型,来说明波与粒子能量交换机制的物理概念.假设大量带电粒子群,分别以不同的初始速度 v_0 沿磁力线漂移,同时设 $\boldsymbol{E} \parallel \boldsymbol{k}$ 的静电波(纵波)沿平行磁力线方向传播,如图 5.8.1 所示.如果粒子群的漂移速度 $\boldsymbol{v}$ 与静电波传播速度相近,则粒子群与静电波之间就可能产生相互作用并交换能量.现取 z 轴沿磁场 $\boldsymbol{B}$ 方向,静电波场

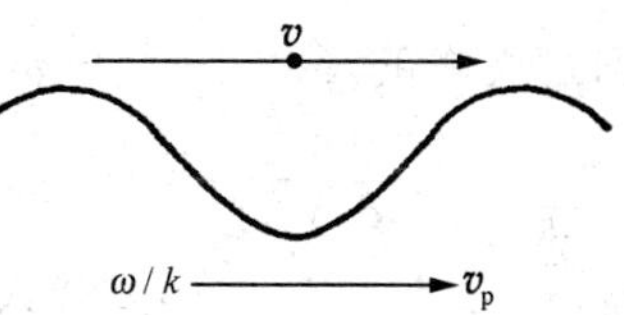

图 5.8.1　波和粒子间的相互作用

$$\boldsymbol{E} = E\cos(kz - \omega t)\boldsymbol{e}_z, \tag{5.8.1}$$

粒子群漂移速度 $\boldsymbol{v} = v\boldsymbol{e}_z$,粒子群在静电波场作用下的漂移运动方程

$$m\frac{\mathrm{d}v}{\mathrm{d}t} = qE\cos(kz - \omega t). \tag{5.8.2}$$

设电场 E 为小的扰动量,则(5.8.2)方程可用逐级近似方法求解.先忽略静电波场 E 的作用,即令(5.8.2)方程右方等于 0,由此得方程的零级近似解：粒子做匀速直线运动,即

$$z = v_0 t + z_0, \tag{5.8.3}$$

式中 v_0 为粒子的初始速度,z_0 为粒子的初始位置.用零级解(5.8.3)代入(5.8.2)方程,并设粒子速度的一级修正为 v_1,即 $v = v_0 + v_1$,于是由(5.8.2)方程得一级修正解 v_1 满足的方程

$$m\frac{\mathrm{d}v_1}{\mathrm{d}t} = qE\cos(kz_0 + kv_0 t - \omega t) = qE\cos(kz_0 + \alpha t), \tag{5.8.4}$$

式中 $\alpha = kv_0 - \omega$.设初始 $t=0$ 时,$v_1(0)=0$,则由(5.8.4)方程得一级修正解

$$v_1 = \frac{qE}{m\alpha}[\sin(kz_0 + \alpha t) - \sin kz_0]. \tag{5.8.5}$$

由一级修正解 v_1 引起的空间位置修正为 z_1,即粒子运动空间位置 $z = z_0 + z_1$,$kz_1 \ll 1$,应用(5.8.5)式

$$z_1 = \int_0^t v_1 \mathrm{d}t = \frac{qE}{m}\left[\frac{-\cos(kz_0 + \alpha t) + \cos kz_0}{\alpha^2} - \frac{t\sin kz_0}{\alpha}\right]. \tag{5.8.6}$$

设二级修正解为 v_2，此时 $v=v_0+v_1+v_2$，$z=z_0+z_1$，将它们代入(5.8.2)方程，得

$$m\frac{\mathrm{d}(v_1+v_2)}{\mathrm{d}t}=qE\cos[k(z_0+z_1)+\alpha t]=qE\cos[(kz_0+\alpha t)+kz_1]$$
$$=qE\cos(kz_0+\alpha t)-qE\sin(kz_0+\alpha t)kz_1, \tag{5.8.7}$$

因为 $kz_1\ll 1$，在(5.8.7)式中，取 $\cos kz_1=1$，$\sin kz_1=kz_1$. 由(5.8.4)和(5.8.7)式，得 v_2 满足的方程

$$m\frac{\mathrm{d}v_2}{\mathrm{d}t}=-qE\sin(kz_0+\alpha t)kz_1. \tag{5.8.8}$$

到二级修正，$v=v_0+v_1+v_2$，则粒子动能变化

$$\frac{\mathrm{d}}{\mathrm{d}t}\left(\frac{1}{2}mv^2\right)=mv\frac{\mathrm{d}v}{\mathrm{d}t}=mv_0\frac{\mathrm{d}v_1}{\mathrm{d}t}+mv_1\frac{\mathrm{d}v_1}{\mathrm{d}t}+mv_0\frac{\mathrm{d}v_2}{\mathrm{d}t}+\cdots, \tag{5.8.9}$$

将(5.8.4)—(5.8.8)式代入(5.8.9)式，保留到二阶小量项，得

$$\frac{\mathrm{d}}{\mathrm{d}t}\left(\frac{1}{2}mv^2\right)=v_0qE\cos(kz_0+\alpha t)+\frac{q^2E^2}{m\alpha}[\sin(kz_0+\alpha t)-\sin kz_0]\cos(kz_0+\alpha t)$$
$$-\frac{kv_0q^2E^2}{m}\left[\frac{-\cos(kz_0+\alpha t)+\cos kz_0}{\alpha^2}-\frac{t\sin kz_0}{\alpha}\right]\sin(kz_0+\alpha t), \tag{5.8.10}$$

将上式对粒子的初始位置 z_0 取平均，因为 $\langle\sin kz_0\rangle=\langle\cos kz_0\rangle=\langle\sin kz_0\cos kz_0\rangle=0$，$\langle(\sin kz_0)^2\rangle=\langle(\cos kz_0)^2\rangle=1/2$，则得

$$\left\langle\frac{\mathrm{d}}{\mathrm{d}t}\left(\frac{1}{2}mv^2\right)\right\rangle_{z_0}=\frac{q^2E^2}{2m}\left(\frac{-\omega\sin\alpha t}{\alpha^2}+t\cos\alpha t+\frac{\omega t\cos\alpha t}{\alpha}\right). \tag{5.8.11}$$

若考虑粒子初始速度 v_0 的分布，则粒子从波中得到的能量还必须对粒子初始速度分布求平均. 设速度分布为 $f(v_0)$，因为 $\alpha=kv_0-\omega$，则初始速度分布为

$$f(v_0)=f\left(\frac{\alpha+\omega}{k}\right)=g(\alpha). \tag{5.8.12}$$

$f(v_0)$有归一化条件

$$\int_{-\infty}^{\infty}f(v_0)\mathrm{d}v_0=\frac{1}{k}\int g(\alpha)\mathrm{d}\alpha=1. \tag{5.8.13}$$

利用(5.8.12)分布，(5.8.11)式中再对 v_0 分布求平均，得

$$\left\langle\frac{\mathrm{d}}{\mathrm{d}t}\left(\frac{1}{2}mv^2\right)\right\rangle_{z_0,v_0}$$
$$=\frac{q^2E^2}{2m}\left[-\frac{\omega}{k}\int g(\alpha)\frac{\sin\alpha t}{\alpha^2}\mathrm{d}\alpha+\frac{1}{k}\int g(\alpha)t\cos\alpha t\,\mathrm{d}\alpha+\frac{\omega}{k}\int g(\alpha)\frac{t\cos\alpha t}{\alpha}\mathrm{d}\alpha\right]. \tag{5.8.14}$$

对(5.8.14)式右边方括号中第2项积分(令 $\alpha t=x$)

$$\frac{1}{k}\int g(\alpha)t\cos\alpha t\,\mathrm{d}\alpha=\frac{1}{k}\int g(x/t)\cos x\mathrm{d}x,$$

当 $t\to\infty$ 时，此项积分为 0.（5.8.14）式右边方括号中第 3 项积分

$$\frac{\omega}{k}\int\frac{g(\alpha)t\cos\alpha t}{\alpha}\mathrm{d}\alpha=\frac{\omega}{k}\int\frac{t}{x}g(x/t)\cos x\mathrm{d}x,$$

上式 $g(\alpha)$ 的偶函数部分对积分无贡献；若 $g(\alpha)$ 在 $\alpha=0$ 处光滑，则 $g(\alpha)$ 的奇函数部分的贡献，同第 2 项积分一样，当 $t\to\infty$ 时也为 0，因此（5.8.14）式只有方括号中的第 1 项有贡献，即

$$\left\langle\frac{\mathrm{d}}{\mathrm{d}t}\left(\frac{1}{2}mv^2\right)\right\rangle_{z_0,v_0}=-\frac{\omega q^2E^2}{2mk}\int g(\alpha)\frac{\sin\alpha t}{\alpha^2}\mathrm{d}\alpha.\tag{5.8.15}$$

上式积分主要贡献来自 $\alpha=0$ 附近，所以将 $g(\alpha)$ 在 $\alpha=0$ 处展开，

$$g(\alpha)=g(0)+\alpha g'(0)+(\alpha^2/2)g''(0)+\cdots.\tag{5.8.16}$$

因为 $\sin\alpha t/\alpha^2$ 为 α 的奇函数，将（5.8.16）式代入（5.8.15）式，前 3 项中只有第 2 项有贡献，对于大的 t 值，则得

$$\left\langle\frac{\mathrm{d}}{\mathrm{d}t}\left(\frac{1}{2}mv^2\right)\right\rangle_{z_0,v_0}=-\frac{\omega q^2E^2}{2mk}\int g'(0)\frac{\sin\alpha t}{\alpha}\mathrm{d}\alpha=-\frac{\pi q^2E^2}{2m\,|\,k\,|}\left(\frac{\omega}{k}\right)\left(\frac{\partial f(v_0)}{\partial v_0}\right)_{v_0=\omega/k},\tag{5.8.17}$$

这里应用了

$$\lim_{t\to\infty}\int_{-\infty}^{+\infty}g'(0)\frac{\sin\alpha t}{\alpha}\mathrm{d}\alpha=g'(0)\lim_{t\to\infty}\int_{-\infty}^{+\infty}\frac{\sin\alpha t}{\alpha}\mathrm{d}\alpha=\pi g'(0).\tag{5.8.18}$$

由（5.8.17）式可以看出，当 $v_0=\omega/k=v_\mathrm{p}$（波的相速度）时：如果 $v_0(\partial f(v_0)/\partial v_0)<0$，则粒子从波中获得能量，波的振幅衰减；反之，如果 $v_0(\partial f(v_0)/\partial v_0)>0$ 时，则粒子损失能量，波获得能量，波的振幅增长. 这就是粒子与波相互作用交换能量，使波衰减或增长. 因为这是 1946 年朗道在理论上研究无碰撞等离子体波的性质时发现的，故称为朗道阻尼和朗道增长.

朗道阻尼与增长还可以从物理上做如下说明. 当粒子速度接近波的相速度 $v\approx\omega/k$ 时，由于粒子与波的共振作用，速度稍大于相速度的粒子把多余的能量交给波，使其平均速度减小到相速度；速度稍小于相速度的粒子，则从波中吸收能量，使其平均速度增大到相速度，这就是波与粒子在共振条件附近的能量交换. 如图 5.8.2(a)，在 $v=\omega/k$ 点，$(\partial f/\partial v)<0$，于是在 $v<\omega/k$ 的小区域内，从波中吸收能量的粒子数较多，而在 $v>\omega/k$ 的小区域内把能量交给波的粒子数较少，结果粒子总的能量增加，而波的能量减小，振幅衰减，因此出现朗道阻尼现象. 如图 5.8.2(b) 情况则相反，在 $v=\omega/k$ 点，$(\partial f/\partial v)>0$，这样在 $v<\omega/k$ 时，从波中吸收能量的

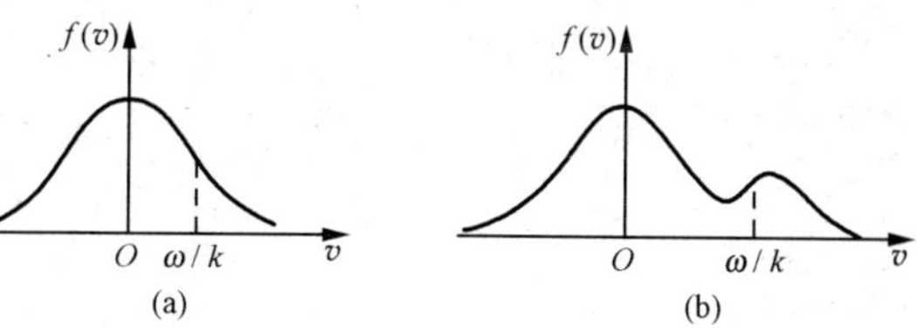

图 5.8.2　朗道阻尼(a)和朗道增长(b)

粒子数较少，而在 $v>\omega/k$ 时，交给波能量的粒子数较多，总的结果是粒子损失能量，波的振幅增长，因而出现朗道增长. 1965 年美国的马尔姆贝格(Malmberg)用实验证实了朗道阻尼现象.

第6章　库仑碰撞与输运过程

前几章介绍并应用单粒子轨道理论、磁流体力学方程研究和处理了等离子体中的一系列问题，其特点是大都忽略了带电粒子间的碰撞. 磁流体力学模型是建立在粒子间频繁碰撞基础上的，但把它应用于等离子体波问题时，往往又忽略其碰撞的影响，这是因为波的频率远大于等离子体中粒子间的碰撞频率，因而可以忽略碰撞的影响.

现在还有一类问题，如等离子体处于不平衡状态如何趋向平衡，这就需要等离子体中带电粒子短程的库仑碰撞. 此外，等离子体内部存在密度、速度、温度的空间不均匀或存在电场时，将会出现粒子流、动量流、能量流或电流，这些属于一定物理量在空间的传输过程，称输运过程，也涉及等离子体中粒子间的碰撞. 这些都是碰撞导致的等离子体宏观行为. 等离子体中粒子间存在库仑长程相互作用，由于离子与电子质量相差很大，而且往往存在强磁场，因此等离子体中的输运现象变得十分复杂. 等离子体输运现象在受控核聚变研究的很多方面都有重要作用，在等离子体物理中占有重要地位.

严格处理等离子体的输运问题，应该用微观的动理论，采用分布函数描述，用动理学方程研究分布函数的时间演化；然后一切宏观量(如密度、平均速度、温度、电流密度等)都按速度分布函数对相应微观量求平均值而得到，从而得到等离子体宏观行为.

如果只需要了解一些宏观量的变化，也可以从磁流体力学方程出发进行研究. 磁流体力学方程，包括每一种粒子的连续性方程、运动方程、能量方程和广义欧姆定律等，对这些方程组中的电磁场，如果忽略波场，只保留外场，于是不需要麦克斯韦方程组，这样磁流体力学方程组就变成输运方程组. 带电粒子间的碰撞使输运方程彼此耦合，因此需要联立求解等离子体中所有带电粒子组成的流体的输运方程组，才能得到完整的输运过程的描述，输运方程中的系数则通过动理学方程求得. 本章主要介绍的就是这方面的内容.

6.1　等离子体的输运方程组

等离子体输运方程组可以用唯象的方法来建立，也可以用等离子体动理学方程求速度矩来严格推导. 在第4章已采用后一种方法得到了各种粒子成分的磁流体力学方程组，因此输运方程组很容易由此得到.

设等离子体中含有多种粒子组分，用 $\alpha(\alpha=\mathrm{e},\mathrm{i},\cdots)$ 表示，并且带电粒子间的作用只有弹性碰撞，由双流体力学方程(4.2.10)可以得到如下输运方程组.

(1) 连续性方程

$$\frac{\partial n_\alpha}{\partial t}+\nabla\cdot(n_\alpha\boldsymbol{u}_\alpha)=0, \tag{6.1.1}$$

或

$$\frac{\partial \rho_\alpha}{\partial t}+\nabla\cdot(\rho_\alpha\boldsymbol{u}_\alpha)=0,$$

连续性方程表示粒子数密度 n_α 守恒或质量密度 $\rho_\alpha=m_\alpha n_\alpha$ 守恒.

(2) 运动方程

$$m_\alpha n_\alpha\frac{\mathrm{d}\boldsymbol{u}_\alpha}{\mathrm{d}t}=n_\alpha q_\alpha(\boldsymbol{E}+\boldsymbol{u}_\alpha\times\boldsymbol{B})-\nabla p_\alpha-\nabla\cdot\mathbf{\Pi}_\alpha+\boldsymbol{R}_\alpha, \tag{6.1.2}$$

式中 $\boldsymbol{R}_\alpha=\sum\limits_{\beta\neq\alpha}\boldsymbol{R}_{\alpha\beta}$，$\boldsymbol{R}_\alpha$ 为弹性碰撞造成的对 α 粒子的摩擦阻力，$\boldsymbol{R}_{\alpha\beta}(\beta\neq\alpha)$ 为不同类粒子弹性碰撞的动量交换造成的 β 粒子对 α 粒子的摩擦阻力，$-\nabla\cdot\mathbf{\Pi}_\alpha$ 为粒子弹性碰撞引起的对 α 粒子的黏性力，对于理想流体 $\nabla\cdot\mathbf{\Pi}_\alpha=0$.

(3) 能量平衡方程

$$\frac{3}{2}n_\alpha\frac{\mathrm{d}T_\alpha}{\mathrm{d}t}=-(\mathbf{p}_\alpha\cdot\nabla)\cdot\boldsymbol{u}_\alpha-\nabla\cdot\boldsymbol{q}_\alpha+Q_\alpha, \tag{6.1.3}$$

式中 $\mathbf{p}_\alpha=p_\alpha\mathbf{I}+\mathbf{\Pi}_\alpha$ 为热压强张量，$\boldsymbol{q}_\alpha$ 为热流矢量，$Q_\alpha=\sum\limits_{\beta\neq\alpha}Q_{\alpha\beta}$ 为弹性碰撞交换的热能. 对于理想流体 $(\mathbf{p}_\alpha\cdot\nabla)\cdot\boldsymbol{u}_\alpha=p_\alpha\nabla\cdot\boldsymbol{u}_\alpha$.

(6.1.1)—(6.1.3)为输运方程组. 但需要说明两点：

(1) 输运方程组不封闭，这在第4章推导磁流体力学方程时已经指出过，因为在输运方程组中有两个未知的高阶矩 $\boldsymbol{q}_\alpha$，$\mathbf{\Pi}_\alpha$. 解决的办法，一是把黏性张量和热流矢量忽略，即 $\mathbf{\Pi}_\alpha=0$，$\boldsymbol{q}_\alpha=0$，高阶矩被截断；另一是依靠实验定律，把高阶矩用低阶矩表示，这样输运方程组可以闭合. 如果系统偏离平衡态不远，通常高阶矩可用如下线性的输运定律表示：

傅里叶热传导定律：

$$\boldsymbol{q}_\alpha=-\kappa_\alpha\nabla T_\alpha, \tag{6.1.4}$$

式中 κ_α 为热传导系数.

牛顿黏性定律：

$$\mathbf{\Pi}_\alpha=-\zeta_\alpha\left(\mathbf{\Lambda}-\frac{3}{2}\mathbf{I}\nabla\cdot\boldsymbol{u}\right)-\gamma_\alpha\mathbf{I}(\nabla\cdot\boldsymbol{u}), \tag{6.1.5}$$

$$\Lambda_{ij}=\frac{\partial u_i}{\partial x_j}+\frac{\partial u_j}{\partial x_i}\quad(i,j=1,2,3),$$

式中 ζ_α，γ_α 分别为剪切黏性系数和体黏性系数.

(6.1.4)和(6.1.5)式实现了高阶矩用低阶矩表示,有关输运系数可以利用实验测定的值或由动理论计算得到的值.

输运方程组中所含的碰撞项可以从动理学方程得到:

$$\boldsymbol{R}_{\alpha\beta}=-m_\alpha n_\alpha \nu_{\alpha\beta}(\boldsymbol{u}_\alpha-\boldsymbol{u}_\beta),\quad Q_{\alpha\beta}=-n_\alpha \nu_{\alpha\beta}^T(T_\alpha-T_\beta), \tag{6.1.6}$$

式中 $\nu_{\alpha\beta}$ 为 α,β 粒子间动量平衡的平均碰撞频率,$\nu_{\alpha\beta}^T$ 为温度平衡的平均碰撞频率.

(2) 输运方程组中的 $\boldsymbol{E},\boldsymbol{B}$ 是外场,不包含等离子体自身运动产生的波场,因而不需要麦克斯韦方程组.输运方程与磁流体力学方程的重要区别是输运方程组考虑弹性碰撞项,但不考虑波场,因而不存在和麦克斯韦方程组耦合的问题.

6.2 库仑碰撞

输运过程要考虑带电粒子间的碰撞,而输运方程组中包含有碰撞项,因此研究等离子体中输运过程,首先要研究带电粒子间的库仑碰撞.

1. 二体碰撞化为单体问题

如图 6.2.1,设两个粒子其质量和运动速度分别为 $m_\alpha,\boldsymbol{v}_\alpha,m_\beta,\boldsymbol{v}_\beta$,粒子间的相互作用力为 $\boldsymbol{F}_{\alpha\beta}(r_{\alpha\beta})$,则运动方程为

$$\begin{cases} m_\alpha \ddot{\boldsymbol{r}}_\alpha=\boldsymbol{F}_{\alpha\beta}(r_{\alpha\beta}), \\ m_\beta \ddot{\boldsymbol{r}}_\beta=-\boldsymbol{F}_{\alpha\beta}(r_{\alpha\beta}), \end{cases} \tag{6.2.1}$$

式中 $r_{\alpha\beta}=|\boldsymbol{r}_\alpha-\boldsymbol{r}_\beta|$.引入质心坐标与相对坐标:

$$\begin{cases} \boldsymbol{R}_c=(m_\alpha \boldsymbol{r}_\alpha+m_\beta \boldsymbol{r}_\beta)/(m_\alpha+m_\beta), \\ \boldsymbol{r}=\boldsymbol{r}_\alpha-\boldsymbol{r}_\beta. \end{cases} \tag{6.2.2}$$

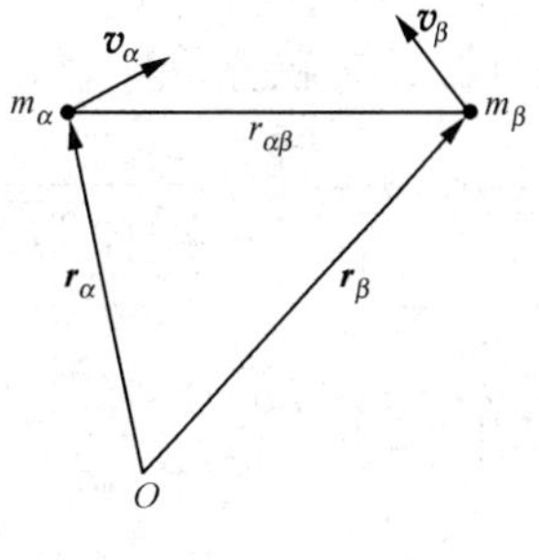

图 6.2.1 二粒子相互作用

由(6.2.2)代入(6.2.1),因为 $\ddot{\boldsymbol{R}}_c=0$,得

$$\begin{cases} \boldsymbol{V}_c=\dot{\boldsymbol{R}}_c=\text{常矢量}, \\ \mu\ddot{\boldsymbol{r}}=\boldsymbol{F}_{\alpha\beta}(r), \end{cases} \tag{6.2.3}$$

式中 $\boldsymbol{V}_c$ 为质心运动速度,$\mu=m_\alpha m_\beta/(m_\alpha+m_\beta)$ 为折合(约化)质量.(6.2.3)式结果表明,质心保持匀速直线运动,相对运动相当于质量为 μ 的一个粒子受力心固定的有心力 $\boldsymbol{F}_{\alpha\beta}(r)$ 作用的单粒子运动.于是在质心坐标系中,二体碰撞化为单体问题,问题得到简化.

2. 库仑碰撞偏转角

如图 6.2.2 所示,在质心坐标系中,一个在远处质量为 μ、电荷为 q_α 的粒子,以

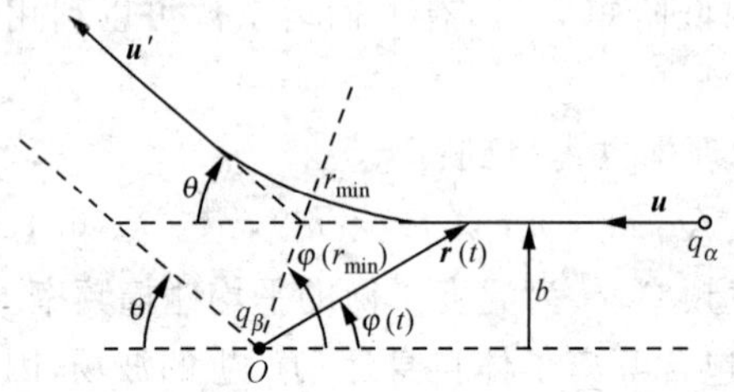

图 6.2.2　固定力心的有心力场中，粒子的运动轨道

速度 $\boldsymbol{u}$ 射向固定在 O 点的另一个电荷为 q_β 的粒子，其瞄准距离为 b（也称碰撞参量），受有心力 $\boldsymbol{F}_{\alpha\beta}(r)$ 的作用而发生偏转，其偏转角为 θ，偏转后速度为 $\boldsymbol{u}'$，这称为二粒子碰撞（或称散射）. 现在计算 q_α 粒子受有心力 $\boldsymbol{F}_{\alpha\beta}$ 作用时，偏转角 θ 与碰撞参量 b 之间关系.

在固定力心的有心力场中粒子运动，满足机械能守恒和动量矩（角动量）守恒：

$$\begin{cases}\dfrac{1}{2}\mu(\dot{r}^2+r^2\dot{\varphi}^2)+V(r)=W(\text{常量}),\\ \mu r^2\dot{\varphi}=l(\text{常量}),\end{cases}\tag{6.2.4}$$

式中 $W=\dfrac{1}{2}\mu u^2$ 为粒子初始动能，$l=\mu ub$ 为粒子初始动量矩，$V(r)$ 为粒子的作用势能. 由(6.2.4)方程解得

$$\frac{\mathrm{d}\varphi}{\mathrm{d}r}=\frac{l}{r^2\sqrt{2\mu[W-V(r)-l^2/2\mu r^2]}}.\tag{6.2.5}$$

对(6.2.5)积分，得

$$\varphi(r_{\min})=\int_{r_{\min}}^{\infty}\frac{l\mathrm{d}r}{r^2\sqrt{2\mu[W-V(r)-l^2/2\mu r^2]}}=\int_{r_{\min}}^{\infty}\frac{b\mathrm{d}r}{r^2\sqrt{1-V(r)/W-b^2/r^2}},\tag{6.2.6}$$

式中 $r_{\min}$ 由 $\left(\dfrac{\mathrm{d}r}{\mathrm{d}\varphi}\right)_{r=r_{\min}}=0$ 条件确定：

$$1-V(r_{\min})/W-b^2/r_{\min}^2=0.\tag{6.2.7}$$

偏转角

$$\theta=\pi-2\varphi(r_{\min})=\pi-2\int_{r_{\min}}^{\infty}\frac{b\mathrm{d}r}{r^2\sqrt{1-V(r)/W-b^2/r^2}}.\tag{6.2.8}$$

将库仑作用势

$$V(r)=\frac{q_\alpha q_\beta}{4\pi\varepsilon_0 r}\tag{6.2.9}$$

代入(6.2.7)式，得

$$r_{\min}=\frac{b^2}{\sqrt{b^2+b_0^2}-b_0},\tag{6.2.10}$$

式中

$$b_0=q_\alpha q_\beta/4\pi\varepsilon_0\mu u^2.\tag{6.2.11}$$

应用(6.2.9)、(6.2.10)式，由(6.2.6)式积分得

$$\varphi(r_{\min}) = \frac{\pi}{2} - \arcsin\frac{b_0}{\sqrt{b^2+b_0^2}},$$

最后得 $\sin(\theta/2) = b_0/\sqrt{b^2+b_0^2}$ 或 $\tan(\theta/2) = b_0/b.$ (6.2.12)

(6.2.12)式就是所求的库仑碰撞偏转角 θ 与碰撞参量 b 之间的关系.由(6.2.12)式:

当 $b=b_0$ 时,$\theta=\pi/2$,所以 b_0 是偏转角为 $\pi/2$ 时的碰撞参量;

当 $b<b_0$ 时,$\theta>\pi/2$,称为近碰撞;

当 $b\gg b_0$ 时,$\theta\ll\pi/2$,为小角度偏转,称远碰撞.

b_0 为二体碰撞的重要参量,称近碰撞参量.

3. 碰撞微分截面

如图 6.2.3 所示,设每秒单位面积入射粒子数为 I,因为散射是轴对称的,所以打在 $b\sim b+\mathrm{d}b$ 的粒子数为 $I\cdot 2\pi b\mathrm{d}b$,这些粒子被散射到 $\theta\sim\theta+\mathrm{d}\theta$ 立体角 $\mathrm{d}\Omega=2\pi\sin\theta\mathrm{d}\theta$ 内,则每秒单位面积强度为 I 的粒子束被散射到 $\mathrm{d}\Omega$ 立体内的几率

$$\sigma(\theta)\mathrm{d}\Omega = \frac{I\cdot 2\pi b\mathrm{d}b}{I} = 2\pi b\mathrm{d}b,$$

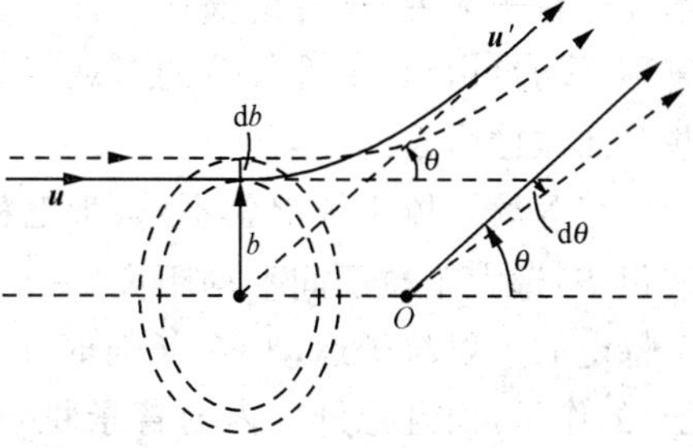

图 6.2.3 粒子碰撞(散射)微分截面

则

$$\sigma(\theta) = \frac{2\pi b\mathrm{d}b}{\mathrm{d}\Omega} = \frac{b}{\sin\theta}\left|\frac{\mathrm{d}b}{\mathrm{d}\theta}\right|. \qquad (6.2.13)$$

式中 $\sigma(\theta)$ 称碰撞(散射)微分截面,其物理意义为:单位时间单位面积入射一个粒子,被散射到 $\theta\sim\theta+\mathrm{d}\theta$ 的单位立体角内的几率.由(6.2.12)式

$$b = b_0/\tan(\theta/2), \quad \frac{\mathrm{d}b}{\mathrm{d}\theta} = -\frac{b_0}{2}\frac{1}{\sin^2(\theta/2)}, \qquad (6.2.14)$$

显然 $\mathrm{d}b/\mathrm{d}\theta<0$,因为几率总是正的,所以在(6.2.13)式中 $\mathrm{d}b/\mathrm{d}\theta$ 取了绝对值.将(6.2.14)式代入(6.2.13)式,得碰撞微分截面

$$\sigma(\theta) = \frac{b_0^2}{4}\frac{1}{\sin^4(\theta/2)} = \left(\frac{q_\alpha q_\beta}{8\pi\varepsilon_0\mu u^2}\right)^2\frac{1}{\sin^4(\theta/2)}, \qquad (6.2.15)$$

(6.2.15)式就是著名的卢瑟福散射公式.

在等离子体中,如果考虑电荷屏蔽效应,则一个带电粒子受到另一个带电粒子作用,就不是库仑势,而应该用屏蔽库仑势 $\phi(r)=\frac{q_\beta}{4\pi\varepsilon_0 r}\mathrm{e}^{-r/\lambda_\mathrm{D}}$.采用经典的和量子(Born 近似)的方法,都可求得屏蔽库仑势的散射微分截面

$$\sigma(\theta) = \frac{b_0^2}{4}\frac{1}{[\sin^2(\theta/2)+\varepsilon^2]^2}. \qquad (6.2.16)$$

式中

$$\varepsilon^2 = \begin{cases} \hbar/2\mu u\lambda_D, & u/c > q_\alpha q_\beta/2\pi\varepsilon_0\hbar c(\text{量子}), \\ b_0/\lambda_D, & u/c < q_\alpha q_\beta/2\pi\varepsilon_0\hbar c(\text{经典}). \end{cases} \tag{6.2.17}$$

6.3 平均动量变化率与平均能量变化率

1. 二体碰撞近似

在中性稀薄气体中，由于粒子间的相互作用为短程力，在粒子间平均距离 $l=n^{-1/3}$ 远大于作用力程时，一个特定的运动粒子，它在平均自由程内一般不受其他粒子的作用，所以运动是“自由”的，仅当它与另一个粒子相距很近，达到作用力程范围时，才受到这个粒子的短程力作用，运动方向发生改变，即称为碰撞，而与之外的第 3 个粒子无关，这种碰撞作用称二体碰撞. 相邻两次碰撞之间粒子运动的平均距离称平均自由程. 中性气体的宏观行为（扩散、热传导、黏滞性、温度平衡等）都是这些二体碰撞引起的.

在等离子体中情况就不然，带电粒子间是屏蔽的库仑作用，当力程 λ_D（德拜屏蔽距离）远大于粒子间平均距离 $l=n^{-1/3}$ 时，德拜球内粒子数 $N_D=n\lambda_D^3\gg1$，观察一个特定的入射粒子运动，在任何时刻它都同时受到德拜球内所有粒子（称背景粒子）的作用，而且德拜球内的背景粒子也受到这个入射粒子的作用，即不但所观察的入射粒子运动状态改变了，而且德拜球内 N_D 个背景粒子的运动状态也发生变化. 因此，等离子体中粒子间的作用是复杂的多体碰撞问题. 要严格处理多体作用是极其困难的，通常都采用近似的方法. 在等离子体中还是采用“二体碰撞近似”.

二体碰撞近似是把多体作用看成相互独立的、瞬时的二体作用之和，同时还要考虑电荷的屏蔽效应. 具体做法是，在 $N_D\gg1$ 条件下，一个入射粒子与 N_D 个背景粒子的多体相互作用时，可忽略或不考虑背景粒子间的相互作用及其状态变化，因为从统计观点看，背景粒子总体上是稳定的，基本没有变化或变化很小，因此可以只考虑每一个背景粒子与入射粒子的相互作用. 在非相对论极限下每个背景粒子与入射粒子的作用都是二体的屏蔽库仑作用；然后入射粒子与 N_D 个粒子的多体相互作用就看成这许多同时发生的二体碰撞的简单叠加.

有关二体碰撞近似，作者曾在 1961 年用经典直线近似方法，证明了在等离子体中，当入射粒子能量远大于起伏场的作用时，多体相互作用可以看成瞬时、独立的二体作用叠加.

下面会看到，在等离子体中影响其宏观行为的“碰撞”，主要是大量二体远碰撞的小角度偏转积累而成的大角度“偏转”，以此算作经历了一次“碰撞”；作为特征量的平均碰撞频率就是每秒钟经受这种“碰撞”的次数.

2. 二体碰撞的动量传递和动能传递

二体弹性碰撞会引起粒子的动量传递和动能传递.设碰撞前两粒子在实验室系中的质量、速度分别为 $m_\alpha, m_\beta, \boldsymbol{v}_\alpha, \boldsymbol{v}_\beta$,相对运动速度 $\boldsymbol{u}=\boldsymbol{v}_\alpha-\boldsymbol{v}_\beta$,质心速度(这里略去下角标 c)

$$\mathbf{V}=\frac{m_\alpha \boldsymbol{v}_\alpha+m_\beta \boldsymbol{v}_\beta}{m_\alpha+m_\beta}, \tag{6.3.1}$$

碰撞后两粒子速度分别为 $\boldsymbol{v}'_\alpha, \boldsymbol{v}'_\beta$.假定没有外力作用,则弹性碰撞粒子总动量守恒:

$$m_\alpha \boldsymbol{v}_\alpha+m_\beta \boldsymbol{v}_\beta=m_\alpha \boldsymbol{v}'_\alpha+m_\beta \boldsymbol{v}'_\beta, \tag{6.3.2}$$

而且碰撞过程两个粒子的质心速度也保持不变:

$$\mathbf{V}=\frac{m_\alpha \boldsymbol{v}_\alpha+m_\beta \boldsymbol{v}_\beta}{m_\alpha+m_\beta}=\frac{m_\alpha \boldsymbol{v}'_\alpha+m_\beta \boldsymbol{v}'_\beta}{m_\alpha+m_\beta}.$$

恒定的质心速度不影响粒子的碰撞过程,因此可以在一个新的惯性系——质心运动系来讨论碰撞问题.

在质心系中,设碰撞前两个粒子的速度(下角标加 c 的为质心系中物理量):

$$\boldsymbol{v}_{\alpha c}=\boldsymbol{v}_\alpha-\mathbf{V}=\frac{m_\beta}{m_\alpha+m_\beta}\boldsymbol{u}, \tag{6.3.3}$$

$$\boldsymbol{v}_{\beta c}=\boldsymbol{v}_\beta-\mathbf{V}=-\frac{m_\alpha}{m_\alpha+m_\beta}\boldsymbol{u}, \tag{6.3.4}$$

式中

$$\boldsymbol{u}=\boldsymbol{v}_\alpha-\boldsymbol{v}_\beta=\boldsymbol{v}_{\alpha c}-\boldsymbol{v}_{\beta c}, \tag{6.3.5}$$

$\boldsymbol{u}$ 为 α 粒子相对 β 粒子的相对速度.类似地,碰撞后这两个粒子的速度分别为

$$\boldsymbol{v}'_{\alpha c}=\boldsymbol{v}'_\alpha-\mathbf{V}=\frac{m_\beta}{m_\alpha+m_\beta}\boldsymbol{u}', \tag{6.3.6}$$

$$\boldsymbol{v}'_{\beta c}=\boldsymbol{v}'_\beta-\mathbf{V}=-\frac{m_\alpha}{m_\alpha+m_\beta}\boldsymbol{u}', \tag{6.3.7}$$

式中

$$\boldsymbol{u}'=\boldsymbol{v}'_\alpha-\boldsymbol{v}'_\beta=\boldsymbol{v}'_{\alpha c}-\boldsymbol{v}'_{\beta c}, \tag{6.3.8}$$

$\boldsymbol{u}'$为碰撞后 α 粒子相对 β 粒子的相对速度.

由以上各式,显然 $\Delta\boldsymbol{v}_\alpha=\boldsymbol{v}'_\alpha-\boldsymbol{v}_\alpha=\boldsymbol{v}'_{\alpha c}-\boldsymbol{v}_{\alpha c}$, $\Delta\boldsymbol{v}_\beta=\boldsymbol{v}'_\beta-\boldsymbol{v}_\beta=\boldsymbol{v}'_{\beta c}-\boldsymbol{v}_{\beta c}$ 和 $\boldsymbol{u}, \boldsymbol{u}', \Delta\boldsymbol{u}$ 在任何惯性参考系中都相同.这个结论给具体计算带来极大方便,以后都可以在实验室系中计算这些量.

由(6.3.3)—(6.3.8)式,弹性碰撞引起的粒子速度和动量变化

$$\Delta\boldsymbol{v}_\alpha=\frac{\mu}{m_\alpha}\Delta\boldsymbol{u},\quad \Delta\boldsymbol{p}_\alpha=m_\alpha\Delta\boldsymbol{v}_\alpha=\mu\Delta\boldsymbol{u}=-\Delta\boldsymbol{p}_\beta, \tag{6.3.9}$$

式中 $\mu=m_\alpha m_\beta/(m_\alpha+m_\beta)$为折合质量.

在实验室系中,碰撞前两个粒子总动能

$$\varepsilon=\varepsilon_\alpha+\varepsilon_\beta=\frac{1}{2}m_\alpha \boldsymbol{v}_\alpha^2+\frac{1}{2}m_\beta \boldsymbol{v}_\beta^2=\frac{1}{2}(m_\alpha+m_\beta)\mathbf{V}^2+\frac{1}{2}\mu\boldsymbol{u}^2, \tag{6.3.10}$$

碰撞后两个粒子总动能

$$\varepsilon'=\varepsilon_\alpha'+\varepsilon_\beta'=\frac{1}{2}m_\alpha\boldsymbol{v}_\alpha'^2+\frac{1}{2}m_\beta\boldsymbol{v}_\beta'^2=\frac{1}{2}(m_\alpha+m_\beta)\boldsymbol{V}^2+\frac{1}{2}\mu\boldsymbol{u}'^2, \qquad (6.3.11)$$

由能量守恒，$\varepsilon=\varepsilon'$，得

$$\boldsymbol{u}'^2=(\boldsymbol{u}+\Delta\boldsymbol{u})^2=\boldsymbol{u}^2 \quad 或 \quad |\boldsymbol{u}'|=|\boldsymbol{u}+\Delta\boldsymbol{u}|=|\boldsymbol{u}|. \qquad (6.3.12)$$

结果表明：弹性碰撞前后两粒子的相对速度值不变，$u'=u$，只是改变其方向，如图6.3.1所示.

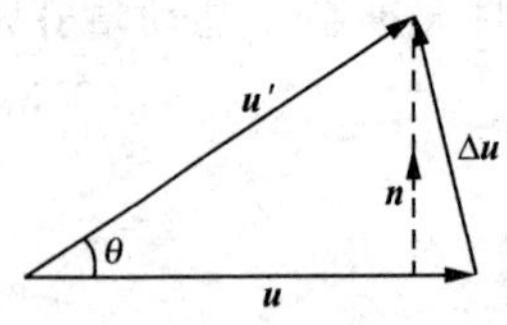

图 6.3.1 弹性碰撞引起的偏转和粒子相对速度的改变

由能量守恒，在实验室系中弹性碰撞引起的α粒子动能变化

$$\begin{aligned}\Delta\varepsilon_\alpha &=\frac{1}{2}m_\alpha[(\boldsymbol{v}_\alpha+\Delta\boldsymbol{v}_\alpha)^2-\boldsymbol{v}_\alpha^2]\\ &=m_\alpha\boldsymbol{v}_\alpha\cdot\Delta\boldsymbol{v}_\alpha+\frac{1}{2}m_\alpha(\Delta\boldsymbol{v}_\alpha)^2=-\Delta\varepsilon_\beta.\end{aligned} \qquad (6.3.13)$$

由图6.3.1和(6.3.9)式得

$$(\boldsymbol{u}'+\boldsymbol{u})\cdot\Delta\boldsymbol{u}=\frac{m_\alpha}{\mu}(\boldsymbol{u}'+\boldsymbol{u})\cdot\Delta\boldsymbol{v}_\alpha=0,$$

$$(\Delta\boldsymbol{v}_\alpha)^2=\frac{\mu}{m_\alpha}\Delta\boldsymbol{u}\cdot\Delta\boldsymbol{v}_\alpha=\frac{\mu}{m_\alpha}(\boldsymbol{u}'+\boldsymbol{u}-2\boldsymbol{u})\cdot\Delta\boldsymbol{v}_\alpha=-\frac{2\mu}{m_\alpha}\boldsymbol{u}\cdot\Delta\boldsymbol{v}_\alpha. \qquad (6.3.14)$$

于是弹性碰撞引起的α粒子动能变化

$$\Delta\varepsilon_\alpha=\boldsymbol{v}_\alpha\cdot\Delta\boldsymbol{p}_\alpha-\frac{\mu}{m_\alpha}\boldsymbol{u}\cdot\Delta\boldsymbol{p}_\alpha=-\Delta\varepsilon_\beta. \qquad (6.3.15)$$

(6.3.9)和(6.3.15)式就是两个粒子经一次弹性碰撞引起的动量传递和动能传递.

计算动量传递和动能传递，关键要知道弹性碰撞引起的$\Delta\boldsymbol{u}$. 由图6.3.1，$\Delta\boldsymbol{u}$可表示为

$$\Delta\boldsymbol{u}=u\sin\theta\boldsymbol{n}-(1-\cos\theta)\boldsymbol{u}=u\sin\theta\boldsymbol{n}-2\sin^2(\theta/2)\boldsymbol{u}, \qquad (6.3.16)$$

式中$\boldsymbol{n}$为垂直$\boldsymbol{u}$的单位矢量. 因此，由(6.3.16)得

$$\Delta\boldsymbol{p}_\alpha=-\Delta\boldsymbol{p}_\beta=\mu u\sin\theta\boldsymbol{n}-2\mu\boldsymbol{u}\sin^2(\theta/2). \qquad (6.3.17)$$

3. 平均动量变化率和平均动能变化率

现在研究一个α粒子（称试验粒子）与大量的另一种β粒子（称场粒子）弹性碰撞，引起动量和动能的变化.

设试验粒子α的质量为m_α、电荷为q_α、运动速度为$\boldsymbol{v}_\alpha$，场粒子β的质量为m_β、电荷为q_β、其速度分布为$f(\boldsymbol{v}_\beta)$，考察一个试验粒子被大量场粒子的碰撞后总的动量变化. 根据(6.2.13)碰撞微分截面定义，在单位时间内，试验粒子α与速度在$\boldsymbol{v}_\beta\to\boldsymbol{v}_\beta+\mathrm{d}\boldsymbol{v}_\beta$的场粒子$\beta$发生弹性碰撞，被散射到$(\theta,\varphi)$方向$\mathrm{d}\Omega$立体角内的碰撞

数为

$$u\sigma(\theta)\mathrm{d}\Omega f(\boldsymbol{v}_\beta)\mathrm{d}\boldsymbol{v}_\beta = u\sigma(\theta)\sin\theta\mathrm{d}\theta\mathrm{d}\varphi f(\boldsymbol{v}_\beta)\mathrm{d}\boldsymbol{v}_\beta, \tag{6.3.18}$$

式中 $u=|\boldsymbol{v}_\alpha-\boldsymbol{v}_\beta|$ 为二粒子间的相对速度. 根据二体碰撞近似，单位时间内试验粒子 α 平均动量变化应为所有二体碰撞产生的动量变化的叠加，即表示碰撞数的(6.3.18)式乘以 $\Delta\boldsymbol{P}_\alpha$，并对立体角 $\mathrm{d}\Omega$ 和 β 粒子的分布 $\mathrm{d}\boldsymbol{v}_\beta$ 求和，则试验粒子 α 受场粒子 β 碰撞引起的平均动量变化率

$$\left\langle\frac{\mathrm{d}\boldsymbol{P}_\alpha}{\mathrm{d}t}\right\rangle_\beta = \int f(\boldsymbol{v}_\beta)\mathrm{d}\boldsymbol{v}_\beta u\int\Delta\boldsymbol{P}_\alpha\sigma(\theta)\sin\theta\mathrm{d}\theta\mathrm{d}\varphi. \tag{6.3.19}$$

因为 $\boldsymbol{u}$ 与 $\Delta\boldsymbol{u}$ 在任何惯性系计算结果都一样，所以可以采用质心系中的结果. 将(6.3.17)式的 $\Delta\boldsymbol{p}_\alpha$ 和(6.2.15)散射微分截面 $\sigma(\theta)$ 代入(6.3.19)式，先对方位角 $\mathrm{d}\varphi$ 进行积分，因为碰撞关于 $\boldsymbol{u}$ 方向是轴对称的，(6.3.17)式中第 1 项 $\mu u\sin\theta\boldsymbol{n}$ 对 $\mathrm{d}\varphi$ 积分结果为零，只有与相对速度 $\boldsymbol{u}$ 有关的第 2 项对积分有贡献，因此(6.3.19)式化为

$$\left\langle\frac{\mathrm{d}\boldsymbol{P}_\alpha}{\mathrm{d}t}\right\rangle_\beta = -4\pi\mu\int u\boldsymbol{u}f(\boldsymbol{v}_\beta)\mathrm{d}\boldsymbol{v}_\beta\int\sin^2(\theta/2)\sigma(\theta,u)\sin\theta\mathrm{d}\theta, \tag{6.3.20}$$

式中散射微分截面 $\sigma(\theta,u)$ 就是(6.2.15)式给出的 $\sigma(\theta)$，现在只是把 σ 与 u 变量关系显现出来. 将(6.2.15)式代入(6.3.20)式，对 $\mathrm{d}\theta$ 积分，在积分下限 $\theta\to0$ 时，出现积分发散问题：

$$\begin{aligned}L_\mathrm{c} &= \int_0^\pi\frac{\sin\theta}{\sin^2(\theta/2)}\mathrm{d}\theta \\ &= 4\ln[\sin(\theta/2)]\Big|_0^\pi \to \infty.\end{aligned}$$

积分发散是因为(6.2.15)散射微分截面是用库仑作用计算的结果，对于库仑长程作用，碰撞参量 b 可以取到无限大，此时对应的偏转角 $\theta\to0$，因此积分下限发散. 前面已经指出，在等离子体中，一个带电粒子周围聚集着异号电荷云，产生电荷屏蔽，它对另一个带电粒子作用应当是屏蔽库仑场. 可以认为，当 $b>\lambda_\mathrm{D}$ 时，屏蔽库仑场为 0. 因此取二体作用力程为 λ_D，在 $b=\lambda_\mathrm{D}$ 处把相互作用截断，即把德拜距离 λ_D 以外的电场当作零. 于是以 $b=\lambda_\mathrm{D}$ 时的偏转角 $\theta=\theta_{\min}$ 作为积分下限，上面出现的发散问题就可以解决. 由(6.2.12)式

$$\tan(\theta_{\min}/2) = b_0/\lambda_\mathrm{D}, \quad \theta_{\min}/2 \approx b_0/\lambda_\mathrm{D}.$$

则

$$\begin{aligned}L_\mathrm{c} &= 4\ln[\sin(\theta/2)]\Big|_{\theta_{\min}}^\pi = -4\ln[\sin(\theta_{\min}/2)] \\ &= 4\ln(\lambda_\mathrm{D}/b_0) = 4\ln\Lambda.\end{aligned} \tag{6.3.21}$$

式中 $\Lambda=\lambda_\mathrm{D}/b_0$ 称等离子体参量，$\ln\Lambda$ 称库仑对数.

如果散射微分截面直接用屏蔽库仑势的(6.2.16)式，积分下限取 $\theta=0$ 时，就不会出现发散问题，而且所得结果与库仑势在德拜距离上截断得到的结果基本相同，只是在库仑对数项中稍有差别，在数值上影响不大.

现在采用库仑作用散射微分截面、在德拜距离上截断的方法，由(6.3.20)和(6.3.21)式得平均动量变化率

$$\left\langle\frac{\mathrm{d}\boldsymbol{P}_\alpha}{\mathrm{d}t}\right\rangle_\beta=-\frac{(q_\alpha q_\beta)^2}{4\pi\varepsilon_0^2\mu}\int\frac{\boldsymbol{u}}{u^3}\ln\Lambda f(\boldsymbol{v}_\beta)\mathrm{d}\boldsymbol{v}_\beta, \tag{6.3.22}$$

式中 $\boldsymbol{u}=\boldsymbol{v}_\alpha-\boldsymbol{v}_\beta$，$\boldsymbol{v}_\alpha$，$\boldsymbol{v}_\beta$ 都是实验室系中的粒子速度. 上式被积函数中的库仑对数 $\ln\Lambda$ 与两粒子相对运动速度 $u=|\boldsymbol{v}_\alpha-\boldsymbol{v}_\beta|$ 有关，在对 $\boldsymbol{v}_\beta$ 积分时会带来麻烦. 但由于 $\Lambda=\lambda_\mathrm{D}/b_0\gg1$，而且又出现在对数项中，$\ln\Lambda$ 对 u 值的变化不灵敏，通常是用其平均值 $\overline{\Lambda}$ 代替，由于 $\ln\overline{\Lambda}$ 与场粒子速度无关，可直接移到积分号外，这样对 $\mathrm{d}\boldsymbol{v}_\beta$ 的积分就大为简化. 于是(6.3.22)式化为

$$\left\langle\frac{\mathrm{d}\boldsymbol{p}_\alpha}{\mathrm{d}t}\right\rangle_\beta=-\frac{(q_\alpha q_\beta)^2}{4\pi\varepsilon_0^2\mu}\ln\overline{\Lambda}\int\frac{\boldsymbol{u}}{u^3}f(\boldsymbol{v}_\beta)\mathrm{d}\boldsymbol{v}_\beta. \tag{6.3.23}$$

类似地，由(6.3.15)式得试验粒子 α 的动能变化率

$$\frac{\mathrm{d}\varepsilon_\alpha}{\mathrm{d}t}=\boldsymbol{v}_\alpha\cdot\frac{\mathrm{d}\boldsymbol{p}_\alpha}{\mathrm{d}t}-\frac{\mu}{m_\alpha}\boldsymbol{u}\cdot\frac{\mathrm{d}\boldsymbol{p}_\alpha}{\mathrm{d}t}. \tag{6.3.24}$$

由(6.3.24)式对场粒子速度分布求平均，得 α 粒子平均动能变化率

$$\left\langle\frac{\mathrm{d}\varepsilon_\alpha}{\mathrm{d}t}\right\rangle_\beta=\boldsymbol{v}_\alpha\cdot\left\langle\frac{\mathrm{d}\boldsymbol{p}_\alpha}{\mathrm{d}t}\right\rangle_\beta-\frac{\mu}{m_\alpha}\left\langle\boldsymbol{u}\cdot\frac{\mathrm{d}\boldsymbol{p}_\alpha}{\mathrm{d}t}\right\rangle_\beta, \tag{6.3.25}$$

将(6.3.23)式代入，得

$$\left\langle\frac{\mathrm{d}\varepsilon_\alpha}{\mathrm{d}t}\right\rangle_\beta=-\frac{(q_\alpha q_\beta)^2}{4\pi\varepsilon_0^2}\ln\overline{\Lambda}\int\left[\frac{\boldsymbol{v}_\alpha\cdot\boldsymbol{u}}{\mu u^3}-\frac{1}{m_\alpha u}\right]f(\boldsymbol{v}_\beta)\mathrm{d}\boldsymbol{v}_\beta. \tag{6.3.26}$$

(6.3.23)和(6.3.26)式分别为试验粒子 α 受场粒子 β 碰撞引起的平均动量变化率和平均动能变化率. 只要给出 β 粒子的速度分布函数 $f(\boldsymbol{v}_\beta)$，代入这两个式子，就可以得到具体结果. 对速度分布求平均的具体计算方法将在 6.4 节介绍.

4. 电子-离子碰撞时间与碰撞频率

现在先研究一个特例，即试验粒子为电子、场粒子为离子情况. 因为电子质量比离子质量小很多，离子可以近似地看成不动，这样对离子速度分布求平均的计算可以大为简化.

设电子、离子的质量分别为 m_e，m_i，电荷分别为 $q_\mathrm{e}=-e$，$q_\mathrm{i}=Ze$，实验室系中的速度为 $\boldsymbol{v}_\mathrm{e}$，$\boldsymbol{v}_\mathrm{i}$，因为 $m_\mathrm{i}\gg m_\mathrm{e}$，$\boldsymbol{v}_\mathrm{e}\gg\boldsymbol{v}_\mathrm{i}$，所以 $\mu=m_\mathrm{e}$，$\boldsymbol{u}=\boldsymbol{v}_\mathrm{e}-\boldsymbol{v}_\mathrm{i}\approx\boldsymbol{v}_\mathrm{e}$. 由(6.3.23)式，得

$$\left\langle\frac{\mathrm{d}\boldsymbol{p}_\mathrm{e}}{\mathrm{d}t}\right\rangle=-\frac{n_\mathrm{i}Z^2e^4\ \boldsymbol{v}_\mathrm{e}}{4\pi\varepsilon_0^2m_\mathrm{e}v_\mathrm{e}^3}\ln\overline{\Lambda} \tag{6.3.27}$$

或
$$\left\langle \frac{\mathrm{d}\,\boldsymbol{v}_{\mathrm{e}}}{\mathrm{d}t} \right\rangle = -\frac{n_{\mathrm{i}} Z^2 e^4 \ \boldsymbol{v}_{\mathrm{e}}}{4\pi\varepsilon_0^2 m_{\mathrm{e}}^2 v_{\mathrm{e}}^3} \ln\bar{\Lambda}. \tag{6.3.28}$$

式中 $n_{\mathrm{i}} = \int f(\boldsymbol{v}_{\mathrm{i}})\mathrm{d}\boldsymbol{v}_{\mathrm{i}}$ 为离子数密度. 结果表明：电子的动量变化率与电子速度 $\boldsymbol{v}_{\mathrm{e}}$ 反平行，电子不断地受离子碰撞，其动量或速度逐渐减小. 平均动量变化率可以分解为平行 $\boldsymbol{v}_{\mathrm{e}}$ 的分量和垂直 $\boldsymbol{v}_{\mathrm{e}}$ 的分量：
$$\left\langle \frac{\mathrm{d}\boldsymbol{p}_{\mathrm{e}}}{\mathrm{d}t} \right\rangle_{\parallel} = -\frac{n_{\mathrm{i}} Z^2 e^4}{4\pi\varepsilon_0^2 m_{\mathrm{e}} v_{\mathrm{e}}^2} \ln\bar{\Lambda}, \quad \left\langle \frac{\mathrm{d}\boldsymbol{p}_{\mathrm{e}}}{\mathrm{d}t} \right\rangle_{\perp} = 0. \tag{6.3.29}$$

垂直分量为 0，这并不意味着垂直方向没有动量变化，而是由于动量变化的垂直分量是以 $\boldsymbol{v}_{\mathrm{e}}$ 为轴对称的，所以平均结果为 0. 将(6.3.29)式改写为电子速度的平均变化率
$$\frac{\mathrm{d}v_{\mathrm{e}\parallel}}{\mathrm{d}t} = -\frac{n_{\mathrm{i}} Z^2 e^4}{4\pi\varepsilon_0^2 m_{\mathrm{e}}^2 v_{\mathrm{e}}^2} \ln\Lambda, \tag{6.3.30}$$

上式中 $\ln\Lambda$ 就是平均库仑对数 $\ln\bar{\Lambda}$，为简单起见，以后都如此表示.

定义电子-离子碰撞时间 τ_{ei} 和碰撞频率 ν_{ei}：
$$\frac{\mathrm{d}v_{\mathrm{e}\parallel}}{\mathrm{d}t} = -\frac{v_{\mathrm{e}}}{\tau_{\mathrm{ei}}}. \tag{6.3.31}$$
$$\nu_{\mathrm{ei}} = 1/\tau_{\mathrm{ei}}. \tag{6.3.32}$$

根据定义和(6.3.30)式，得
$$\nu_{\mathrm{ei}} = 1/\tau_{\mathrm{ei}} = \frac{n_{\mathrm{i}} Z^2 e^4}{4\pi\varepsilon_0^2 m_{\mathrm{e}}^2 v_{\mathrm{e}}^3} \ln\Lambda, \tag{6.3.33}$$
$$\tau_{\mathrm{ei}} = \frac{4\pi\varepsilon_0^2 m_{\mathrm{e}}^2 v_{\mathrm{e}}^3}{n_{\mathrm{i}} Z^2 e^4 \ln\Lambda}. \tag{6.3.34}$$

ν_{ei} 为电子与离子的碰撞频率，其意义为：入射的电子受大量离子作用，使其初始速度发生显著变化时对应的有效碰撞频率. τ_{ei} 为电子速度发生显著变化所需时间，即电子速度由初始的 v_{e} 减为 0 所需时间. 注意，这里说的“电子速度发生显著变化”都是指电子受大量离子的二体作用后的叠加结果，获得这种结果(或效果)的算为一次“碰撞”，每秒钟的“碰撞”次数称有效碰撞频率，这里强调“有效”以示与中性气体短程力的真正的一次就实现的二体碰撞相区别. 以后为简化，“有效”二字均省略. $\tau_{\mathrm{ei}} = 1/\nu_{\mathrm{ei}}$ 则为相邻两次碰撞之间的平均时间，称碰撞时间，碰撞频率和碰撞时间都是特征参量.

5. 等离子体中小角度散射(远碰撞)起主要作用

将(6.3.33)式改写为
$$\nu_{\mathrm{ei}} = (4\ln\Lambda)\nu_{\perp}, \tag{6.3.35}$$

式中
$$\nu_{\perp}=\frac{n_{\mathrm{i}}Z^2e^4}{16\pi\varepsilon_0^2m_{\mathrm{e}}^2v_{\mathrm{e}}^3}=n_{\mathrm{i}}v_{\mathrm{e}}(\pi b_0^2)=n_{\mathrm{i}}v_{\mathrm{e}}\sigma_{\perp},\tag{6.3.36}$$

这里 $\sigma_{\perp}=\pi b_0^2$，$b_0=Ze^2/(4\pi\varepsilon_0m_{\mathrm{e}}v_{\mathrm{e}}^2)$，$b_0$ 为近碰撞参量，即电子被离子一次散射偏转 $\pi/2$ 时的碰撞参量，$\sigma_{\perp}$ 为一次碰撞偏转角 $\geqslant\pi/2$ 的大角散射截面，$\nu_{\perp}$ 为一次大角度散射对应的碰撞频率，也称近碰撞频率，ν_{ei} 为大量小角度散射叠加效果所对应的碰撞频率. 由(6.3.35)式得

$$\nu_{\mathrm{ei}}/\nu_{\perp}=4\ln\Lambda\gg1,\tag{6.3.37}$$

上式表明，小角度散射在二体碰撞中占主要地位. 试验粒子初始运动状态改变，主要是由大量小角度散射积累的结果，而一次大角散射只起次要作用. 库仑对数 $\ln\Lambda=\ln(\lambda_{\mathrm{D}}/b_0)$ 就是库仑碰撞中出现的一个参量，它的大小就反映了库仑碰撞过程中小角度散射与大角度散射过程的相对重要性. 由(6.3.37)式，库仑对数值越大，表明小角散射过程越显重要. 在热核等离子体中，$\ln\Lambda$ 值在 10～20 之间(见表 6.3.1)，$4\ln\Lambda\approx40\sim80$，因此在库仑碰撞中小角度散射(远碰撞)起主要作用，这是等离子体中库仑长程作用的特点.

表 6.3.1 氢等离子体的 $\ln\Lambda$ 值

T/K \ 电子密度/m^{-3}	10^6	10^9	10^{12}	10^{15}	10^{18}	10^{21}	10^{24}	10^{27}	10^{30}
10^2	16.3	12.8	9.43	5.97					
10^3	19.7	16.3	12.8	9.43	5.97				
10^4	23.2	19.7	16.3	12.8	9.43	5.97			
10^5	26.7	23.2	19.7	16.3	12.8	9.43	5.97		
10^6	29.7	26.7	22.8	19.3	15.9	12.4	8.96	5.54	
10^7	32.0	28.5	25.1	21.6	18.1	14.7	12.2	7.85	4.39
10^8	34.3	30.9	27.4	24.0	20.5	17.0	13.6	10.1	6.69

6.4 等离子体动量弛豫时间与碰撞频率

如果等离子体处于非平衡态，它可以由粒子间的频繁碰撞达到平衡态，这种由非平衡态向平衡态过渡的过程称弛豫过程，描述弛豫过程进行快慢的特征时间称弛豫时间.

弛豫过程多种多样，有动量弛豫过程、能量弛豫过程、温度弛豫过程等，这些过程的特征时间称相应过程的弛豫时间. 因为弛豫过程是靠其粒子自身间的相互作用(碰撞)达到，所以弛豫时间的倒数一般也称为(相应过程的)碰撞频率.

1. 平均动量变化率与平均能量变化率的计算

在上一节已经得到一个试验粒子受到大量场粒子作用后的平均动量变化率和

平均动能变化率,为书写方便,现在用 $\boldsymbol{v}$ 代替 $\boldsymbol{v}_\alpha$,$\boldsymbol{v}'$代替 $\boldsymbol{v}_\beta$,$\boldsymbol{u}=\boldsymbol{v}-\boldsymbol{v}'$,$f(\boldsymbol{v}')$为场粒子的速度分布,则平均动量变化率(6.3.23)式改写为

$$\left\langle\frac{\mathrm{d}\boldsymbol{p}_\alpha}{\mathrm{d}t}\right\rangle_\beta=-\frac{(q_\alpha q_\beta)^2}{4\pi\varepsilon_0^2\mu}\ln\Lambda\int\frac{\boldsymbol{u}}{u^3}f(\boldsymbol{v}')\mathrm{d}\boldsymbol{v}',\tag{6.4.1}$$

平均动能变化率(6.3.26)式改写为

$$\left\langle\frac{\mathrm{d}\varepsilon_\alpha}{\mathrm{d}t}\right\rangle_\beta=-\frac{(q_\alpha q_\beta)^2}{4\pi\varepsilon_0^2}\ln\Lambda\int\left[\frac{\boldsymbol{v}\cdot\boldsymbol{u}}{\mu u^3}-\frac{1}{m_\alpha u}\right]f(\boldsymbol{v}')\mathrm{d}\boldsymbol{v}'.\tag{6.4.2}$$

在具体进行积分计算时,令

$$\rho(\boldsymbol{v}')=\frac{(q_\alpha q_\beta)^2}{\varepsilon_0}f(\boldsymbol{v}'),\tag{6.4.3}$$

$$\begin{cases}\boldsymbol{E}(\boldsymbol{v})=\dfrac{1}{4\pi\varepsilon_0}\displaystyle\int\frac{\boldsymbol{v}-\boldsymbol{v}'}{|\boldsymbol{v}-\boldsymbol{v}'|^3}\rho(\boldsymbol{v}')\mathrm{d}\boldsymbol{v}'=\dfrac{1}{4\pi\varepsilon_0}\displaystyle\int\frac{\boldsymbol{u}}{u^3}\rho(\boldsymbol{v}')\mathrm{d}\boldsymbol{v}',\\[2ex]\phi(\boldsymbol{v})=\dfrac{1}{4\pi\varepsilon_0}\displaystyle\int\frac{1}{|\boldsymbol{v}-\boldsymbol{v}'|}\rho(\boldsymbol{v}')\mathrm{d}\boldsymbol{v}'=\dfrac{1}{4\pi\varepsilon_0}\displaystyle\int\frac{1}{u}\rho(\boldsymbol{v}')\mathrm{d}\boldsymbol{v}',\end{cases}\tag{6.4.4}$$

则(6.4.1)、(6.4.2)式简化为

$$\left\langle\frac{\mathrm{d}\boldsymbol{p}_\alpha}{\mathrm{d}t}\right\rangle=-\frac{1}{\mu}\ln\Lambda\boldsymbol{E}(\boldsymbol{v})=\frac{1}{\mu}\ln\Lambda\,\nabla_v\phi(\boldsymbol{v}),\tag{6.4.5}$$

$$\left\langle\frac{\mathrm{d}\varepsilon_\alpha}{\mathrm{d}t}\right\rangle=-\ln\Lambda\left(\frac{\boldsymbol{v}\cdot\boldsymbol{E}(\boldsymbol{v})}{\mu}-\frac{\phi(\boldsymbol{v})}{m_\alpha}\right).\tag{6.4.6}$$

现在只要给出场粒子的速度分布 $f(\boldsymbol{v}')$,由(6.4.3)、(6.4.4)定义计算积分 $\boldsymbol{E}(\boldsymbol{v})$ 或 $\phi(\boldsymbol{v})$,就可由(6.4.5)和(6.4.6)式得到平均动量变化率和平均动能变化率.(6.4.4)式定义的 $\boldsymbol{E}(\boldsymbol{v})$,$\phi(\boldsymbol{v})$与电荷分布 $\rho(\boldsymbol{r})$产生的电场、电势公式等价:

$$\begin{cases}\boldsymbol{E}(\boldsymbol{r})=\dfrac{1}{4\pi\varepsilon_0}\displaystyle\int\frac{\boldsymbol{r}-\boldsymbol{r}'}{|\boldsymbol{r}-\boldsymbol{r}'|^3}\rho(\boldsymbol{r}')\mathrm{d}\boldsymbol{r}',\\[2ex]\phi(\boldsymbol{r})=\dfrac{1}{4\pi\varepsilon_0}\displaystyle\int\frac{1}{|\boldsymbol{r}-\boldsymbol{r}'|}\rho(\boldsymbol{r}')\mathrm{d}\boldsymbol{r}'.\end{cases}\tag{6.4.7}$$

只要将(6.4.7)式的坐标空间换为速度空间,即 $\boldsymbol{r}\to\boldsymbol{v}$,$\boldsymbol{r}'\to\boldsymbol{v}'$,结果与(6.4.4)式完全相同,这样可以用求静电场、静电势的方法来求 $\boldsymbol{E}(\boldsymbol{v})$或 $\phi(\boldsymbol{v})$. 如果电荷分布 $\rho(\boldsymbol{r}')$是球对称的,电场 $\boldsymbol{E}(\boldsymbol{r})$很容易用高斯定理计算,而且电势 $\phi(\boldsymbol{r})$可由电场的线积分得到,结果为

$$\begin{cases}\boldsymbol{E}(r)=\dfrac{\boldsymbol{r}}{4\pi\varepsilon_0 r^3}\displaystyle\int_0^r\rho(r')\mathrm{d}\boldsymbol{r}',\\[2ex]\phi(r)=\dfrac{1}{4\pi\varepsilon_0 r}\displaystyle\int_0^r\rho(r')\mathrm{d}\boldsymbol{r}'+\int_r^\infty\frac{1}{4\pi\varepsilon_0 r'}\rho(r')\mathrm{d}\boldsymbol{r}'.\end{cases}\tag{6.4.8}$$

假设场粒子速度分布服从麦克斯韦分布

$$f(\boldsymbol{v}')=n_\beta(\sqrt{\pi}v_{\mathrm{T}}')^{-3}\exp[-(v'/v_{\mathrm{T}}')^2],\tag{6.4.9}$$

式中 $v_T'=\sqrt{2T_\beta/m_\beta}$ 为场粒子的最可几速率. 因为速度分布 $f(\boldsymbol{v}')$ 是球对称的,所以只要将(6.4.8)式中的变量 $\boldsymbol{r}\to\boldsymbol{v}$, $\boldsymbol{r}'\to\boldsymbol{v}'$,并利用(6.4.9)和(6.4.3)式得到的 $\rho(v')$ 代入,则得

$$\begin{cases} \boldsymbol{E}(\boldsymbol{v}) = \dfrac{n_\beta(q_\alpha q_\beta)^2}{4\pi\varepsilon_0^2 v^3}\Phi_1(v/v_T')\,\boldsymbol{v}, \\ \phi(\boldsymbol{v}) = \dfrac{n_\beta(q_\alpha q_\beta)^2}{4\pi\varepsilon_0^2 v}\Phi(v/v_T'). \end{cases} \tag{6.4.10}$$

式中

$$\Phi(x) = \frac{2}{\sqrt{\pi}}\int_0^x \exp(-\xi^2)\mathrm{d}\xi$$

为误差函数,

$$\Phi_1(x) = \frac{4}{\sqrt{\pi}}\int_0^x \xi^2\exp(-\xi^2)\mathrm{d}\xi = \Phi(x) - x\frac{\mathrm{d}\Phi}{\mathrm{d}x} = \Phi(x) - \frac{2x}{\sqrt{\pi}}\exp(-x^2).$$

$$\text{当 } x\ll 1,\quad \Phi(x)\approx\frac{2}{\sqrt{\pi}}x,\quad \Phi_1(x)\approx\frac{4}{3\sqrt{\pi}}x^3;$$

$$\text{当 } x>2,\quad \Phi(x)\approx\Phi_1(x)\approx 1.$$

将(6.4.10)式代入(6.4.5)和(6.4.6)式,最后得

$$\left\langle\frac{\mathrm{d}\boldsymbol{p}_\alpha}{\mathrm{d}t}\right\rangle = -\frac{n_\beta(q_\alpha q_\beta)^2\,\boldsymbol{v}}{4\pi\varepsilon_0^2\mu v^3}\ln\Lambda\Phi_1(v/v_T'), \tag{6.4.11}$$

$$\begin{aligned}\left\langle\frac{\mathrm{d}\varepsilon_\alpha}{\mathrm{d}t}\right\rangle &= -\frac{n_\beta(q_\alpha q_\beta)^2}{4\pi\varepsilon_0^2\mu v}\ln\Lambda\left[\Phi_1(v/v_T') - \frac{\mu}{m_\alpha}\Phi(v/v_T')\right] \\ &= -\frac{n_\beta(q_\alpha q_\beta)^2}{4\pi\varepsilon_0^2 m_\beta v}\ln\Lambda\left[\Phi(v/v_T') - \left(1+\frac{m_\beta}{m_\alpha}\right)\frac{2}{\sqrt{n}}(v/v_T')\exp(-(v/v_T')^2)\right].\end{aligned} \tag{6.4.12}$$

(6.4.11)结果表明,$\left\langle\dfrac{\mathrm{d}\boldsymbol{p}_\alpha}{\mathrm{d}t}\right\rangle$ 的方向与试验粒子速度 $\boldsymbol{v}$ 反平行,而且与 v^2 成反比,说明试验粒子受场粒子的碰撞作用不断减速,实际上是试验粒子受到场粒子的阻力,而且阻力随 v^2 而减小.(6.4.11)式可用于计算等离子体动量弛豫时间与碰撞频率,(6.4.12)式可用于研究高能带电粒子束能量慢化速率和等离子体加热问题.

2. 动量弛豫时间与碰撞频率

现在按平行或垂直于试验粒子速度 $\boldsymbol{v}$ 划分为两个方向. 由(6.4.11)式,平均动量变化率平行分量与垂直分量分别为

$$\left\langle\frac{\mathrm{d}p_\parallel}{\mathrm{d}t}\right\rangle = \left\langle\frac{\mathrm{d}\boldsymbol{p}_\alpha}{\mathrm{d}t}\right\rangle_\parallel = -\frac{n_\beta(q_\alpha q_\beta)^2}{4\pi\varepsilon_0^2\mu v^2}\ln\Lambda\Phi_1(v/v_T'), \tag{6.4.13}$$

$$\left\langle \frac{\mathrm{d}p_{\perp}}{\mathrm{d}t} \right\rangle = \left\langle \frac{\mathrm{d}\boldsymbol{p}_{\alpha}}{\mathrm{d}t} \right\rangle_{\perp} = 0. \tag{6.4.14}$$

由(6.4.14)式，$\left\langle \frac{\mathrm{d}p_{\perp}}{\mathrm{d}t} \right\rangle = 0$，这是因为动量变化的垂直分量是轴对称的，所以平均结果为0. 但$\left\langle \frac{\mathrm{d}p_{\perp}^2}{\mathrm{d}t} \right\rangle \neq 0$. $\left\langle \frac{\mathrm{d}p_{\perp}^2}{\mathrm{d}t} \right\rangle$的值是重要的，因为它代表试验粒子受场粒子作用后在垂直初始速度方向上的偏转或速度空间的横向扩散. 为计算$\left\langle \frac{\mathrm{d}p_{\perp}^2}{\mathrm{d}t} \right\rangle$，应用$p^2 = p_{\parallel}^2 + p_{\perp}^2$和$\varepsilon = p^2/2m$关系式，得

$$\frac{\mathrm{d}p_{\perp}^2}{\mathrm{d}t} = \frac{\mathrm{d}p^2}{\mathrm{d}t} - \frac{\mathrm{d}p_{\parallel}^2}{\mathrm{d}t}, \tag{6.4.15}$$

$$\frac{\mathrm{d}p^2}{\mathrm{d}t} = 2m\frac{\mathrm{d}\varepsilon}{\mathrm{d}t}, \quad \frac{\mathrm{d}p_{\parallel}^2}{\mathrm{d}t} = 2p_{\parallel}\frac{\mathrm{d}p_{\parallel}}{\mathrm{d}t} = 2\boldsymbol{p} \cdot \left\langle \frac{\mathrm{d}\boldsymbol{p}}{\mathrm{d}t} \right\rangle. \tag{6.4.16}$$

由(6.4.15)和(6.4.16)式，得

$$\left\langle \frac{\mathrm{d}p_{\perp}^2}{\mathrm{d}t} \right\rangle = 2m_{\alpha}\left\langle \frac{\mathrm{d}\varepsilon_{\alpha}}{\mathrm{d}t} \right\rangle - 2\boldsymbol{p}_{\alpha} \cdot \left\langle \frac{\mathrm{d}\boldsymbol{p}_{\alpha}}{\mathrm{d}t} \right\rangle. \tag{6.4.17}$$

将(6.4.5)和(6.4.6)式代入(6.4.17)式并利用(6.4.10)结果，得

$$\left\langle \frac{\mathrm{d}p_{\perp}^2}{\mathrm{d}t} \right\rangle = 2\ln\Lambda\phi(\boldsymbol{v}) = \frac{n_{\beta}(q_{\alpha}q_{\beta})^2\ln\Lambda}{2\pi\varepsilon_0^2 v}\Phi(v/v_{\mathrm{T}}'). \tag{6.4.18}$$

至此，已得到试验粒子被麦克斯韦分布的场粒子所作用，平均动量、动能变化率

$$\left\langle \frac{\mathrm{d}p_{\parallel}}{\mathrm{d}t} \right\rangle, \left\langle \frac{\mathrm{d}\varepsilon}{\mathrm{d}t} \right\rangle, \left\langle \frac{\mathrm{d}p_{\perp}^2}{\mathrm{d}t} \right\rangle,$$

即(6.4.11)、(6.4.12)和(6.4.18)式. 如果试验粒子就是等离子体中的粒子，以上所得的平均变化率还需要对试验粒子的速度分布求平均.

现在定义弛豫过程时间：令

$$\left\langle \frac{\mathrm{d}p_{\parallel}}{\mathrm{d}t} \right\rangle = -p/\tau_{\parallel}, \tag{6.4.19}$$

$$\left\langle \frac{\mathrm{d}p_{\perp}^2}{\mathrm{d}t} \right\rangle = p^2/\tau_{\perp}, \tag{6.4.20}$$

式中$p = m_{\alpha}v_{\alpha}$为试验粒子的初始动量，$\tau_{\parallel}$称为纵向减速时间，$\tau_{\perp}$称为横向偏转时间，$\nu_{\parallel} = 1/\tau_{\parallel}$和$\nu_{\perp} = 1/\tau_{\perp}$为相应弛豫过程的碰撞频率. 由(6.4.13)和(6.4.18)式得

$$\tau_{\parallel} = 1/\nu_{\parallel} = \frac{4\pi\varepsilon_0^2 m_{\alpha}\mu v_{\alpha}^3}{n_{\beta}(q_{\alpha}q_{\beta})^2\ln\Lambda\Phi_1(v_{\alpha}/v_{\mathrm{T}\beta})}, \tag{6.4.21}$$

$$\tau_{\perp} = 1/\nu_{\perp} = \frac{2\pi\varepsilon_0^2 m_{\alpha}^2 v_{\alpha}^3}{n_{\beta}(q_{\alpha}q_{\beta})^2\ln\Lambda\Phi(v_{\alpha}/v_{\mathrm{T}\beta})}. \tag{6.4.22}$$

为下面应用方便，在(6.4.21)和(6.4.22)式中标出了试验粒子 α 和场粒子 β 的角标，式中 $v_{T\beta}=\sqrt{2T_\beta/m_\beta}$ 为场粒子的最可几速率. 库仑对数 $\ln\Lambda$ 应对不同粒子的相对速度 u 求平均，因它对 u 不灵敏，在这里就不考虑其差别，现在就都将 $\ln\bar{\Lambda}$ 简化地写为 $\ln\Lambda$.

根据(6.4.21)、(6.4.22)式，分别取 $\alpha=\mathrm{i,e}$, $\beta=\mathrm{i,e}$ 的不同组合进行计算. 设等离子体中离子的电荷数为 Z, $n_e=Zn_i$.

(1) 试验粒子为电子，与等离子体中的电子、离子碰撞，分为两种：

① 电子-离子：$v_e\gg v_{Ti}$, $\Phi_1=\Phi=1$, $\mu=m_e$，得

$$\tau_\parallel^{ei}=2\tau_\perp^{ei}=\frac{4\pi\varepsilon_0^2m_e^2v_e^3}{Zn_ee^4\ln\Lambda}. \tag{6.4.23}$$

这里 $\tau_\parallel^{ei}$ 与作为特例计算的(6.3.34)式 τ_{ei} 结果相同.

② 电子-电子：假定 $v_e/v_{Te}>2$(当试验粒子能量较高，或仅为了考虑数量级而取的方便)，$\Phi_1=\Phi\approx1$, $\mu=m_e/2$，得

$$\tau_\parallel^{ee}=\tau_\perp^{ee}=\frac{2\pi\varepsilon_0^2m_e^2v_e^3}{n_ee^4\ln\Lambda}, \tag{6.4.24}$$

计算结果表明：两种纵向减速时间 $\tau_\parallel^{ee}$, $\tau_\parallel^{ei}$ 和两种横向偏转时间 $\tau_\perp^{ee}$, $\tau_\perp^{ei}$ 在数量级上是相同的，因此可以定义电子弛豫时间 τ_e：

$$\tau_e\equiv\tau_\parallel^{ee}=\tau_\perp^{ee}=\frac{Z}{2}\tau_\parallel^{ei}=Z\tau_\perp^{ei}=\frac{2\pi\varepsilon_0^2m_e^2v_e^3}{n_ee^4\ln\Lambda}. \tag{6.4.25}$$

如果试验粒子也就是等离子体中的一种粒子，则(6.4.25)式的弛豫时间还需对试验粒子(电子)的麦克斯韦分布求平均，所得结果称平均弛豫时间. 由(6.4.25)式得平均电子弛豫时间：

$$\bar{\tau}_e=\bar{\tau}_\parallel^{ee}=\bar{\tau}_\perp^{ee}=\frac{Z}{2}\bar{\tau}_\parallel^{ei}=Z\bar{\tau}_\perp^{ei}. \tag{6.4.26}$$

对试验粒子速度分布求平均，最简单的方法是利用能均分原理：

$$\frac{1}{2}\overline{mv^2}=(3/2)T,\quad 即\quad \overline{m_ev_e^2}=3T_e.$$

或稍严格些，对 v^3 按麦克斯韦分布求平均：

$$\overline{v^3}=\int_0^\infty v^5\mathrm{e}^{-v^2/v_T^2}\mathrm{d}v\Big/\int_0^\infty v^2\mathrm{e}^{-v^2/v_T^2}\mathrm{d}v=8\sqrt{2/\pi}(T/m)^{3/2}.$$

现在用后一种平均方法得到的 $\overline{v^3}$ 代替(6.4.25)式中的 v_e^3，则得

$$\bar{\tau}_e=\frac{16\varepsilon_0^2\sqrt{2\pi m_e}T_e^{3/2}}{n_ee^4\ln\Lambda}, \tag{6.4.27}$$

这里 $\bar{\tau}_e$ 为电子平均弛豫时间，它是电子各种弛豫时间的代表.

(2) 试验粒子为离子,离子与离子碰撞情况.类似方法计算,得

$$\overline{\tau}_i \equiv \overline{\tau}_{\parallel}^{ii} = \overline{\tau}_{\perp}^{ii} = \frac{16\varepsilon_0^2 \sqrt{2\pi m_i} T_i^{3/2}}{n_i Z^4 e^4 \ln\Lambda}, \tag{6.4.28}$$

这里 $\overline{\tau}_i$ 为离子与离子碰撞的平均弛豫时间.

(3) 试验粒子为离子,离子与电子碰撞情况.一般讲,电子最可几速率 $v_{Te} = \sqrt{2T_e/m_e} \gg v_i$,即 $v_i/v_{Te} \ll 1$.因为 $x \ll 1$ 时,

$$\Phi(x) = \frac{2}{\sqrt{\pi}}x, \quad \Phi_1(x) = \frac{4}{3\sqrt{\pi}}x^3,$$

则 $$\Phi(v_i/v_{Te}) = 2\sqrt{m_e/2\pi T_e}\, v_i, \quad \Phi_1(v_i/v_{Te}) = \frac{4}{3\sqrt{\pi}}\left(\frac{m_e}{2T_e}\right)^{3/2} v_i^3.$$

将 Φ,Φ_1 结果代入(6.4.21)和(6.4.22)式,然后再用离子(试验粒子)的分布函数对 v_i 求平均,得

$$\overline{\tau}_{\parallel}^{ie} = \frac{6\varepsilon_0^2 \sqrt{2\pi}\pi m_i m_e^{-1/2} T_e^{3/2}}{n_e Z^2 e^4 \ln\Lambda},$$

$$\overline{\tau}_{\perp}^{ie} = \frac{3\varepsilon_0^2 \sqrt{2\pi}\pi m_i m_e^{-1/2} T_e^{1/2} T_i}{n_e Z^2 e^4 \ln\Lambda} \approx \frac{1}{2}\overline{\tau}_{\parallel}^{ie} \quad (\text{当 } T_i \approx T_e),$$

所以

$$\overline{\tau}_{ie} \equiv \overline{\tau}_{\parallel}^{ie} = 2\overline{\tau}_{\perp}^{ie} = \frac{6\varepsilon_0^2 \sqrt{2\pi}\pi m_i m_e^{-1/2} T_e^{3/2}}{n_e Z^2 e^4 \ln\Lambda}, \tag{6.4.29}$$

这里 $\overline{\tau}_{ie}$ 代表离子与电子碰撞的平均弛豫时间.

到此为止,(6.4.23)—(6.4.29)式共有 8 种弛豫时间,但在数量级上具有代表性意义的只有如下 3 类:

$$\begin{cases} \overline{\tau}_e = \dfrac{16\varepsilon_0^2 \sqrt{2\pi m_e} T_e^{3/2}}{n_e e^4 \ln\Lambda}, \\ \overline{\tau}_i = \dfrac{16\varepsilon_0^2 \sqrt{2\pi m_i} T_i^{3/2}}{n_i Z^4 e^4 \ln\Lambda}, \\ \overline{\tau}_{ie} = \dfrac{6\varepsilon_0^2 \sqrt{2\pi}\pi m_i m_e^{-1/2} T_e^{3/2}}{n_e Z^2 e^4 \ln\Lambda}, \end{cases} \tag{6.4.30}$$

其大小之比为

$$\overline{\tau}_e : \overline{\tau}_i : \overline{\tau}_{ie} = 1 : \frac{1}{Z^3}\sqrt{\frac{m_i}{m_e}}\left(\frac{T_i}{T_e}\right)^{3/2} : \frac{1}{Z^2}\frac{m_i}{m_e}. \tag{6.4.31}$$

如果 $T_i \approx T_e, Z=1$,则

$$\overline{\tau}_e : \overline{\tau}_i : \overline{\tau}_{ie} = 1 : \sqrt{m_i/m_e} : m_i/m_e. \tag{6.4.32}$$

因为离子质量比电子质量大很多,例如离子是氘,则 $\sqrt{m_i/m_e} \approx 60$,所以

$$\overline{\tau}_e \ll \overline{\tau}_i \ll \overline{\tau}_{ie}, \tag{6.4.33}$$

或相应的平均碰撞频率

$$\overline{\nu}_e : \overline{\nu}_i : \overline{\nu}_{ie} = m_i/m_e : \sqrt{m_i/m_e} : 1 \quad (\overline{\nu}_e \gg \overline{\nu}_i \gg \overline{\nu}_{ie}). \tag{6.4.34}$$

(6.4.31)或(6.4.32)式的结果在物理上是容易理解的：① 在等离子体中，电子的弛豫时间 τ_e 最短(即频率 ν_e 最高)，这是因为电子质量很轻、惯性很小，通过电子-电子或电子-离子的碰撞，改变电子运动状态相对容易，因而电子的纵向减速或横向偏转所需的时间 τ_e 最短，过程完成得最快；② 离子的弛豫时间 τ_i 比电子的弛豫时间 τ_e 长多了，$\tau_i/\tau_e=\sqrt{m_i/m_e}\gg 1$，这是因为离子质量比电子的大得多，其惯性也大得多，在受力相同情况下要改变离子运动状态比电子困难得多，所以离子的弛豫过程需要花费更长的时间；③ 离子被电子碰撞的弛豫时间 τ_{ie} 最长，这是因为碰撞过程满足动量守恒，离子运动状态的变化是靠电子传递给它的动量，而电子质量比离子的小得多，即使一次碰撞过程电子运动状态(速度)变化很大，但传递给离子的动量却很小，因而难以改变离子运动状态，因此要使离子运动状态发生显著变化，则需要非常长的弛豫时间 τ_{ie}，结果 $\tau_{ie}/\tau_e=m_i/m_e\gg 1$.

一种试验粒子可以受多种场粒子作用，因而总的弛豫时间的倒数等于各种场粒子作用弛豫时间倒数之和，这是因为各种作用过程的频率是相加的. 例如

$$\frac{1}{\tau_e} = \frac{1}{\tau_{ee}} + \frac{1}{\tau_{ei}} \approx \frac{1}{\tau_{ee}} \quad (\text{因为 } \tau_{ee} \sim \tau_{ei}),$$

$$\frac{1}{\tau_i} = \frac{1}{\tau_{ii}} + \frac{1}{\tau_{ie}} \approx \frac{1}{\tau_{ii}} \quad (\text{因为 } \tau_{ii} \ll \tau_{ie}).$$

由此可见，总的弛豫时间主要由最短的一种决定. 因此，在讨论弛豫过程时，只需选取其中最短的一种弛豫时间为代表.

根据(6.4.32)式结果，如果等离子体中电子、离子都不处于平衡状态，则可通过碰撞逐步达到平衡，首先是电子达到平衡，然后离子也达到平衡，最后才是电子和离子间达到完全的平衡.

根据电子、离子的平均碰撞时间 $\overline{\tau}_e,\overline{\tau}_i$，还可以定义电子、离子的平均自由程 λ_e 和 λ_i：

$$\begin{cases}\lambda_e = (3T_e/m_e)^{1/2}\overline{\tau}_e, \\ \lambda_i = (3T_i/m_i)^{1/2}\overline{\tau}_i,\end{cases} \tag{6.4.35}$$

式中 $\sqrt{3T_e/m_e}$ 和 $\sqrt{3T_i/m_i}$ 分别为电子、离子的均方根速率. 将(6.4.30)式结果代入(6.4.35)式，得

$$\begin{cases}\lambda_e = \dfrac{16\ \sqrt{6\pi}\varepsilon_0^2 T_e^2}{n_e e^4 \ln\Lambda}, \\[2ex] \lambda_i = \dfrac{16\ \sqrt{6\pi}\varepsilon_0^2 T_i^2}{n_i Z^4 e^4 \ln\Lambda}.\end{cases} \tag{6.4.36}$$

如果 $T_e=T_i$，$Z=1$，则 $\lambda_e=\lambda_i$，这表明，电子与离子的平均自由程是相等的. 尽管离子的碰撞时间 τ_i 远比电子的 τ_e 大很多，但温度相同时，离子热运动速度比电子的小很多，因此在相邻两次碰撞期间，它们自由行走的路程相等.

需要指出，各种碰撞时间和碰撞频率，用不同的近似计算方法或求平均方法，其表示式会有所不同，但其中所含的物理量因子(如 m_i，m_e，n_i，n_e，e，Z，T_i，T_e 等)在量纲上是相同的，只是公式中所含的数值系数有所差异. 因此各种参考书、文献资料上所列的或引用的公式可能不尽相同，但是在数量级上是完全一致的. 严格地讲，各种弛豫过程的碰撞时间和碰撞频率的较精确结果需要用动理学方程求解. 还有，弛豫时间公式中都含有库仑对数，采用库仑场截断方法带有一定任意性，如用德拜屏蔽势计算散射微分截面，也有不确定因素，另外经典的与量子的库仑对数也有些差别. 这些因素引起的修正都反映在库仑对数项中，其误差约为 10%～20%，但也不影响数量级. 在有些实际应用中，需要精确可靠的结果时，则应当考虑各种因素的修正，进行较严格的计算.

本节碰撞时间和碰撞频率计算的各项结果，如(6.4.30)式等，与宫本健郎书中的公式[①]本应相同，但由于采用不同的 v^3 平均结果，本书用 $\overline{v^3}=8\sqrt{2\pi}(T/m)^{3/2}$，而宫本健郎则用 $\overline{v^2}=3T/m$，这样最后公式才出现差别. 如果用动理学方程比较严格地求解，平均碰撞频率分别为

$$\begin{cases}\bar{\nu}_{ee}=\dfrac{1}{(4\pi\varepsilon_0)^2}\dfrac{4\sqrt{2\pi}n_e e^4\ln\Lambda}{3m_e^{1/2}T_e^{3/2}},\\[2ex]\bar{\nu}_{ei}=\dfrac{1}{(4\pi\varepsilon_0)^2}\dfrac{4\sqrt{2\pi}n_e Ze^4\ln\Lambda}{3m_e^{1/2}T_e^{3/2}},\\[2ex]\bar{\nu}_{ii}=\dfrac{1}{(4\pi\varepsilon_0)^2}\dfrac{4\sqrt{\pi}n_i Z^2e^4\ln\Lambda}{3m_i^{1/2}T_i^{3/2}},\\[2ex]\bar{\nu}_{ie}=\dfrac{1}{(4\pi\varepsilon_0)^2}\dfrac{8\sqrt{2\pi}m_e^{1/2}n_e Z^2e^4\ln\Lambda}{3m_iT_e^{3/2}}.\end{cases}\tag{6.4.37}$$

[②]

相应地，平均碰撞时间为平均碰撞频率的倒数.

6.5 高能带电粒子束的慢化与等离子体加热

等离子体中带电粒子间的二体碰撞必然交换动量和能量(动能)，因此高能的带电粒子束通过等离子体时，将与其中的电子、离子碰撞交换能量，使粒子束动能

---

① 宫本健郎：《热核聚变等离子体物理学》，4.4 节，科学出版社，1981 年.

② (6.4.37) 式参见：马腾才等，《等离子体物理原理》，165 页(3.2-104)—(3.2-107) 式，中国科技大学出版社，1988 年.

损失，即使之慢化，而等离子体获得能量，即被加热. 核聚变研究中的高能粒子束注入加热等离子体，核聚变反应产生的高能氦离子的慢化使等离子体自加热，都属于这类问题.

设一束高能带电粒子射入等离子体，受场粒子（离子、电子）作用，交换能量，应用(6.4.12)式，高能带电粒子束的能量变化率：

$$\left\langle\frac{\mathrm{d}\varepsilon_\alpha}{\mathrm{d}t}\right\rangle=-\frac{n_\beta(q_\alpha q_\beta)^2}{4\pi\varepsilon_0^2 m_\beta v_\alpha}\ln\Lambda\left[\Phi(v_\alpha/v_{\mathrm{T}\beta})-\left(1+\frac{m_\beta}{m_\alpha}\right)\frac{2}{\sqrt{\pi}}\left(\frac{v_\alpha}{v_{\mathrm{T}\beta}}\right)\exp(-(v_\alpha/v_{\mathrm{T}\beta})^2)\right],\tag{6.5.1}$$

式中 $v_{\mathrm{T}\beta}=\sqrt{2T_\beta/m_\beta}$. 为了简化式子，令 $x=v_\alpha/v_{\mathrm{T}\beta}$，$k=m_\beta/m_\alpha$，引入函数

$$F(x,k)=\Phi(x)-(1+k)\frac{2x}{\sqrt{\pi}}\exp(-x^2),\tag{6.5.2}$$

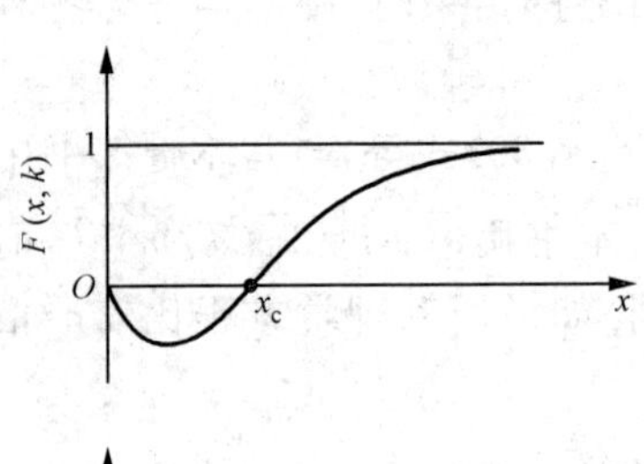

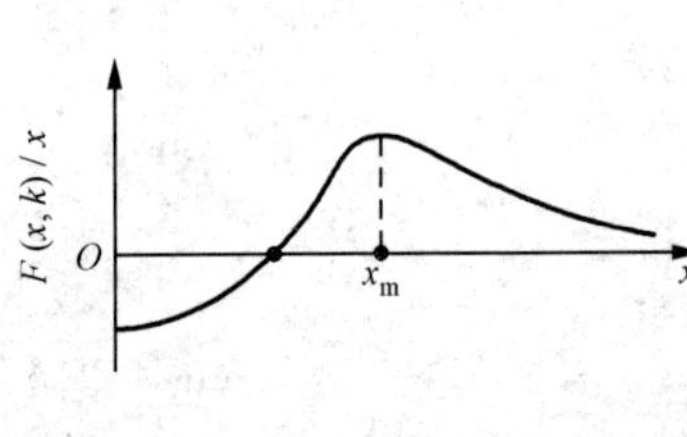

图　6.5.1

则(6.5.1)式可写为

$$\left\langle\frac{\mathrm{d}\varepsilon_\alpha}{\mathrm{d}t}\right\rangle=-\frac{n_\beta(q_\alpha q_\beta)^2\ln\Lambda}{4\pi\varepsilon_0^2 m_\beta v_{\mathrm{T}\beta}}\frac{F(x,k)}{x}.\tag{6.5.3}$$

现在只需研究函数 $F(x,k)/x$ 随 x 的变化，就可以了解入射离子或电子束与等离子体中各类粒子的能量交换和加热情况. 图 6.5.1 和表 6.5.1 就是对 $F(x,k)$ 与 $F(x,k)/x$ 的数值计算结果：当 $x=x_c$ 时，$F(x,k)=0$；$x=[k/2(1+k)]^{1/2}$ 时，$F(x,k)$ 为极小值. $x=x_m$ 时 $F(x,k)/x$ 为极大值. 因此，当 $0<x<x_c$ 时，$F(x,k)/x<0$，即带电粒子束从等离子体中获得能量；当 $x>x_c$ 时，$F(x,k)/x>0$，等离子体从带电粒子束获得能量，而且当 $x=x_m$ 时，能量从带电粒子束转移到等离子体的效果最好.

表 6.5.1　与 $k=m_\beta/m_\alpha$ 对应的 x_c，x_m 值

k	0	0.1	1	10	10^2	10^3	10^4
x_c	0	0.377	0.990	1.76	2.37	2.84	3.24
x_m	1.52	1.57	1.85	2.42	2.94	3.37	3.74

数据来源：宫本健郎：《热核聚变等离子体物理学》，科学出版社，1981 年，83 页.

现在结合具体例子进行讨论.

(1) 高能电子束的慢化与等离子体加热

高能电子束通过等离子体时,分别对其中的电子和电荷为 Ze 的离子加热.设入射电子束的速度为 v_{be},能量为 $\varepsilon_{\mathrm{be}}$,则

$$\varepsilon_{\mathrm{be}}=\frac{1}{2}m_{\mathrm{e}}v_{\mathrm{be}}^{2}.$$

下面应用(6.5.1)式,分别计算由于电子-电子和电子-离子作用,造成的电子束能量上的变化和等离子体中电子、离子得到的加热.设电子束能量足够高,满足 $v_{\mathrm{be}}/v_{\mathrm{Te}}>2, v_{\mathrm{Te}}=\sqrt{2T_{\mathrm{e}}/m_{\mathrm{e}}}$,即 $\varepsilon_{\mathrm{be}}>4T_{\mathrm{e}}$,则 $\Phi(v_{\mathrm{be}}/v_{\mathrm{Te}})\approx1$.对于电子-离子作用,$v_{\mathrm{be}}/v_{\mathrm{Ti}}\gg1, \Phi(v_{\mathrm{be}}/v_{\mathrm{Ti}})\approx1$,则得电子束的能量变化率

$$\left\langle\frac{\mathrm{d}\varepsilon_{\mathrm{be}}}{\mathrm{d}t}\right\rangle\approx-\frac{e^{4}\ln\Lambda}{4\pi\varepsilon_{0}^{2}v_{\mathrm{be}}}\left(\frac{n_{\mathrm{i}}Z^{2}}{m_{\mathrm{i}}}+\frac{n_{\mathrm{e}}}{m_{\mathrm{e}}}\right).\tag{6.5.4}$$

(6.5.4)式是应用(6.5.1)式分别计算电子-电子和电子-离子的能量变化率,然后两结果相加而得.在此计算过程中,(6.5.1)式方括号中的第 2 项值较小而被忽略.(6.5.4)式表示高能电子束的慢化,右边括弧中第 1 项为离子的贡献,第 2 项为电子的贡献.两项贡献相比,电子的加热效率比离子的高 $m_{\mathrm{i}}/(Zm_{\mathrm{e}})$倍.这个结果容易理解:因为同类粒子(电子-电子)碰撞,能量交换显著,但质量相差很大的两个粒子碰撞,其中的高速电子动量可能变化很大,而能量交换却很小.

(2) 高能离子束的慢化与等离子体加热

设质量为 m_{bi}的入射离子束(入射离子与等离子体中的离子不同),其电荷为 $Z_{\mathrm{i}}e$、速度为 v_{bi}、能量为 $\varepsilon_{\mathrm{bi}}=m_{\mathrm{bi}}v_{\mathrm{bi}}^{2}/2$,如果入射离子能量很高,其速度 $v_{\mathrm{bi}}>v_{\mathrm{Te}}=\sqrt{2T_{\mathrm{e}}/m_{\mathrm{e}}}$,也必然有 $v_{\mathrm{bi}}\gg v_{\mathrm{Ti}}=\sqrt{2T_{\mathrm{i}}/m_{\mathrm{i}}}$,则高能离子束的慢化与(6.5.4)式结果相似,它对等离子体中离子、电子的相对加热比率与(6.5.4)式情况相同.

现在设质量为 m_{bi}的入射离子束的速度 $v_{\mathrm{bi}}<v_{\mathrm{Te}}$但 $v_{\mathrm{bi}}>v_{\mathrm{Ti}}$,即 $v_{\mathrm{Te}}>v_{\mathrm{bi}}>v_{\mathrm{Ti}}$的情况.在这种情况下,高能离子束慢化及对等离子体中离子、电子的加热,可由(6.5.1)式分别计算离子-离子和离子-电子的能量变化率,然后相加,得

$$\left\langle\frac{\mathrm{d}\varepsilon_{\mathrm{bi}}}{\mathrm{d}t}\right\rangle=-\frac{Z_{\mathrm{i}}^{2}e^{4}n_{\mathrm{e}}\ln\Lambda}{4\pi\varepsilon_{0}^{3}m_{\mathrm{e}}v_{\mathrm{bi}}}\cdot\left\{\frac{m_{\mathrm{e}}n_{\mathrm{i}}Z^{2}}{m_{\mathrm{i}}n_{\mathrm{e}}}\left[\Phi(y)-\left(1+\frac{m_{\mathrm{i}}}{m_{\mathrm{bi}}}\right)\frac{2y}{\sqrt{\pi}}\mathrm{e}^{-y^{2}}\right]+\left[\Phi(x)-\left(1+\frac{m_{\mathrm{e}}}{m_{\mathrm{bi}}}\right)\frac{2x}{\sqrt{\pi}}\mathrm{e}^{-x^{2}}\right]\right\},\tag{6.5.5}$$

式中 $x=v_{\mathrm{bi}}/v_{\mathrm{Te}}=\sqrt{m_{\mathrm{e}}/m_{\mathrm{bi}}}\sqrt{\varepsilon_{\mathrm{bi}}/T_{\mathrm{e}}}, y=v_{\mathrm{bi}}/v_{\mathrm{Ti}}=\sqrt{m_{\mathrm{i}}/m_{\mathrm{bi}}}\sqrt{\varepsilon_{\mathrm{bi}}/T_{\mathrm{i}}}=\sqrt{m_{\mathrm{i}}T_{\mathrm{e}}/m_{\mathrm{e}}T_{\mathrm{i}}}\,x$,(6.5.5)式右方第 1 个方括号是离子加热项,第 2 个方括号是电子加热项.

当 $y>2, x<0.3$ 时,满足条件

$$0.09(m_{bi}/m_e) > \varepsilon_{bi}/T_e > 4(m_i/m_{bi})(T_e/T_i), \tag{6.5.6}$$

$$\Phi(y)\approx 1,\quad \Phi(x)=\frac{2x}{\sqrt{\pi}}\left(1-\frac{1}{3}x^2\right),\quad e^{-x^2}\approx 1-x^2,$$

则(6.5.5)式化为

$$\left\langle\frac{d\varepsilon_{bi}}{dt}\right\rangle\approx-\frac{Z_i^2e^4n_e\ln\Lambda}{4\pi\varepsilon_0^2m_ev_{bi}}\left[\frac{m_eZ}{m_i}+\frac{4}{3\sqrt{\pi}}\left(\frac{m_e\varepsilon_{bi}}{m_{bi}T_e}\right)^{3/2}\right]. \tag{6.5.7}$$

注意,式中 Z_i 为入射离子束的电荷数,Z 为等离子体中离子的电荷数,m_{bi},v_{bi},ε_{bi}分别为入射离子束的离子质量、速度、能量.(6.5.7)式方括号中的两项,第1项代表加热离子,第2项代表加热电子,如果加热离子的能量和加热电子的能量比例相同,则方括号中这两项应相等,这时入射离子能量

$$\varepsilon_{bi}=\varepsilon_c=\frac{m_{bi}T_e}{m_e}\left(\frac{3\sqrt{\pi}m_eZ}{4m_i}\right)^{3/2}. \tag{6.5.8}$$

上式表明:当 $\varepsilon_{bi}=\varepsilon_c$,则离子束慢化时,等离子体中的离子和电子获得相同大小的能量;当 $\varepsilon_{bi}>\varepsilon_c$ 时,则电子获得较多能量;当 $\varepsilon_{bi}<\varepsilon_c$ 时,离子获得较多能量.以高能氘离子束注入氘等离子体为例,$Z=1$,$m_{bi}=m_i=2m_p$,$m_i/m_e=3672$,则 $\varepsilon_c=18.7T_e$.

由(6.5.7)式,还可以计算离子束慢化时间

$$t=\int_{\varepsilon}^{0}\frac{d\varepsilon_{bi}}{(d\varepsilon_{bi}/dt)}=\frac{\sqrt{2\pi}\cdot 2\pi\varepsilon_0^2m_{bi}T_e^{3/2}}{n_eZ_i^2e^4m_e^{1/2}\ln\Lambda}\ln[1+(\varepsilon/\varepsilon_c)^{3/2}], \tag{6.5.9}$$

式中 ε 为离子束初始能量.(6.5.9)式也可改写为

$$t=\frac{2\tau_\varepsilon^{ei}}{3}\ln[1+(\varepsilon/\varepsilon_c)^{3/2}], \tag{6.5.10}$$

式中

$$\tau_\varepsilon^{ei}\approx\frac{\sqrt{2\pi}\cdot 3\pi\varepsilon_0^2m_iT_e^{3/2}}{n_iZ^2e^4m_e^{1/2}\ln\Lambda},$$

τ_ε^{ei} 为下一节(6.6.8)式给出的电子-离子能量弛豫时间或温度平衡时间.

6.6　等离子体的能量弛豫与温度平衡时间

等离子体产生、加热、约束方法或过程的不同,则可能出现电子、离子都不处于热平衡状态,或电子、离子分别处于热平衡,但它们之间温度却不同,这些都可以通过粒子间碰撞交换能量,逐渐使温度一致,达到热平衡.这种过程称能量弛豫过程或温度平衡过程,相应的弛豫时间称能量弛豫时间或温度平衡时间.

设等离子体中两类组分的粒子质量、粒子数密度、温度分别为 m_α,n_α,T_α 和 m_β,n_β,T_β,设想试验粒子 α 以速度 $\boldsymbol{v}_\alpha$ 入射,与速度为 $\boldsymbol{v}_\beta$ 的场粒子 β 碰撞,引起能量

变化率为$\dfrac{\mathrm{d}\varepsilon_\alpha}{\mathrm{d}t}$,由于$\beta$粒子具有温度为$T_\beta$的麦克斯韦分布,则应对$\beta$粒子分布求平均,即$\left\langle\dfrac{\mathrm{d}\varepsilon_\alpha}{\mathrm{d}t}\right\rangle_\beta$;因为$\alpha$粒子也具有温度为$T_\alpha$的麦克斯韦分布,所以还要对$\alpha$粒子的速度分布求平均,即

$$\left\langle\frac{\mathrm{d}\varepsilon_\alpha}{\mathrm{d}t}\right\rangle_{\beta\alpha} = Q, \tag{6.6.1}$$

式中Q就是两组分($T_\alpha \neq T_\beta$)间单位时间交换的热能.现在可以用下式定义能量弛豫时间

$$\left\langle\frac{\mathrm{d}\varepsilon_\alpha}{\mathrm{d}t}\right\rangle_{\beta\alpha} = -\frac{3}{2}(T_\alpha - T_\beta)/\tau_\varepsilon, \tag{6.6.2}$$

式中τ_ε就是能量弛豫时间或温度平衡时间.只要利用(6.4.12)式,再对α粒子的麦克斯韦分布求平均,就可以得到$\left\langle\dfrac{\mathrm{d}\varepsilon_\alpha}{\mathrm{d}t}\right\rangle_{\beta\alpha}$.由(6.4.12)式,对$\alpha$粒子速度分布求平均时只需计算如下两个积分:

$$\left\langle\frac{1}{v}\Phi(v/v_\mathrm{T}')\right\rangle_\alpha \qquad 和 \qquad \langle\exp[-(v/v_\mathrm{T}')^2]\rangle_\alpha,$$

式中$v_\mathrm{T}' = \sqrt{2T_\beta/m_\beta}$.令$v_\mathrm{T} = \sqrt{2T_\alpha/m_\alpha}$,$\xi = v_\mathrm{T}/v_\mathrm{T}' = \sqrt{m_\beta T_\alpha/m_\alpha T_\beta}$,$x = v/v_\mathrm{T}$,$\alpha$粒子的麦克斯韦分布$f(v) \sim \mathrm{e}^{-(v/v_\mathrm{T})^2} = \mathrm{e}^{-x^2}$,则

$$\begin{aligned}\left\langle\frac{1}{v}\Phi(v/v_\mathrm{T}')\right\rangle_\alpha &= \int_0^\infty \Phi(v/v_\mathrm{T}')\mathrm{e}^{-(v/v_\mathrm{T})^2} v\mathrm{d}v \Big/ \int_0^\infty \mathrm{e}^{-(v/v_\mathrm{T})^2} v^2 \mathrm{d}v \\ &= \frac{1}{v_\mathrm{T}}\int_0^\infty \Phi(\xi x)\mathrm{e}^{-x^2} x\mathrm{d}x \Big/ \int_0^\infty \mathrm{e}^{-x^2} x^2 \mathrm{d}x.\end{aligned}$$

因为

$$\int_0^\infty \mathrm{e}^{-x^2} x^2 \mathrm{d}x = \frac{\sqrt{\pi}}{4},$$

$$\int_0^\infty \Phi(\xi x)\mathrm{e}^{-x^2} x\mathrm{d}x = \frac{\xi}{\sqrt{\pi}}\int_0^\infty \mathrm{e}^{-(1+\xi^2)x^2}\mathrm{d}x = \frac{\xi}{2\sqrt{1+\xi^2}},$$

所以

$$\left\langle\frac{1}{v}\Phi(v/v_\mathrm{T}')\right\rangle_\alpha = \frac{2\xi}{\sqrt{\pi}v_T\sqrt{1+\xi^2}}. \tag{6.6.3}$$

类似方法,计算另一个积分

$$\begin{aligned}\langle\exp[-(v/v_\mathrm{T}')^2]\rangle_\alpha &= \int_0^\infty \mathrm{e}^{-(v/v_\mathrm{T}')^2}\mathrm{e}^{-(v/v_\mathrm{T})^2} v^2\mathrm{d}v \Big/ \int_0^\infty \mathrm{e}^{-(v/v_\mathrm{T})^2} v^2 \mathrm{d}v \\ &= \int_0^\infty \mathrm{e}^{-(1+\alpha^2)x^2} x^2 \mathrm{d}x \Big/ \int_0^\infty \mathrm{e}^{-x^2} x^2 \mathrm{d}x = (1+\xi^2)^{-3/2}.\end{aligned} \tag{6.6.4}$$

(6.4.12)式对α粒子的麦克斯韦分布求平均,得

$$\left\langle\frac{\mathrm{d}\varepsilon_\alpha}{\mathrm{d}t}\right\rangle_{\beta\alpha}=\frac{n_\beta(q_\alpha q_\beta)^2}{4\pi\varepsilon_0^2 m_\beta}\ln\Lambda\left\{\left\langle\frac{1}{v}\Phi(v/v_\mathrm{T}')\right\rangle-\left(1+\frac{m_\beta}{m_\alpha}\right)\frac{2}{\sqrt{\pi}v_\mathrm{T}'}\langle\exp[-(v/v_\mathrm{T}')^2]\rangle\right\}.\tag{6.6.5}$$

(6.6.3)和(6.6.4)积分结果代入(6.6.5)式，经整理后得

$$\left\langle\frac{\mathrm{d}\varepsilon_\alpha}{\mathrm{d}t}\right\rangle_{\beta\alpha}=-\frac{n_\beta(q_\alpha q_\beta)^2\ln\Lambda}{2\pi\varepsilon_0^2\sqrt{2\pi}m_\alpha m_\beta}\left(\frac{T_\alpha}{m_\alpha}+\frac{T_\beta}{m_\beta}\right)^{-3/2}(T_\alpha-T_\beta).\tag{6.6.6}$$

(6.6.6)式与(6.6.2)式相比较，得能量弛豫时间或温度平衡时间

$$\tau_\varepsilon=\frac{\sqrt{2\pi}\cdot 3\pi\varepsilon_0^2 m_\alpha m_\beta}{n_\beta(q_\alpha q_\beta)^2\ln\Lambda}\left(\frac{T_\alpha}{m_\alpha}+\frac{T_\beta}{m_\beta}\right)^{3/2}.\tag{6.6.7}$$

(6.6.7)式可分别应用于电子-电子、离子-离子和电子-离子间的温度平衡过程，则可得这些弛豫过程的时间.

假定电子分为温度 $T_\alpha=T_\mathrm{e}$ 与 $T_\beta=T'$ 不同的两部分，且 $T_\mathrm{e}\gg T'$，电子-电子温度平衡过程时，$T_\alpha/m_\alpha+T_\beta/m_\beta\approx T_\mathrm{e}/m_\mathrm{e}$，$n_\alpha=n_\beta=n_\mathrm{e}/2$；假定离子分为温度 $T_\alpha=T_\mathrm{i}$ 与 $T_\beta=T'$ 不同的两部分，且 $T_\mathrm{i}\gg T'$，离子-离子温度平衡过程时，$T_\alpha/m_\alpha+T_\beta/m_\beta\approx T_\mathrm{i}/m_\mathrm{i}$，$n_\alpha=n_\beta=n_\mathrm{i}/2$；假定电子温度 $T_\alpha=T_\mathrm{e}$ 与离子温度 $T_\beta=T_\mathrm{i}$ 不同，且 $T_\mathrm{e}\gg T_\mathrm{i}$，电子-离子温度平衡过程时，$T_\alpha/m_\alpha+T_\beta/m_\beta\approx T_\mathrm{e}/m_\mathrm{e}$，$n_\beta=n_\mathrm{i}$. 以上三种情况由(6.6.7)式给出温度平衡时间：

$$\begin{cases}\tau_\varepsilon^{\mathrm{ee}}\approx\dfrac{\sqrt{2\pi m_\mathrm{e}}\cdot 6\pi\varepsilon_0^2 T_\mathrm{e}^{3/2}}{n_\mathrm{e}e^4\ln\Lambda},\\[2ex]\tau_\varepsilon^{\mathrm{ii}}\approx\dfrac{\sqrt{2\pi m_\mathrm{i}}\cdot 6\pi\varepsilon_0^2 T_\mathrm{i}^{3/2}}{n_\mathrm{i}Z^4e^4\ln\Lambda},\\[2ex]\tau_\varepsilon^{\mathrm{ei}}\approx\dfrac{\sqrt{2\pi}\cdot 3\pi\varepsilon_0^2 m_\mathrm{e}^{-1/2}m_\mathrm{i}T_\mathrm{e}^{3/2}}{n_\mathrm{i}Z^2e^4\ln\Lambda}.\end{cases}\tag{6.6.8}$$

三种能量弛豫时间的比较：

$$\tau_\varepsilon^{\mathrm{ee}}:\tau_\varepsilon^{\mathrm{ii}}:\tau_\varepsilon^{\mathrm{ei}}=1:\frac{1}{Z^3}(m_\mathrm{i}/m_\mathrm{e})^{1/2}(T_\mathrm{i}/T_\mathrm{e})^{3/2}:\frac{1}{2Z}(m_\mathrm{i}/m_\mathrm{e}).\tag{6.6.9}$$

设 $Z=1$，$T_\mathrm{i}\approx T_\mathrm{e}$，则

$$\tau_\varepsilon^{\mathrm{ee}}:\tau_\varepsilon^{\mathrm{ii}}:\tau_\varepsilon^{\mathrm{ei}}=1:(m_\mathrm{i}/m_\mathrm{e})^{1/2}:(m_\mathrm{i}/m_\mathrm{e}).\tag{6.6.10}$$

(6.6.10)式结果表明，如果等离子体各组分的温度都未达到平衡，则电子达到热平衡的时间最短，过程最快，离子次之，电子-离子间达到平衡时间最长，过程最慢. 这与(6.4.32)式动量弛豫时间的比值相同.

在受控核聚变研究中，由于加热方法或压缩方法不同，可能出现远离平衡情况，如：大电流欧姆加热，主要是电子获得功率；动力学压缩，离子获得的动能大，而且是定向的；此外还有离子束加热、中性粒子束注入加热等都需要经过碰撞达到

热化和温度平衡. 由于 $\tau_\varepsilon^{ie} \gg \tau_\varepsilon^{ii} \gg \tau_\varepsilon^{ee}$，所以常出现 $T_i \neq T_e$ 状况，还需要经过更长一些时间才能达到完全的 $T_i = T_e$ 的温度平衡，因此，这些弛豫过程和弛豫时间在考虑核聚变问题时是很重要的.

(6.6.8)式的 3 个能量弛豫时间与(6.4.27)、(6.4.28)、(6.4.29)相应的动量弛豫时间在数量级意义上近似相等，因此今后不再区分这两种类型的弛豫时间.

6.7 等离子体电导率和电子逃逸

若等离子体加上电场 $\boldsymbol{E}$，则离子、电子在电场作用下沿相反方向定向加速运动，形成电流；由于电子与离子间的碰撞产生动力摩擦，使电流不可能无限增长，一般会达到一个稳定值. 电流与电场间的平衡关系，反映了等离子体的导电特性.

1. 无磁场时电导率

电子、离子作为两种流体，令其宏观速度分别为 $\boldsymbol{u}_e, \boldsymbol{u}_i$，因为 $m_i \gg m_e$，一般情况下，$\boldsymbol{u}_e \gg \boldsymbol{u}_i$. 由电流定义

$$\boldsymbol{j} = Zen_i\boldsymbol{u}_i - en_e\boldsymbol{u}_e \approx -en_e\boldsymbol{u}_e, \tag{6.7.1}$$

式中 n_i, n_e 为离子、电子的数密度. 当外磁场 $\boldsymbol{B}=0$，而且假定 $\nabla p_e = 0, \nabla \cdot \boldsymbol{\Pi} = 0$，则由电子运动方程(6.1.2)，得

$$m_e n_e \frac{\mathrm{d}\boldsymbol{u}_e}{\mathrm{d}t} = -en_e\boldsymbol{E} + \boldsymbol{R}_{ei}, \tag{6.7.2}$$

式中 $\boldsymbol{R}_{ei}$ 为电子受到离子的摩擦阻力，它可以由电子受离子碰撞引起的动量变化率对离子、电子平移麦克斯韦速度分布(以各自平均速度平移)求平均得到，是离子对电子流体的宏观作用力. 通常取如下简单形式：

$$\boldsymbol{R}_{ei} = -m_e n_e \boldsymbol{u}/\tau_{ei} = -m_e n_e \nu_{ei}(\boldsymbol{u}_e - \boldsymbol{u}_i) \approx -m_e n_e \nu_{ei}\boldsymbol{u}_e, \tag{6.7.3}$$

式中 τ_{ei} 和 $\nu_{ei} = 1/\tau_{ei}$ 为电子-离子动量弛豫时间和碰撞频率，$\boldsymbol{u} = \boldsymbol{u}_e - \boldsymbol{u}_i \approx \boldsymbol{u}_e$ 为电子和离子流体元的相对速度. 利用(6.4.26)和(6.4.27)式结果，得

$$\tau_{ei} = \overline{\tau}_{\parallel}^{ei} = \frac{2}{Z}\overline{\tau}_e = \frac{32\varepsilon_0^2\sqrt{2\pi m_e}\,T_e^{3/2}}{n_i Z^2 e^4 \ln\Lambda}. \tag{6.7.4}$$

当 $\frac{\mathrm{d}\boldsymbol{u}_e}{\mathrm{d}t} = 0$ 时，达到稳定状态，则由(6.7.2)式得

$$\boldsymbol{R}_{ei} = en_e\boldsymbol{E}. \tag{6.7.5}$$

上式表明，当电子受电场作用力与电子受到离子的摩擦阻力平衡时，达到电流稳定状态，由(6.7.3)和(6.7.5)式，得

$$\boldsymbol{u}_e = -e\boldsymbol{E}/m_e\nu_{ei}. \tag{6.7.6}$$

将(6.7.6)式代入(6.7.1)式，得

$$j = \frac{n_e e^2}{m_e \nu_{ei}} \boldsymbol{E} = \sigma_c \boldsymbol{E}, \tag{6.7.7}$$

上式就是无磁场时的欧姆定律,式中

$$\sigma_c = \frac{n_e e^2}{m_e \nu_{ei}} \tag{6.7.8}$$

为等离子体无磁场时的电导率. 应用(6.7.4)式对应的碰撞频率,求得无磁场时电导率

$$\sigma_c = \frac{32\varepsilon_0^2 \sqrt{2\pi} T_e^{3/2}}{Ze^2 \sqrt{m_e} \ln\Lambda}. \tag{6.7.9}$$

结果表明,电导率与电子温度的 3/2 次方($T_e^{3/2}$)成正比,这是等离子体的一个重要特性. 一般导体的电导率是温度越高电导率越小,而等离子体则相反,温度越高电导率越大,因此高温等离子体是非常好的导电流体,有时就近似地当作理想导电流体.

精确的电导率计算,还应当考虑电子-电子碰撞、离子-离子反冲以及电子速度偏离麦克斯韦分布的影响等.

2. 有磁场时电导率

当有外磁场 $\boldsymbol{B}$,如果磁场 $\boldsymbol{B}$ 与电场 $\boldsymbol{E}$ 平行,这时磁场 $\boldsymbol{B}$ 对电子流体运动没有影响,所以平行磁场方向的电导率与无磁场时相同. 如果外磁场 $\boldsymbol{B}$ 与电场 $\boldsymbol{E}$ 垂直,$\boldsymbol{B} \perp \boldsymbol{E}$,则在电子运动方程中增加洛伦兹力项. 定态情况,电子运动方程为

$$m_e n_e \frac{d\boldsymbol{u}_e}{dt} = - e n_e \boldsymbol{E} - e n_e \boldsymbol{u}_e \times \boldsymbol{B} + \boldsymbol{R}_{ei} = 0. \tag{6.7.10}$$

设 $\boldsymbol{B} = B\boldsymbol{e}_z$, $\boldsymbol{E} = E\boldsymbol{e}_x$,则(6.7.10)方程可分解为 x, y 两个分量方程

$$\begin{cases} - e n_e E - e n_e B u_{ey} - m_e n_e \nu_{ei} u_{ex} = 0, \\ e n_e B u_{ex} - m_e n_e \nu_{ei} u_{ey} = 0. \end{cases} \tag{6.7.11}$$

解(6.7.11)方程组,得

$$u_{ex} = - \left(\frac{1}{1 + \omega_{ce}^2 \tau_{ei}^2} \right) \frac{e}{m_e \nu_{ei}} E,$$

所以

$$j_x = - e n_e u_{ex} = \frac{1}{1 + \omega_{ce}^2 \tau_{ei}^2} \frac{n_e e^2}{m_e \nu_{ei}} E = \sigma_\perp E, \tag{6.7.12}$$

式中

$$\sigma_\perp = \frac{1}{1 + \omega_{ce}^2 \tau_{ei}^2} \frac{n_e e^2}{m_e \nu_{ei}} = \frac{\sigma_0}{1 + \omega_{ce}^2 \tau_{ei}^2}. \tag{6.7.13}$$

这里 $\sigma_\perp$ 就是垂直磁场方向的电场引起的电流的电导率,$\sigma_0 = n_e e^2 / m_e \nu_{ei}$ 即(6.7.8)式无磁场时的电导率. 由(6.7.11)方程组还可解得

$$u_{ey} = - \left(\frac{\omega_{ce} \tau_{ei}}{1 + \omega_{ce}^2 \tau_{ei}^2} \right) \frac{eE}{m_e \nu_{ei}},$$

则电流

$$j_y = -en_e u_{ey} = \left(\frac{\omega_{ce}\tau_{ei}}{1+\omega_{ce}^2\tau_{ei}^2}\right)\sigma_0 E = \sigma_H E, \tag{6.7.14}$$

j_y 就是霍尔电流，它垂直于磁场、又垂直于电场，式中

$$\sigma_H = \left(\frac{\omega_{ce}\tau_{ei}}{1+\omega_{ce}^2\tau_{ei}^2}\right)\sigma_0, \tag{6.7.15}$$

σ_H 为霍尔电流分量的电导率. 对于强磁场，$\omega_{ce}\tau_{ei}\gg 1$，$\sigma_\perp$ 比 σ_0 多一个 $1/(1+\omega_{ce}^2\tau_{ei}^2)\ll 1$ 的因子，所以 $\sigma_\perp\ll\sigma_0$，而 $\sigma_0\gg\sigma_H\gg\sigma_\perp$. 这些结果与 4.7 节的结果是一致的.

3. 电子逃逸

在等离子体中，由于库仑碰撞，电子要受到离子对它的动摩擦力. 根据 (6.4.13)式，动摩擦力 $\left\langle\frac{dp_e}{dt}\right\rangle\sim 1/v_e^2$，这表明随着电子速度 v_e 的增大，动摩擦力迅速减小. 等离子体中如果有外加电场时，电子在电场作用下做加速运动，电子速度不断增大，动摩擦力也随之减小. 当电子速度超过某一临界值时，将出现电场的加速力始终大于动摩擦力，于是这种电子持续被加速，电子速度就越来越大，这就是电子逃逸现象. 这种现象会使欧姆加热受到限制，并给等离子体带来粒子和能量损失. 逃逸电子的能量可以很高，例如在托卡马克实验中，环向电场产生的逃逸电子的能量可达几百 keV 以上. 要严格计算电子逃逸应由动理学方程求解. 现在采用简单模型进行讨论.

(1) 弱电场下电子逃逸

假定一维情况，沿 x 轴方向加一电场 $\boldsymbol{E}=-E\boldsymbol{e}_x$（设 $E>0$）. 电子受的力 $F=eE(e>0)$. 因为离子质量很大，基本不动. 电子速度 $\boldsymbol{v}_e=v_e\boldsymbol{e}_x$，则单个电子运动方程（微观的）

$$\frac{dv_e}{dt}=\frac{eE}{m_e}-\frac{1}{m_e}\left\langle\frac{dp_e}{dt}\right\rangle_{ee}-\frac{1}{m_e}\left\langle\frac{dp_e}{dt}\right\rangle_{ei}, \tag{6.7.16}$$

上式右方第 2,3 项为电子受到背景的电子和离子的摩擦阻力. 应用(6.4.13)式，对于电子-电子，$\mu=m_e/2$，对于电子-离子，$\mu=m_e$，而且 $v_e/v_{Ti}\gg 1$，$\Phi_1(v_e/v_{Ti})=1$，设 $n_i=n_e=n$，则

$$\frac{dv_e}{dt}=\frac{eE}{m_e}-\frac{ne^4\ln\Lambda}{4\pi\varepsilon_0^2 m_e^2 v_e^2}[2\Phi_1(v_e/v_{Te})+1]. \tag{6.7.17}$$

假定电子速度比较大，$v_e/v_{Te}>2$，$\Phi_1(v_e/v_{Te})\approx 1$，只要 $\frac{dv_e}{dt}>0$ 电子速度就不断增大，出现电子逃逸. 因此，由(6.7.17)式，电子逃逸条件为

$$v_e>\left(\frac{3ne^3\ln\Lambda}{4\pi\varepsilon_0^2 m_e E}\right)^{1/2}=v_c, \tag{6.7.18}$$

v_c 称电子逃逸的临界速度. $v_e > v_c$ 的高速电子,在电场 $\boldsymbol{E}$ 的作用下,会不断加速,最后出现电子逃逸.对于麦克斯韦速度分布的电子,电场不需要很强,在速度分布的高端部分,总有 $v_e > v_c$ 的电子逃逸.实际上由于加速电子的辐射、反常电阻、相对论效应等,电子速度不可能无限增大,最终总是有限的.

(2) 电子整体逃逸

假定(6.7.16)方程中的电子就是等离子体中的一个电子,则由(6.7.16)方程对电子速度分布求平均,就得到一维的流体力学方程(宏观的流体运动方程)

$$\frac{\mathrm{d}u}{\mathrm{d}t} = \frac{eE}{m_e} - \frac{1}{m_e}R_{ei}, \tag{6.7.19}$$

式中 $u = \langle v_e \rangle$ 为电子流体的平均速度,因为粒子碰撞满足动量守恒,同类粒子碰撞的摩擦阻力为0,所以(6.7.16)式对电子速度分布求平均时,右方第2项为0,只有第3项不同类粒子碰撞对摩擦阻力有贡献,所以(6.7.19)式中的摩擦阻力

$$R_{ei} = \left\langle \left\langle \frac{\mathrm{d}p_e}{\mathrm{d}t} \right\rangle_{ei} \right\rangle_e.$$

应用(6.4.13)式,对电子平移的麦克斯韦速度分布求平均,得

$$R_{ei} = \left\langle \left\langle \frac{\mathrm{d}p_e}{\mathrm{d}t} \right\rangle_{ei} \right\rangle_e = -\frac{n_\beta (q_\alpha q_\beta)^2}{4\pi\varepsilon_0^2 \mu} \ln\Lambda \left\langle \frac{1}{v^2} \Phi_1(v/v_T') \right\rangle_e, \tag{6.7.20}$$

$$\left\langle \frac{v_T'^2}{v^2} \Phi_1(v/v_T') \right\rangle_e = \left\langle \frac{1}{x^2} \Phi_1(x) \right\rangle_e = \left\langle \frac{1}{x^2} \Phi(x) - \frac{1}{x} \frac{\mathrm{d}\Phi}{\mathrm{d}x} \right\rangle_e,$$

则(6.7.19)式可化为

$$\frac{\mathrm{d}u}{\mathrm{d}t} = \frac{e}{m_e}\left[E - \frac{ne^3 \ln\Lambda}{8\pi\varepsilon_0^2 T_e}\psi(u/v_{Te})\right] = \frac{e}{m_e}\left[E - E_0 \psi(u/v_{Te})\right], \tag{6.7.21}$$

式中 $\psi(x) = \frac{1}{x}\frac{\mathrm{d}\Phi}{\mathrm{d}x} - \frac{1}{x^2}\Phi$, $\Phi(x) = \frac{2}{\sqrt{\pi}}\int_0^x \mathrm{e}^{-\xi^2}\mathrm{d}\xi$, $E_0 = \frac{ne^3\ln\Lambda}{8\pi\varepsilon_0^2 T_e}$.

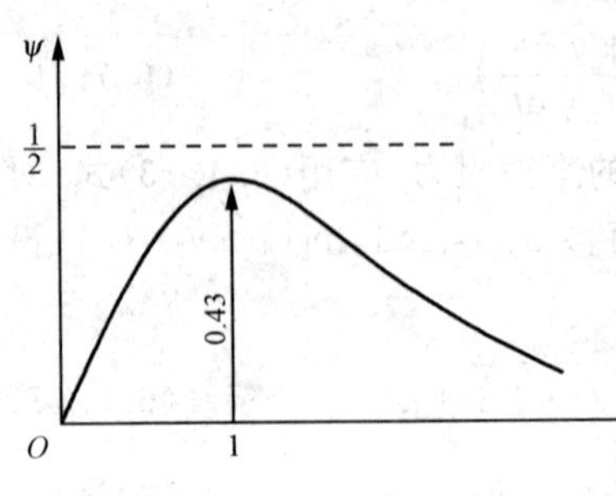

图 6.7.1 $\psi(x)$函数曲线

如图 6.7.1 所示,$\psi(1) = \psi_{max} = 0.43$,由(6.7.21)式,当 $E > 0.43E_0$ 时,$\frac{\mathrm{d}u}{\mathrm{d}t} > 0$,即发生电子整体逃逸.令

$$E_c = 0.43E_0, \tag{6.7.22}$$

E_c 为临界逃逸电场,其意义为 $E > E_c$ 时发生电子整体逃逸.实际上,发生电子整体逃逸,会引起微观不稳定性、激发等离子体波或引发其他能量损耗机制,这样电子流体运动速度就不会趋于无限.

4. 电子摩擦阻力及电导率的修正

现在,对(6.7.3)式的电子摩擦阻力表示式做些说明.前面已经提到,速度大的电子受到的碰撞摩擦力小,速度小的摩擦力大,因而速度高的电子可能愈来愈快,速度慢的可能愈来愈慢,这样可能远离平移的麦克斯韦分布,速度高的部分几率增加,速度低的部分几率减少.但是,在等离子体中还存在电子-电子、电子-离子间的碰撞,使电子尽可能趋向平衡,这样电子会达到一种新的平衡分布,而与原先平移麦克斯韦速度分布偏离不会很远.从这一物理概念考虑,用动理学方法进行计算,在无磁场或平行磁场方向上摩擦力项需要增加一个修正因子 0.51,即(6.7.3)式应改写为

$$\boldsymbol{R}_{ei\parallel} = -0.51 m_e n_e \nu_{ei} (\boldsymbol{u}_e - \boldsymbol{u}_i)_{\parallel}; \tag{6.7.23}$$

在垂直磁场方向,同样的过程对电子摩擦阻力引起的修正因子是 $1/(\omega_{ce}\tau_{ei})$ 量级,对于强磁场,由于 $1/(\omega_{ce}\tau_{ei}) \ll 1$,因此在垂直磁场方向(6.7.3)式仍然准确适用,即

$$\boldsymbol{R}_{ei\perp} = -m_e n_e \nu_{ei} (\boldsymbol{u}_e - \boldsymbol{u}_i)_{\perp}. \tag{6.7.24}$$

考虑到(6.7.23)式电子摩擦阻力的修正,相应地,无磁场或平行磁场的电导率(6.7.8)式应修改为

$$\sigma_{c\parallel} \approx \frac{2n_e e^2}{m_e \nu_{ei}}, \tag{6.7.25}$$

即平行磁场的电导率大约要增大 1 倍.垂直磁场方向电导率(6.7.13)、(6.7.15)仍然准确,式中

$$\sigma_0 = n_e e^2 / m_e \nu_{ei} = \sigma_{c\parallel}/2. \tag{6.7.26}$$

6.8 横越磁场的扩散

用强磁场约束高温等离子体是实现受控热核聚变的重要途径.在具体的核聚变装置中,高温等离子体总是被磁场约束在一个较小的区域范围内,同时等离子体在空间总是存在密度梯度,由于等离子体带电粒子间的碰撞,必然会产生粒子从密度高的区域向密度低的区域迁移,这就是扩散现象.在磁约束等离子体中,扩散可以分为沿磁场方向扩散和横越磁场扩散两种.沿磁场方向的扩散与磁场的存在无关,其扩散规律与一般气体相同,但平均碰撞频率和平均碰撞时间则需要应用在 6.4 节中讨论过的概念和定义.横越磁场扩散与磁场密切相关,而且是关系到受控核聚变装置磁约束的重要课题,因此需要重点研究.

1. 无规行走方法讨论粒子扩散

(1) 无磁场时粒子扩散

扩散是粒子密度不均匀,因碰撞引起的输运现象.对于普通气体的扩散,可以

应用简单的无规行走方法来讨论.这种方法虽然粗糙,但简单而且物理图像直观.

设粒子密度不均匀,而且是一维情况,粒子密度 $n=n(x)$,碰撞平均自由程 $l=v/\nu=v\tau$,v 为粒子运动速度,ν 和 $\tau=1/\nu$ 为粒子平均碰撞频率和平均碰撞时间.

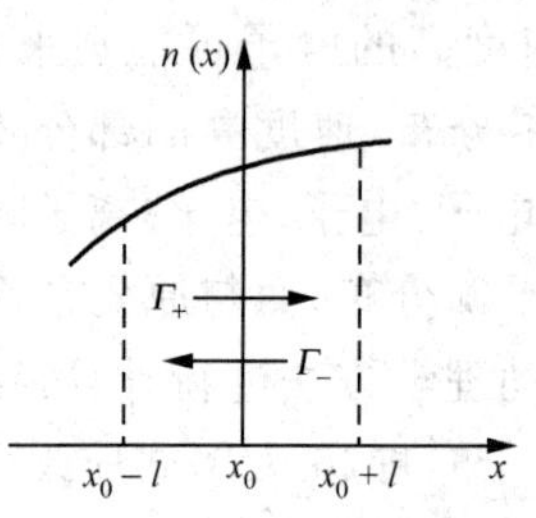

图 6.8.1　粒子密度不均匀引起的粒子流

如图 6.8.1 所示,在平均碰撞时间 τ 内,在 (x_0-l,x_0) 区间中平均有一半的粒子因碰撞穿过 $x=x_0$ 面,则单位时间沿 x 方向通过 $x=x_0$ 面的粒子流

$$\Gamma_+=\frac{1}{\tau}\int_{x_0-l}^{x_0}\frac{1}{2}n(x)\mathrm{d}x,$$

类似地,沿 $-x$ 方向的粒子流

$$\Gamma_-=\frac{1}{\tau}\int_{x_0}^{x_0+l}\frac{1}{2}n(x)\mathrm{d}x.$$

因为粒子密度 $n(x)$ 不均匀,所以有净粒子流

$$\Gamma=\Gamma_+-\Gamma_-=\frac{1}{2\tau}\left[\int_{x_0-l}^{x_0}n(x)\mathrm{d}x-\int_{x_0}^{x_0+l}n(x)\mathrm{d}x\right].\tag{6.8.1}$$

设 $n(x)$ 随 x 变化缓慢,对 x 做展开,只保留一级小量项,即

$$n(x)=n(x_0)+(x-x_0)\left(\frac{\partial n}{\partial x}\right)_{x_0}.\tag{6.8.2}$$

将(6.8.2)式代入(6.8.1)式,经简单计算得净粒子流

$$\Gamma=-\frac{l^2}{2\tau}\nabla n(x)=-D\nabla n(x),\tag{6.8.3}$$

式中

$$D=l^2/2\tau=(v\tau)^2/2\tau=v^2/2\nu.\tag{6.8.4}$$

(6.8.3)式就是普通气体的扩散定律(也称菲克定律),式中 D 称扩散系数.

从(6.8.4)式可以看出,扩散系数是由两个特征量确定的：一个是平均自由程 l——代表无规行走平均步长的长度量,另一个是平均碰撞时间 τ——代表每走一步平均花费时间的时间量.

由于粒子运动速度分布近似服从麦克斯韦分布,(6.8.4)式中的粒子运动速度应该用其平均值 $\langle v^2\rangle=2T/m$ 代替,所以(6.8.4)式对麦克斯韦速度分布求平均后,扩散系数为

$$D=\langle v^2\rangle/2\nu=T/m\nu.\tag{6.8.5}$$

对于无磁场时等离子体的扩散,(6.8.3)—(6.8.5)式仍然适用,但需要应用 6.4 节中讨论过的碰撞概念和平均碰撞时间定义.因此无磁场时等离子体扩散系数可以表示为

$$D_\alpha=T_\alpha/m_\alpha\nu_\alpha,\tag{6.8.6}$$

式中 $\alpha=\mathrm{i},\mathrm{e}$,$\nu_\alpha=1/\tau_\alpha$ 为等离子体中 α 粒子的平均碰撞频率.

(2) 横越磁场粒子扩散

当有磁场存在时，平行磁场方向的输运系数与无磁场时相同. 但在垂直磁场方向情况就不相同. 主要表现在垂直磁场方向碰撞平均自由程与无磁场时完全不同. 因为无磁场时两次碰撞间粒子运动是直线运动，有磁场时，则是绕磁力线的回旋运动. 无碰撞时粒子的回旋中心是固定在一根磁力线上(假定没有漂移)、无横向位移，只有发生粒子碰撞时，回旋中心才会从一根磁力线跳到另一根磁力线上，如图 6.8.2 所示. (a)图中在 A 点经碰撞，粒子速度由 $\boldsymbol{v}\to-\boldsymbol{v}$，偏转 180°，这时回旋中心由 O 变为 O'，位移 $\overline{OO'}=2r_c$ 最大，这里 r_c 为粒子的回旋半径；一般情况如图(b)，回旋中心位移 $\overline{OO'}<2r_c$，位移最小时为 0. 因此平均讲，经一次碰撞回旋中心横向移动近似为一个回旋半径 $r_{c\alpha}=m_\alpha v_{\alpha\perp}/q_\alpha B\approx v_\alpha/\omega_{c\alpha}$(这里加上角标 α 表示不同的粒子). 现在 $r_{c\alpha}$ 是代表粒子在垂直磁场方向碰撞平均自由程.

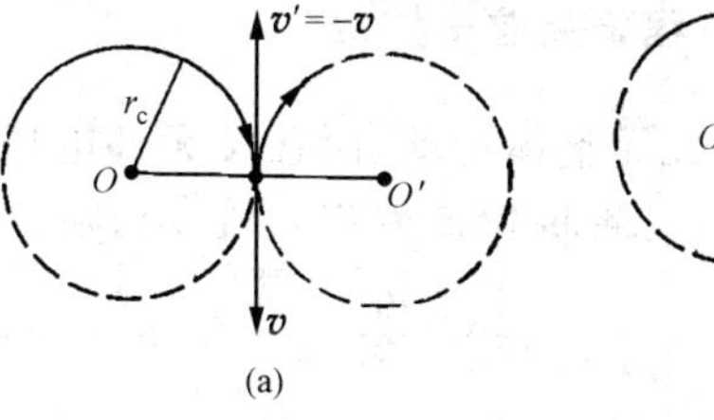

图 6.8.2 粒子碰撞引起的回旋中心横向位移

因此，仍然用简单的无规行走方法计算粒子的横越磁场扩散时，只要用垂直磁场方向碰撞平均自由程 $r_{c\alpha}$ 代替(6.8.4)式中的平均自由程 l，则可得垂直磁场方向(横向)扩散系数

$$D_{\alpha\perp}=\frac{r_{c\alpha}^2}{2\tau_\alpha}=\left(\frac{v_\alpha}{\omega_{c\alpha}}\right)^2\frac{1}{2\tau_\alpha}=\frac{1}{(\omega_{c\alpha}\tau_\alpha)^2}\frac{(v_\alpha\tau_\alpha)^2}{2\tau_\alpha}.$$

令

$$D_{\alpha\parallel}=(v_\alpha\tau_\alpha)^2/2\tau_\alpha,\tag{6.8.7}$$

则

$$D_{\alpha\perp}=\frac{1}{(\omega_{c\alpha}\tau_\alpha)^2}D_{\alpha\parallel}.\tag{6.8.8}$$

(6.8.8)式就是垂直磁场(或称横向)扩散系数，$D_{\alpha\parallel}$ 即(6.8.4)式给出的无磁场时的扩散系数，也是有磁场时沿平行磁场方向的扩散系数. 一般在磁约束等离子体中，磁感应强度很强，$\omega_{c\alpha}\tau_\alpha\gg1$，所以有磁场时横向扩散系数比无磁场时小很多.

从(6.8.6)与(6.8.8)式相比较可以看出，在普通气体或无磁场的等离子体中，碰撞是阻碍粒子扩散流的一种过程，碰撞频率越高(平均碰撞时间越短)，扩散系数越小；但带电粒子横越磁场扩散则相反，在粒子密度不均匀情况下，只有碰撞才会引起粒子扩散，因为没有碰撞粒子回旋中心总是固定在一根磁力线上(假定没有粒子漂移)，只有发生碰撞，粒子回旋中心才会在磁力线间移动，平均移动一个回旋半径，因此碰撞频率越高，扩散系数越大.

必须指出，在(6.8.8)式，当取磁场 $B\to0$ 时($\omega_{c\alpha}\to0$)，不能回到无磁场时的结果，显然，这种结果是不合理的. 如果在(6.8.8)式的分母中加上 1，即(6.8.8)式改写为

$$D_{\alpha\perp}=\frac{1}{1+(\omega_{c\alpha}\tau_\alpha)^2}D_{\alpha\parallel}\,, \tag{6.8.9}$$

由于$(\omega_{c\alpha}\tau_\alpha)\gg1$，这样改写对$D_{\alpha\perp}$几乎没有影响，而当$B\to0$时，$D_{\alpha\perp}=D_{\alpha\parallel}$，这样结果就合理了. 产生以上问题的原因，在于无规行走方法过于简单. 下面从输运方程出发来计算等离子体中的粒子扩散，就不会出现这样的问题.

2. 输运方程研究粒子扩散

假定流体元无整体运动，而且又无外电场，只是存在粒子数密度空间不均匀，则会引起粒子流. 根据输运方程(6.1.2)，则

$$m_\alpha n_\alpha\frac{\mathrm{d}\boldsymbol{u}_\alpha}{\mathrm{d}t}=-\nabla p_\alpha+n_\alpha q_\alpha\boldsymbol{u}_\alpha\times\boldsymbol{B}+\boldsymbol{R}_\alpha. \tag{6.8.10}$$

假定温度T_α为常量，则由理想气体状态方程

$$\nabla p_\alpha=T_\alpha\nabla n_\alpha.$$

对于静态、没有宏观快速流动的等离子体，粒子流仅是由碰撞引起的缓慢的扩散流，则(6.1.6)式中摩擦阻力可近似地取为

$$\boldsymbol{R}_\alpha\approx-m_\alpha n_\alpha\nu_\alpha\boldsymbol{u}_\alpha.$$

为了更精确些，摩擦阻力的平行分量取(6.7.23)形式$R_{\alpha\parallel}=0.51m_\alpha n_\alpha\nu_\alpha\boldsymbol{u}_{\alpha\parallel}$. 将状态方程和摩擦阻力公式代入(6.8.10)式得到输运方程，由此可以求解扩散流速度$\boldsymbol{u}_\alpha$，并讨论扩散问题. 下面分两种情况：

(1) 平行磁场方向或无磁场时的扩散

根据输运方程(6.8.10)，对于稳态情况$\frac{\mathrm{d}\boldsymbol{u}_\alpha}{\mathrm{d}t}=0$，则得平行磁场方向或无磁场的方程

$$-\nabla_\parallel p_\alpha+\boldsymbol{R}_{\alpha\parallel}=0. \tag{6.8.11}$$

假设T_α为常量，$\nabla_\parallel p_\alpha=T_\alpha\nabla_\parallel n_\alpha$，$\boldsymbol{R}_{\alpha\parallel}=0.51m_\alpha n_\alpha\nu_\alpha\boldsymbol{u}_{\alpha\parallel}$，代入(6.8.11)方程，得

$$\boldsymbol{u}_{\alpha\parallel}\approx-\frac{2T_\alpha}{n_\alpha m_\alpha\nu_\alpha}\nabla_\parallel n_\alpha,$$

则平行磁场方向扩散粒子流

$$\boldsymbol{\Gamma}_{\alpha\parallel}=n_\alpha\boldsymbol{u}_{\alpha\parallel}=-\frac{2T_\alpha}{m_\alpha\nu_\alpha}\nabla_\parallel n_\alpha=-D_{\alpha\parallel}\nabla_\parallel n_\alpha, \tag{6.8.12}$$

式中

$$D_{\alpha\parallel}=\frac{2T_\alpha}{m_\alpha\nu_\alpha}, \tag{6.8.13}$$

$D_{\alpha\parallel}$为平行磁场方向或无磁场的扩散系数. (6.8.13)式与(6.8.6)式相同，现在(6.8.13)式中多了因子“2”，这是因为$\boldsymbol{R}_{\alpha\parallel}$表示式中增加了$0.51\approx1/2$修正因子引起的.

(2) 垂直磁场方向的扩散

由(6.8.10)式,垂直磁场方向的稳态方程

$$-\nabla_{\perp} p_{\alpha}+q_{\alpha}\boldsymbol{u}_{\alpha}\times\boldsymbol{B}+\boldsymbol{R}_{\alpha\perp}=0. \tag{6.8.14}$$

设磁场沿 z 轴方向,粒子密度的不均匀只沿 x 轴方向,即 $\boldsymbol{B}=B\boldsymbol{e}_z$,$p_{\alpha}=n_{\alpha}(x)T_{\alpha}$,这里 $T_{\alpha}=$常量,$R_{\alpha\perp}=-m_{\alpha}n_{\alpha}\nu_{\alpha}u_{\alpha\perp}$,则(6.8.14)式沿 x,y 两个方向分量为

$$\begin{cases}-T_{\alpha}\dfrac{\partial n_{\alpha}}{\partial x}+q_{\alpha}u_{\alpha y}B-m_{\alpha}n_{\alpha}\nu_{\alpha}u_{\alpha x}=0,\\ -q_{\alpha}u_{\alpha x}B-m_{\alpha}n_{\alpha}\nu_{\alpha}u_{\alpha y}=0.\end{cases} \tag{6.8.15}$$

由(6.8.15)方程组,消去 $u_{\alpha y}$,得 $u_{\alpha x}$,则

$$\Gamma_{\alpha x}=n_{\alpha}(x)u_{\alpha x}=-\frac{1}{1+\omega_{c\alpha}^{2}\tau_{\alpha}^{2}}\frac{T_{\alpha}}{m_{\alpha}\nu_{\alpha}}\frac{\partial n_{\alpha}(x)}{\partial x},$$

即

$$\Gamma_{\alpha\perp}=-D_{\alpha\perp}\nabla_{\perp}n_{\alpha}(\boldsymbol{r}), \tag{6.8.16}$$

式中

$$D_{\alpha\perp}=\frac{1}{1+\omega_{c\alpha}^{2}\tau_{\alpha}^{2}}\frac{T_{\alpha}}{m_{\alpha}\nu_{\alpha}}=\frac{1}{2}\frac{D_{\alpha\parallel}}{1+\omega_{c\alpha}^{2}\tau_{\alpha}^{2}}. \tag{6.8.17}$$

$D_{\alpha\perp}$ 为垂直磁场方向的扩散系数,一般磁约束核聚变情况下,$\omega_{c\alpha}\tau_{\alpha}\gg1$,所以 $D_{\alpha\perp}\ll D_{\alpha\parallel}$. 这表明有了磁场,横向扩散系数大大减小了. 一般地有 $D_{\alpha\perp}\propto1/B^{2}$,即横越磁场扩散系数与磁场的平方成反比.(6.8.17)式中最后一个等式有因子“1/2”,是因为 $R_{\alpha\parallel}$ 中的修正因子“0.51”引起的. 由输运方程得到的(6.8.17)式表明,当磁场 $B\to0$ 时,可以还原到无磁场的结果.

(3) 粒子磁约束时间与横向扩散系数间的关系

由(6.8.12)、(6.8.16)式,扩散粒子流可以表示为

$$\boldsymbol{\Gamma}_{\alpha}=n_{\alpha}(\boldsymbol{r},t)\boldsymbol{u}_{\alpha}(\boldsymbol{r},t)=-D_{\alpha}\nabla n_{\alpha}(\boldsymbol{r},t),$$

将上式代入连续性方程(6.1.1)

$$\frac{\partial n_{\alpha}}{\partial t}+\nabla\cdot(n_{\alpha}\boldsymbol{u}_{\alpha})=0,$$

得

$$\frac{\partial n_{\alpha}}{\partial t}=\nabla\cdot[D_{\alpha}\nabla n_{\alpha}(\boldsymbol{r},t)].$$

近似地假定 D_{α} 与 $\boldsymbol{r}$ 无关,上式化为

$$\frac{\partial n_{\alpha}}{\partial t}=D_{\alpha}\nabla^{2}n_{\alpha}, \tag{6.8.18}$$

(6.8.18)式就是扩散方程,D_{α} 为扩散系数,前面已从求解输运方程得到了(6.8.13)和(6.8.17)结果. 在扩散系数已知情况下,密度分布 $n_{\alpha}(\boldsymbol{r},t)$ 可以从求解(6.8.18)扩散方程得到.

等离子体磁约束与粒子横向扩散有密切关系. 带电粒子被磁场约束的时间用 τ_{p} 表示,它由下式定义:

$$n(\boldsymbol{r},t)=n_{0}(\boldsymbol{r})\exp(-t/\tau_{\mathrm{p}}),$$

式中 $n_0(\boldsymbol{r})$ 为 $t=0$ 时的等离子体密度分布. 为简单起见，以轴对称等离子体圆柱体的横向扩散为例，设磁场沿对称轴的方向，密度是沿径向分布，即 $n=n(r,t)$，$n(r,0)=n_0(r)$，(6.8.18)的横向扩散方程写为

$$\frac{\partial n(r,t)}{\partial t}=D_\perp \nabla_\perp^2 n(r,t),$$

取柱坐标形式，将 $n(r,t)=n_0(r)\exp(-t/\tau_\mathrm{p})$ 代入上式，得

$$\frac{\mathrm{d}^2 n_0(r)}{\mathrm{d}r^2}+\frac{1}{r}\frac{\mathrm{d}n_0(r)}{\mathrm{d}r}+\frac{1}{D_\perp \tau_\mathrm{p}}n_0(r)=0,$$

这是零阶贝塞耳方程，其解为

$$n_0(r)=A\mathrm{J}_0(r/\sqrt{D_\perp \tau_\mathrm{p}}),$$

这里 J_0 是零阶贝塞耳函数. 利用等离子体柱边界条件：在 $r=a$ 处，$n_0(a)=0$，而且 $\mathrm{J}_0(x)=0$ 的第一个根 $x_{01}=2.405$，因此满足边界条件时

$$a/\sqrt{D_\perp \tau_\mathrm{p}}=2.405,$$

于是粒子磁约束时间

$$\tau_\mathrm{p}=\frac{a^2}{5.784D_\perp}. \tag{6.8.19}$$

结果表明，等离子体柱的半径 a 越大，粒子磁约束时间就越长，因此大型实验装置的约束性能比小型的好. 同时，横向扩散系数 $D_\perp$ 越小，则粒子磁约束时间也就越长，因此等离子体磁约束时间与粒子横向扩散系数有密切关系.

3. 同类粒子碰撞不会引起横越磁场扩散

扩散粒子流 $\boldsymbol{\Gamma}_\alpha=n_\alpha\boldsymbol{u}_\alpha$，实际上也就是动量流 $m_\alpha n_\alpha\boldsymbol{u}_\alpha$，由于同类粒子弹性碰撞动量是守恒的，不会改变其粒子的动量流，因而也不引起横向磁场扩散.

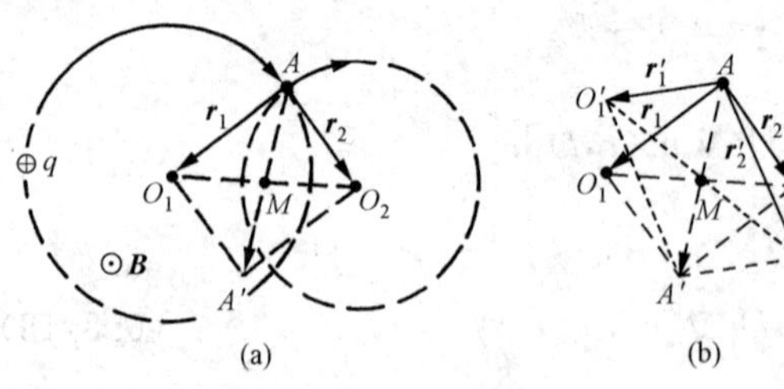

图 6.8.3　两个同类粒子的弹性碰撞

下面考察两个同类粒子的弹性碰撞. 设两个同类粒子在 A 点相碰，碰撞前两个粒子的回旋半径矢量为 $\boldsymbol{r}_1$，$\boldsymbol{r}_2$，两个粒子的动量为 $\boldsymbol{p}_1$，$\boldsymbol{p}_2$，两个粒子回旋中心 O_1，O_2 连线中点位置在 M，而且回旋半径矢量 $\boldsymbol{r}_1$，$\boldsymbol{r}_2$ 构成的平行四边形对角线 $\overline{AA'}$ 通过中点 M，如图 6.8.3(a)所示. 因为回旋半径 $r=mv_\perp/|q|B$，动量 $\boldsymbol{p}=m\boldsymbol{v}$，回旋半径矢量与动量间关系为 $\boldsymbol{r}=\boldsymbol{p}\times\boldsymbol{B}/qB^2$，所以碰撞前回旋半径矢量为 $\boldsymbol{r}_1=\boldsymbol{p}_1\times\boldsymbol{B}/q_1B^2$，$\boldsymbol{r}_2=\boldsymbol{p}_2\times\boldsymbol{B}/q_2B^2$. 设 $\boldsymbol{r}_1'$，$\boldsymbol{r}_2'$ 为碰撞后两个粒子的回旋半径矢量，$\boldsymbol{p}_1'$，$\boldsymbol{p}_2'$ 为碰撞后两个粒子的动量，则有 $\boldsymbol{r}_1'=$

$\boldsymbol{p}_1' \times \boldsymbol{B}/q_1 B^2$，$\boldsymbol{r}_2' = \boldsymbol{p}_2' \times \boldsymbol{B}/q_2 B^2$，对于两个同类粒子($q_1 = q_2 = q$，电荷及符号都相同)：

碰撞前

$$\boldsymbol{r}_1 + \boldsymbol{r}_2 = (\boldsymbol{p}_1 + \boldsymbol{p}_2) \times \boldsymbol{B}/qB^2 = \overrightarrow{AA'};$$

碰撞后

$$\boldsymbol{r}_1' + \boldsymbol{r}_2' = (\boldsymbol{p}_1' + \boldsymbol{p}_2') \times \boldsymbol{B}/qB^2.$$

因为动量守恒

$$\boldsymbol{p}_1' + \boldsymbol{p}_2' = \boldsymbol{p}_1 + \boldsymbol{p}_2,$$

所以

$$\boldsymbol{r}_1' + \boldsymbol{r}_2' = \boldsymbol{r}_1 + \boldsymbol{r}_2 = \overrightarrow{AA'}.$$

上式表明，无论碰撞后二粒子的回旋中心位置 O_1'，O_2'，回旋半径 $\boldsymbol{r}_1'$，$\boldsymbol{r}_2'$ 发生怎样的变化，$\boldsymbol{r}_1' + \boldsymbol{r}_2' = \boldsymbol{r}_1 + \boldsymbol{r}_2 = \overrightarrow{AA'}$ 是不变的，如图 6.8.3(b)所示，这意味着碰撞前后回旋中心连线的中点 M 是固定不动的，因此两个同类粒子的碰撞不引起横越磁场扩散.

再从图 6.8.4 看同类和不同类粒子间碰撞前后回旋中心的变化. 如果是发生在相同粒子间，正碰撞后速度偏转 180°，碰撞后只是简单地交换它们的轨道，两个回旋中心还保持在相同的位置. 最不利情况是碰撞后速度偏转 90°，如图 6.8.4(a)所示，碰撞前两粒子回旋中心为 O_1 和 O_2，其轨道为实线圆，而碰撞后两粒子回旋中心为 O_1' 和 O_2'，其轨道为虚线圆，虽然碰撞后两粒子回旋中心发生位移，但两回旋中心连线的中点没有改变，因此同类粒子碰撞不引起扩散. 但是，两个电荷相反的粒子碰撞情况就不同了，如图 6.8.4(b)所示，最不利情况是碰撞后速度偏转 180°，碰撞前两粒子回旋中心为 O_1 和 O_2，其轨道为实线圆(回旋方向相反)，而碰撞后两粒子都反向了，它们必然绕另外两根磁力线回旋，回旋中心为 O_1' 和 O_2'，其轨道为虚线圆，结果两个回旋中心往同一方向移动，这就可能引起扩散. 因此，横越磁

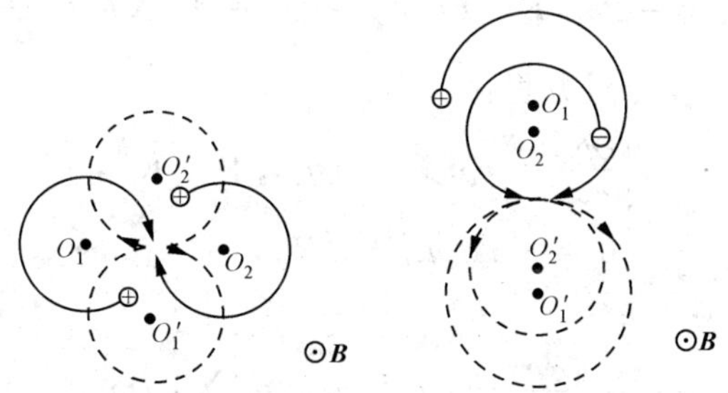

(a) 一次90° 碰撞后，两个同类粒子回旋中心的位移

(b) 180° 碰撞后，两个电荷相反的粒子回旋中心的位移

图 6.8.4 同类(a)和不同类(b)粒子间碰撞前后回旋中心的变化

场扩散是由不同类粒子碰撞引起的.

4. 双极扩散

密度不均匀引起的扩散,其扩散系数与碰撞频率有密切关系.由于电子、离子质量差别很大,相应的碰撞频率也相差很大,使得两者的横越磁场扩散系数差得很远,就会有一种粒子扩散速度快(粒子流大)、另一种粒子扩散速度慢(粒子流小),使原来准电中性的等离子体产生电荷分离,出现电场.这种电场也会引起粒子的输运(称迁移),其效果是使原来扩散快的粒子速度减慢,扩散慢的粒子速度加快,达到准稳态时这两种粒子流速度相等.这种扩散称双极扩散,它是密度梯度扩散与电场迁移产生的总的效果.相应的电场称双极电场,而等效的扩散系数称双极扩散系数.

由(6.8.13)和(6.8.17)式,离子和电子的扩散系数之比(设 $T_i \approx T_e$)为

$$\frac{D_{e\parallel}}{D_{i\parallel}} = \frac{m_i \nu_i}{m_e \nu_e} = \sqrt{\frac{m_i}{m_e}} \gg 1; \tag{6.8.20}$$

$$\frac{D_{e\perp}}{D_{i\perp}} \approx \frac{D_{e\parallel}}{D_{i\parallel}}\left(\frac{\omega_{ci}\tau_i}{\omega_{ce}\tau_e}\right)^2 = \frac{D_{e\parallel}}{D_{i\parallel}}\left(\frac{m_e}{m_i}\right)^2\left(\frac{\tau_i}{\tau_e}\right)^2 = \sqrt{\frac{m_e}{m_i}} \ll 1. \tag{6.8.21}$$

以上 τ_i/τ_e 或 ν_e/ν_i 应用了(6.4.32)式结果.(6.8.21)式说明,在垂直磁场方向电子的扩散系数比离子的小得多,即电子扩散速度慢(粒子流小)、离子扩散速度快(粒子流大),这样必然会引起等离子体电荷分离,而会出现如上分析的双极扩散.可以证明,双极扩散方程为

$$\boldsymbol{\Gamma}_{双} = -D_{双}\nabla n, \tag{6.8.22}$$

式中 $D_{双}$ 为双极扩散系数.

现在应用(6.1.2)输运方程研究双极扩散问题.稳态时的输运方程:

$$m_\alpha n_\alpha \frac{\mathrm{d}\boldsymbol{u}_\alpha}{\mathrm{d}t} = -\nabla p_\alpha + n_\alpha q_\alpha(\boldsymbol{E}_\alpha + \boldsymbol{u}_\alpha \times \boldsymbol{B}) + \boldsymbol{R}_\alpha = 0, \tag{6.8.23}$$

式中 $\boldsymbol{E}_\alpha$ 是由等离子体空间电荷产生的电场,$\boldsymbol{R}_{\alpha\perp} = -m_\alpha n_\alpha \sum_\beta \nu_{\alpha\beta}(\boldsymbol{u}_\alpha - \boldsymbol{u}_\beta)_\perp$.

为简单起见,设 $\boldsymbol{B} = B\boldsymbol{e}_z$, $\boldsymbol{E} = E\boldsymbol{e}_x$, $T_\alpha = T_\beta = T$, $\nabla p_\alpha = \frac{\partial p_\alpha}{\partial x}\boldsymbol{e}_x = T_\alpha \frac{\partial n_\alpha}{\partial x}\boldsymbol{e}_x$,则(6.8.23)式可写为 x, y 分量方程:

$$\begin{cases} \dfrac{\partial p_\alpha}{\partial x} = n_\alpha q_\alpha E + n_\alpha q_\alpha u_{\alpha y} B + R_{\alpha x}, \\ 0 = -n_\alpha q_\alpha u_{\alpha x} B + R_{\alpha y}, \end{cases} \tag{6.8.24}$$

由此解得

$$\begin{cases} u_{\alpha y} = \dfrac{1}{n_\alpha q_\alpha B}\left[\dfrac{\partial p_\alpha}{\partial x} - n_\alpha q_\alpha E + m_\alpha n_\alpha \displaystyle\sum_\beta \nu_{\alpha\beta}(u_{\alpha x} - u_{\beta x})\right], \\ u_{\alpha x} = -\dfrac{m_\alpha}{q_\alpha B^2}\displaystyle\sum_\beta \nu_{\alpha\beta}\left(\dfrac{1}{n_\alpha q_\alpha}\dfrac{\partial p_\alpha}{\partial x} - \dfrac{1}{n_\beta q_\beta}\dfrac{\partial p_\beta}{\partial x}\right), \end{cases} \tag{6.8.25}$$

(6.8.25)中第 2 式忽略了高级小量 $\nu_{\alpha\beta}^2$ 项,因为 $\nu_{\alpha\beta}/\omega_{c\alpha} \ll 1$. 由(6.8.25)式得

$$\Gamma_{\alpha x} = n_\alpha u_{\alpha x} = -\sum_\beta D_{\alpha\perp}\left(\frac{\partial n_\alpha}{\partial x} - \frac{n_\alpha q_\alpha T_\beta}{n_\beta q_\beta T_\alpha}\frac{\partial n_\beta}{\partial x}\right), \tag{6.8.26}$$

式中

$$D_{\alpha\perp} = \frac{1}{\omega_{c\alpha}^2 \tau_{\alpha\beta}^2}\left(\frac{T_\alpha}{m_\alpha \nu_{\alpha\beta}}\right), \tag{6.8.27}$$

这里 $\omega_{c\alpha} = q_\alpha B/m_\alpha$, $\tau_{\alpha\beta} = 1/\nu_{\alpha\beta}$.

根据以上结果,分别讨论几种情况:

(1) 同类粒子碰撞,即 $\alpha = \beta$,由(6.8.26)式,$\Gamma_{\alpha x} \equiv 0$,说明同类粒子碰撞不引起横越磁场扩散,现在从输运方程证明了前面论述过的结论.

(2) 不同类粒子碰撞,令 $\alpha = \mathrm{p}$(质子),$Z = 1$,$\beta = \mathrm{e}$(电子),$q_\alpha = e$,$q_\beta = -e$,假定 $n_\mathrm{p} = n_\mathrm{e} = n$,$\dfrac{\partial n_\mathrm{p}}{\partial x} = \dfrac{\partial n_\mathrm{e}}{\partial x} = \dfrac{\partial n}{\partial x}$,因为 $\nu_\mathrm{ep}/\nu_\mathrm{pe} \approx m_\mathrm{p}/m_\mathrm{e}$,则由(6.8.25)式得

$$u_{\mathrm{e}x} = u_{\mathrm{p}x} = -\frac{m_\mathrm{e}\nu_\mathrm{ep}T_\mathrm{e}}{e^2B^2n}(1 + T_\mathrm{p}/T_\mathrm{e})\frac{\partial n}{\partial x}, \tag{6.8.28}$$

$$\Gamma_{\mathrm{e}x} = \Gamma_{\mathrm{p}x} = nu_{\mathrm{e}x} = -D_{双\perp}\frac{\partial n}{\partial x}. \tag{6.8.29}$$

式中

$$D_{双\perp} = \frac{m_\mathrm{e}\nu_\mathrm{ep}T_\mathrm{e}}{e^2B^2}(1 + T_\mathrm{p}/T_\mathrm{e}). \tag{6.8.30}$$

$D_{双\perp}$ 为双极扩散系数. 当 $T_\mathrm{p} \approx T_\mathrm{e}$ 时,则由(6.8.30)式,

$$D_{双\perp} \approx \frac{1}{(\omega_\mathrm{ce}\tau_\mathrm{ep})^2}\left(\frac{2T_\mathrm{e}}{m_\mathrm{e}\nu_\mathrm{ep}}\right) \approx 2D_{\mathrm{e}\perp} \ll D_{\mathrm{p}\perp}, \tag{6.8.31}$$

这里 $D_{\mathrm{e}\perp}$,$D_{\mathrm{p}\perp}$ 是由(6.8.17)式给出的横越磁场扩散系数.

(6.8.28)—(6.8.31)式结果表明,垂直磁场方向电子、离子是以相同的速度向 $-\nabla n$ 方向扩散,称双极扩散;双极扩散系数不依赖于电场强度,而且比 $D_{\mathrm{e}\perp}$ 大一倍,但比 $D_{\mathrm{p}\perp}$ 小很多,即原先扩散很慢的电子,现在稍微加快了,为原来的两倍,而原先扩散很快的离子,现在减慢了很多,最终电子、离子扩散速度一致,粒子流相同,而且由(6.8.30)式,双极扩散系数 $D_{双\perp}$ 主要取决于扩散较慢的粒子成分.

由此可见,在完全电离的等离子体中,为保持准电中性,扩散总是双极的,电子、离子总是以相同速率扩散,在扩散过程中不会明显地破坏等离子体的电中性,所以横越磁场扩散也可以用单磁流体力学方程来描述. 因而(6.8.30)式双极扩散系数与第 4 章应用单流体力学得到的(4.5.20)式扩散系数 $D_\perp$ 完全相同. 还需指出,(6.8.30)式中扩散系数只与 ν_ep 有关,这也表明,横越磁场扩散主要是由不同类粒子碰撞引起的.

6.9 环形磁场的新经典扩散

此前讨论的输运过程理论,通常称为经典理论,它的基础是碰撞十分频繁,碰

撞频率远大于其他特征频率,平均自由程远小于系统内的其他特征长度,因而可以应用磁流体力学方法处理等离子体中的输运过程.这种经典输运理论可以解释一些等离子体中的输运现象.但是,在热核等离子体中,如环形的磁场装置(托卡马克、仿星器装置),经典理论与实验结果相差甚远,经典理论的输运系数比实验测量结果要小几个量级.其主要原因是在环形磁场中粒子的漂移对输运系数有很大影响,特别是其中被捕获的"香蕉粒子"只能在局部区域内运动而造成的影响,因此当粒子平均自由程与环形装置的大环周长可以相比拟时,必须考虑粒子环形漂移运动的影响.这种考虑了等离子体环形效应的经典输运理论称新经典输运理论.本节只讨论环形磁场中的新经典扩散.

在第4章应用磁流体力学得到的扩散系数(4.5.20)式和6.8节应用双流体力学方程得到的双极扩散系数(6.8.30)式完全相同,即

$$D_{\perp}=\frac{m_{e}\nu_{ei}T_{e}}{e^{2}B^{2}}(1+T_{i}/T_{e})=D_{cl}(1+T_{i}/T_{e}),\tag{6.9.1}$$

式中

$$D_{cl}=\frac{m_{e}\nu_{ei}T_{e}}{e^{2}B^{2}}=r_{te}^{2}\nu_{ei}.\tag{6.9.2}$$

现在称 D_{cl} 为经典扩散系数,其中 $r_{te}=v_{te}/\omega_{ce}$,$v_{te}=\sqrt{T_{e}/m_{e}}$ 为特征热速度,$\omega_{ce}=eB/m_{e}$ 为电子回旋频率,因此 r_{te} 就是特征热速度相应的电子回旋半径.(6.9.2)定义的经典扩散系数可以解释为:电子每经历一次离子碰撞在垂直磁场方向无规地移动一个电子回旋半径 r_{te},而扩散系数就是单位时间内碰撞(电子碰撞频率 ν_{ei})产生的无规移动平方平均值的总和.

如上所述,(6.9.1)、(6.9.2)式都只是适用于平直磁场情况.对于环形磁场系统,应当考虑粒子在环形磁场中漂移运动的影响.

在3.6节,已经介绍了托卡马克装置中粒子的漂移轨道运动.由于环向磁场

$$B_{\varphi}=B_{0}(1-\varepsilon\cos\theta)\quad(\varepsilon=r/R_{0}\ll 1)\tag{6.9.3}$$

的不均匀性和磁力线旋转变换,在环的外侧($\theta=0$)磁场较弱,环的内侧($\theta=\pi$)磁场较强,相当于磁镜场的结构.当粒子的初始速度平行分量与垂直分量之比 $v_{\parallel}/v_{\perp}$ 较大时,这种磁场强弱变化不影响粒子的"通行",可以在整个环形磁场中运动,称通行粒子或环形粒子.但当 $v_{\parallel}/v_{\perp}$ 较小时,就会出现粒子由外侧到内侧运动时被强磁场区域反射,这种粒子被捕获在磁场较弱的磁阱中,称为捕获粒子.根据磁矩守恒,可以得到划分这两类粒子的界线.

设在外侧($\theta=0$)弱磁场处,$B_{\varphi}=B_{0}(1-\varepsilon)$,一个粒子的初始速度为 v,其平行分量为 $v_{\parallel}$、垂直分量为 $v_{\perp}$,到了内侧($\theta=\pi$)强磁场处,$B_{\varphi}=B_{0}(1+\varepsilon)$,粒子速度仍为 v,若在此处粒子被反射(捕获),其平行分量 $v'_{\parallel}=0$,垂直分量 $v'_{\perp}=v=\sqrt{v_{\perp}^{2}+v_{\parallel}^{2}}$,根据磁矩守恒

$$\frac{v_\perp^2}{1-\varepsilon}=\frac{v_\perp'^2}{1+\varepsilon}=\frac{v_\perp^2+v_\parallel^2}{1+\varepsilon},$$

因 $\varepsilon \ll 1$，由此得

$$v_\parallel/v_\perp \approx \sqrt{2\varepsilon}. \tag{6.9.4}$$

这就是划分两类粒子的界线.

如图 6.9.1 所示，令 $\cot\theta_c=\sqrt{2\varepsilon}$，在速度空间，以 $\theta=\theta_c$ 的圆锥为界：

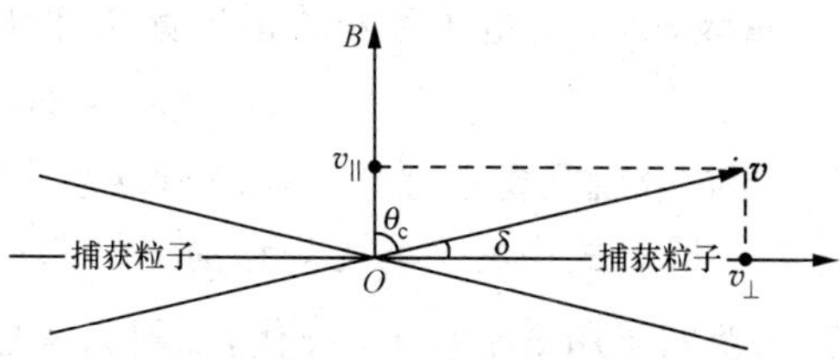

图 6.9.1 划分两类粒子的界线

在圆锥内 $\theta<\theta_c$，为通行粒子，满足条件

$$v_\parallel/v_\perp > \sqrt{2\varepsilon};$$

在圆锥外 $\theta>\theta_c$，为捕获粒子，满足条件

$$v_\parallel/v_\perp < \sqrt{2\varepsilon}. \tag{6.9.5}$$

如果在速度空间粒子分布是各向同性的，则捕获粒子所占的比例

$$d_b=\int_{\theta_c}^{\pi/2}\sin\theta\mathrm{d}\theta\Big/\int_0^{\pi/2}\sin\theta\mathrm{d}\theta\approx\sqrt{2\varepsilon}\ll 1,$$

因此捕获粒子所占的比例是很小的. 若 n_0 为粒子数密度，则捕获粒子密度 $n_b=n_0\sqrt{2\varepsilon}$. 这两类粒子漂移运动轨道特性在 3.6 节中已介绍过，其结果如图 6.9.2 所示. 在图 6.9.2 (a)上，设由磁面上 A 点出发的粒子，由于磁力线曲率和梯度引起漂移，当 $v_\parallel>0$ 时，通行粒子(回旋中心)沿磁面内的一个小圆形漂移面运动，漂移面中心向外侧移动 Δr；当 $v_\parallel<0$ 时，通行粒子则沿磁面外的一个大圆漂移面运动，漂移面中心向内侧移动 Δr. 因此，当电子与离子发生碰撞时，其回旋中心由一个漂移面移到另一个漂移面，这时横越磁面平均无规移动距离是 Δr 量级. 由(3.6.16)和(3.6.5)式

$$\Delta r\approx qr_{ce},\quad q=q(r)=2\pi/\zeta=\frac{rB_\varphi}{R_0B_\theta}, \tag{6.9.6}$$

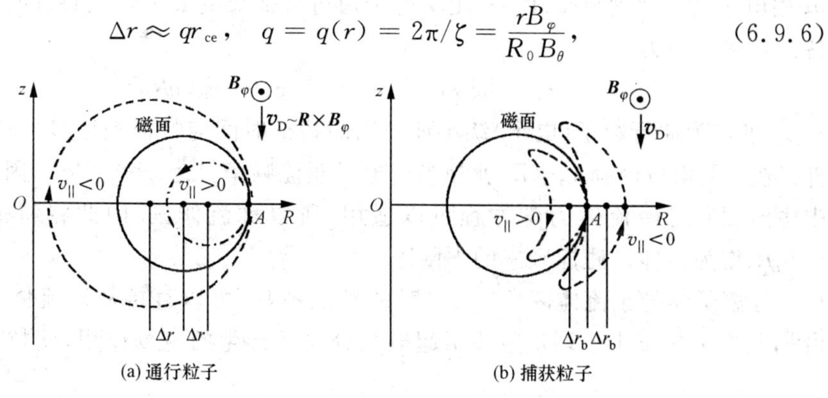

图 6.9.2 通行粒子和捕获粒子漂移运动的轨道特性

式中 r_{ce} 为电子回旋半径.

在图 6.9.2 (b)上,从磁面上 A 点出发的捕获粒子,其回旋中心轨道是一个香蕉形,$v_{\parallel}>0$ 时(回旋中心)轨道是沿磁面内的“小香蕉”,$v_{\parallel}<0$ 时是沿磁面外的“大香蕉”,大小香蕉的半宽度 Δr_b 大致相等.因此捕获电子与离子发生碰撞时,其回旋中心从一个香蕉轨道跳到另一个香蕉轨道,横越磁面平均无规移动距离是 Δr_b 量级,Δr_b 是电子香蕉轨道半宽度.由(3.6.25)式,

$$\Delta r_b \approx 2qr_{ce}/\sqrt{\varepsilon}. \tag{6.9.7}$$

新经典扩散就是要考虑粒子在环形磁场中漂移运动的影响.现在只要将经典扩散系数(6.9.2)式中的平均无规移动 r_{te}(平均电子回旋半径),通行粒子用 $\Delta r\approx qr_{ce}$ 代替、捕获粒子用 $\Delta r_b\approx qr_{ce}/\sqrt{\varepsilon}$ 代替.因只考虑量级,(6.9.7)式中的因子“2”舍去.因为碰撞频率与扩散系数有密切关系,所以还应当考察这两类粒子的特征频率.

对于等离子体,电子碰撞频率 $\nu_{ei}\sim T^{-3/2}$,所以当温度从低到高变化时,ν_{ei} 就由高到低,因此可以按电子碰撞频率 ν_{ei} 的高低划分不同区域,分别讨论电子的扩散问题.

(1) 流体区($\nu_{ei}>\nu_p$)粒子的扩散

为了弄清流体区的特点,现在引入一个关于环形旋转磁场的特征长度(也称连接距离)$L=2\pi R/\zeta=qR$,L 代表沿磁力线连接环内侧和环外侧的特征距离.当粒子平均自由程 $\lambda<L$ 时,可以认为粒子碰撞是频繁的.沿磁力线速度为 $v_{\parallel}$ 的粒子,通过特征长度 L 所需的时间

$$\tau = L/v_{\parallel} \approx qR/v_{\parallel}. \tag{6.9.8}$$

对于 $v_{\parallel}$ 很小($v_{\parallel}/v_{\perp}<\sqrt{2\varepsilon}$)的捕获粒子,通过特征长度 L 所需的时间很长,它还没有走完一个香蕉轨道就被其他粒子碰走了,因此就不存在所谓的被捕获的粒子.这样所有的粒子都可以认为处于碰撞频繁的热运动状态.现在将(6.9.8)式中的 $v_{\parallel}$ 用电子特征热速度 v_{te} 代替,定义电子通过特征长度 L 所需的特征时间和相应的特征频率分别为

$$\tau_p = qR/v_{te}, \quad \nu_p = 1/\tau_p = v_{te}/qR, \tag{6.9.9}$$

τ_p,ν_p 可作为通行粒子(电子)绕小环一周的特征时间与特征频率.现在碰撞频繁条件:电子平均自由程 $\lambda_{ei}<L$,就相当于电子碰撞频率 $\nu_{ei}>\nu_p=v_{te}/qR$.因为等离子体中碰撞频繁时磁流体力学方程可以适用,所以称流体区.因此将特征频率 $\nu_p=v_{te}/qR$ 作为流体区碰撞频率的下限.

等离子体处于流体区($\nu_{ei}>\nu_p$)时的扩散系数,可以直接从磁流体力学方程导出[①],其中考虑了由于环形效应引起电荷分离而产生的电场作用,使粒子做电漂移

① 宫本健郎,《热核聚变等离子体物理学》,科学出版社,1981年,182—185页.

运动,最终导致横向扩散的增大.现在采用单粒子轨道方法,也可很容易由物理意义上的考虑而近似得出.因为在流体区 $\nu_{ei}>\nu_p$,碰撞频繁,捕获粒子完不成香蕉轨道就被粒子碰撞所破坏,绕大圆形漂移面的通行粒子也完不成一个闭合的圆形轨道就因碰撞离开圆形轨道,但还有相当大部分绕小圆形漂移面的通行粒子可以存在.考虑漂移轨道效应,这部分小圆形漂移面通行粒子扩散系数的计算,只要将(6.9.2)式中的电子回旋半径 r_{te}用平均无规移动距离 $\Delta r=qr_{te}$代替,得

$$D_{ncl}=(\Delta r)^2\nu_{ei}=(qr_{te})^2\nu_{ei}, \tag{6.9.10}$$

式中 D_{ncl}称新经典扩散系数,这里电子回旋半径用电子特征热速度的值 r_{te}.由于在这个区域还有大量粒子,在碰撞时间内没有完成圆形漂移面闭合轨道,所以还应考虑这部分粒子的经典扩散贡献.这样在流体区的总扩散系数应为新经典扩散(6.9.10)式和经典扩散的(6.9.2)式相加,即

$$D_{P.S.}=(1+q^2)r_{te}^2\nu_{ei}, \tag{6.9.11}$$

$D_{P.S.}$称斐斯-舒鲁特(Pfirsch-Schluter)扩散系数.(6.9.11)式比经典扩散的(6.9.2)式增加了$(1+q^2)$因子.如果设 $q\approx3$,$(1+q^2)\approx10$,则扩散系数增加了一个量级.

(2) 香蕉区($\nu_{ei}<\nu_b$)粒子的扩散

捕获粒子绕香蕉轨道一周所需的时间仍然由(6.9.8)式表示,

$$\tau_b=qR/v_\parallel. \tag{6.9.12}$$

因为捕获粒子 $v_\parallel$ 较小,而且在香蕉轨道一周内 $v_\parallel$ 变化又很大,根据(6.9.5)式,$v_\parallel$ 的变化范围为 $0<v_\parallel<\sqrt{2\varepsilon}v_\perp$,这时(6.9.12)式中 $v_\parallel$ 应该用香蕉轨道上一周的平均值 $\bar{v}_\parallel$ 代替.由 $0<v_\parallel<\sqrt{2\varepsilon}v_\perp$,估计捕获粒子 $\bar{v}_\parallel\approx\sqrt{\varepsilon}v_{te}$,以 $\bar{v}_\parallel$ 值代替(6.9.12)式中的 $v_\parallel$,则得捕获粒子绕香蕉轨道一周所需的平均时间

$$\tau_b=qR/\sqrt{\varepsilon}v_{te}=\tau_p/\sqrt{\varepsilon}. \tag{6.9.13}$$

τ_b 也是捕获粒子在两磁镜间一个来回路程所需时间,所以称反弹周期,因此捕获粒子在两磁镜间来回运动的反弹频率

$$\omega_b=1/\tau_b=\sqrt{\varepsilon}v_{te}/qR. \tag{6.9.14}$$

为了确定香蕉区捕获粒子发生“无规移动”的频率和时间,在此引入捕获粒子的有效碰撞频率 ν_{eff}和有效碰撞时间 $\tau_{eff}=1/\nu_{eff}$.所谓“有效碰撞”是指捕获粒子从一个香蕉轨道跳到另一个香蕉轨道的“碰撞”,这种“碰撞”频率称为有效碰撞频率.有效碰撞时间 τ_{eff}即指捕获粒子一次“有效碰撞”所需要的时间.因为捕获粒子条件:$v_\parallel<\sqrt{\varepsilon}v_\perp$,表明捕获粒子平行速度分量很小,所以捕获粒子在速度空间经受“有效碰撞”只需改变很小偏转角 $\Delta\theta\approx\delta$,即$(\Delta\theta)^2=(v_\parallel/v_\perp)^2\approx\varepsilon\ll1$,就可以使捕获粒子平行速度反向,使其从一个香蕉轨道跳到另一个香蕉轨道.显然,这个“有效碰撞”过程的时间比一般的电子碰撞时间小得多.已经知道,电子碰撞时间 τ_{ei}是使电子速

度$\boldsymbol{v}_e$在速度空间发生大偏转角$\Delta\theta\approx 1$(取1个弧度量级)、使$(\Delta\theta)^2\approx 1$所需的时间.因此捕获粒子有效碰撞时间$\tau_{eff}$与电子碰撞时间$\tau_{ei}$之间的关系为

$$\tau_{eff}/\tau_{ei} \approx \varepsilon \ll 1. \tag{6.9.15}$$

捕获粒子有效碰撞频率

$$\nu_{eff} = 1/\tau_{eff} = 1/\varepsilon\tau_{ei} = \nu_{ei}/\varepsilon, \tag{6.9.16}$$

式中ν_{ei}为电子碰撞频率.捕获粒子至少能够完成一个香蕉轨道运动应满足条件:

$$\nu_{eff} < \omega_b, \quad 或 \quad \nu_{ei} < \varepsilon\omega_b. \tag{6.9.17}$$

(6.9.17)也称香蕉区捕获粒子无碰撞条件.将(6.9.14)、(6.9.15)式代入上式,(6.9.17)条件变为

$$\nu_{ei} < \nu_b, \quad \nu_{ei} < \varepsilon\sqrt{\varepsilon}\nu_{te}/qR, \tag{6.9.18}$$

这里
$$\nu_b = \varepsilon^{3/2}v_{te}/qR = \varepsilon^{3/2}\nu_p \ll \nu_p. \tag{6.9.19}$$

ν_b为香蕉区捕获粒子无碰撞的频率上限,其意义是当电子碰撞频率$\nu_{ei}<\nu_b$时,捕获粒子至少可以完成一个完整的香蕉轨道运动.因此对于电子碰撞频率很低、满足条件$\nu_{ei}<\nu_b$的区域称香蕉区,在这个区域中的香蕉粒子可以完成完整的香蕉轨道运动.

在香蕉区,捕获粒子有足够时间完成整个香蕉轨道运动,它每经历一次"有效碰撞",捕获粒子从一个香蕉轨道跳到另一个香蕉轨道,平均无规移动距离为$\Delta r_b\approx qr_{te}/\sqrt{\varepsilon}$,已知"有效碰撞"频率$\nu_{eff}=\nu_{ei}/\varepsilon$,再考虑捕获粒子在总粒子数密度中所占的份额(比例因子)$\sqrt{\varepsilon}$,于是根据(6.9.2)式,可得香蕉区捕获粒子扩散系数

$$D_{G.S} = \sqrt{\varepsilon}(\Delta r_b)^2\nu_{eff} \approx q^2\varepsilon^{-3/2}r_{te}^2\nu_{ei}. \tag{6.9.20}$$

香蕉区捕获粒子扩散系数$D_{G.S}$与流体区新经典扩散系数(6.9.10)式相比,增加了一个因子$\varepsilon^{-3/2}=(R/r)^{3/2}$,这个因子是加利耶夫-沙杰耶夫(Galeev-Sagdeev)1967年利用朗道方程导出的.对大部分装置的约束区域,$q^2\varepsilon^{-3/2}\sim 100$,因此,尽管捕获粒子占的比例很小($\sqrt{\varepsilon}\ll 1$),但它比经典扩散系数大了2个量级.

因为通行粒子碰撞平均移动距离$\Delta r=qr_{te}$比捕获粒子的$\Delta r_b\approx qr_{te}/\sqrt{\varepsilon}$小很多,而且它的碰撞频率又比有效碰撞频率小很多($\nu_{ei}=\varepsilon\nu_{eff}\ll\nu_{eff}$),因此在香蕉区通行粒子的新经典扩散是次要的,而占比例很小的捕获粒子新经典扩散则占主导作用.所以在托卡马克装置中,研究微观不稳定性的作用机制时,捕获粒子效应往往是起决定性作用.

(3) 过渡区($\nu_b<\nu_{ei}<\nu_p$),也称平台区

在这个区域,$\nu_{ei}>\nu_b$,电子不能完成香蕉轨道,上面简单的处理方法不适用,而且$\nu_{ei}<\nu_p$,碰撞不够频繁,磁流体力学方法也不适用.严格讲,香蕉区和平台区的输运过程都应该从动理学方程出发来研究.对于过渡区的扩散问题,可以应用漂移近

似的弗拉索夫(Vlasov)方程求解,得到过渡区扩散系数

$$D_{\mathrm{p}} = q^2 r_{\mathrm{te}}^2 \nu_{\mathrm{p}} \quad (\nu_{\mathrm{b}} < \nu_{\mathrm{ei}} < \nu_{\mathrm{p}}), \tag{6.9.21}$$

结果表明,在这个区域扩散系数与电子碰撞频率 ν_{ei} 无关,平台区就是由此而得名.流体区的(6.9.10)式取 $\nu_{\mathrm{ei}}=\nu_{\mathrm{p}}$ 时的值,及香蕉区(6.9.20)式取 $\nu_{\mathrm{ei}}=\nu_{\mathrm{b}}$ 时的值,都与平台区(6.9.21)式扩散系数相等.在 $\nu_{\mathrm{b}}<\nu_{\mathrm{ei}}<\nu_{\mathrm{p}}$ 过渡区,扩散系数曲线为平台型,在物理上可以做些定性说明.首先在平台区两端分界点 $\nu_{\mathrm{ei}}=\nu_{\mathrm{b}}$ 和 $\nu_{\mathrm{ei}}=\nu_{\mathrm{p}}$ 时扩散系数相等,这为平台区形成的前提.从下端分界点 ν_{b} 开始,$\nu_{\mathrm{ei}}>\nu_{\mathrm{b}}$,伴随电子碰撞频率 ν_{ei} 逐渐增加,相应的捕获粒子的有效碰撞频率 ν_{eff} 也相应增加,这个因素使扩散系数增大;但是 ν_{eff} 的增加,最初使许多大香蕉粒子完不成香蕉轨道运动,频率再增高,中香蕉粒子、小香蕉粒子也相继消失,这样香蕉粒子效应逐渐减弱以至完全消失,使扩散系数逐渐减小.以上两种因素的消长相抵,大体保持扩散系数不随电子碰撞频率变化.如果从上端分界点 ν_{p} 开始,$\nu_{\mathrm{ei}}<\nu_{\mathrm{p}}$,随 ν_{ei} 减小,扩散系数也相应减小;但绕圆形漂移面的通行粒子数量不断增加,开始是绕小圆形的通行粒子增加,后来绕中圆形的、大圆形的通行粒子相继出现,数量也不断增长,于是绕圆形的通行粒子效应增强使扩散系数增大.同样,这两种因素消长相抵,基本上保持扩散系数为常量.因此在过渡区,扩散系数出现平台型曲线.当然,精确的结论还得依靠动理学方程求解.

最后,将三个区域新经典扩散系数计算结果(6.9.11)、(6.9.21)和(6.9.20)式随电子碰撞频率的变化关系用图 6.9.3 的虚线表示,这里在交界处只是简单地取其直线相连接.罗生布鲁斯(M. N. Rosenbluth)等人做了比较仔细、严格的计算,得到了比较平滑的过渡结果,其改进曲线在图 6.9.3 中用实线表示.

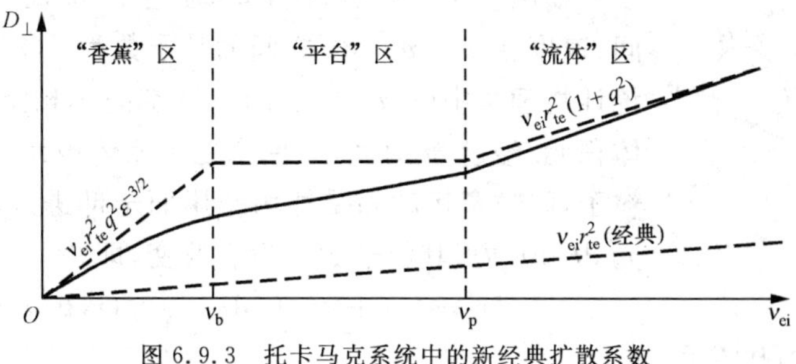

图 6.9.3 托卡马克系统中的新经典扩散系数

以上介绍的就是托卡马克系统中的新经典扩散系数的结果.

第 7 章　动理学方程简介

前面讨论的等离子体输运过程和输运系数的计算都比较粗糙,因为输运过程是一个非平衡态过程,严格地讲,对它的描述必须从粒子分布函数的变化规律出发,用统计力学方法确定系统的全部物理状态和性质及其随时间的变化过程,这种用分布函数描述和处理等离子体粒子体系的方法称动理学理论.本章只对动理学理论做简要介绍.

7.1　动理学方程

统计力学不是考虑单个粒子的运动,而是引入粒子的分布函数 $f(\boldsymbol{r},\boldsymbol{v},t)$ 来描述大量粒子组成的体系.分布函数 $f(\boldsymbol{r},\boldsymbol{v},t)$ 的意义是: $f(\boldsymbol{r},\boldsymbol{v},t)\mathrm{d}\boldsymbol{r}\mathrm{d}\boldsymbol{v}$ 代表粒子空间位置在 $\boldsymbol{r}\sim\boldsymbol{r}+\mathrm{d}\boldsymbol{r}$ 之间、速度在 $\boldsymbol{v}\sim\boldsymbol{v}+\mathrm{d}\boldsymbol{v}$ 之间的粒子数目.显然有

$$\int f(\boldsymbol{r},\boldsymbol{v},t)\mathrm{d}\boldsymbol{r}\mathrm{d}\boldsymbol{v} = N \quad 或 \quad \int f(\boldsymbol{r},\boldsymbol{v},t)\mathrm{d}\boldsymbol{v} = n(\boldsymbol{r},t),$$

这里 N 为体系的总粒子数, $n(\boldsymbol{r},t)$ 为粒子数密度,即单位体积的粒子数.

分布函数 $f(\boldsymbol{r},\boldsymbol{v},t)$ 随时间变化有两类因素:一是粒子运动引起的,即由力学运动方程确定的粒子空间位置和速度的变化;二是粒子间相互作用(碰撞)引起的.

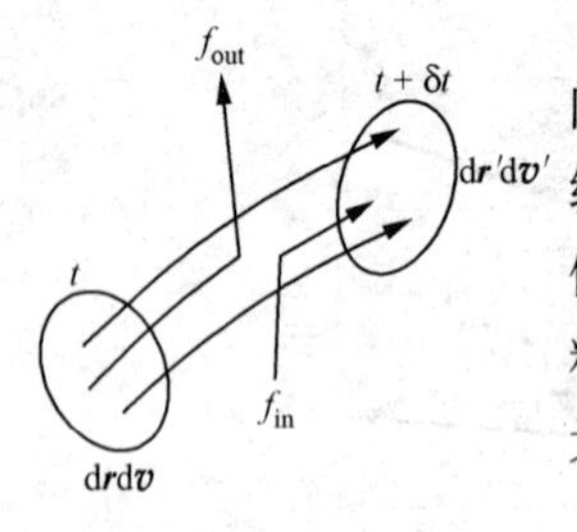

图 7.1.1　相空间中粒子移动及碰撞的影响

如图 7.1.1 所示,在 t 时刻、空间位置在 $\boldsymbol{r}\sim\boldsymbol{r}+\mathrm{d}\boldsymbol{r}$ 之间、速度在 $\boldsymbol{v}\sim\boldsymbol{v}+\mathrm{d}\boldsymbol{v}$ 之间的粒子数为 $f(\boldsymbol{r},\boldsymbol{v},t)\mathrm{d}\boldsymbol{r}\mathrm{d}\boldsymbol{v}$,在统计物理学中 $(\boldsymbol{r},\boldsymbol{v})$ 构成的 6 维空间称相空间, $\mathrm{d}\boldsymbol{r}\mathrm{d}\boldsymbol{v}$ 称相体积元.经过 δt 时间后,原来处于相体积元 $\mathrm{d}\boldsymbol{r}\mathrm{d}\boldsymbol{v}$ 范围内的粒子,因粒子运动和受外场作用而全部进入对应的相体积元 $\mathrm{d}\boldsymbol{r}'\mathrm{d}\boldsymbol{v}'$ 内,其粒子数并没有改变,即

$$f(\boldsymbol{r}',\boldsymbol{v}',t+\delta t)\mathrm{d}\boldsymbol{r}'\mathrm{d}\boldsymbol{v}' = f(\boldsymbol{r},\boldsymbol{v},t)\mathrm{d}\boldsymbol{r}\mathrm{d}\boldsymbol{v}, \tag{7.1.1}$$

式中 $f(\boldsymbol{r}',\boldsymbol{v}',t+\delta t)\mathrm{d}\boldsymbol{r}'\mathrm{d}\boldsymbol{v}'$ 表示在 $t+\delta t$ 时刻、空间位置在 $\boldsymbol{r}'\sim\boldsymbol{r}'+\mathrm{d}\boldsymbol{r}'$ 之间、速度在 $\boldsymbol{v}'\sim\boldsymbol{v}'+\mathrm{d}\boldsymbol{v}'$ 之间相体积元 $\mathrm{d}\boldsymbol{r}'\mathrm{d}\boldsymbol{v}'$ 内的粒子数,其中

$$\boldsymbol{r}' = \boldsymbol{r}+\boldsymbol{v}\delta t, \quad \boldsymbol{v}' = \boldsymbol{v}+\frac{\boldsymbol{F}}{m}\delta t.$$

在时间 $t\sim t+\delta t$ 内,因粒子间相互作用(碰撞),使一些粒子进入相体积元 $\mathrm{d}\boldsymbol{r}'\mathrm{d}\boldsymbol{v}'$ 内、而另一些粒子离开相体积元 $\mathrm{d}\boldsymbol{r}'\mathrm{d}\boldsymbol{v}'$,两者相减为净进入相体积元

$\mathrm{d}\boldsymbol{r}'\mathrm{d}\boldsymbol{v}'$ 内粒子数$\left(\dfrac{\partial f}{\partial t}\right)_{\mathrm{c}}\delta t\mathrm{d}\boldsymbol{r}'\mathrm{d}\boldsymbol{v}'$. 考虑粒子运动和碰撞引起的分布函数变化,则有

$$f(\boldsymbol{r}',\boldsymbol{v}',t+\delta t)\mathrm{d}\boldsymbol{r}'\mathrm{d}\boldsymbol{v}'=f(\boldsymbol{r},\boldsymbol{v},t)\mathrm{d}\boldsymbol{r}'\mathrm{d}\boldsymbol{v}+\left(\frac{\partial f}{\partial t}\right)_{\mathrm{c}}\delta t\mathrm{d}\boldsymbol{r}'\mathrm{d}\boldsymbol{v}'.$$

因为

$$\mathrm{d}\boldsymbol{r}'\mathrm{d}\boldsymbol{v}'=\frac{\partial(\boldsymbol{r}',\boldsymbol{v}')}{\partial(\boldsymbol{r},\boldsymbol{v})}\mathrm{d}\boldsymbol{r}\mathrm{d}\boldsymbol{v}=\mathrm{d}\boldsymbol{r}\mathrm{d}\boldsymbol{v},$$

即相空间体积元不变,因此

$$f(\boldsymbol{r}',\boldsymbol{v}',t+\delta t)=f(\boldsymbol{r},\boldsymbol{v},t)+\left(\frac{\partial f}{\partial t}\right)_{\mathrm{c}}\delta t. \tag{7.1.2}$$

在(7.1.2)式中,$f(\boldsymbol{r}',\boldsymbol{v}',t+\delta t)=f\left(\boldsymbol{r}+\boldsymbol{v}\delta t,\boldsymbol{v}+\dfrac{\boldsymbol{F}}{m}\delta t,t+\delta t\right)$,对 δt 做泰勒展开,保留到一级小量项,则得

$$\frac{\partial f}{\partial t}+\boldsymbol{v}\cdot\frac{\partial f}{\partial \boldsymbol{r}}+\frac{\boldsymbol{F}}{m}\cdot\frac{\partial f}{\partial \boldsymbol{v}}=\left(\frac{\partial f}{\partial t}\right)_{\mathrm{c}}. \tag{7.1.3}$$

这就是 1872 年玻尔兹曼提出的关于粒子分布函数随时间演化的方程,称玻尔兹曼方程,也就是用分布函数描述粒子运动的动理学方程(kinetic equation)①.

因为等离子体含有多种粒子(至少有离子和电子),所以设 α 类粒子的分布函数为 $f_\alpha(\boldsymbol{r},\boldsymbol{v},t)$,则在相空间中演化的动理学方程为

$$\frac{\partial f_\alpha}{\partial t}+\boldsymbol{v}\cdot\frac{\partial f_\alpha}{\partial \boldsymbol{r}}+\frac{\boldsymbol{F}_\alpha}{m_\alpha}\cdot\frac{\partial f_\alpha}{\partial \boldsymbol{v}}=\left(\frac{\partial f_\alpha}{\partial t}\right)_{\mathrm{c}}, \tag{7.1.4}$$

式中下角标 α 表示粒子种类,$f_\alpha(\boldsymbol{r},\boldsymbol{v},t)$ 表示 α 类粒子的分布函数,$\boldsymbol{F}_\alpha$ 表示一个 α 类粒子所受的力场,它包括外场和等离子体内部的平均场(自洽场),$\left(\dfrac{\partial f_\alpha}{\partial t}\right)_{\mathrm{c}}$ 为碰撞项,它表示因碰撞引起单位时间内粒子的净增加数,对于多种类型粒子,

$$\left(\frac{\partial f_\alpha}{\partial t}\right)_{\mathrm{c}}=\sum_\beta\left(\frac{\partial f_\alpha}{\partial t}\right)_{\mathrm{c},\beta}, \tag{7.1.5}$$

即各种类型粒子的碰撞效应总和,也包括同类粒子在内.

碰撞项(7.1.5)可以用各种模型或近似方法导出,因而动理学方程(7.1.3)、(7.1.4)就有各种不同的形式.

---

① kinetic 原译为"运动的"、"动力的",前者易与英文 kinematic 混淆,后者易与英文 dynamic 混淆. 2002 年中国物理学会物理名词工作委员会经多方协商,将 kinetic 译为"动理的". 于是 kinetic theory of gases 原订名为"气体分子运动论",现订名为"气体动理学理论",简称"气体动理论". kinetic equation(theory)原订名为"动力学方程(理论)",现订名为"动理学方程(理论)".(参见:赵凯华主编,《英汉物理学词汇》,前言,北京大学出版社,2002 年)

7.2 BGK 方程(或 Krook 碰撞项)

将(7.1.4)的碰撞项取为如下形式

$$\left(\frac{\partial f}{\partial t}\right)_{\mathrm{c}}=-(f-f_0)/\tau_{\mathrm{c}}=-\nu_{\mathrm{c}}(f-f_0). \tag{7.2.1}$$

(7.2.1)称 BGK(P. L. Bhatnagar, E. P. Groos, M. Krook)方程碰撞项或 Krook 碰撞项,式中 τ_{c} 为特征时间,通常取为平均碰撞时间,$\nu_{\mathrm{c}}=1/\tau_{\mathrm{c}}$ 为平均碰撞频率. BGK 碰撞项的意义为系统从初始的非平衡态速度分布 f,经过 τ_{c} 时间趋向平衡态分布 f_0,所以 τ_{c} 就是这一过程的弛豫时间. 取为 BGK 碰撞项后的动理学方程为

$$\frac{\partial f}{\partial t}+\boldsymbol{v}\cdot\frac{\partial f}{\partial \boldsymbol{r}}+\frac{\boldsymbol{F}}{m}\cdot\frac{\partial f}{\partial \boldsymbol{v}}=-\nu_{\mathrm{c}}(f-f_0), \tag{7.2.2}$$

式中省略了下标 α,(7.2.2)称 BGK 方程. 一般地,τ_{c} 或 ν_{c} 是速度的函数,而且与分布函数有关,现在碰撞项中的 τ_{c} 或 ν_{c} 都近似地取为常量,这样碰撞项就大为简化,BGK 方程的求解也就容易多了. 因此 BGK 方程的碰撞项也称弛豫时间近似.

如果系统分布偏离平衡态不远,则分布函数可以写成线性化形式

$$f=f_0+f_1, \tag{7.2.3}$$

这里 f_0 为平衡态速度分布,f_1 为偏离平衡态的速度分布,与 f_0 相比,f_1 是个小量. 如果得到平衡态分布 f_0 的解,则可以容易地求得 f_1 的解.

平衡态分布 f_0 满足的动理学方程为

$$\frac{\partial f_0}{\partial t}+\boldsymbol{v}\cdot\frac{\partial f_0}{\partial \boldsymbol{r}}+\frac{\boldsymbol{F}}{m}\cdot\frac{\partial f_0}{\partial \boldsymbol{v}}=\left(\frac{\partial f_0}{\partial t}\right)_{\mathrm{c}}=0. \tag{7.2.4}$$

对于局域性热力学平衡情况,(7.2.4)方程的解为局域性麦克斯韦分布

$$f_0(n(\boldsymbol{r}),\boldsymbol{u}(\boldsymbol{r}),T(\boldsymbol{r}))=n(\boldsymbol{r})\left(\frac{m}{2\pi T(\boldsymbol{r})}\right)^{3/2}\exp\left[-\frac{m(\boldsymbol{v}-\boldsymbol{u}(\boldsymbol{r}))^2}{2T(\boldsymbol{r})}\right], \tag{7.2.5}$$

式中粒子数密度 $n(\boldsymbol{r})$、平均速度 $\boldsymbol{u}(\boldsymbol{r})$和温度 $T(\boldsymbol{r})$都是空间位置函数. 由于系统偏离平衡态不远,所以(7.2.3)式中 $f_1\ll f_0$. 将(7.2.3)式代入 BGK 方程(7.2.2),线性化后为

$$\frac{\partial f_1}{\partial t}+\boldsymbol{v}\cdot\frac{\partial f_0}{\partial \boldsymbol{r}}+\frac{\boldsymbol{F}}{m}\cdot\frac{\partial f_0}{\partial \boldsymbol{v}}=-\nu_{\mathrm{c}}f_1, \tag{7.2.6}$$

上式左方第 1 项为$\frac{\partial f_1}{\partial t}$,这是因为$\frac{\partial f_0}{\partial t}=0$,第 2,3 项忽略了 f_1 小量的贡献. 对于定态情况,$\frac{\partial f_1}{\partial t}=0$,则(7.2.6)方程的定态解为

$$f_1=-\frac{1}{\nu_{\mathrm{c}}}\left[\boldsymbol{v}\cdot\frac{\partial f_0}{\partial \boldsymbol{r}}+\frac{\boldsymbol{F}}{m}\cdot\frac{\partial f_0}{\partial \boldsymbol{v}}\right], \tag{7.2.7}$$

式中 f_0 为已知,由(7.2.5)式给出,这样(7.2.7)就是 f_1 的定态解.由此,得到偏离平衡态的分布 f_1 后,就可以计算各种输运流:粒子通量 $\boldsymbol{\Gamma}=\int \boldsymbol{v} f_1 \mathrm{d}\boldsymbol{v}$、电流 $\boldsymbol{j}=q\int \boldsymbol{v} f_1 \mathrm{d}\boldsymbol{v}$、热流矢量 $\boldsymbol{q}=\int \frac{1}{2}mw^2\boldsymbol{w} f_1 \mathrm{d}\boldsymbol{v}$、黏性张量 $\Pi_{ij}=\int m w_i w_j f_1 \mathrm{d}\boldsymbol{v}$ 等,然后可以计算相应的输运系数.

1. 粒子流和扩散系数

假设粒子数密度分布在 x 轴方向不均匀,即 $\nabla n(\boldsymbol{r})=\frac{\partial n(x)}{\partial x}\neq 0$,其余 $T(\boldsymbol{r})=T=$常量,$\boldsymbol{u}(\boldsymbol{r})=0$,$\boldsymbol{F}=0$.于是(7.2.5)分布函数简化为

$$f_0(x)=n(x)\left(\frac{m}{2\pi T}\right)^{3/2}\exp\left(-\frac{mv^2}{2T}\right), \tag{7.2.8}$$

代入(7.2.7)式,得

$$f_1=-\frac{f_0}{n\nu_{\mathrm{c}}}v_x\frac{\partial n(x)}{\partial x}. \tag{7.2.9}$$

将(7.2.9)式的 f_1 代入 $\boldsymbol{\Gamma}=\int \boldsymbol{v} f_1 \mathrm{d}\boldsymbol{v}$,显然只有 v_x 分量不为 0,即粒子通量

$$\Gamma_x=\int v_x f_1 \mathrm{d}\boldsymbol{v}=-\int v_x^2\frac{f_0}{n\nu_{\mathrm{c}}}\frac{\partial n(x)}{\partial x}\mathrm{d}\boldsymbol{v}=-\left(\int v_x^2\frac{f_0}{n\nu_{\mathrm{c}}}\mathrm{d}\boldsymbol{v}\right)\frac{\partial n(x)}{\partial x},$$

由此得

$$\Gamma_x=-D_x\nabla_x n(x),$$

一般地写为

$$\boldsymbol{\Gamma}=-D\nabla n(x), \tag{7.2.10}$$

式中

$$D=D_x=\int v_x^2\frac{f_0}{n\nu_{\mathrm{c}}}\mathrm{d}\boldsymbol{v}=\frac{T}{m\nu_{\mathrm{c}}}. \tag{7.2.11}$$

(7.2.10)式就是粒子扩散的菲克定律,Γ 是粒子数密度分布不均匀引起的粒子通量,D 是扩散系数,它是每单位密度梯度产生的粒子通量.(7.2.11)式结果与(6.8.5)、(6.8.6)式相同,但现在的扩散系数是从动理学方程得到的.

2. 电流及其粒子流迁移率

如果等离子体的密度 $n(\boldsymbol{r})$、温度 $T(\boldsymbol{r})$ 和流体速度 $\boldsymbol{u}(\boldsymbol{r})$ 是空间均匀的,即

$$\nabla n(\boldsymbol{r})=\nabla T(\boldsymbol{r})=\nabla\cdot\boldsymbol{u}(\boldsymbol{r})=0,$$

则

$$\frac{\partial f_0}{\partial \boldsymbol{r}}=\nabla f_0=0,$$

为简单起见,取

$$f_0(v) = n\left(\frac{m}{2\pi T}\right)^{3/2} \exp\left(-\frac{mv^2}{2T}\right).$$

现在有外加电场 E_x(假设为常量),电子受外加电场作用力 $F_x=-eE_x$(电子电荷 $q=-e$),必然引起电流和粒子流,这时动理学方程得到的定态解(7.2.7)应写为

$$f_1 = \frac{eE_x}{\nu_c m}\cdot\frac{\partial f_0}{\partial v_x} = -\frac{e}{\nu_c T}E_x v_x f_0, \tag{7.2.12}$$

由此产生的电流

$$j_x = -e\int v_x f_1 \mathrm{d}\boldsymbol{v} = \left(\frac{e^2}{\nu_c T}\int v_x^2 f_0 \mathrm{d}\,\boldsymbol{v}\right)E_x = \sigma_c E_x, \tag{7.2.13}$$

即

$$\boldsymbol{j} = \sigma_c \boldsymbol{E}.$$

(7.2.13)式就是欧姆定律,式中

$$\sigma_c = \frac{e^2}{\nu_c T}\int v_x^2 f_0 \mathrm{d}\boldsymbol{v} = \frac{ne^2}{m\nu_c}, \tag{7.2.14}$$

σ 为电导率,结果与(6.7.8)式相同,这里是由动理学方程得到的.

电场 E_x 的作用,还引起粒子(电子)流

$$\Gamma_x = \int v_x f_1 \mathrm{d}\boldsymbol{v} = -\left(\frac{e}{\nu_c T}\int v_x^2 f_0 \mathrm{d}\,\boldsymbol{v}\right)E_x = -n\mu E_x, \tag{7.2.15}$$

上式右方出现的负号是因为电子流方向与电场方向相反,式中

$$\mu = \frac{e}{n\nu_c T}\int v_x^2 f_0 \mathrm{d}\boldsymbol{v} = \frac{e}{m\nu_c}, \tag{7.2.16}$$

输运系数 μ 称迁移率,它是每单位电场产生的粒子速度.

由(7.2.11)和(7.2.16)式得

$$D/\mu = T/e,$$

上式就是爱因斯坦关系.

3. 黏性张量和黏性系数

黏滞性是由流体速度的空间分布不均匀引起的,因此假定

$$\nabla\cdot\boldsymbol{u}(\boldsymbol{r}) \neq 0, \quad \nabla\, n(\boldsymbol{r}) = \nabla\, T(\boldsymbol{r}) = 0,$$

由(7.2.5)式,此时

$$f_0 = n\left(\frac{m}{2\pi T}\right)^{3/2} \exp\left[-\frac{mw^2}{2T}\right], \tag{7.2.17}$$

式中 $w=|\boldsymbol{w}|=|\boldsymbol{v}-\boldsymbol{u}(\boldsymbol{r})|$ 为粒子热运动速度. 再由(7.2.7)式得偏离平衡态的分布

$$f_1 = -\frac{1}{\nu_c}\,\boldsymbol{v}\cdot\nabla\, f_0 = -\frac{mv_i}{\nu_c T}\frac{\partial u_j(\boldsymbol{r})}{\partial x_i}(v_j - u_j(\boldsymbol{r}))f_0, \tag{7.2.18}$$

式中角标 $i,j=1,2,3$,两角标相同时要求和. 黏性张量

$$\boldsymbol{\Pi} = m\int \boldsymbol{ww} f_1 \mathrm{d}\boldsymbol{v} = -\frac{m}{\nu_c}\int \boldsymbol{ww}\left[\frac{mv_i}{T}\frac{\partial u_j(\boldsymbol{r})}{\partial x_i}w_j(\boldsymbol{r})\right]f_0 \mathrm{d}\boldsymbol{v}, \tag{7.2.19}$$

将(7.2.17)式代入(7.2.19)式,可以计算各个分量的黏性系数. 假设 $\boldsymbol{u}(\boldsymbol{r})=u_x(z)\boldsymbol{e}_x$, $w_x(z)=v_x-u_x(z)$, $w_y(z)=v_y$, $w_z(z)=v_z$,则由(7.2.19)式得

$$\Pi_{zx}=-\left(\frac{m^2}{\nu_c T}\int w_z w_x v_z w_x(z) f_0 \mathrm{d}\boldsymbol{v}\right)\frac{\mathrm{d}u_x(z)}{\mathrm{d}z}=-\zeta\frac{\mathrm{d}u_x(z)}{\mathrm{d}z}, \quad (7.2.20)$$

式中

$$\zeta=\frac{m^2}{\nu_c T}\int w_x^2 w_z^2 f_0 \mathrm{d}\boldsymbol{v}. \quad (7.2.21)$$

(7.2.20)式为牛顿黏性定律,ζ 为剪切黏性系数. 将(7.2.17)式代入(7.2.21)式进行积分,得

$$\zeta=\frac{nT}{\nu_c}, \quad (7.2.22)$$

ζ 也是由动理学方程计算得到的输运系数.

根据(6.4.34)式,离子-离子平均碰撞频率与电子-电子平均碰撞频率之比为 $\sqrt{m_e/m_i}\ll 1$,因此等离子体的黏性主要是离子的.

4. 热流矢量和热传导系数

在等离子体中,如果存在温度梯度,则会引起热流和热传导. 假定无磁场,而且等离子体处于平衡状态,这时应满足平衡条件:

$$\nabla p=\boldsymbol{j}\times\boldsymbol{B}=0,$$

则由 $p=nT$ 得

$$T\nabla n=-n\nabla T. \quad (7.2.23)$$

由此可见,对无磁场等离子体,温度梯度和密度梯度总是同时存在. 因此假定

$$\nabla T(\boldsymbol{r})\neq 0, \quad \nabla n(\boldsymbol{r})=-\frac{n(\boldsymbol{r})}{T(\boldsymbol{r})}\nabla T(\boldsymbol{r})\neq 0, \quad \boldsymbol{u}(\boldsymbol{r})=0,$$

用前面同样方法,由(7.2.5)、(7.2.7)式得

$$f_0=n(\boldsymbol{r})\left(\frac{m}{2\pi T(\boldsymbol{r})}\right)^{3/2}\exp\left[-\frac{mv^2}{2T(\boldsymbol{r})}\right], \quad (7.2.24)$$

$$f_1=-\frac{1}{\nu_c}\boldsymbol{v}\cdot\nabla f_0=-\frac{1}{\nu_c}\left[\left(\frac{mv^2}{2T^2}-\frac{3}{2T}\right)\nabla T(\boldsymbol{r})+\frac{\nabla n(\boldsymbol{r})}{n(\boldsymbol{r})}\right]\cdot\boldsymbol{v}f_0. \quad (7.2.25)$$

应用(7.2.23)关系,得

$$f_1=-\frac{1}{\nu_c}\left[\boldsymbol{v}\cdot\nabla T\left(\frac{mv^2}{2T^2}-\frac{5}{2T}\right)\right]f_0. \quad (7.2.26)$$

因为 $\boldsymbol{u}(\boldsymbol{r})=0$,热流矢量

$$\boldsymbol{q}=\frac{1}{2}m\int w^2\boldsymbol{w}f_1\mathrm{d}\boldsymbol{v}=\frac{1}{2}m\int v^2\boldsymbol{v}f_1\mathrm{d}\boldsymbol{v},$$

利用(7.2.26)和(7.2.24)式结果，则得

$$\boldsymbol{q}=-\frac{1}{2\nu_c}m\left[\int v^2\,\boldsymbol{v}\boldsymbol{v}\left(\frac{mv^2}{2T^2}-\frac{5}{2T}\right)f_0\,\mathrm{d}\,\boldsymbol{v}\right]\cdot\nabla T. \tag{7.2.27}$$

假定 $\nabla T=\dfrac{\partial T}{\partial x}$，计算沿 x 方向热流

$$q_x=-\frac{1}{2\nu_c}m\left[\int v^2 v_x^2\left(\frac{mv^2}{2T^2}-\frac{5}{2T}\right)f_0\,\mathrm{d}\,\boldsymbol{v}\right]\cdot\frac{\partial T}{\partial x}, \tag{7.2.28}$$

(7.2.28)式可改写为

$$q_x=-\kappa\frac{\partial T}{\partial x}, \tag{7.2.29}$$

式中系数

$$\kappa=\frac{1}{2\nu_c}m\left[\int v^2 v_x^2\left(\frac{mv^2}{2T^2}-\frac{5}{2T}\right)f_0\,\mathrm{d}\,\boldsymbol{v}\right], \tag{7.2.30}$$

(7.2.29)式就是热传导的傅里叶定律，式中系数 κ 为热传导系数. 利用(7.2.24)的 f_0 代入(7.2.30)式，积分计算得

$$\kappa=\frac{5}{2}\frac{nT}{m\nu_c}, \tag{7.2.30}$$

κ 也是由动理学方法计算得到的输运系数.

类似方法，还可以计算有外磁场时垂直磁场方向的输运系数.

以上计算的各种输运系数，除了(7.2.22)黏性系数外，在所有其他输运系数的分母中都有粒子质量，因此电子在这些输运过程中起主要作用，只有黏性系数中离子起主要作用.

由上可见，用最简单的 BGK 方程(Krook)碰撞项(弛豫时间近似)，可以得到各种输运系数，其计算方法比较简单，而所得结果与更严格求解动理学方程的结果相比，只是在数值系数上稍有些差别.

7.3　玻尔兹曼方程

这是最早的一种碰撞模型，它是建立在二体碰撞基础上的一种碰撞积分表示式. 如图 7.3.1 所示，设碰撞前两个粒子速度分别为 $\boldsymbol{v}_\alpha,\boldsymbol{v}_\beta$，相对速度为 $\boldsymbol{u}=\boldsymbol{v}_\alpha-\boldsymbol{v}_\beta$，碰撞后两粒子速度分别变为 $\boldsymbol{v}'_\alpha,\boldsymbol{v}'_\beta$，相对速度为 $\boldsymbol{u}'=\boldsymbol{v}'_\alpha-\boldsymbol{v}'_\beta$. 在质心系中，二粒子的碰撞相当于质量为 $\mu=m_\alpha m_\beta/(m_\alpha+m_\beta)$、速度为 $\boldsymbol{u}$ 的一个粒子被固定的散射中心 O 作用，使其速度改变为 $\boldsymbol{u}'$.

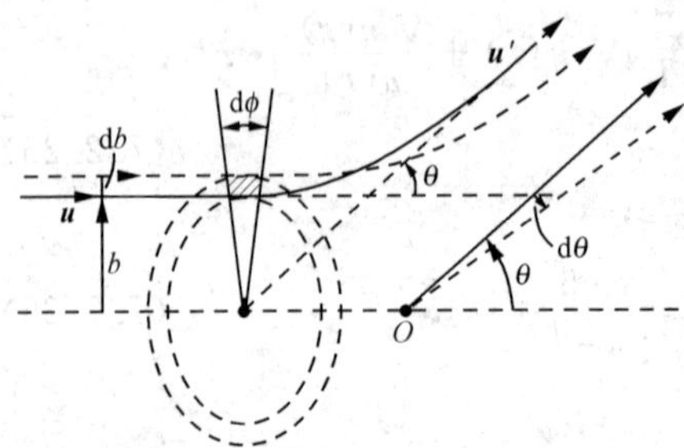

图 7.3.1　两个粒子的弹性碰撞

单位时间入射到面积元 $b\mathrm{d}b\mathrm{d}\phi$、速度为 $\boldsymbol{v}_\alpha$ 的粒子数为 $f_\alpha(\boldsymbol{v}_\alpha)|\boldsymbol{v}_\alpha-\boldsymbol{v}_\beta|b\mathrm{d}b\mathrm{d}\phi\mathrm{d}\boldsymbol{v}_\alpha$，$\phi$ 为垂直于$(\boldsymbol{v}_\alpha-\boldsymbol{v}_\beta)$平面上的方位角，速度为 $\boldsymbol{v}_\beta$ 的场粒子数为 $f_\beta(\boldsymbol{v}_\beta)\mathrm{d}\boldsymbol{v}_\beta$，因此单位时间、体积中碰撞数为

$$f_\alpha(\boldsymbol{v}_\alpha)f_\beta(\boldsymbol{v}_\beta)\mid\boldsymbol{v}_\alpha-\boldsymbol{v}_\beta\mid b\mathrm{d}b\mathrm{d}\phi\mathrm{d}\boldsymbol{v}_\alpha\mathrm{d}\boldsymbol{v}_\beta, \tag{7.3.1}$$

上式对 $b,\phi,\boldsymbol{v}_\beta$ 积分，就是在单位时间、体积内二粒子碰撞引起 α 粒子离开 $\boldsymbol{v}_\alpha\sim\boldsymbol{v}_\alpha+\mathrm{d}\boldsymbol{v}_\alpha$ 速度区间（因为碰撞后速度变为 $\boldsymbol{v}_\alpha'$）的粒子数，即 $f_\alpha(\boldsymbol{v}_\alpha)\mathrm{d}\boldsymbol{v}_\alpha$ 粒子的减少率：

$$\left(\frac{\partial f_\alpha}{\partial t}\right)_{\text{out}}\mathrm{d}\boldsymbol{v}_\alpha=\int f_\alpha(\boldsymbol{v}_\alpha)f_\beta(\boldsymbol{v}_\beta)\mid\boldsymbol{v}_\alpha-\boldsymbol{v}_\beta\mid b\mathrm{d}b\mathrm{d}\phi\mathrm{d}\boldsymbol{v}_\alpha\mathrm{d}\boldsymbol{v}_\beta. \tag{7.3.2}$$

现在考虑逆过程，即初始二粒子速度分别为 $\boldsymbol{v}_\alpha',\boldsymbol{v}_\beta'$，碰撞后速度分别为 $\boldsymbol{v}_\alpha,\boldsymbol{v}_\beta$，与(7.3.1)式类似，逆过程单位时间、体积内的碰撞数为

$$f_\alpha(\boldsymbol{v}_\alpha')f_\beta(\boldsymbol{v}_\beta')\mid\boldsymbol{v}_\alpha'-\boldsymbol{v}_\beta'\mid b'\mathrm{d}b'\mathrm{d}\phi'\mathrm{d}\boldsymbol{v}_\alpha'\mathrm{d}\boldsymbol{v}_\beta', \tag{7.3.3}$$

上式为二粒子发生碰撞，使 α 粒子进入 $\boldsymbol{v}_\alpha\sim\boldsymbol{v}_\alpha+\mathrm{d}\boldsymbol{v}_\alpha$ 速度区间的粒子数，即 $f_\alpha(\boldsymbol{v}_\alpha)\mathrm{d}\boldsymbol{v}_\alpha$ 粒子的增加率. 因为正逆过程的作用完全对称，所以 $b'\mathrm{d}b'\mathrm{d}\phi'=b\mathrm{d}b\mathrm{d}\phi$，对于弹性碰撞，$|\boldsymbol{v}_\alpha'-\boldsymbol{v}_\beta'|=|\boldsymbol{v}_\alpha-\boldsymbol{v}_\beta|=u$，而且变换的雅可比行列式

$$\frac{\partial(\boldsymbol{v}_\alpha',\boldsymbol{v}_\beta')}{\partial(\boldsymbol{v}_\alpha,\boldsymbol{v}_\beta)}=1,$$

则有

$$\mathrm{d}\boldsymbol{v}_\alpha'\mathrm{d}\boldsymbol{v}_\beta'=\mathrm{d}\boldsymbol{v}_\alpha\mathrm{d}\boldsymbol{v}_\beta,$$

因此(7.3.3)式对 $b',\phi',\boldsymbol{v}_\beta'$积分，得 $f_\alpha(\boldsymbol{v}_\alpha)\mathrm{d}\boldsymbol{v}_\alpha$ 粒子的增加率：

$$\left(\frac{\partial f_\alpha}{\partial t}\right)_{\text{in}}\mathrm{d}\boldsymbol{v}_\alpha=\int f_\alpha(\boldsymbol{v}_\alpha')f_\beta(\boldsymbol{v}_\beta')\mid\boldsymbol{v}_\alpha-\boldsymbol{v}_\beta\mid b\mathrm{d}b\mathrm{d}\phi\mathrm{d}\boldsymbol{v}_\alpha\mathrm{d}\boldsymbol{v}_\beta. \tag{7.3.4}$$

碰撞引起的粒子净增加率

$$\left(\frac{\partial f_\alpha}{\partial t}\right)_{\text{c}}\mathrm{d}\boldsymbol{v}_\alpha=\left(\frac{\partial f_\alpha}{\partial t}\right)_{\text{in}}\mathrm{d}\boldsymbol{v}_\alpha-\left(\frac{\partial f_\alpha}{\partial t}\right)_{\text{out}}\mathrm{d}\boldsymbol{v}_\alpha.$$

应用(7.3.2)和(7.3.4)式，得

$$\left(\frac{\partial f_\alpha}{\partial t}\right)_{\text{c}}=\sum_\beta\int[f_\alpha(\boldsymbol{v}_\alpha')f_\beta(\boldsymbol{v}_\beta')-f_\alpha(\boldsymbol{v}_\alpha)f_\beta(\boldsymbol{v}_\beta)]ub\,\mathrm{d}b\mathrm{d}\phi\mathrm{d}\boldsymbol{v}_\beta. \tag{7.3.5}$$

式中对 β 求和是考虑到各类粒子对碰撞项的贡献，包括同类粒子. 利用微分截面定义(6.2.13)式

$$b\mathrm{d}b\mathrm{d}\phi=\sigma(u,\theta)\mathrm{d}\Omega,$$

则碰撞项(7.3.5)可改写为

$$\left(\frac{\partial f_\alpha}{\partial t}\right)_{\text{c}}=\sum_\beta\int[f_\alpha(\boldsymbol{v}_\alpha')f_\beta(\boldsymbol{v}_\beta')-f_\alpha(\boldsymbol{v}_\alpha)f_\beta(\boldsymbol{v}_\beta)]u\sigma(u,\theta)\mathrm{d}\Omega\mathrm{d}\boldsymbol{v}_\beta, \tag{7.3.6}$$

(7.3.6)就是玻尔兹曼碰撞积分. 碰撞项取玻尔兹曼碰撞积分的动理学方程称玻尔兹曼方程，即为

$$\frac{\partial f_\alpha}{\partial t}+\boldsymbol{v}_\alpha\cdot\frac{\partial f_\alpha}{\partial\boldsymbol{r}_\alpha}+\frac{\boldsymbol{F}_\alpha}{m_\alpha}\cdot\frac{\partial f_\alpha}{\partial\boldsymbol{v}_\alpha}=\sum_\beta\int[f_\alpha'f_\beta'-f_\alpha f_\beta]u\sigma(u,\theta)\mathrm{d}\Omega\mathrm{d}\boldsymbol{v}_\beta, \tag{7.3.7}$$

式中 f_α' 为 $f_\alpha(\boldsymbol{v}_\alpha')$，$f_\beta'$ 为 $f_\beta(\boldsymbol{v}_\beta')$，$f_\alpha$ 为 $f_\alpha(\boldsymbol{v}_\alpha)$，$f_\beta$ 为 $f_\beta(\boldsymbol{v}_\beta)$，微分截面 $\sigma(u,\theta)$ 由(6.2.15)式给出，也可用(6.2.16)式结果．玻尔兹曼方程是非线性积分微分方程，最初是对中性气体导出来的．在导出玻尔兹曼碰撞积分时，实际含有如下假设：所有碰撞都是二体碰撞；相互作用长度远小于 f_α 发生显著变化的长度；碰撞持续时间远小于 f_α 发生显著变化的时间．玻尔兹曼方程应用于等离子体时，需要做一些特殊处理．

7.4 朗道方程

从玻尔兹曼碰撞项出发，粒子碰撞取库仑势场的散射微分截面，由于等离子体中远碰撞(小角度偏转)占主要地位，每次碰撞带电粒子速度改变量 $\Delta\boldsymbol{v}$ 都很小，因此可以把玻尔兹曼碰撞积分中的分布函数对小量 $\Delta\boldsymbol{v}$ 做展开，保留到二阶小量项，就得到朗道碰撞项，这是朗道在 1936 年导出的，相应的动理学方程称朗道方程．

现在将玻尔兹曼碰撞积分中的分布函数 $f_\alpha(\boldsymbol{v}_\alpha')$ 和 $f_\beta(\boldsymbol{v}_\beta')$ 做泰勒展开，保留到二阶小量项：

$$f_\alpha(\boldsymbol{v}_\alpha') = f_\alpha(\boldsymbol{v}_\alpha + \Delta\boldsymbol{v}_\alpha) = f_\alpha(\boldsymbol{v}_\alpha) + \Delta\boldsymbol{v}_\alpha \cdot \frac{\partial f_\alpha}{\partial \boldsymbol{v}_\alpha} + \frac{1}{2}\Delta\boldsymbol{v}_\alpha\Delta\boldsymbol{v}_\alpha : \frac{\partial^2 f_\alpha}{\partial \boldsymbol{v}_\alpha \partial \boldsymbol{v}_\alpha}, \tag{7.4.1}$$

$$f_\beta(\boldsymbol{v}_\beta') = f_\beta(\boldsymbol{v}_\beta + \Delta\boldsymbol{v}_\beta) = f_\beta(\boldsymbol{v}_\beta) + \Delta\boldsymbol{v}_\beta \cdot \frac{\partial f_\beta}{\partial \boldsymbol{v}_\beta} + \frac{1}{2}\Delta\boldsymbol{v}_\beta\Delta\boldsymbol{v}_\beta : \frac{\partial^2 f_\beta}{\partial \boldsymbol{v}_\beta \partial \boldsymbol{v}_\beta}. \tag{7.4.2}$$

引用(6.3.9)式，粒子经历一次弹性碰撞的速度改变量

$$\Delta\boldsymbol{v}_\alpha = \mu\Delta\boldsymbol{u}/m_\alpha, \quad \Delta\boldsymbol{v}_\beta = -\mu\Delta\boldsymbol{u}/m_\beta, \tag{7.4.3}$$

由(7.4.1)—(7.4.3)式，得

$$\begin{aligned} f_\alpha(\boldsymbol{v}_\alpha')f_\beta(\boldsymbol{v}_\beta') - f_\alpha(\boldsymbol{v}_\alpha)f_\beta(\boldsymbol{v}_\beta) &= \Delta\boldsymbol{u} \cdot \left(\frac{\mu}{m_\alpha}\frac{\partial f_\alpha}{\partial \boldsymbol{v}_\alpha}f_\beta - \frac{\mu}{m_\beta}\frac{\partial f_\beta}{\partial \boldsymbol{v}_\beta}f_\alpha\right) \\ &\quad + \frac{1}{2}\Delta\boldsymbol{u}\Delta\boldsymbol{u} : \left(\frac{\mu}{m_\alpha}\frac{\partial}{\partial \boldsymbol{v}_\alpha} - \frac{\mu}{m_\beta}\frac{\partial}{\partial \boldsymbol{v}_\beta}\right)\left(\frac{\mu}{m_\alpha}\frac{\partial f_\alpha}{\partial \boldsymbol{v}_\alpha}f_\beta - \frac{\mu}{m_\beta}\frac{\partial f_\beta}{\partial \boldsymbol{v}_\beta}f_\alpha\right). \end{aligned} \tag{7.4.4}$$

令

$$\boldsymbol{\Phi} = \frac{\mu}{m_\alpha}\frac{\partial f_\alpha}{\partial \boldsymbol{v}_\alpha}f_\beta - \frac{\mu}{m_\beta}\frac{\partial f_\beta}{\partial \boldsymbol{v}_\beta}f_\alpha, \tag{7.4.5}$$

将(7.4.4)式代入(7.3.7)式的玻尔兹曼碰撞项，得

$$\left(\frac{\partial f_\alpha}{\mathrm{d}t}\right)_\mathrm{c} = \sum_\beta \iint \left[\Delta\boldsymbol{u}\cdot\boldsymbol{\Phi} + \frac{1}{2}\Delta\boldsymbol{u}\Delta\boldsymbol{u} : \left(\frac{\mu}{m_\alpha}\frac{\partial}{\partial \boldsymbol{v}_\alpha} - \frac{\mu}{m_\beta}\frac{\partial}{\partial \boldsymbol{v}_\beta}\right)\boldsymbol{\Phi}\right]u\sigma(u,\theta)\,\mathrm{d}\Omega\mathrm{d}\boldsymbol{v}_\beta. \tag{7.4.6}$$

(7.4.6)式先对 $\mathrm{d}\Omega$ 求积分，其中只涉及如下两个积分：

$$\langle \Delta \boldsymbol{u} \rangle_{\Omega} = \int u \Delta \boldsymbol{u} \sigma(u,\theta) \mathrm{d}\Omega, \tag{7.4.7}$$

$$\langle \Delta \boldsymbol{u} \Delta \boldsymbol{u} \rangle_{\Omega} = \int u \Delta \boldsymbol{u} \Delta \boldsymbol{u} \sigma(u,\theta) \mathrm{d}\Omega. \tag{7.4.8}$$

如图 7.4.1 所示,取 $\boldsymbol{u}$ 沿 $\boldsymbol{e}_3$ 方向,则根据(6.3.16)式,$\Delta\boldsymbol{u}$ 可写为

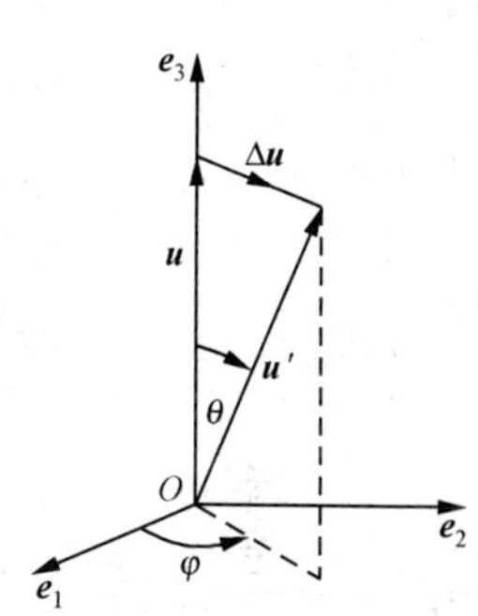

图 7.4.1 弹性碰撞引起的偏转和粒子相对速度的改变

$$\Delta \boldsymbol{u} = u[\sin\theta\cos\varphi \boldsymbol{e}_1 + \sin\theta\sin\varphi \boldsymbol{e}_2 - 2\sin^2(\theta/2)\boldsymbol{e}_3].$$

将上式代入(7.4.7)、(7.4.8)式,并利用库仑势场的散射微分截面(6.2.15)式对 $\mathrm{d}\Omega=\sin\theta\mathrm{d}\theta\mathrm{d}\varphi$ 求积分,其中对 $\mathrm{d}\varphi$ 积分时,$\boldsymbol{e}_1$,$\boldsymbol{e}_2$ 分量都为 0,只有 $\boldsymbol{e}_3$ 分量有贡献,则得

$$\langle \Delta \boldsymbol{u} \rangle_{\Omega} = -\frac{q_\alpha^2 q_\beta^2}{4\pi\varepsilon_0^2 \mu^2 u^2}\left(\int \frac{\sin\theta}{4\sin^2(\theta/2)}\mathrm{d}\theta\right)\boldsymbol{e}_3. \tag{7.4.9}$$

(7.4.9)式中的积分存在发散问题,对此以下的处理方法同 6.3 节. 考虑到等离子体中两个带电粒子相互作用的库仑屏蔽效应,而在德拜屏蔽长度 λ_D 处截断,即碰撞参量 $b>\lambda_D$ 时认为无相互作用,因此用 $b_{\max}=\lambda_D$ 对应的最小偏转角 $\theta=\theta_{\min}$ 作为积分下限,同时由于朗道方程是考虑远碰撞(小角度偏转)占主要地位,取 $b_{\min}=b_0$ 时对应的最大偏转角 $\theta_{\max}=\pi/2$ 作为积分上限. 利用(6.2.12)式和 $\lambda_D \gg b_0$,(7.4.9)式中的积分改为

$$L_c = \int_{\theta_{\min}}^{\theta_{\max}} \frac{\sin\theta}{4\sin^2(\theta/2)}\mathrm{d}\theta = \ln[\sin(\theta/2)]\Big|_{\theta_{\min}}^{\pi/2}$$
$$= \ln\left[\frac{1/\sqrt{2}}{\sin(\theta_{\min}/2)}\right] = \ln\left[\frac{\sqrt{b_0^2+\lambda_D^2}}{\sqrt{2}b_0}\right] \approx \ln\Lambda,$$

式中 $\Lambda=\lambda_D/b_0$. 因此(7.4.9)式变为

$$\langle \Delta \boldsymbol{u} \rangle_{\Omega} = -\frac{q_\alpha^2 q_\beta^2 \ln\Lambda}{4\pi\varepsilon_0^2 \mu^2}\frac{\boldsymbol{u}}{u^3}. \tag{7.4.10}$$

用类似方法计算(7.4.8)积分时,因为主要是小角度散射,$\theta/2$ 是小量,在计算中可以忽略 $\sin(\theta/2)$ 三次方以上的项,所以取 $\sin^2\theta = 4[\sin^2(\theta/2) - \sin^4(\theta/2)] \approx 4\sin^2(\theta/2)$,而且 $\int_0^{2\pi}\cos^2\varphi\mathrm{d}\varphi = \int_0^{2\pi}\sin^2\varphi\mathrm{d}\varphi = \pi$,于是(7.4.8)积分得

$$\langle \Delta \boldsymbol{u}\Delta \boldsymbol{u} \rangle_{\Omega} = \left(\frac{q_\alpha q_\beta}{4\pi\varepsilon_0 \mu u^2}\right)^2 \pi u^3 \int \frac{1}{4\sin^4(\theta/2)}\sin^3\theta\mathrm{d}\theta[(\boldsymbol{e}_1\boldsymbol{e}_1 + \boldsymbol{e}_2\boldsymbol{e}_2)]$$
$$= \frac{q_\alpha^2 q_\beta^2}{4\pi\varepsilon_0^2\mu^2 u}\int_{\theta_{\min}}^{\pi}\frac{\mathrm{d}\sin(\theta/2)}{\sin(\theta/2)}\left(\mathbf{I} - \frac{\boldsymbol{uu}}{u^2}\right) = \frac{q_\alpha^2 q_\beta^2 \ln\Lambda}{4\pi\varepsilon_0^2\mu^2 u}\left(\mathbf{I} - \frac{\boldsymbol{uu}}{u^2}\right).$$

上式可改写为

$$\langle \Delta \boldsymbol{u} \Delta \boldsymbol{u} \rangle_{\Omega} = \frac{q_\alpha^2 q_\beta^2 \ln \Lambda}{4\pi\varepsilon_0^2 \mu^2 u} \mathbf{U}, \tag{7.4.11}$$

式中 $\mathbf{U}$ 为二阶对称张量：

$$\mathbf{U} = \frac{u^2 \mathbf{I} - \boldsymbol{uu}}{u^3}, \tag{7.4.12}$$

这里 $\mathbf{I} = \boldsymbol{e}_1 \boldsymbol{e}_1 + \boldsymbol{e}_2 \boldsymbol{e}_2 + \boldsymbol{e}_3 \boldsymbol{e}_3$ 为单位张量.

将(7.4.10)、(7.4.11)式代入(7.4.6)式，得

$$\left(\frac{\partial f_\alpha}{\mathrm{d}t}\right)_{\mathrm{c}} = \sum_\beta \frac{q_\alpha^2 q_\beta^2 \ln \Lambda}{4\pi\varepsilon_0^2 \mu^2} \int \left[-\frac{\boldsymbol{u}}{u^3} \cdot \boldsymbol{\Phi} + \frac{1}{2} \mathbf{U} : \left(\frac{\mu}{m_\alpha} \frac{\partial}{\partial \boldsymbol{v}_\alpha} - \frac{\mu}{m_\beta} \frac{\partial}{\partial \boldsymbol{v}_\beta} \right) \boldsymbol{\Phi} \right] \mathrm{d}\boldsymbol{v}_\beta, \tag{7.4.13}$$

因为 $\boldsymbol{u} = \boldsymbol{v}_\alpha - \boldsymbol{v}_\beta$，$\frac{\partial}{\partial \boldsymbol{u}} = \frac{\partial}{\partial \boldsymbol{v}_\alpha} = -\frac{\partial}{\partial \boldsymbol{v}_\beta}$，则

$$\frac{\partial^2 u}{\partial \boldsymbol{v}_\alpha \partial \boldsymbol{v}_\alpha} = \frac{\partial^2}{\partial \boldsymbol{v}_\alpha \partial \boldsymbol{v}_\alpha} \mid \boldsymbol{v}_\alpha - \boldsymbol{v}_\beta \mid = \frac{u^2 \mathbf{I} - \boldsymbol{uu}}{u^3} = \mathbf{U}, \tag{7.4.14}$$

$$\frac{\partial}{\partial \boldsymbol{u}} \cdot \mathbf{U} = \frac{\partial}{\partial \boldsymbol{v}_\alpha} \cdot \mathbf{U} = -\frac{\partial}{\partial \boldsymbol{v}_\beta} \cdot \mathbf{U} = -\frac{2\boldsymbol{u}}{u^3}, \tag{7.4.15}$$

利用(7.4.14)和(7.4.15)式，(7.4.13)式可改写为

$$\left(\frac{\partial f_\alpha}{\mathrm{d}t}\right)_{\mathrm{c}} = \sum_\beta \frac{q_\alpha^2 q_\beta^2 \ln \Lambda}{8\pi\varepsilon_0^2 \mu^2} \int \left[\left(\frac{\partial}{\partial \boldsymbol{v}_\alpha} \cdot \mathbf{U} \right) \cdot \boldsymbol{\Phi} + \mathbf{U} : \left(\frac{\mu}{m_\alpha} \frac{\partial}{\partial \boldsymbol{v}_\alpha} - \frac{\mu}{m_\beta} \frac{\partial}{\partial \boldsymbol{v}_\beta} \right) \boldsymbol{\Phi} \right] \mathrm{d}\boldsymbol{v}_\beta. \tag{7.4.16}$$

(7.4.16)式方括弧中第 2 项含有两个积分：$\int \mathbf{U} : \frac{\partial \boldsymbol{\Phi}}{\partial \boldsymbol{v}_\alpha} \mathrm{d}\boldsymbol{v}_\beta$ 和 $\int \mathbf{U} : \frac{\partial \boldsymbol{\Phi}}{\partial \boldsymbol{v}_\beta} \mathrm{d}\boldsymbol{v}_\beta$，计算如下：

利用关系式

$$\frac{\partial}{\partial \boldsymbol{v}_\beta} \cdot (\mathbf{U} \cdot \boldsymbol{\Phi}) = \left(\frac{\partial}{\partial \boldsymbol{v}_\beta} \cdot \mathbf{U} \right) \cdot \boldsymbol{\Phi} + \mathbf{U} : \frac{\partial \boldsymbol{\Phi}}{\partial \boldsymbol{v}_\beta}, \tag{7.4.17}$$

(7.4.17)式对 $\mathrm{d}\boldsymbol{v}_\beta$ 积分、区域为整个 $\boldsymbol{v}_\beta$ 空间时，利用散度积分定理，左方速度空间的体积分可转换为速度空间无限大封闭曲面的面积分，因为在无限大封闭面上($\boldsymbol{v}_\beta \to \infty$)，$\mathbf{U} \cdot \boldsymbol{\Phi}$ 的值为 0，所以(7.4.17)式左方项积分为 0，于是由(7.4.17)式得

$$\int \mathbf{U} : \frac{\partial \boldsymbol{\Phi}}{\partial \boldsymbol{v}_\beta} \mathrm{d}\boldsymbol{v}_\beta = -\int \left(\frac{\partial}{\partial \boldsymbol{v}_\beta} \cdot \mathbf{U} \right) \cdot \boldsymbol{\Phi} \mathrm{d}\boldsymbol{v}_\beta = \int \left(\frac{\partial}{\partial \boldsymbol{v}_\alpha} \cdot \mathbf{U} \right) \cdot \boldsymbol{\Phi} \mathrm{d}\boldsymbol{v}_\beta. \tag{7.4.18}$$

类似地

$$\frac{\partial}{\partial \boldsymbol{v}_\alpha} \cdot (\mathbf{U} \cdot \boldsymbol{\Phi}) = \left(\frac{\partial}{\partial \boldsymbol{v}_\alpha} \cdot \mathbf{U} \right) \cdot \boldsymbol{\Phi} + \mathbf{U} : \frac{\partial \boldsymbol{\Phi}}{\partial \boldsymbol{v}_\alpha}, \tag{7.4.19}$$

(7.4.19)式对 $\mathrm{d}\boldsymbol{v}_\beta$ 积分，得

$$\int \mathbf{U} : \frac{\partial \boldsymbol{\Phi}}{\partial \boldsymbol{v}_\alpha} \mathrm{d}\boldsymbol{v}_\beta = \int \frac{\partial}{\partial \boldsymbol{v}_\alpha} \cdot (\mathbf{U} \cdot \boldsymbol{\Phi}) \mathrm{d}\boldsymbol{v}_\beta - \int \left(\frac{\partial}{\partial \boldsymbol{v}_\alpha} \cdot \mathbf{U} \right) \cdot \boldsymbol{\Phi} \mathrm{d}\boldsymbol{v}_\beta. \tag{7.4.20}$$

将(7.4.18)、(7.4.20)结果代入(7.4.16)式，化简后得

$$\left(\frac{\partial f_\alpha}{\mathrm{d}t}\right)_\mathrm{c} = \sum_\beta \frac{q_\alpha^2 q_\beta^2 \ln\Lambda}{8\pi\varepsilon_0^2 m_\alpha} \frac{\partial}{\partial \boldsymbol{v}_\alpha} \cdot \int (\mathbf{U} \cdot \boldsymbol{\Phi}) \mathrm{d}\boldsymbol{v}_\beta, \tag{7.4.21}$$

再利用(7.4.5)式，最后得

$$\left(\frac{\partial f_\alpha}{\mathrm{d}t}\right)_\mathrm{c} = \sum_\beta \frac{q_\alpha^2 q_\beta^2 \ln\Lambda}{8\pi\varepsilon_0^2 m_\alpha} \frac{\partial}{\partial \boldsymbol{v}_\alpha} \cdot \int \mathbf{U} \cdot \left[\frac{f_\beta(\boldsymbol{v}_\beta)}{m_\alpha}\frac{\partial f_\alpha(\boldsymbol{v}_\alpha)}{\partial \boldsymbol{v}_\alpha} - \frac{f_\alpha(\boldsymbol{v}_\alpha)}{m_\beta}\frac{\partial f_\beta(\boldsymbol{v}_\beta)}{\partial \boldsymbol{v}_\beta}\right]\mathrm{d}\boldsymbol{v}_\beta. \tag{7.4.22}$$

(7.4.22)就是朗道碰撞项表示式，显然，朗道碰撞项具有微分算子形式.(7.4.22)式也可以写为

$$\left(\frac{\partial f_\alpha}{\mathrm{d}t}\right)_\mathrm{c} = \frac{\Gamma_\alpha}{2}\sum_\beta \left(\frac{q_\beta}{q_\alpha}\right)^2 m_\alpha \frac{\partial}{\partial \boldsymbol{v}_\alpha} \cdot \int \frac{\partial^2 |\boldsymbol{v}_\alpha - \boldsymbol{v}_\beta|}{\partial \boldsymbol{v}_\alpha \partial \boldsymbol{v}_\alpha} \cdot \left[\frac{f_\beta(\boldsymbol{v}_\beta)}{m_\alpha}\frac{\partial f_\alpha(\boldsymbol{v}_\alpha)}{\partial \boldsymbol{v}_\alpha} - \frac{f_\alpha(\boldsymbol{v}_\alpha)}{m_\beta}\frac{\partial f_\beta(\boldsymbol{v}_\beta)}{\partial \boldsymbol{v}_\beta}\right]\mathrm{d}\boldsymbol{v}_\beta, \tag{7.4.23}$$

式中 $\Gamma_\alpha = \dfrac{q_\alpha^4}{4\pi\varepsilon_0^2 m_\alpha^2}\ln\Lambda$.

朗道碰撞项还可以写成连续性方程形式：

$$\left(\frac{\partial f_\alpha}{\partial t}\right)_\mathrm{c} = -\frac{\partial}{\partial \boldsymbol{v}_\alpha} \cdot \boldsymbol{J}(\boldsymbol{v}_\alpha), \tag{7.4.24}$$

式中矢量流

$$\boldsymbol{J}(\boldsymbol{v}_\alpha) = \sum_\beta \frac{(q_\alpha q_\beta)^2 \ln\Lambda}{8\pi\varepsilon_0^2 m_\alpha}\int\left[\frac{f_\alpha(\boldsymbol{v}_\alpha)}{m_\beta}\frac{\partial f_\beta(\boldsymbol{v}_\beta)}{\partial \boldsymbol{v}_\beta} - \frac{f_\beta(\boldsymbol{v}_\beta)}{m_\alpha}\frac{\partial f_\alpha(\boldsymbol{v}_\alpha)}{\partial \boldsymbol{v}_\alpha}\right] \cdot \mathbf{U}\mathrm{d}\boldsymbol{v}_\beta, \tag{7.4.25}$$

将(7.4.22)、(7.4.23)或(7.4.24)朗道碰撞项代入(7.1.4)动理学方程，就得朗道方程.朗道碰撞项是最早导出的适合库仑长程作用条件的二体碰撞项.朗道方程与下面两节讨论的具有罗生布鲁斯(Rosenbluth)势的福克-普朗克方程完全等价的，只是形式上更对称.

7.5 福克-普朗克方程

玻尔兹曼碰撞积分应用于等离子体时的主要缺点是，它一开始就假定碰撞是短程的二体碰撞.等离子体中的带电粒子是库仑长程相互作用，粒子间的碰撞大部分是小角度散射，而且每个粒子同时与周围许多粒子相互作用，它的大角度偏转大部分是由小角度偏转积累的效应.上一节的朗道方程就是为此做了改进而导出的.另外把 20 世纪初在处理布朗粒子运动时导出的碰撞积分，应用于等离子体也是一种比较合适的做法.布朗粒子质量大，受到周围流体分子碰撞时，每个时刻速度改变量 $\Delta\boldsymbol{v}$ 都很小，$|\Delta\boldsymbol{v}| \ll |\boldsymbol{v}|$，因此可以把 $\Delta\boldsymbol{v}$ 作为小量，对布朗粒子分布函数做泰

勒展开，这样得到碰撞项为微分形式.这种方法得到的动理学方程称福克-普朗克(Fokker-Planck)方程.

设速度为 $\boldsymbol{v}$ 的粒子由于碰撞，在 Δt 时间内速度获得增量为 $\Delta\boldsymbol{v}$ 的几率为 $w(\boldsymbol{v},\Delta\boldsymbol{v})$，$w(\boldsymbol{v},\Delta\boldsymbol{v})$称转移几率，其中 $\boldsymbol{v}$，$\Delta\boldsymbol{v}$ 都是独立变量.这里假定 w 不显含时间，表示过程与粒子过去的历史无关，这种过程称马尔科夫过程.由 $w(\boldsymbol{v},\Delta\boldsymbol{v})$的定义，可得粒子的分布函数

$$f(\boldsymbol{r},\boldsymbol{v},t)=\int f(\boldsymbol{r},\boldsymbol{v}-\Delta\boldsymbol{v},t-\Delta t)w(\boldsymbol{v}-\Delta\boldsymbol{v},\Delta\boldsymbol{v})\mathrm{d}(\Delta\boldsymbol{v}).\tag{7.5.1}$$

将上式对 $\Delta\boldsymbol{v}$ 小量做展开，

$$\begin{aligned}f(\boldsymbol{r},\boldsymbol{v},t)=&\int\mathrm{d}(\Delta\boldsymbol{v})\Big\{f(\boldsymbol{r},\boldsymbol{v},t-\Delta t)w(\boldsymbol{v},\Delta\boldsymbol{v})-\Delta\boldsymbol{v}\cdot\left[\frac{\partial f}{\partial\boldsymbol{v}}w+\frac{\partial w}{\partial\boldsymbol{v}}f\right]\\&+\frac{1}{2}\Delta\boldsymbol{v}\Delta\boldsymbol{v}:\left[\frac{\partial^2 f}{\partial\boldsymbol{v}\partial\boldsymbol{v}}w+2\frac{\partial f}{\partial\boldsymbol{v}}\frac{\partial w}{\partial\boldsymbol{v}}+\frac{\partial^2 w}{\partial\boldsymbol{v}\partial\boldsymbol{v}}f\right]+\cdots\Big\},\end{aligned}\tag{7.5.2}$$

因为所有可能增量 $\Delta\boldsymbol{v}$ 的总几率为1，即

$$\int w(\boldsymbol{v},\Delta\boldsymbol{v})\mathrm{d}(\Delta\boldsymbol{v})=1,\tag{7.5.3}$$

(7.5.2)式右方第1项

$$\int f(\boldsymbol{r},\boldsymbol{v},t-\Delta t)w(\boldsymbol{v},\Delta\boldsymbol{v})\mathrm{d}(\Delta\boldsymbol{v})=f(\boldsymbol{r},\boldsymbol{v},t-\Delta t),$$

则(7.5.2)式化为

$$\begin{aligned}f(\boldsymbol{r},\boldsymbol{v},t)-f(\boldsymbol{r},\boldsymbol{v},t-\Delta t)=&\int\mathrm{d}(\Delta\boldsymbol{v})\Big\{-\Delta\boldsymbol{v}\cdot\left[\frac{\partial f}{\partial\boldsymbol{v}}w+\frac{\partial w}{\partial\boldsymbol{v}}f\right]\\&+\frac{1}{2}\Delta\boldsymbol{v}\Delta\boldsymbol{v}:\left[\frac{\partial^2 f}{\partial\boldsymbol{v}\partial\boldsymbol{v}}w+2\frac{\partial f}{\partial\boldsymbol{v}}\frac{\partial w}{\partial\boldsymbol{v}}+\frac{\partial^2 w}{\partial\boldsymbol{v}\partial\boldsymbol{v}}f\right]+\cdots\Big\}.\end{aligned}\tag{7.5.4}$$

碰撞产生的分布函数 f 的变化率为

$$\left(\frac{\partial f}{\partial t}\right)_{\mathrm{c}}=[f(\boldsymbol{r},\boldsymbol{v},t)-f(\boldsymbol{r},\boldsymbol{v},t-\Delta t)]/\Delta t,\tag{7.5.5}$$

将(7.5.4)式代入(7.5.5)式，保留到二阶小量项，则得

$$\left(\frac{\partial f}{\partial t}\right)_{\mathrm{c}}=-\frac{\partial}{\partial\boldsymbol{v}}\cdot(f\langle\Delta\boldsymbol{v}\rangle)+\frac{1}{2}\frac{\partial^2}{\partial\boldsymbol{v}\partial\boldsymbol{v}}:(f\langle\Delta\boldsymbol{v}\Delta\boldsymbol{v}\rangle),\tag{7.5.6}$$

式中

$$\langle\Delta\boldsymbol{v}\rangle=\frac{1}{\Delta t}\int w(\boldsymbol{v},\Delta\boldsymbol{v})\Delta\boldsymbol{v}\mathrm{d}(\Delta\boldsymbol{v}),\tag{7.5.7}$$

$$\langle\Delta\boldsymbol{v}\Delta\boldsymbol{v}\rangle=\frac{1}{\Delta t}\int w(\boldsymbol{v},\Delta\boldsymbol{v})\Delta\boldsymbol{v}\Delta\boldsymbol{v}\mathrm{d}(\Delta\boldsymbol{v}).\tag{7.5.8}$$

(7.5.6)式就是福克-普朗克碰撞项，代入(7.1.4)式后就是福克-普朗克方程.在福克-普朗克碰撞项中包含了动摩擦项(第1项)和扩散项(第2项)，其中$\langle\Delta\boldsymbol{v}\rangle$为动

摩擦系数，它表示碰撞引起的速度慢化；$\langle\Delta\boldsymbol{v}\Delta\boldsymbol{v}\rangle$为扩散系数，其意义是碰撞把初始单一方向速度的粒子在速度空间扩展开来.

福克-普朗克碰撞项是微分算子，因此它相应的动理学方程是微分方程，所以比玻尔兹曼微分积分方程更容易求解. 求解福克-普朗克方程，首先要计算动摩擦系数$\langle\Delta\boldsymbol{v}\rangle$和扩散系数$\langle\Delta\boldsymbol{v}\Delta\boldsymbol{v}\rangle$，这就需要知道适合等离子体的转移几率$w(\boldsymbol{v},\Delta\boldsymbol{v})$的表示式. 到目前为止，已有多种表达式，但也都是在假定多体相互作用等价于一系列二体碰撞后，才能写出明显表达式. 如果假定这种二体碰撞的模式，则和前面推导玻尔兹曼碰撞积分的方法一样，可以导得转移几率函数$w(\boldsymbol{v},\Delta\boldsymbol{v})$，并求出相应的系数$\langle\Delta\boldsymbol{v}\rangle$和$\langle\Delta\boldsymbol{v}\Delta\boldsymbol{v}\rangle$.

7.6　罗生布鲁斯势碰撞项

福克-普朗克碰撞项中的动摩擦系数和扩散系数，可以用罗生布鲁斯(Rosenbluth)势表达. 设速度为$\boldsymbol{v}_\alpha$、分布函数为$f_\alpha(\boldsymbol{v}_\alpha)$的$\alpha$粒子与速度为$\boldsymbol{v}_\beta$、分布函数为$f_\beta(\boldsymbol{v}_\beta)$的$\beta$粒子相碰撞，第一个粒子被散射到立体角元$\mathrm{d}\Omega$内的几率为

$$\sigma(u,\theta)\mathrm{d}\Omega=\sigma(u,\theta)\sin\theta\mathrm{d}\theta\mathrm{d}\varphi,$$

式中$\sigma(u,\theta)$为散射微分截面，$u=|\boldsymbol{v}_\alpha-\boldsymbol{v}_\beta|$. 现在一个分布为$f_\alpha(\boldsymbol{v}_\alpha)$的粒子在单位时间内和一群速度在$\boldsymbol{v}_\beta\sim\boldsymbol{v}_\beta+\mathrm{d}\boldsymbol{v}_\beta$的$f_\beta(\boldsymbol{v}_\beta)$粒子相碰，被散射到立体角$\mathrm{d}\Omega$内的转移几率为

$$\frac{1}{\Delta t}w(\boldsymbol{v}_\alpha,\Delta\boldsymbol{v}_\alpha)\mathrm{d}(\Delta\boldsymbol{v}_\alpha)=u\sigma(u,\theta)\mathrm{d}\Omega f_\beta(\boldsymbol{v}_\beta)\mathrm{d}\boldsymbol{v}_\beta,$$

式中$\Delta\boldsymbol{v}_\alpha$是与散射角$\Omega\sim\Omega+\mathrm{d}\Omega$相对应的速度改变量. 根据(7.5.7)、(7.5.8)定义，福克-普朗克碰撞项的两个系数可以表示为

$$\begin{cases}\langle\Delta\boldsymbol{v}_\alpha\rangle=\int\mathrm{d}\boldsymbol{v}_\beta f(\boldsymbol{v}_\beta)\int u\sigma(u,\theta)\Delta\boldsymbol{v}_\alpha\mathrm{d}\Omega,\\ \langle\Delta\boldsymbol{v}_\alpha\Delta\boldsymbol{v}_\alpha\rangle=\int\mathrm{d}\boldsymbol{v}_\beta f(\boldsymbol{v}_\beta)\int u\sigma(u,\theta)\Delta\boldsymbol{v}_\alpha\Delta\boldsymbol{v}_\alpha\mathrm{d}\Omega,\end{cases}\tag{7.6.1}$$

式中$\Delta\boldsymbol{v}_\alpha$由二体碰撞运动学给出. 由(6.3.9)式

$$\Delta\boldsymbol{v}_\alpha=\mu\Delta\boldsymbol{u}/m_\alpha=\frac{m_\beta}{m_\alpha+m_\beta}\Delta\boldsymbol{u},\tag{7.6.2}$$

将(7.6.2)式代入(7.6.1)式，然后对$\mathrm{d}\Omega=\sin\theta\mathrm{d}\theta\mathrm{d}\varphi$积分，利用(7.4.7)、(7.4.8)、(7.4.10)和(7.4.11)式，得

$$\begin{cases}\langle\Delta\boldsymbol{v}_\alpha\rangle=-\Gamma_\alpha\left(\dfrac{q_\beta}{q_\alpha}\right)^2\dfrac{m_\alpha+m_\beta}{m_\beta}\displaystyle\int\frac{\boldsymbol{u}}{u^3}f_\beta(\boldsymbol{v}_\beta)\mathrm{d}\boldsymbol{v}_\beta,\\ \langle\Delta\boldsymbol{v}_\alpha\Delta\boldsymbol{v}_\alpha\rangle=\Gamma_\alpha\left(\dfrac{q_\beta}{q_\alpha}\right)^2\displaystyle\int\left(\frac{u^2\mathbf{I}-\boldsymbol{uu}}{u^3}\right)f_\beta(\boldsymbol{v}_\beta)\mathrm{d}\boldsymbol{v}_\beta,\end{cases}\tag{7.6.3}$$

式中
$$\Gamma_\alpha = \frac{q_\alpha^4}{4\pi\varepsilon_0^2 m_\alpha^2}\ln\Lambda.$$

如果场粒子β有多种粒子，则(7.6.3)式的动摩擦系数和扩散系数还应对所有β粒子求和. 现在引入两个速度函数

$$\begin{cases} H(\boldsymbol{v}_\alpha) = \sum_\beta \left(\frac{q_\beta}{q_\alpha}\right)^2 \frac{m_\alpha + m_\beta}{m_\beta}\int \frac{1}{u} f_\beta(\boldsymbol{v}_\beta)\mathrm{d}\,\boldsymbol{v}_\beta, \\ G(\boldsymbol{v}_\alpha) = \sum_\beta \left(\frac{q_\beta}{q_\alpha}\right)^2 \int u f_\beta(\boldsymbol{v}_\beta)\mathrm{d}\,\boldsymbol{v}_\beta, \end{cases} \tag{7.6.4}$$

因为$\boldsymbol{u}=\boldsymbol{v}_\alpha-\boldsymbol{v}_\beta, u=|\boldsymbol{v}_\alpha-\boldsymbol{v}_\beta|$，有如下关系式：

$$\frac{\partial}{\partial\,\boldsymbol{v}_\alpha}\left(\frac{1}{u}\right) = -\frac{\boldsymbol{u}}{u^3}, \quad \frac{\partial^2 u}{\partial\,\boldsymbol{v}_\alpha\,\partial\,\boldsymbol{v}_\alpha} = \frac{u^2\mathbf{I}-\boldsymbol{uu}}{u^3} = \mathbf{U}.$$

再考虑β有多种粒子的情况，利用(7.6.4)和上面关系式，(7.6.3)式可简化为

$$\begin{cases} \langle\Delta\,\boldsymbol{v}_\alpha\rangle = \Gamma_\alpha \dfrac{\partial H(\boldsymbol{v}_\alpha)}{\partial\,\boldsymbol{v}_\alpha}, \\ \langle\Delta\,\boldsymbol{v}_\alpha, \Delta\,\boldsymbol{v}_\alpha\rangle = \Gamma_\alpha \dfrac{\partial^2 G(\boldsymbol{v}_\alpha)}{\partial\,\boldsymbol{v}_\alpha\,\partial\,\boldsymbol{v}_\alpha}. \end{cases} \tag{7.6.5}$$

(7.6.4)式定义的函数$H(\boldsymbol{v}_\alpha)$，$G(\boldsymbol{v}_\alpha)$称为罗生布鲁斯势. 和在(6.4.4)式的定义相类似，$H(\boldsymbol{v}_\alpha)$，$G(\boldsymbol{v}_\alpha)$也可化为满足速度空间的泊松方程，其求解方法与坐标空间的静电势相类似，故称为“势”. 将(7.6.5)式代入(7.5.6)式，则得用罗生布鲁斯势表达的福克-普朗克碰撞项：

$$\left(\frac{\partial f_\alpha}{\partial t}\right)_{\mathrm{c}} = \Gamma_\alpha\left\{-\frac{\partial}{\partial\,\boldsymbol{v}_\alpha}\cdot\left[f_\alpha(\boldsymbol{v}_\alpha)\frac{\partial H(\boldsymbol{v}_\alpha)}{\partial\,\boldsymbol{v}_\alpha}\right] + \frac{1}{2}\frac{\partial^2}{\partial\,\boldsymbol{v}_\alpha\partial\,\boldsymbol{v}_\alpha} : \left[f_\alpha(\boldsymbol{v}_\alpha)\frac{\partial^2 G(\boldsymbol{v}_\alpha)}{\partial\,\boldsymbol{v}_\alpha\,\partial\,\boldsymbol{v}_\alpha}\right]\right\}. \tag{7.6.6}$$

(7.6.6)式为罗生布鲁斯势表达的碰撞项，将它代入(7.1.4)式后就是罗生布鲁斯势表达的福克-普朗克方程. 这是一组非线性的 4 阶偏微分方程，一般情况下求解这组方程几乎是不可能的，但是如果分布函数具有某种对称性时，问题可以简化，则可以求解.

可以证明，朗道碰撞项和罗生布鲁斯势表达的福克-普朗克碰撞项是完全等价的，只是朗道碰撞项在形式上更对称.

以上介绍了几种碰撞项，实际上用动理学方程求解输运问题时，无论用哪个碰撞项都可以，只不过对不同问题选择不同的碰撞项形式，可能会更方便些.

7.7　弗拉索夫方程

如果在动理学方程(7.1.4)中，忽略碰撞项，即

$$\frac{\partial f_\alpha}{\partial t}+\boldsymbol{v}\cdot\frac{\partial f_\alpha}{\partial \boldsymbol{r}}+\frac{\boldsymbol{F}_\alpha}{m_\alpha}\cdot\frac{\partial f_\alpha}{\partial \boldsymbol{v}}=0, \tag{7.7.1}$$

(7.7.1)称弗拉索夫方程或无碰撞玻尔兹曼方程.这个方程适合于讨论特征时间远小于平均碰撞时间或特征长度远小于平均自由程情况.但需指出,这里说的"无碰撞"是指略去二体库仑近碰撞,并不是略去所有带电粒子产生的平均场.因此,(7.7.1)方程中

$$\boldsymbol{F}_\alpha = q_\alpha(\boldsymbol{E}+\boldsymbol{v}_\alpha\times\boldsymbol{B}), \tag{7.7.2}$$

其中电磁场 $\boldsymbol{E}$,$\boldsymbol{B}$ 应包含外场和等离子体内部的平均场(自洽场),即

$$\boldsymbol{E}=\boldsymbol{E}_{外}+\boldsymbol{E}_{粒子},\quad \boldsymbol{B}=\boldsymbol{B}_{外}+\boldsymbol{B}_{粒子}.$$

等离子体内部粒子产生的电磁场 $\boldsymbol{E}_{粒子}$,$\boldsymbol{B}_{粒子}$ 是由内部粒子电荷密度和电流密度即

$$\rho_{粒子}=\sum_\alpha q_\alpha\int f_\alpha \mathrm{d}\boldsymbol{v}_\alpha,\quad \boldsymbol{j}_{粒子}=\sum_\alpha q_\alpha\int \boldsymbol{v}_\alpha f_\alpha \mathrm{d}\boldsymbol{v}_\alpha \tag{7.7.3}$$

决定的.因此,(7.7.2)中电磁场 $\boldsymbol{E}$,$\boldsymbol{B}$ 应满足麦克斯韦方程组:

$$\begin{cases}\nabla\cdot\boldsymbol{E}=\dfrac{1}{\varepsilon_0}\left(\rho_{外}+\displaystyle\sum_\alpha q_\alpha\int f_\alpha \mathrm{d}\,\boldsymbol{v}_\alpha\right),\\ \nabla\cdot\boldsymbol{B}=0,\\ \nabla\times\boldsymbol{E}=-\dfrac{\partial\boldsymbol{B}}{\partial t},\\ \nabla\times\boldsymbol{B}=\mu_0\varepsilon_0\dfrac{\partial\boldsymbol{E}}{\partial t}+\mu_0\left(\boldsymbol{j}_{外}+\displaystyle\sum_\alpha q_\alpha\int \boldsymbol{v}_\alpha f_\alpha \mathrm{d}\,\boldsymbol{v}_\alpha\right).\end{cases} \tag{7.7.4}$$

式中 $\rho_{外}$ 和 $\boldsymbol{j}_{外}$ 为等离子体外部的电荷密度和电流密度,它们是激发外场的源.由(7.7.4)式可以看出,平均场依赖于粒子分布函数,同时由动理学方程(7.7.1),粒子分布函数又由平均场确定,最后它们之间达到自洽,因此平均场又称自洽场.

由于弗拉索夫方程(7.7.1)和电磁场的麦克斯韦方程组(7.7.4)是耦合的,因此弗拉索夫方程必须和麦克斯韦方程组联立求解.弗拉索夫方程仍然是关于粒子分布函数的非线性方程,它的求解还是十分困难的.但应用于研究等离子体小振幅扰动的线性波理论和微观不稳定性的线性理论时可以把方程线性化,这样线性化方程的求解问题就比较容易解决.

可以证明,弗拉索夫方程和粒子轨道理论是等价的.

附　　录

附录 1　矢量和张量运算公式

1. 设 $\boldsymbol{A},\boldsymbol{B},\boldsymbol{C}$ 为矢量，ϕ,ψ 为标量，$\mathbf{T}$ 为二阶张量，∇ 为微分算符，在直角坐标系中定义

$$\nabla \equiv \boldsymbol{i}\frac{\partial}{\partial x}+\boldsymbol{j}\frac{\partial}{\partial y}+\boldsymbol{k}\frac{\partial}{\partial z}.$$

有如下公式：

$$\boldsymbol{A}\cdot(\boldsymbol{B}\times\boldsymbol{C})=\boldsymbol{B}\cdot(\boldsymbol{C}\times\boldsymbol{A})=\boldsymbol{C}\cdot(\boldsymbol{A}\times\boldsymbol{B}),$$
$$\boldsymbol{A}\times(\boldsymbol{B}\times\boldsymbol{C})=\boldsymbol{B}(\boldsymbol{A}\cdot\boldsymbol{C})-\boldsymbol{C}(\boldsymbol{A}\cdot\boldsymbol{B}),$$
$$\nabla(\phi\psi)=\psi\nabla\phi+\phi\nabla\psi,$$
$$\nabla\cdot(\phi\boldsymbol{A})=\boldsymbol{A}\cdot\nabla\phi+\phi\nabla\cdot\boldsymbol{A},$$
$$\nabla\times(\phi\boldsymbol{A})=\nabla\phi\times A+\phi\nabla\times\boldsymbol{A},$$
$$\nabla(\boldsymbol{A}\cdot\boldsymbol{B})=(\boldsymbol{A}\cdot\nabla)\boldsymbol{B}+(\boldsymbol{B}\cdot\nabla)\boldsymbol{A}+\boldsymbol{A}\times(\nabla\times\boldsymbol{B})+\boldsymbol{B}\times(\nabla\times\boldsymbol{A}),$$
$$\nabla\cdot(\boldsymbol{A}\times\boldsymbol{B})=\boldsymbol{B}\cdot\nabla\times\boldsymbol{A}-\boldsymbol{A}\cdot\nabla\times\boldsymbol{B},$$
$$\nabla\times(\boldsymbol{A}\times\boldsymbol{B})=\boldsymbol{A}\nabla\cdot\boldsymbol{B}-\boldsymbol{B}\nabla\cdot\boldsymbol{A}+(\boldsymbol{B}\cdot\nabla)\boldsymbol{A}-(\boldsymbol{A}\cdot\nabla)\boldsymbol{B},$$
$$\nabla\times(\nabla\times\boldsymbol{A})=\nabla(\nabla\cdot\boldsymbol{A})-\nabla^2\boldsymbol{A},$$
$$\nabla\times\nabla\phi=0,$$
$$\nabla\cdot(\nabla\times\boldsymbol{A})=0,$$
$$\nabla^2\phi=\nabla\cdot\nabla\phi,$$
$$\nabla^2\boldsymbol{A}=\nabla(\nabla\cdot\boldsymbol{A})-\nabla\times(\nabla\times\boldsymbol{A}).$$

2. 定义二阶张量（并矢）$\mathbf{T}=\boldsymbol{AB}$，单位张量 $\mathbf{I}=\boldsymbol{e}_1\boldsymbol{e}_1+\boldsymbol{e}_2\boldsymbol{e}_2+\boldsymbol{e}_3\boldsymbol{e}_3$，即有

$$\mathbf{T}=\sum_{i,j}A_iB_j\boldsymbol{e}_i\boldsymbol{e}_j=\sum_{i,j}T_{ij}\boldsymbol{e}_i\boldsymbol{e}_j,$$

$\boldsymbol{e}_1,\boldsymbol{e}_2,\boldsymbol{e}_3$ 为正交单位矢量. 在直角坐标系中，有

$$(\nabla\cdot\mathbf{T})_i=\sum_j\frac{\partial T_{ij}}{\partial x_i},$$
$$(\boldsymbol{AB})\cdot\boldsymbol{C}=\boldsymbol{A}(\boldsymbol{B}\cdot\boldsymbol{C}),\quad \boldsymbol{C}\cdot(\boldsymbol{AB})=(\boldsymbol{C}\cdot\boldsymbol{A})\boldsymbol{B},$$
$$\boldsymbol{AB}:\boldsymbol{CD}=(\boldsymbol{B}:\boldsymbol{C})(\boldsymbol{A}:\boldsymbol{D}),$$
$$\boldsymbol{A}\cdot\mathbf{I}=\mathbf{I}\cdot\boldsymbol{A}=\boldsymbol{A},$$
$$\nabla\cdot\mathbf{I}=\mathbf{I}\cdot\nabla=\nabla,$$

$$\nabla \cdot (\boldsymbol{AB}) = (\nabla \cdot \boldsymbol{A})\boldsymbol{B} + (\boldsymbol{A} \cdot \nabla)\boldsymbol{B},$$

$$\nabla \times (\boldsymbol{AB}) = (\nabla \times \boldsymbol{A})\boldsymbol{B} - (\boldsymbol{A} \times \nabla)\boldsymbol{B},$$

$$\nabla \cdot (\phi \mathbf{T}) = (\nabla \phi) \cdot \mathbf{T} + \phi(\nabla \cdot \mathbf{T}),$$

$$\nabla \times (\phi \mathbf{T}) = (\nabla \phi) \times \mathbf{T} - \phi \nabla \times \mathbf{T},$$

$$\nabla(\phi \boldsymbol{A}) = (\nabla \phi)\boldsymbol{A} - \phi \nabla \boldsymbol{A}.$$

3. 设 $\boldsymbol{r} = x\boldsymbol{i} + y\boldsymbol{j} + z\boldsymbol{k}$，$r = (x^2 + y^2 + z^2)^{1/2}$，有：

$$\nabla r = \frac{\boldsymbol{r}}{r} = \boldsymbol{e}_r, \quad \nabla \frac{1}{r} = -\frac{\boldsymbol{r}}{r^3}, \quad \nabla^2 \frac{1}{r} = -\nabla \cdot \frac{\boldsymbol{r}}{r^3} = -4\pi\delta(\boldsymbol{r}),$$

$$\nabla f(r) = \frac{\mathrm{d}f}{\mathrm{d}r}\frac{\boldsymbol{r}}{r},$$

$$\nabla \cdot \boldsymbol{r} = 3, \quad \nabla \times \boldsymbol{r} = 0,$$

$$\nabla(\boldsymbol{a} \cdot \boldsymbol{r}) = \boldsymbol{a} \quad (\boldsymbol{a}\text{ 为常矢量}).$$

4. 积分变换公式

设 V 为封闭曲面 S 包围的体积，$\mathrm{d}\boldsymbol{S} = \boldsymbol{n}\mathrm{d}S$，$\boldsymbol{n}$ 为面元 $\mathrm{d}S$ 的外法线方向单位矢量，则有

$$\int_V \nabla \phi \mathrm{d}V = \int_S \boldsymbol{n}\phi \mathrm{d}S,$$

$$\int_V \nabla \cdot \boldsymbol{A}\mathrm{d}V = \int_S \boldsymbol{n} \cdot \boldsymbol{A}\mathrm{d}V,$$

$$\int_V \nabla \times \boldsymbol{A}\mathrm{d}V = \int_S \boldsymbol{n} \times \boldsymbol{A}\mathrm{d}V,$$

$$\int_V \nabla \cdot \mathbf{T}\mathrm{d}V = \int_S \boldsymbol{n} \cdot \mathbf{T}\mathrm{d}V,$$

$$\int_V \nabla \times \mathbf{T}\mathrm{d}V = \int_S \boldsymbol{n} \times \mathbf{T}\mathrm{d}V,$$

$$\int_V \nabla \boldsymbol{A}\,\mathrm{d}V = \int_S \boldsymbol{nA}\,\mathrm{d}V.$$

设 S 是以周线 C 为边界的开曲面，$\mathrm{d}\boldsymbol{l}$ 为 C 的线元，$\boldsymbol{n}$ 为面元 $\mathrm{d}S$ 的单位法向矢量，其指向由绕周线 C 的右手定则确定，则有

$$\int_S (\boldsymbol{n} \times \nabla \phi)\mathrm{d}S = \oint_C \phi \mathrm{d}\boldsymbol{l},$$

$$\int_S (\nabla \times \boldsymbol{A}) \cdot \boldsymbol{n}\mathrm{d}S = \oint_C \boldsymbol{A} \cdot \mathrm{d}\boldsymbol{l},$$

$$\int_S (\mathrm{d}S \times \nabla) \times \boldsymbol{A} = \oint_C \mathrm{d}\boldsymbol{l} \times \boldsymbol{A}.$$

5. 矢量微分算符 ∇ 在柱坐标系(r,φ,z)中的表示

梯度
$$\nabla\phi=\frac{\partial\phi}{\partial r}\boldsymbol{e}_r+\frac{1}{r}\frac{\partial\phi}{\partial\varphi}\boldsymbol{e}_\varphi+\frac{\partial\phi}{\partial z}\boldsymbol{e}_z,$$

散度
$$\nabla\cdot\boldsymbol{A}=\frac{1}{r}\frac{\partial}{\partial r}(rA_r)+\frac{1}{r}\frac{\partial A_\varphi}{\partial\varphi}+\frac{\partial A_z}{\partial z},$$

旋度
$$\nabla\times\boldsymbol{A}=\left(\frac{1}{r}\frac{\partial A_z}{\partial\varphi}-\frac{\partial A_\varphi}{\partial z}\right)\boldsymbol{e}_r+\left(\frac{\partial A_r}{\partial z}-\frac{\partial A_z}{\partial r}\right)\boldsymbol{e}_\varphi$$
$$+\left(\frac{1}{r}\frac{\partial}{\partial r}(rA_\varphi)-\frac{1}{r}\frac{\partial A_r}{\partial\varphi}\right)\boldsymbol{e}_z,$$

拉普拉斯算符
$$\nabla^2=\frac{1}{r}\frac{\partial}{\partial r}\left(r\frac{\partial}{\partial r}\right)+\frac{1}{r^2}\frac{\partial^2}{\partial\varphi^2}+\frac{\partial^2}{\partial z^2}.$$

6. 速度空间矢量微分算符

设相对速度 $u=|\boldsymbol{v}_\alpha-\boldsymbol{v}_\beta|$,二阶张量 $\mathbf{U}=\dfrac{u^2\mathbf{I}-\boldsymbol{uu}}{u^3}$,则有

$$\frac{\partial}{\partial\boldsymbol{u}}=\frac{\partial}{\partial\boldsymbol{v}_\alpha}=-\frac{\partial}{\partial\boldsymbol{v}_\beta},$$

$$\frac{\partial}{\partial\boldsymbol{v}_\alpha}\left(\frac{1}{u}\right)=-\frac{\boldsymbol{u}}{u^3},\quad \frac{\partial^2u}{\partial\boldsymbol{v}_\alpha\partial\boldsymbol{v}_\alpha}=\frac{\partial^2}{\partial\boldsymbol{v}_\alpha\partial\boldsymbol{v}_\alpha}|\boldsymbol{v}_\alpha-\boldsymbol{v}_\beta|=\frac{u^2\mathbf{I}-\boldsymbol{uu}}{u^3}=\mathbf{U},$$

$$\frac{\partial}{\partial\boldsymbol{u}}\cdot\mathbf{U}=\frac{\partial}{\partial\boldsymbol{v}_\alpha}\cdot\mathbf{U}=-\frac{\partial}{\partial\boldsymbol{v}_\beta}\cdot\mathbf{U}=-\frac{2\boldsymbol{u}}{u^3},$$

$$\nabla^2_{v_\alpha}\frac{1}{u}=-4\pi\delta(u),\quad \nabla^2_{v_\alpha}\nabla^2_{v_\alpha}u=\nabla^2_{v_\alpha}\frac{2}{u}=-8\pi\delta(u).$$

附录 2 一些积分公式

1. 定义误差函数

$$\Phi(x)=\frac{2}{\sqrt{\pi}}\int_0^x\exp(-\xi^2)\mathrm{d}\xi,$$

$$\Phi(0)=0,\quad \Phi(\infty)=1,\quad \frac{\mathrm{d}\Phi(x)}{\mathrm{d}x}=\frac{x}{\sqrt{\pi}}\exp(-x^2),$$

$$\Phi_1(x)=\frac{4}{\sqrt{\pi}}\int_0^x\xi^2\exp(-\xi^2)\mathrm{d}\xi=\Phi(x)-x\frac{\mathrm{d}\Phi}{\mathrm{d}x}=\Phi(x)-\frac{2x}{\sqrt{\pi}}\exp(-x^2).$$

当 $x\ll1$,$\Phi(x)\approx\dfrac{2}{\sqrt{\pi}}x$,$\Phi_1(x)\approx\dfrac{4}{3\sqrt{\pi}}x^3$;

当 $x>2$,$\Phi(x)\approx\Phi_1(x)\approx1$.

2. 常见的积分

$$I_{2n}=\int_0^\infty\mathrm{e}^{-\lambda x^2}x^{2n}\mathrm{d}x=\frac{1\cdot3\cdot5\cdot\cdots\cdot(2n-1)}{2^{n+1}}\sqrt{\frac{\pi}{\lambda^{2n+1}}},$$

$$I_{2n+1}=\int_0^{\infty}\mathrm{e}^{-\lambda x^2}x^{2n+1}\mathrm{d}x=\frac{1}{2}n!\frac{1}{\lambda^{n+1}},$$

其中
$$I_0=\frac{1}{2}\sqrt{\frac{\pi}{\lambda}},\quad I_1=\frac{1}{2\lambda},\quad I_2=\frac{1}{4}\sqrt{\frac{\pi}{\lambda^3}}.$$

附录 3　量纲和单位

一物理量从国际单位制的米·千克·秒(简写为 MKS)单位换成高斯单位时，其值需乘以转换因子.

物理量	符号	量纲		有理化 MKS 单位	转换因子	高斯单位
		MKS 单位	高斯单位			
电容	C	$\frac{t^2q^2}{ml^2}$	l	法[拉](F)	9×10^{11}	厘米(cm)
电荷	q	q	$\frac{m^{1/2}l^{3/2}}{t}$	库[仑](C)	3×10^{9}	静电库仑(statcoulomb)
电荷密度	ρ	$\frac{q}{l^3}$	$\frac{m^{1/2}}{l^{3/2}t}$	库[仑]/米^3 ($\mathrm{C/m^3}$)	3×10^{3}	静电库仑/厘米^3 ($\mathrm{statcoulomb/cm^3}$)
电导		$\frac{tq^2}{ml^2}$	$\frac{l}{t}$	欧[姆](Ω)	9×10^{11}	厘米/秒(cm/s)
电导率	σ	$\frac{tq^2}{ml^3}$	$\frac{1}{t}$	欧[姆]/米(Ω/m)	9×10^{9}	秒$^{-1}$($\mathrm{s^{-1}}$)
电流	I	$\frac{q}{t}$	$\frac{m^{1/2}l^{3/2}}{t^2}$	安[培](A)	3×10^{9}	静电安培(statampere)
电流密度	$\boldsymbol{J}$	$\frac{q}{l^2t}$	$\frac{m^{1/2}}{l^{1/2}t^2}$	安[培]/米^2 ($\mathrm{A/m^2}$)	3×10^{5}	静电安培/厘米^2 ($\mathrm{statampere/cm^2}$)
密度	ρ	$\frac{m}{l^3}$	$\frac{m}{l^3}$	千克/米^3 ($\mathrm{kg/m^3}$)	10^{-3}	克/厘米 ($\mathrm{g/cm^3}$)
电位移矢量	$\boldsymbol{D}$	$\frac{q}{l^2}$	$\frac{m^{1/2}}{l^{1/2}t}$	库[仑]/米^2 ($\mathrm{C/m^2}$)	$12\pi\times10^{5}$	静电库仑/厘米^2 ($\mathrm{statcoulomb/cm^2}$)
电场	$\boldsymbol{E}$	$\frac{ml}{t^2q}$	$\frac{m^{1/2}}{l^{1/2}t}$	伏[特]/米(V/m)	$\frac{1}{3}\times10^{-4}$	静电伏特/厘米(statvolt/cm)
电动势	ε, E_{mf}	$\frac{ml^2}{t^2q}$	$\frac{m^{1/2}l^{1/2}}{t}$	伏[特](V)	$\frac{1}{3}\times10^{-2}$	静电伏特(statvolt)
能量	U,W	$\frac{ml^2}{t^2}$	$\frac{ml^2}{t^2}$	焦[耳](J)	10^{7}	尔格(erg)
能量密度		$\frac{m}{lt^2}$	$\frac{m}{lt^2}$	焦[耳]/米^3 ($\mathrm{J/m^3}$)	10	尔格/厘米^3 ($\mathrm{erg/cm^3}$)
力	$\boldsymbol{F}$	$\frac{ml}{t^2}$	$\frac{ml}{t^2}$	牛[顿](N)	10^{5}	达因(dyn)

（续表）

物理量	符号	量纲 MKS单位	量纲 高斯单位	有理化 MKS单位	转换因子	高斯单位
频率	f,ν	$\frac{1}{t}$	$\frac{1}{t}$	赫[兹](Hz)	1	赫兹(Hz)
阻抗	Z	$\frac{ml^2}{tq^2}$	$\frac{t}{l}$	欧[姆](Ω)	$\frac{1}{9}\times10^{-11}$	秒/厘米 (s/cm)
电感	L	$\frac{ml^2}{q^2}$	$\frac{t^2}{l}$	亨[利](H)	$\frac{1}{9}\times10^{-11}$	秒^2/厘米 (s^2/cm)
长度	l	l	l	米(m)	10^2	厘米(cm)
磁场强度	$\boldsymbol{H}$	$\frac{q}{lt}$	$\frac{m^{1/2}}{l^{1/2}t}$	安匝/米 (AT/m)	$4\pi\times10^{-3}$	奥斯特(Oe)
磁通量	ϕ	$\frac{ml^2}{tq}$	$\frac{m^{1/2}l^{3/2}}{t}$	韦伯(Wb)	10^3	麦克斯韦(Mx)
磁感应强度	$\boldsymbol{B}$	$\frac{m}{tq}$	$\frac{m^{1/2}}{l^{1/2}t}$	特[斯拉](T)	10^4	高斯(G)
磁矩	m	$\frac{l^2q}{t}$	$\frac{m^{1/2}l^{5/2}}{t}$	安[培]·米^2 (A·m^2)	10^3	奥斯特·厘米^3 (Oe·cm^3)
磁化强度	$\boldsymbol{M}$	$\frac{q}{lt}$	$\frac{m^{1/2}}{l^{1/2}t}$	安匝/米 (AT/m)	10^{-3}	奥斯特(Oe)
磁动势	μ, M_{mf}	$\frac{q}{t}$	$\frac{m^{1/2}l^{1/2}}{t}$	安匝(AT)	$\frac{4\pi}{10}$	吉伯(Gilbert)
质量	m,M	m	m	千克(kg)	10^3	克(g)
动量	$\boldsymbol{p},\boldsymbol{P}$	$\frac{ml}{t}$	$\frac{ml}{t}$	千克·米/秒 (kg·m/s)	10^5	克·厘米/秒 (g·cm/s)
动量密度		$\frac{m}{l^2t}$	$\frac{m}{l^2t}$	千克/(米^2·秒) (kg/(m^2·s))	10^{-1}	克/(厘米^2·秒) (g/(cm^2·s))
磁导率	μ	$\frac{ml}{q^2}$	1	亨[利]/米 (H/m)	$\frac{1}{4\pi}\times10^7$	—
介电常量	ε	$\frac{t^2q^2}{ml^3}$	1	法[拉]/米 (F/m)	$36\pi\times10^9$	—
电极化强度	$\boldsymbol{P}$	$\frac{q}{l^2}$	$\frac{m^{1/2}}{l^{1/2}t}$	库[仑]/米^2 (C/m^2)	3×10^5	静电库仑/厘米^2 (statcoulomb/cm^2)
电势	V,ϕ	$\frac{ml^2}{t^2q}$	$\frac{m^{1/2}l^{1/2}}{t}$	伏[特](V)	$\frac{1}{3}\times10^{-2}$	静电伏特 (statvolt)
功率	P	$\frac{ml^2}{t^3}$	$\frac{ml^2}{t^3}$	瓦[特](W)	10^7	尔格/秒 (erg/s)

（续表）

物理量	符号	量纲		有理化 MKS 单位	转换因子	高斯单位
		MKS 单位	高斯单位			
功率密度		$\frac{m}{lt^3}$	$\frac{m}{lt^3}$	瓦[特]/米^3（W/m^3）	10	尔格/厘米^3·秒（$erg/cm^3\cdot s$）
压强	p	$\frac{m}{lt^2}$	$\frac{m}{lt^2}$	牛[顿]/米^2（N/m^2）	10	达因/厘米^2（dyn/cm^2）
磁阻	$\mathscr{R}$	$\frac{q^2}{ml^2}$	$\frac{1}{l}$	安匝/韦伯（AT/Wb）	$4\pi\times10^{-9}$	厘米$^{-1}$（cm^{-1}）
电阻	R	$\frac{ml^2}{tq^2}$	$\frac{t}{l}$	欧[姆]（Ω）	$\frac{1}{9}\times10^{11}$	秒/厘米（s/cm）
电阻率	η,ρ	$\frac{ml^3}{tq^2}$	t	欧[姆]·米（Ω·m）	$\frac{1}{9}\times10^{-9}$	秒（s）
热导率	κ	$\frac{ml}{t^3\theta}$	$\frac{ml}{t^3\theta}$	瓦[特]/米·开[尔文]（W/m·K）	10^5	尔格/厘米·秒·开[尔文]（erg/cm·s·K）
时间	t	t	t	秒（s）	1	秒（s）
矢势	$\boldsymbol{A}$	$\frac{ml}{tq}$	$\frac{m^{1/2}l^{1/2}}{t}$	韦伯/米（Wb/m）	10^6	高斯·厘米（Gs·cm）
速度	v	$\frac{l}{t}$	$\frac{l}{t}$	米/秒（m/s）	10^2	厘米/秒（cm/s）
黏性系数	η,μ	$\frac{m}{lt}$	$\frac{m}{lt}$	千克/（米·秒）（kg/(m·s)）	10	泊（P）
涡旋强度	ζ	$\frac{1}{t}$	$\frac{1}{t}$	秒$^{-1}$（s^{-1}）	1	秒$^{-1}$（s^{-1}）
功	W	$\frac{ml^2}{t^2}$	$\frac{ml^2}{t^2}$	焦[耳]（J）	10^7	尔格（erg）

附录 4　有关的物理常量①

真空中光速	$c=2.99792458\times10^8\ m\cdot s^{-1}$（定义值）
真空介电常量	$\varepsilon_0=\frac{1}{4\pi c^2}\times10^7=8.85418\cdots\times10^{-12}\ F\cdot m^{-1}$（定义值）
真空磁导率	$\mu_0=4\pi\times10^{-7}=1.256637\cdots\times10^{-6}\ H\cdot m^{-1}$（定义值），$\mu_0\varepsilon_0=1/c^2$
元电荷	$e=1.602176462\times10^{-19}\ C\approx4.80320\times10^{-10}$ CGSE

① CODATA（国际科学技术数据委员会）1999 年发表的推荐值．摘自 P. J. Mohr，B. N. Taylor. *J. Phys. Chem. Ref.* Data 28，1999(1713).

（续表）

普朗克常量	$h=6.62606876\times10^{-34}$ J·s$\approx6.6261\times10^{-27}$ erg·s $\hbar=h/2\pi=1.054571596\times10^{-34}$ J·s$\approx1.0546\times10^{-27}$ erg·s
精细结构常量	$\alpha=e^2/4\pi\varepsilon_0\hbar c=\mu_0ce^2/2h=7.297352533\times10^{-3}$，$\alpha^{-1}=137.03599976$
玻尔兹曼常量	$k=1.3806503\times10^{-23}$ J·K$^{-1}\approx1.38065\times10^{-16}$ erg·K^{-1}
电子静止质量	$m_e=9.10938188\times10^{-31}$ kg$=0.510998902$ MeV·c^{-2}
质子静止质量	$m_p=1.67262158\times10^{-27}$ kg
玻尔半径	$\alpha_0=4\pi\varepsilon_0\hbar^2/m_ee^2=5.291772083\times10^{-11}$ m
经典电子半径	$r_e=e^2/4\pi\varepsilon_0m_ec^2=2.817940285\times10^{-13}$ m
电子伏	1 eV$=1.602176462\times10^{-19}$ J
电子伏/玻尔兹曼常量	1 eV$/k\approx1.16045\times10^4$ K
原子质量单位	1 u$=1.66053873\times10^{-27}$ kg$=931.494013$ MeV·c^{-2}

附录 5　麦克斯韦方程组

方程	有理化 MKS 制	高斯制
法拉第定律	$\nabla\times\boldsymbol{E}=-\dfrac{\partial\boldsymbol{B}}{\partial t}$	$\nabla\times\boldsymbol{E}=-\dfrac{1}{c}\dfrac{\partial\boldsymbol{B}}{\partial t}$
安培定律	$\nabla\times\boldsymbol{H}=\dfrac{\partial\boldsymbol{D}}{\partial t}+\boldsymbol{j}$	$\nabla\times\boldsymbol{H}=\dfrac{1}{c}\dfrac{\partial\boldsymbol{D}}{\partial t}+\dfrac{4\pi}{c}\boldsymbol{j}$
泊松方程	$\nabla\cdot\boldsymbol{D}=\rho$	$\nabla\cdot\boldsymbol{D}=4\pi\rho$
无磁单极时	$\nabla\cdot\boldsymbol{B}=0$	$\nabla\cdot\boldsymbol{B}=0$
作用在电荷 q 上的洛伦兹力	$\boldsymbol{F}=q(\boldsymbol{E}+\boldsymbol{v}\times\boldsymbol{B})$	$\boldsymbol{F}=q\left(\boldsymbol{E}+\dfrac{1}{c}\boldsymbol{v}\times\boldsymbol{B}\right)$
电位移矢量	$\boldsymbol{D}=\varepsilon_0\boldsymbol{E}+\boldsymbol{P}$	$\boldsymbol{D}=\boldsymbol{E}+4\pi\boldsymbol{P}$
磁场强度	$\boldsymbol{H}=\dfrac{1}{\mu_0}\boldsymbol{B}-\boldsymbol{M}$	$\boldsymbol{H}=\boldsymbol{B}-4\pi\boldsymbol{M}$
介质中的基本关系式	$\boldsymbol{D}=\varepsilon\boldsymbol{E}$ $\boldsymbol{B}=\mu\boldsymbol{H}$	$\boldsymbol{D}=\varepsilon\boldsymbol{E}$ $\boldsymbol{B}=\mu\boldsymbol{H}$

在等离子体中，磁导率 $\mu\approx\mu_0=4\pi\times10^{-7}$ H·m^{-1}（高斯单位：$\mu\approx1$）. 介电常量满足 $\varepsilon\approx\varepsilon_0=8.8542\times10^{-12}$ F·m^{-1}（高斯单位：$\varepsilon\approx1$），所有电荷被看成自由电荷.

附录 6　两种单位制下的物理量符号与公式换算表

高斯制与国际单位制公式之间的转换按下表进行，质量、长度、时间、力及表中未列出的其他电磁量的符号表达在两种单位制中同.

物理量	高斯制	国际单位制
光速	c	$(\mu_0\varepsilon_0)^{-1/2}$
电场强度(电势、电压)	$E(\phi,V)$	$\sqrt{4\pi\varepsilon_0}\boldsymbol{E}(\phi,V)$
电位移矢量	$\boldsymbol{D}$	$\sqrt{4\pi/\varepsilon_0}\boldsymbol{D}$
电荷密度(电荷、电流密度、电流、电极化强度)	$\rho(q,\boldsymbol{j},I,P)$	$\frac{1}{\sqrt{4\pi\varepsilon_0}}\rho(q,\boldsymbol{j},I,P)$
磁感应强度	$\boldsymbol{B}$	$\sqrt{4\pi/\mu_0}\boldsymbol{B}$
磁场强度	$\boldsymbol{H}$	$\sqrt{4\pi/\mu_0}\boldsymbol{H}$
磁化强度	$\boldsymbol{M}$	$\sqrt{\mu_0/4\pi}\boldsymbol{M}$
电导率	σ_c	$\sigma_c/4\pi\varepsilon_0$
介电常量	ε	$\varepsilon/\varepsilon_0$
磁导率	μ	μ/μ_0
电阻(阻抗)	$R(Z)$	$4\pi\varepsilon_0 R(Z)$
电感	L	$4\pi\varepsilon_0 L$
电容	C	$C/4\pi\varepsilon_0$

附录 7　等离子体基本参量①

等离子体物理中的温度(如 T_e,T_i,T)为动力温度,其定义 $T=kT_k$,式中 k 为玻尔兹曼常量,T_k 是以开尔文(K)为单位的温度. 动力温度(T_e,T_i,T)都是能量量纲,均以电子伏(eV)为单位. 等离子体物理中,离子质量以质子质量为单位,用 $A=m_i/m_p$ 表示.

1. 频率

电子回旋频率

$$\begin{aligned}\omega_{ce} &= eB/m_e[\mathrm{SI}] = eB/m_e c[\mathrm{GS}]\\ &= 1.759\times 10^{11}B(\mathrm{T})\ \mathrm{rad/s}\\ &= 1.759\times 10^{7}B(\mathrm{G})\ \mathrm{rad/s},\\ f_{ce} &= \omega_{ce}/2\pi\\ &= 2.800\times 10^{10}B(\mathrm{T})\ \mathrm{Hz}\\ &= 2.800\times 10^{6}B(\mathrm{G})\ \mathrm{Hz}.\end{aligned}$$

① 参见:J. D. Huba, NRL Plasma Formulary, revised. Naval Research Laboratory, Washington, 2000.

式中[SI],[GS]分别指为国际单位制和高斯单位制下的表示,B(T)或B(G)指以T(特斯拉)或G(高斯)为单位时B的数值,以下公式均照此表示,计算结果中出现的物理量都是指取其数值.

离子回旋频率

$$\begin{aligned}\omega_{ci} &= ZeB/m_i[\mathrm{SI}] = ZeB/m_i c[\mathrm{GS}] \\ &= 9.577\times10^7 ZA^{-1}B(\mathrm{T})\ \mathrm{rad/s} \\ &= 9.577\times10^3 ZA^{-1}B(\mathrm{G})\ \mathrm{rad/s},\end{aligned}$$

$$\begin{aligned}f_{ci} &= \omega_{ci}/2\pi \\ &= 1.524\times10^7 ZA^{-1}B(\mathrm{T})\ \mathrm{Hz} \\ &= 1.524\times10^3 ZA^{-1}B(\mathrm{G})\ \mathrm{Hz}.\end{aligned}$$

电子等离子体频率

$$\begin{aligned}\omega_{pe} &= \sqrt{n_e e^2/m_e\varepsilon_0}[\mathrm{SI}] = \sqrt{4\pi n_e e^2/m_e}[\mathrm{GS}] \\ &= 5.641\times10[n_e(\mathrm{m}^{-3})]^{1/2}\ \mathrm{rad/s} \\ &= 5.641\times10^4[n_e(\mathrm{cm}^{-3})]^{1/2}\ \mathrm{rad/s},\end{aligned}$$

$$\begin{aligned}f_{pe} &= \omega_{pe}/2\pi \\ &= 8.978[n_e(\mathrm{m}^{-3})]^{1/2}\ \mathrm{Hz} \\ &= 8.978\times10^3[n_e(\mathrm{cm}^{-3})]^{1/2}\ \mathrm{Hz}.\end{aligned}$$

离子等离子体频率

$$\begin{aligned}\omega_{pi} &= \sqrt{n_i Z^2 e^2/m_i\varepsilon_0}[\mathrm{SI}] = \sqrt{4\pi n_i Z^2 e^2/m_i}[\mathrm{GS}] \\ &= 1.316ZA^{-1}[n_i(\mathrm{m}^{-3})]^{1/2}\ \mathrm{rad/s} \\ &= 1.316\times10^3 ZA^{-1}[n_i(\mathrm{cm}^{-3})]^{1/2}\ \mathrm{rad/s},\end{aligned}$$

$$\begin{aligned}f_{pi} &= \omega_{pi}/2\pi \\ &= 2.094\times10^{-1} ZA^{-1}[n_i(\mathrm{m}^{-3})]^{1/2}\ \mathrm{Hz} \\ &= 2.094\times10^2 ZA^{-1}[n_i(\mathrm{cm}^{-3})]^{1/2}\ \mathrm{Hz}.\end{aligned}$$

2. 速度

最可几速度

$$v_e = \sqrt{2T_e/m_e} = 5.931\times10^5 T_e^{1/2}\ \mathrm{m/s},$$

$$v_i = \sqrt{2T_i/m_i} = 1.384\times10^4 T_i^{1/2}A^{-1/2}\ \mathrm{m/s}.$$

平均热速度

$$\bar{v}_e = \sqrt{8T_e/\pi m_e} = 6.693\times10^5 T_e^{1/2}\ \mathrm{m/s},$$

$$\bar{v}_i = \sqrt{8T_i/\pi m_i} = 1.562\times10^4 T_i^{1/2}A^{-1/2}\ \mathrm{m/s}.$$

均方根速度

$$\sqrt{\overline{v_e^2}} = \sqrt{3T_e/m_e} = 7.264\times 10^5 T_e^{1/2}\ \mathrm{m/s},$$
$$\sqrt{\overline{v_i^2}} = \sqrt{3T_i/m_i} = 1.695\times 10^4 T_i^{1/2}\ \mathrm{m/s}.$$

特征热速度

$$v_{te} = \sqrt{T_e/m_e} = 4.194\times 10^5 T_e^{1/2}\ \mathrm{m/s},$$
$$v_{ti} = \sqrt{T_i/m_i} = 9.786\times 10^3 T_i^{1/2} A^{-1/2}\ \mathrm{m/s}.$$

离子声速度

$$v_s = \left(\frac{\gamma T_e}{m_i}\right)^{1/2},\quad \gamma = c_p/c_V,\quad （当\ T_e \gg T_i\ 时）$$
$$v_s = 9.787\times 10^3 \gamma^{1/2} T_e^{1/2} A^{-1/2}\ \mathrm{m/s}.$$

阿尔文速度

$$\begin{aligned} v_A &= B/\sqrt{\mu_0 m_i n_i}[\mathrm{SI}] = B/\sqrt{4\pi m_i n_i}[\mathrm{GS}] \\ &= 2.181\times 10^{16} A^{-1/2}[n_i(\mathrm{m}^{-3})]^{-1/2} B(\mathrm{T})\ \mathrm{m/s} \\ &= 2.181\times 10^{11} A^{-1/2}[n_i(\mathrm{cm}^{-3})]^{-1/2} B(\mathrm{G})\ \mathrm{cm/s}. \end{aligned}$$

3. 长度

德拜长度

$$\begin{aligned} \lambda_{De} &= \sqrt{\varepsilon_0 T_e/n_e e^2}[\mathrm{SI}] = \sqrt{T_e/4\pi n_e e^2}[\mathrm{GS}] \\ &= 7.434\times 10^3 T_e^{1/2}[n_e(\mathrm{m}^{-3})]^{-1/2}\ \mathrm{m} \\ &= 7.434\times 10^2 T_e^{1/2}[n_e(\mathrm{cm}^{-3})]^{-1/2}\ \mathrm{cm}. \end{aligned}$$

电子回旋半径

$$\begin{aligned} r_{ce} &= v_{te}/\omega_{ce} \\ &= 2.384\times 10^{-6} T_e^{1/2}[B(\mathrm{T})]^{-1}\ \mathrm{m} \\ &= 2.384 T_e^{1/2}[B(\mathrm{G})]^{-1}\ \mathrm{cm}. \end{aligned}$$

离子回旋半径

$$\begin{aligned} r_{ci} &= v_{ti}/\omega_{ci} \\ &= 1.022\times 10^{-4} T_e^{1/2} Z^{-1} A^{1/2}[B(\mathrm{T})]^{-1}\ \mathrm{m} \\ &= 1.022\times 10^2 T_i^{1/2} Z^{-1} A^{1/2}[B(\mathrm{G})]^{-1}\ \mathrm{cm}. \end{aligned}$$

电子德布罗意长度

$$\lambda = \hbar/(m_e T_e)^{1/2} = 2.76\times 10^{-10} T_e^{1/2}\ \mathrm{m}.$$

经典最接近距离

$$e^2/4\pi\varepsilon_0 T[\mathrm{SI}] = e^2/T[\mathrm{GS}] = 1.44\times 10^{-9} T^{-1}\ \mathrm{m}.$$

4. 碰撞时间

需要说明，各种碰撞时间和碰撞频率，用不同近似的计算方法或求平均方法，其表示式会有所不同,但其中所含的物理量因子在量纲上是相同的,只是公式中所含的数值系数有些差异.以下采用动理学方程的严格求解结果(6.4.37)式.

电子-电子

$$\tau_{ee}=(4\pi\varepsilon_0)^2\frac{3m_e^{1/2}T_e^{3/2}}{4\sqrt{2\pi}n_e e^4\ln\Lambda}[\mathrm{SI}]=\frac{3m_e^{1/2}T_e^{3/2}}{4\sqrt{2\pi}n_e e^4\ln\Lambda}[\mathrm{GS}]$$
$$=3.441\times10^{11}[\ln\Lambda n_e(\mathrm{m}^{-3})]^{-1}T_e^{3/2}\ \mathrm{s}$$
$$=3.441\times10^{5}[\ln\Lambda n_e(\mathrm{cm}^{-3})]^{-1}T_e^{3/2}\ \mathrm{s}.$$

电子-离子

$$\tau_{ei}=(4\pi\varepsilon_0)^2\frac{3m_e^{1/2}T_e^{3/2}}{4\sqrt{2\pi}n_i Z^2 e^4\ln\Lambda}[\mathrm{SI}]=\frac{3m_e^{1/2}T_e^{3/2}}{4\sqrt{2\pi}n_i Z^2 e^4\ln\Lambda}[\mathrm{GS}]$$
$$=3.441\times10^{11}[Z\ln\Lambda n_e(\mathrm{m}^{-3})]^{-1}T_e^{3/2}\ \mathrm{s}$$
$$=3.441\times10^{5}[Z\ln\Lambda n_e(\mathrm{cm}^{-3})]^{-1}T_e^{3/2}\ \mathrm{s}.$$

离子-离子

$$\tau_{ii}=(4\pi\varepsilon_0)^2\frac{3m_i^{1/2}T_i^{3/2}}{4\sqrt{\pi}n_i Z^2 e^4\ln\Lambda}[\mathrm{SI}]=\frac{3m_i^{1/2}T_i^{3/2}}{4\sqrt{\pi}n_i Z^2 e^4\ln\Lambda}[\mathrm{GS}]$$
$$=2.085\times10^{13}Z^{-4}A^{1/2}[\ln\Lambda n_i(\mathrm{m}^{-3})]^{-1}T_i^{3/2}\ \mathrm{s}$$
$$=2.085\times10^{7}Z^{-4}A^{1/2}[\ln\Lambda n_i(\mathrm{cm}^{-3})]^{-1}T_i^{3/2}\ \mathrm{s}.$$

离子-电子

$$\tau_{ie}=(4\pi\varepsilon_0)^2\frac{3m_i T_e^{3/2}}{8\sqrt{2\pi}m_e^{1/2}n_e Z^2 e^4\ln\Lambda}[\mathrm{SI}]=\frac{3m_i T_e^{3/2}}{8\sqrt{2\pi}m_e^{1/2}n_e Z^2 e^4\ln\Lambda}[\mathrm{GS}]$$
$$=3.158\times10^{14}Z^{-2}A^{1/2}[\ln\Lambda n_e(\mathrm{m}^{-3})]^{-1}T_e^{3/2}\ \mathrm{s}$$
$$=3.158\times10^{8}Z^{-2}A^{1/2}[\ln\Lambda n_e(\mathrm{cm}^{-3})]^{-1}T_e^{3/2}\ \mathrm{s}.$$

5. 碰撞频率

电子-电子

$$\nu_{ee}=\frac{1}{(4\pi\varepsilon_0)^2}\frac{4\sqrt{2\pi}n_e e^4\ln\Lambda}{3m_e^{1/2}T_e^{3/2}}[\mathrm{SI}]=\frac{4\sqrt{2\pi}n_e e^4\ln\Lambda}{3m_e^{1/2}T_e^{3/2}}[\mathrm{GS}]$$
$$=2.906\times10^{-12}\ln\Lambda n_e(\mathrm{m}^{-3})T_e^{-3/2}\ \mathrm{Hz}$$
$$=2.906\times10^{-6}\ln\Lambda n_e(\mathrm{cm}^{-3})T_e^{-3/2}\ \mathrm{Hz}.$$

电子-离子

$$\nu_{ei}=\frac{1}{(4\pi\varepsilon_0)^2}\frac{4\sqrt{2\pi}n_e Z e^4\ln\Lambda}{3m_e^{1/2}T_e^{3/2}}[\mathrm{SI}]=\frac{4\sqrt{2\pi}n_e Z e^4\ln\Lambda}{3m_e^{1/2}T_e^{3/2}}[\mathrm{GS}]$$
$$=2.906\times10^{-12}Z\ln\Lambda n_e(\mathrm{m}^{-3})T_e^{-3/2}\ \mathrm{Hz}$$

$$= 2.906 \times 10^{-6} Z\ln\Lambda n_e(\mathrm{cm}^{-3}) T_e^{-3/2}\ \mathrm{Hz}.$$

离子-离子

$$\nu_{ii} = \frac{1}{(4\pi\varepsilon_0)^2}\frac{4\sqrt{\pi}n_i Z^2 e^4 \ln\Lambda}{3m_i^{1/2}T_i^{3/2}}[\mathrm{SI}] = \frac{4\sqrt{\pi}n_i Z^2 e^4 \ln\Lambda}{3m_i^{1/2}T_i^{3/2}}[\mathrm{GS}]$$

$$= 4.796 \times 10^{-14} Z^4 A^{-1/2} \ln\Lambda n_i(\mathrm{m}^{-3}) T_i^{-3/2}\ \mathrm{Hz}$$

$$= 4.796 \times 10^{-8} Z^4 A^{-1/2} \ln\Lambda n_i(\mathrm{cm}^{-3}) T_i^{-3/2}\ \mathrm{Hz}.$$

离子-电子

$$\nu_{ie} = \frac{1}{(4\pi\varepsilon_0)^2}\frac{8\sqrt{2\pi}m_e^{1/2} n_e Z^2 e^4 \ln\Lambda}{3m_i T_e^{3/2}}[\mathrm{SI}] = \frac{8\sqrt{2\pi}m_e^{1/2} n_e Z^2 e^4 \ln\Lambda}{3m_i T_e^{3/2}}[\mathrm{GS}]$$

$$= 3.166 \times 10^{-15} Z^2 A^{-1/2} \ln\Lambda n_e(\mathrm{m}^{-3}) T_e^{-3/2}\ \mathrm{Hz}$$

$$= 3.166 \times 10^{-9} Z^2 A^{-1/2} \ln\Lambda n_e(\mathrm{cm}^{-3}) T_e^{-3/2}\ \mathrm{Hz}.$$

6. 无量纲参量

电子质量与质子质量之比的平方根

$$(m_e/m_p)^{1/2} = 1/42.9.$$

德拜球内粒子数

$$N_D = \frac{4\pi}{3} n\lambda_D^3$$

$$= 1.721 \times 10^{12} T_e^{3/2} [n_e(\mathrm{m}^{-3})]^{-1/2}$$

$$= 1.721 \times 10^{9} T_e^{3/2} [n_e(\mathrm{cm}^{-3})]^{-1/2}.$$

等离子体参量

$$\Lambda = \lambda_D/b_0 = 4\pi n\lambda_D^3 = 3N_D,$$

式中 $b_0 = e^2/4\pi\varepsilon_0 T[\mathrm{SI}] = e^2/T[\mathrm{GS}]$，为偏转 90°的电子-电子碰撞瞄准距离，或动能为 T 的电子平均最接近距离，于是

$$\Lambda = \lambda_D/b_0 = 4\pi e^{-3} n^{-1/2} (\varepsilon_0 T)^{3/2} [\mathrm{SI}] = (4\pi)^{-1/2} e^{-3} n^{-1/2} T^{3/2} [\mathrm{GS}]$$

$$= 5.162 \times 10^{12} [n(\mathrm{m}^{-3})]^{-1/2} [T(\mathrm{eV})]^{3/2}$$

$$= 5.162 \times 10^{9} [n(\mathrm{cm}^{-3})]^{-1/2} [T(\mathrm{eV})]^{3/2}.$$

经典库仑对数

$$\ln\Lambda = \ln\left(\frac{4\pi(\varepsilon_0 T)^{3/2}}{e^3 n^{1/2}}\right)[\mathrm{SI}] = \ln\left(\frac{T^{3/2}}{(4\pi)^{1/2} e^3 n^{1/2}}\right)[\mathrm{GS}]$$

$$= 29.27 + \frac{3}{2}\ln T(\mathrm{eV}) - \frac{1}{2}\ln n(\mathrm{m}^{-3})$$

$$= 22.36 + \frac{3}{2}\ln T(\mathrm{eV}) - \frac{1}{2}\ln n(\mathrm{cm}^{-3}).$$

等离子体频率与回旋频率之比

$$\omega_{pe}/\omega_{ce} = 3.207 \times 10^{-10}[n_e(\mathrm{m}^{-3})]^{1/2}[B(\mathrm{T})]^{-1}$$
$$= 3.207 \times 10^{-3}[n_e(\mathrm{cm}^{-3})]^{1/2}[B(\mathrm{G})]^{-1},$$
$$\omega_{pi}/\omega_{ci} = 1.374 \times 10^{-8} A^{1/2}[n_i(\mathrm{m}^{-3})]^{1/2}[B(\mathrm{T})]^{-1}$$
$$= 1.374 \times 10^{-1} A^{1/2}[n_i(\mathrm{cm}^{-3})]^{1/2}[B(\mathrm{G})]^{-1}.$$

阿尔文速度与光速之比

$$v_A/c = 7.275 \times 10^{7} A^{-1/2}[n_i(\mathrm{m}^{-3})]^{-1/2}[B(\mathrm{T})]\ \mathrm{m/s}$$
$$= 7.275 A^{-1/2}[n_i(\mathrm{cm}^{-3})]^{-1/2}[B(\mathrm{G})]\ \mathrm{cm/s}.$$

等离子体 β 值

$$\beta = 8\pi nkT/B^2 = 3.47 \times 10^{7} n(\mathrm{m}^{-3})T(\mathrm{K})[B(\mathrm{T})]^{-2}$$
$$= 4.03 \times 10^{-11} n(\mathrm{cm}^{-3})T(\mathrm{eV})[B(\mathrm{G})]^{-2}.$$

7. 其他

经典扩散

$$D_{cl} = \frac{m_e T_e}{e^2 B^2}\nu_{ei}[\mathrm{SI}] = \frac{c^2 m_e T_e}{e^2 B^2}\nu_{ei}[\mathrm{GS}]$$
$$= 1.652 \times 10^{-23} Z n_e(\mathrm{m}^{-3}) T_e^{-3/2}[B(\mathrm{T})]^{-2}\ln\Lambda\ \mathrm{m^2/s}$$
$$= 1.652 \times 10^{-5} Z n_e(\mathrm{cm}^{-3}) T_e^{-3/2}[B(\mathrm{G})]^{-2}\ln\Lambda\ \mathrm{cm^2/s}.$$

博姆扩散

$$D_B = \frac{1}{16}\frac{T_e}{eB}[\mathrm{SI}] = \frac{c}{16}\frac{T_e}{eB}[\mathrm{GS}]$$
$$= 6.25 \times 10^{-2} T_e[B(\mathrm{T})]^{-1}\ \mathrm{m^2/s}$$
$$= 6.25 \times 10^{6} T_e[B(\mathrm{G})]^{-1}\ \mathrm{cm^2/s}.$$

习　　题

第 1 章　聚变能利用和研究进展

1.1　假定 1 公斤原煤燃烧发热量为 21 000 kJ，若热-电转换效率为 40%，问一座 100 万千瓦（10^6 kW）发电厂每年要消耗多少万吨原煤？每年要排放多少 CO_2 气体？（仅为估计量级，可假设原煤的含碳量为 80%.）

1.2　试估算 1 公斤氘完全核聚变产生的能量相当于多少原煤燃烧产生的热量，假定原煤燃烧发热量率为 21 000 kJ/kg.

第 2 章　等离子体基本性质及相关概念

2.1　计算下列情况等离子体中的 λ_D 和 N_D：

（1）行星际空间，$n=10^6\ \mathrm{m}^{-3}$，$T=0.01$ eV；

（2）地球电离层，$n=10^{12}\ \mathrm{m}^{-3}$，$T=0.1$ eV；

（3）辉光放电，$n=10^{15}\ \mathrm{m}^{-3}$，$T=2$ eV；

（4）聚变实验等离子体，$n=10^{19}\ \mathrm{m}^{-3}$，$T=100$ eV.

2.2　设等离子体的密度为 $n=10^{19}\ \mathrm{m}^{-3}$，温度为 $T=1$ keV，试计算带电粒子的平均动能和平均势能，并判断它是否满足理想等离子体条件.

2.3　假定密度 $n=10^{20}\ \mathrm{m}^{-3}$ 的等离子体中，在 1 cm 距离上发生 1% 的电荷分离，试估算等离子体中产生的电场.

2.4　试验证屏蔽库仑势（2.2.12）是（2.2.8）方程的解.

2.5　试计算下列各种情况等离子体的电子和离子振荡频率：

（1）星际气体，$n=10^6\ \mathrm{m}^{-3}$；

（2）电离层，$n=10^{11}\ \mathrm{m}^{-3}$；

（3）日冕，$n=10^{15}\ \mathrm{m}^{-3}$；

（4）实验室气体放电，$n=10^{20}\ \mathrm{m}^{-3}$.

（1）、（3）、（4）中正电荷为质子，（2）中正电荷为氮离子.

2.6　对于密度为 $10^{20}\ \mathrm{m}^{-3}$、温度为 5 keV 的等离子体，试估算其特征空间尺度和特征时间尺度.

第3章 单粒子轨道理论

3.1 如果粒子的平行速度可以忽略,试计算下面各种情况带电粒子的回旋半径 r_c:

(1) 在 0.5 G(高斯)地球磁场中能量为 10 keV 的电子;

(2) $B=5\times10^{-5}$ G、速度为 3×10^{5} m/s 的太阳风质子;

(3) 太阳黑子附近能量为 1 keV 的 He^{+} 离子,$B=500$ G.

3.2 在磁场 $\boldsymbol{B}=B_0\boldsymbol{e}_z$ 中,带电粒子相对论运动方程式的 3 个直角分量为

$$\frac{\mathrm{d}}{\mathrm{d}t}\frac{\dot{x}}{\sqrt{1-\beta^2}}=\frac{eB_0}{m}\dot{y},\quad \frac{\mathrm{d}}{\mathrm{d}t}\frac{\dot{y}}{\sqrt{1-\beta^2}}=-\frac{eB_0}{m}\dot{x},\quad \frac{\mathrm{d}}{\mathrm{d}t}\frac{\dot{z}}{\sqrt{1-\beta^2}}=\frac{\mathrm{d}}{\mathrm{d}t}\frac{c}{\sqrt{1-\beta^2}}=0.$$

试证明粒子的运动速度与非相对论的(3.1.6)式相同,即

$$\dot{x}=\boldsymbol{v}_\perp\cos(\omega t+\alpha),\quad \dot{y}=-\boldsymbol{v}_\perp\sin(\omega t+\alpha).$$

但式中 $\omega=\omega_0(1-\beta^2)^{1/2}$,$\beta=\boldsymbol{v}/c$,$\omega_0=eB_0/m_0$,$\boldsymbol{v}_\perp$ 为初始速度的垂直分量,e 和 m_0 为粒子的电荷与静止质量.

3.3 核聚变装置中的典型等离子体参数为 $n_e=n_i=5\times10^{19}\ \mathrm{m}^{-3}$,$T_e=T_i=1$ keV,求电子和离子的振荡频率 ω_{pe},ω_{pi}. 如磁场为 $B=3$ T,求电子和离子的回旋频率 ω_{ce},ω_{ci},试比较这 4 个频率的大小.

3.4 设初始时刻静止在原点、质量为 m、电荷为 e 的一个带电粒子,受到均匀恒定磁场(采用笛卡儿坐标)$\boldsymbol{B}=(0,0,b_0)$和均匀恒定电场 $\boldsymbol{E}=(0,E_0,0)$的作用,试证明带电粒子运动轨迹是在 $z=0$ 平面上,沿着下列一条摆线:

$$x=\frac{E_0}{\omega B_0}(\omega t-\sin\omega t),\quad y=\frac{E_0}{\omega B_0}(1-\cos\omega t),$$

式中 $\omega=eB_0/m$.

3.5 利用狭义相对论两个惯性参考系间的电磁场变换方法,求在均匀恒定磁场 $\boldsymbol{B}$ 中附加垂直电场 $\boldsymbol{E}$ 后引起的粒子漂移.

3.6 已知电场引起的漂移为 $\boldsymbol{v}_D=\boldsymbol{E}\times\boldsymbol{B}/B^2$,若电场随时间缓慢变化 $\boldsymbol{E}=\boldsymbol{E}(t)$,则漂移速度也随时间缓慢变化 $\boldsymbol{v}_D=\boldsymbol{v}_D(t)$. 如果将回旋中心看成一个"新粒子",其加速度为 $\frac{\mathrm{d}}{\mathrm{d}t}\boldsymbol{v}_D(t)$,相当于"新粒子"受一个力,证明新粒子在这个力作用下的漂移就是极化漂移 $\boldsymbol{v}_P$.

3.7 假定在地球赤道处的磁场 $B=0.3$ G,并且此磁场类似于理想磁偶极子的磁场,以 $1/r^3$ 减弱,假设存在单个能量为 1 eV 的质子和单个能量为 30 keV 的电子均匀分布在赤道平面上空 $r=5R_E$ 处(R_E 为地球半径),质子和电子的密度都是 $n=10\ \mathrm{cm}^{-3}$.

(1) 计算质子和电子的 ∇B 漂移速度；

(2) 电子漂移方向是向东还是向西.

(3) 一个电子绕地区旋转一周需要多长时间.

(4) 计算环向漂移电流密度.

3.8　在磁镜比 $R_m=5$ 的两个运动磁镜间俘获了一个宇宙射线的质子，它的初始能量 $W_0=1\,\text{keV}$，并且在中间平面处 $\boldsymbol{v}_\perp=\boldsymbol{v}_\parallel$，每个磁镜以速度 $\boldsymbol{v}_m=10^4\ \text{m}\cdot\text{s}^{-1}$ 向中间平面运动，两磁镜间初始距离 $L_0=10^{10}\ \text{m}$.

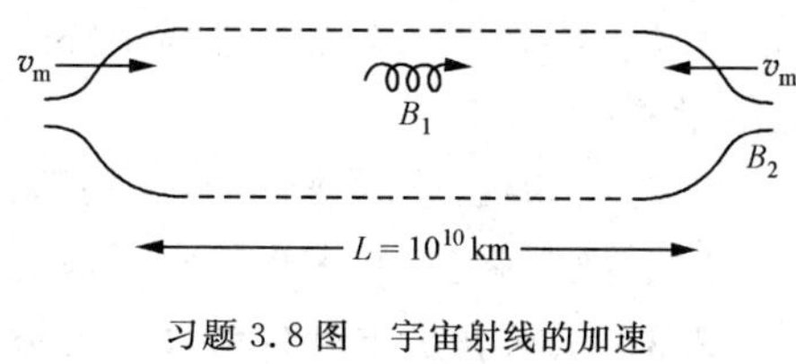

习题 3.8 图　宇宙射线的加速

(1) 根据逸出锥公式和 μ 的不变性，求质子逃逸前将被加速到多高能量.

(2) 计算粒子从初始被捕获到逃逸经历多长时间.

3.9　已知 ITER 的中心磁场约为 $B=5.3\,\text{T}$，大环半径 $R=6.2\,\text{m}$，小半径 $a=2\,\text{m}$，设氘氚离子的温度都是 $20\,\text{keV}$，α 粒子的能量为 $3.5\,\text{MeV}$. 求这些粒子的回旋半径并说明浸渐近似条件的适用性.

第 4 章　磁流体力学

4.1　求 $\psi(\boldsymbol{w})=\psi(\boldsymbol{v}-\boldsymbol{u})=\frac{1}{2}mw^2$ 的矩方程，导出(4.2.9)形式的热能平衡方程.

4.2　利用单流体连续性方程(4.3.7)、单流体运动方程(4.3.9)方程和(4.3.12)近似：$\boldsymbol{q}=0$，$\boldsymbol{\Pi}=0$，$p=nT$，将能量方程(4.3.11)再简化，导得单流体能量方程(4.3.16).

4.3　已知麦克斯韦应力张量 $\mathbf{T}=\frac{1}{\mu_0}\left(\boldsymbol{BB}-\frac{1}{2}B^2\mathbf{I}\right)$，试证明：$\nabla\cdot\mathbf{T}=\boldsymbol{j}\times\boldsymbol{B}=\boldsymbol{f}$.

4.4　求 z 箍缩的长等离子体柱中，磁场 $B(r)$ 和动力压强 $p(r)$ 分布. 分成(1)电流密度 $j(r)$ 在柱内以常量分布和(2)分布在柱面上很薄的一层内两种情况讨论.

4.5　设等离子体温度 $T=10\,\text{keV}$，磁场变化特征长度 $L=1\,\text{m}$，求磁扩散时间. 等离子体电导率 $\sigma_c\approx3\times10^7[T(\text{keV})]^{3/2}\ \text{s}\cdot\text{m}^{-1}$.

4.6　$I=2\times10^6\ \text{A}$ 的电流沿半径 $R=1\,\text{m}$ 的等离子体柱表面薄层流动，等离子体密度 $n=10^{20}\ \text{m}^{-3}$，温度 $T=10\ \text{keV}$，分别从如下两种观点出发，求约束力的大小：(1) 磁压力；(2) 洛伦兹力.

4.7　在 z 箍缩放电管中，要约束住半径 $a=0.1\,\text{m}$、密度 $n=10^{18}\ \text{m}^{-3}$、温度 $T=$

1 keV 的等离子体，需要多大放电电流？

第 5 章　等离子体波

5.1　试证明对于电子等离子体振荡，每单位体积电子平均动能等于平均电场的能量密度.

5.2　忽略粒子的热运动，利用双流体力学方程组，讨论等离子体中包含离子运动时的静电振荡，并求出等离子体的振荡频率.

5.3　试求满足下列色散关系的波模式的相速度和群速度：

(1) 电子回旋波：$k=\dfrac{\omega}{c}\left[1-\dfrac{\omega_{pe}^2}{\omega^2(1-\omega_{ce}/\omega)}\right]^{1/2}$，$\omega\leqslant\omega_{ce}$，$\omega\to\omega_{ce}\ll\omega_{pe}$；

(2) 哨声波：$k=\dfrac{\omega}{c}\left[1-\dfrac{\omega_{pe}^2}{\omega^2(1-\omega_{ce}/\omega)}\right]^{1/2}$，$\omega\ll\omega_{ce}\ll\omega_{pe}$；

(3) 阿尔文波：$\omega^2-k^2v_A^2=0$.

5.4　由(5.2.34)式导出(5.2.35)式和色散关系(5.2.36)式，并讨论其意义.

5.5　频率为 ω 的电磁波在等离子体中传播，当 $\omega<\omega_{pe}$ 时，k 为纯虚数，表明波的振幅很快被衰减. 当电磁波频率 $\omega\ll\omega_{pe}$ 时，试计算低密度等离子体 $n=10^{15}\ \text{m}^{-3}$ 和高密度等离子体 $n=10^{22}\ \text{m}^{-3}$ 的趋肤深度 δ. 趋肤深度 δ 定义为场强衰减到 1/e 时透入的距离.

5.6　已知微波通过厚度为 L 的等离子体层后相移为 $\Delta\phi$，假定等离子体的电子密度是均匀的，微波频率 $\omega\gg\omega_{pe}$，由色散关系(5.4.6)，求等离子体的电子密度 n_0 与相移 $\Delta\phi$ 的关系.

5.7　厚度为 8 cm 的无限大平面的等离子体层，假定密度是均匀的，用 8 mm 波长的微波干涉仪进行实验.

(1) 观测到干涉条纹移动 1/10 条(一个干涉条纹对应的相移为 2π)，求等离子体密度.

(2) 试证明：如果相移是小量，则相移与等离子体密度成正比.

5.8　由(5.5.6)方程和非零解条件(5.5.7)证明：非寻常波是椭圆偏振波.

5.9　由色散关系(5.6.5)式，

(1) 试证明哨声波($\omega<\omega_{ce}$)在 $\omega=\omega_{ce}/2$ 有最大相速度，并证明最大相速度小于光速.

(2) 求哨声波沿路径传播时间，即(5.6.11)式.

5.10　已知在等离子体中平行于磁场方向传播的电磁波是左旋和右旋的圆偏振波，这对圆偏振波可合成为一个线偏振波，其 x，y 轴上电场分量之比为

$$\frac{E_x}{E_y}=-\mathrm{i}\,\frac{1+\mathrm{e}^{\mathrm{i}(k_L-k_R)z}}{1-\mathrm{e}^{\mathrm{i}(k_L-k_R)z}},$$

式中 z 为波传播距离，k_L，k_R 为左旋和右旋的波矢量，试由色散关系(5.6.5)式：

(1) 证明法拉第旋转角

$$\varphi=\operatorname{arccot}\frac{E_x}{E_y}=\frac{1}{2}(k_L-k_R)z,$$

式中 φ 为 $\boldsymbol{E}$ 与 x 轴的夹角.

(2) 如果电磁波频率 $\omega\gg\omega_{pe}\gg\omega_{ce}$，并假定等离子体密度是均匀的，证明法拉第旋转角 φ 与等离子体电子密度的关系为

$$\varphi=\frac{1}{2}(k_L-k_R)z=\frac{e^3B_0n_e}{2\varepsilon_0c\,m_e^2\omega^2}z.$$

(3) 在 1000 G 磁场的均匀等离子体中，测量了 8 mm 波长微波束的法拉第旋转，发现穿过 1 m 厚的等离子体后，偏振面旋转了 90°，求等离子体电子密度.

5.11　日冕是由密度 $n=10^{15}\ \mathrm{m^{-3}}$ 的氢离子组成的等离子体，假定日冕中的磁场 $B=0.1\ \mathrm{T}$，求阿尔文波的相速度.

5.12　从磁流体力学方程组出发，推导有限电导率阿尔文波的色散关系(5.7.19)，如电阻校正项较小，求色散关系近似式(5.7.20)，说明结果的物理意义.

5.13　根据波动方程(5.7.7)式

$$-\omega^2\boldsymbol{u}_1+(v_s^2+v_A^2)(\boldsymbol{k}\cdot\boldsymbol{u}_1)\boldsymbol{k}+(\boldsymbol{v}_A\cdot\boldsymbol{k})[(\boldsymbol{v}_A\cdot\boldsymbol{k})\boldsymbol{u}_1-(\boldsymbol{v}_A\cdot\boldsymbol{u}_1)\boldsymbol{k}-(\boldsymbol{k}\cdot\boldsymbol{u}_1)\boldsymbol{v}_A]=0,$$

证明波传播方向 $\boldsymbol{k}$ 与磁场 $\boldsymbol{B}_0$ 的夹角为 θ 时，可能传播 3 种模式的平面波，它们的相速度 v_p 分别为

$$v_{p1}=v_A\cos\theta\text{(斜阿尔文波)};$$

$$v_{p\pm}^2=\frac{1}{2}(v_s^2+v_A^2)\left[1\pm\sqrt{1-\frac{4v_s^2v_A^2\cos^2\theta}{(v_s^2+v_A^2)^2}}\right]\text{(}v_{p+}\text{ 为快磁声波，}v_{p-}\text{ 为慢磁声波).}$$

提示：取直角坐标系，令 $\boldsymbol{B}_0$ 沿 z 轴方向，$\boldsymbol{k}$ 在 y-z 平面且与 z 轴夹角为 θ，振动量 $\boldsymbol{u}_1$ 在空间任一方向，然后将(5.7.7)式写为直角坐标分量形式，最后由 u_{1x}，u_{1y}，u_{1z}不全为 0 条件(即 3 个分量代数方组系数行列式等 0)，就可得到可能传播 3 种模式平面波的相速度 v_p.

第 6 章　库仑碰撞与输运过程

注：以下习题中有关 $\ln\Lambda$ 值可应用附录中给出的相关公式计算.

6.1　试证明电子-离子碰撞平均自由程 λ_{ei} 与 T_e^2 成正比.

6.2　求下列两种情况下粒子的平均距离 d，德拜长度 λ_D，产生大角度偏转的碰撞参量 b_0，多次小角度偏转的平均自由程 l 和一次大角度偏转的平均自由程 L.

(1) $T=10\,\mathrm{keV}, n=10^{21}\ \mathrm{m}^{-3}$;

(2) $T=1\,\mathrm{keV}, n=10^{7}\ \mathrm{m}^{-3}$.

6.3 聚变氘氚等离子体的密度 $n_{\mathrm{D}}=n_{\mathrm{T}}=10^{20}\ \mathrm{m}^{-3}$,温度 $T=10\,\mathrm{keV}$,试计算:

(1) 离子与离子,离子与电子经多次碰撞引起 90°偏转的特征时间;

(2) 电子与离子,电子与电子经多次碰撞引起 90°偏转的特征时间.

6.4 设氘等离子体的密度 $n_{\mathrm{D}}=2\times10^{20}\ \mathrm{m}^{-3}$,温度 $T=15\,\mathrm{keV}$,计算快氘粒子在等离子体中能量慢化的特征时间.

6.5 在环形等离子体装置中,由沿环向磁场 $\boldsymbol{B}$ 方向所加电场来驱动完全电离的等离子体中的电流,在 $T_{\mathrm{e}}=500\,\mathrm{eV}$ 和截面为 $75\,\mathrm{cm}^2$ 的等离子体中要得到驱动总电流为 200 kA,需要电场强度为多少(V/m)?

6.6 分别计算在 $T_1=10^6$ K 和 $T_2=10^8$ K 情况下,氘等离子体的临界逃逸电场.设等离子体密度 $n=10^{21}\ \mathrm{m}^{-3}$.

6.7 一长圆柱状等离子体,在正柱区有磁场 $B=0.2$ T, $T_{\mathrm{i}}=0.1$ eV, $T_{\mathrm{e}}=2$ eV,密度分布为

$$n(r)=n_0\mathrm{J}_0(r/\sqrt{D_{\perp}\ \tau_{\mathrm{p}}}),$$

$n_0=10^{16}\ \mathrm{m}^{-3}$.在 $r=a=1$ cm 处,边界条件为 $n(a)=0$,贝塞尔函数 $\mathrm{J}_0(x)=0$ 的第一个零点 $x_{01}=2.405$.

(1) 证明在上述条件下,双极扩散系数 $D_{\perp双}\approx D_{\mathrm{e}\perp}$,并计算 $D_{\perp双}$ 值.

(2) 忽略复合和柱末端损失,计算等离子体约束时间 τ_{p}.

第 7 章　动理学方程简介

7.1 用 Krook 碰撞项(弛豫时间近似)得到的(7.2.7)

$$f_1=-\frac{1}{\nu_{\mathrm{c}}}\left[\boldsymbol{v}\cdot\frac{\partial f_0}{\partial\boldsymbol{r}}+\frac{\boldsymbol{F}}{m}\cdot\frac{\partial f_0}{\partial\boldsymbol{v}}\right],$$

求有外磁场情况下,垂直磁场方向的扩散系数.设 $\boldsymbol{B}_0=B_0\boldsymbol{e}_x$, $\nabla n(\boldsymbol{r})=\dfrac{\partial n(x)}{\partial x}$,

$$f_0=n(x)\left(\frac{m}{2\pi T}\right)^{3/2}\exp\left(-\frac{m\boldsymbol{v}^2}{2T}\right).$$

7.2 试证明:朗道碰撞项(7.4.23)式(设只有一种 β 粒子)

$$\left(\frac{\partial f_\alpha}{\mathrm{d}t}\right)_{\mathrm{c}}=\frac{\Gamma_\alpha}{2}\left(\frac{q_\beta}{q_\alpha}\right)^2 m_\alpha\frac{\partial}{\partial\boldsymbol{v}_\alpha}$$

$$\cdot\int\frac{\partial^2\,|\boldsymbol{v}_\alpha-\boldsymbol{v}_\beta|}{\partial\boldsymbol{v}_\alpha\partial\boldsymbol{v}_\alpha}\left[\frac{f_\beta(\boldsymbol{v}_\beta)}{m_\alpha}\frac{\partial f_\alpha(\boldsymbol{v}_\alpha)}{\partial\boldsymbol{v}_\alpha}-\frac{f_\alpha(\boldsymbol{v}_\alpha)}{m_\beta}\frac{\partial f_\beta(\boldsymbol{v}_\beta)}{\partial\boldsymbol{v}_\beta}\right]\mathrm{d}\boldsymbol{v}_\beta$$

与罗生布鲁斯势表达的福克-普朗克碰撞项(7.6.6)式是完全等价的.

提示：将朗道碰撞项(7.4.23)式对 $\mathrm{d}\boldsymbol{v}_\beta$ 做分部积分并利用以下关系式：

$$\frac{\partial}{\partial \boldsymbol{v}_\alpha}\left(\frac{1}{u}\right)=-\frac{\boldsymbol{u}}{u^3},\quad \frac{\partial^2 u}{\partial \boldsymbol{v}_\alpha \partial \boldsymbol{v}_\alpha}=\frac{\partial^2}{\partial \boldsymbol{v}_\alpha \partial \boldsymbol{v}_\alpha}\mid \boldsymbol{v}_\alpha-\boldsymbol{v}_\beta \mid=\frac{u^2\mathbf{I}-\boldsymbol{uu}}{u^3}=\mathbf{U}.$$

主要参考书

[1] 马腾才,胡希伟,陈银华.等离子体物理原理.合肥：中国科学技术大学出版社,1988.

[2]〔日〕宫本健郎.热核聚变等离子体物理学.北京：科学出版社,1981.

[3] 博伊德等.等离子体动力学.戴世强,陆志云译.北京：科学出版社,1977.

[4] 胡希伟.等离子体理论基础.北京：北京大学出版社,2006.

[5] 石秉仁.磁约束聚变原理与实践.北京：原子能出版社,1999.

[6] 徐家鸾,金尚宪.等离子体物理学.北京：原子能出版社,1981.

[7] Chen F F.等离子体物理学导论.林光海译.北京：人民教育出版社,1980.

[8] 李定.等离子体物理学.北京：高等教育出版社,2006.

[9]〔苏〕B. E.戈兰特等.等离子体物理基础.马腾才,秦运文译.北京：原子能出版社.1983.

[10]〔美〕N. A. 克拉尔,A. W. 特里维尔皮斯.等离子体物理学原理.郭书印,黄林,邱孝明译.北京：原子能出版社,1983.

[11] 等离子体物理学科发展战略研究课题组.核聚变与低温等离子体.北京：科学出版社,2004.

[12] 斯必泽 (L. Spitzer).完全电离气体的物理学.左耀等译.北京：科学出版社,1959.

[13] 林哈脱(Linhart, J. G.).等离子体物理学.陆全康，徐学基译.上海：上海科学技术出版社,1962.

[14] 康寿万,陈雁萍.等离子体物理学手册.北京：科学出版社,1981.

[15] 虞福春,郑春开.电动力学(修订版).北京：北京大学出版社,2003.

[16] Chen F F. Introduction to Plasma Physics and Controlled Fussion. 2nd. Vol. 1：Plasma Physics. New York：Plenum Press,1984.

[17] Boyd T J M, Sanderson J J. The Physics of Plasma. Cambridge University Press, 2003.

[18] Goldston R J, Rutherford P H. Introduction to Plasma Physics. Bristol：IoP Publishing Ltd., 1995.

[19] Nishikawa, Wakatani. Plasma Physics. Springer, 1999.

[20] Huba J D. NRL Plasma Formulary. revised. Naval Research Laboratory, Washington, 2000.